普通高等教育工程训练系列教材

机械制造实训教程

主　编　岳永胜　梅向阳
参　编　岳　磊　李春俊　肖元昭　高琼琼　高文优

机 械 工 业 出 版 社

本书是根据教育部工程训练教学指导委员会课程建设组《高等学校工程训练类课程教学质量标准（整合版本2.0）》的精神，结合编者多年工程实践教学改革经验编写而成的，内容涵盖了机械制造加工工艺过程的主要知识，包括传统加工工艺和现代加工工艺。本书在内容的组织上，一是在结合具体设备介绍加工工艺的同时，尽可能对该工艺的总体情况进行概括性介绍，增强了知识的系统性，也便于学生课外学习；二是注重对学生工程意识和创新思维的培养，在主要章节安排了加工实例，既强化了工艺实践，更注意启发思维；三是注重对现代加工工艺的介绍，如数控加工和增材制造等。另外，单独成章地系统介绍了创新综合实践等，着力培养学生解决复杂工程问题的初步能力。

本书可作为普通高等学校机械类、近机械类各专业金工实习及相近课程的教材。

图书在版编目（CIP）数据

机械制造实训教程/岳永胜，梅向阳主编. —北京：机械工业出版社，2022.2(2023.9重印)

普通高等教育工程训练系列教材

ISBN 978-7-111-70192-7

Ⅰ.①机… Ⅱ.①岳… ②梅… Ⅲ.①机械制造-高等学校-教材 Ⅳ.①TH

中国版本图书馆CIP数据核字（2022）第029208号

机械工业出版社（北京市百万庄大街22号 邮政编码100037）

策划编辑：丁昕祯 责任编辑：丁昕祯

责任校对：张 征 张 薇 封面设计：张 静

责任印制：常天培

北京机工印刷厂有限公司印刷

2023年9月第1版第4次印刷

184mm×260mm · 19.75印张 · 490千字

标准书号：ISBN 978-7-111-70192-7

定价：49.00元

电话服务 网络服务

客服电话：010-88361066 机 工 官 网：www.cmpbook.com

010-88379833 机 工 官 博：weibo.com/cmp1952

010-68326294 金 书 网：www.golden-book.com

封底无防伪标均为盗版 机工教育服务网：www.cmpedu.com

前 言

为了强化实践教学，深化实践教学环节教学内容和课程体系的改革，进一步提高学生的工程素养、实践能力和创新能力，适应社会发展对工程教育改革和人才培养的要求，我国高等学校近十几年来陆续新增或组建了一个特殊的教学单位——工程训练中心。工程训练中心正在成为校内标志性、常态化的教育资源，在人才培养中发挥着重要作用，其承担的工程实训类课程已成为实施和创新工程教育的重要内容和有效模式。

本书根据教育部工程训练教学指导委员会课程建设组《高等学校工程训练类课程教学质量标准（整合版本2.0)》的精神，参照工程教育专业认证的要求，结合编者多年工程实践教学改革经验编写而成，内容涵盖了机械制造加工工艺过程的主要知识，包括传统加工工艺和现代加工工艺。本书在内容的组织上，一是在结合具体设备介绍加工工艺的同时，尽可能对该工艺的总体情况进行概括性介绍，增强了知识的系统性，也便于学生课外学习；二是注重对学生工程意识和创新思维的培养，在主要章节安排了加工实例，既强化工艺实践，更注意启发思维；三是注重对现代加工工艺的介绍，如数控加工和增材制造等。另外，单独成章地系统介绍了创新综合实践等，着力培养学生解决复杂工程问题的初步能力。

本书由郑州轻工业大学工程训练中心组织编写，岳永胜、梅向阳任主编。全书共14章，岳永胜负责编写前言、绪论、第2章2.1节、第7章和第13章，梅向阳负责编写第1章和第14章，岳磊负责编写第2章2.2节、第12章，肖元昭负责编写第3章、第9章，李春俊负责编写第4章、第5章，高琼琼负责编写第6章、第10章，高文优负责编写第8章和第11章。

本书可作为高等学校机械类、近机械类各专业金工实习及相近课程的教材。

本书的编写得到了机械工业出版社、郑州轻工业大学教务处的支持和帮助，在此表示感谢。

由于编者水平有限，书中难免存在一些错误和不足之处，敬请广大读者批评指正。

编 者

目　录

绪论

工程训练是高等工程教育课程体系的重要组成部分，是一门以实践为主，主要传授机械制造工艺知识的技术基础课，是工科及其他各专业学生获得机械制造基本知识和基本技能的必修课，是培养学生工程素养和工程实践能力的重要环节。

机械制造泛指人们生活、生产所涉及的各种机电产品从原材料到成品的设计制造过程，涉及众多工业领域，如动力机械、起重运输机械、航空航天、化工机械、纺织机械、机床、工具、仪器、仪表及其他机械设备等，机械制造水平是国家工业化水平的重要体现，是国民经济的重要支撑。

机电产品的加工过程一般分为毛坯加工、零件加工和产品的装配调试三个阶段。传统机械加工是利用材料的塑性使用模具将原材料变形，或不断切割掉不需要的材料以达到预期形状的过程。常见的加工方法主要有车工、钳工、铣工、磨工、铸造、锻压、焊接、数控加工、特种加工等，在加工过程中，为改变金属材料的机械和切削性能，常常安排热处理工艺。随着科学技术的发展，机械制造所用的材料已从金属材料扩展到非金属材料、复合材料等，机械制造的工艺技术也超出了传统金属加工的范围。近十几年，增材制造（又称 3D 打印技术）得到快速发展，在个性化定制、复杂结构部件制备等方面具有显著优势，正在对传统制造工艺流程、工厂生产加工模式及整个制造业产业链产生重要影响。随着工业化和信息化的进一步融合，制造技术向着数字化、网络化、集成化的方向迅猛发展，智能制造设备和先进的加工工艺正在迅速改变着传统的生产方式。

本课程的主要任务包括：

1）学习机械制造工艺知识。包括材料成形技术、切削加工技术、先进制造技术等。

2）增强工程实践能力和劳动观念。熟悉各种机床设备的结构原理，学习其操作方法，学习各种工具、夹具、量具的使用方法。

3）提高工程素养。通过真实环境的实训教学和规范管理，增强学生的安全意识、纪律意识、质量意识、标准意识、责任意识、环保意识、经济意识、团队意识等。

4）培养创新精神和创新能力。通过启发性的教学案例和综合性实践项目，理论与实践相结合，激发学习的积极性和主动性，提高思考问题解决问题的能力。

本课程的学习方法有：

1）牢固树立安全意识，在经过安全教育和确保安全的前提下，开展训练。

2）要善于在实践中学习。注重理论与实践结合、实践与创新结合，注重业务知识的学习和工程素养养成的结合，要多实践、多提问、多思考、多讨论。

3）要注重线上线下学习的结合。课前要提前预习教材内容和相关视频内容，要带着疑问参加训练。课后要认真阅读教材和其他学习资料，理论联系实际，在理解的基础上完成实习报告。

4）要注重知识的融会贯通。机械制造内容十分丰富，加工工艺方法繁多，学习时，既要以机电产品为例，思考其制造过程和涉及的制造技术，举一反三，也要注意使用网络等各种学习途径，基于课内教学内容又不限于课内所教内容，扩大知识面。

第1章 工程材料及应用

工程材料主要是指在机械、车辆、船舶、化工、电气仪表等工程领域中，用于制造工程结构件和机械零件的材料，也包括一些用于制造工具的材料和具有特殊性能（耐腐蚀、耐高温等）的材料。

1.1 工程材料的分类

工程材料的种类繁多，有许多不同的分类方法。按化学成分、结合键的特点分类，常用的工程材料有金属材料、非金属材料、复合材料和功能材料等，具体分类如图 1-1 所示。

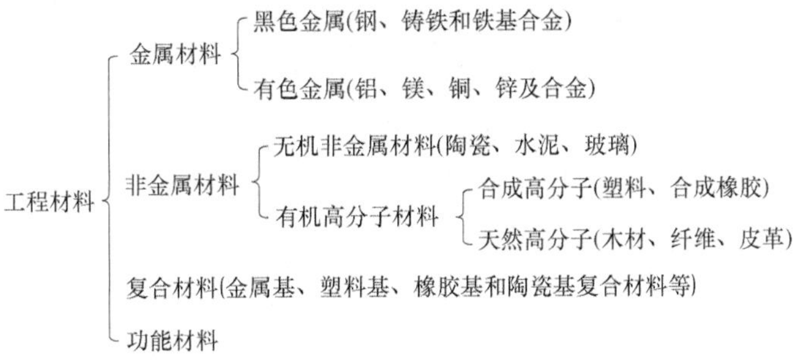

图 1-1　工程材料的分类

1.1.1　金属材料

金属材料包括纯金属和以金属元素为主的合金。在工程领域一般把金属材料分为黑色金属和有色金属两类，黑色金属是指铁和铁基合金（钢及合金钢），有色金属是指黑色金属以外的所有金属及其合金，常见的有铜及铜合金、铝及铝合金等。

金属通常具有良好的导电性、导热性、延展性、高的密度和高的光泽，具有良好的综合力学性能（强度、塑性和韧性等），是工程领域应用最广的材料。

1.1.2　非金属材料

非金属材料包含无机非金属材料、有机高分子材料。

1. 无机非金属材料

陶瓷是常用的无机非金属材料。陶瓷是由天然或人工合成的粉状矿物原料和化工原料组成，经过成型和高温烧结制成的。陶瓷在力学性能上表现为突出的硬而脆的特点，即硬度高、脆性大，塑性几乎为零；在热性能上表现为高熔点、高热硬性、高抗氧化性；此外还具有很好的耐蚀性、绝缘性。陶瓷的抗拉强度低，但抗弯强度较高，抗压强度更高，是工程上常用的耐高温材料。

无机非金属材料还包括耐火材料、耐火隔热材料、耐蚀（酸）非金属材料等。

2. 有机高分子材料

有机高分子材料为有机合成材料，也称聚合物。它具有较高的强度、良好的塑性、较强的耐腐蚀性能，很好的绝缘性和质量轻等优良性能，在工程上是发展最快的一类新型结构材料。有机高分子材料种类很多，工程上通常根据力学性能和使用状态将其分为三大类：塑料、橡胶、合成纤维。

（1）塑料　塑料是在合成树脂中添加填料、增塑剂、稳定剂、润滑剂、色料等添加剂，在一定温度和压力条件下固化成型的高分子材料。塑料一般常用注射、挤压、模压、吹塑等方法成型。

（2）橡胶　橡胶是通过提取橡胶树、橡胶草等植物中胶乳加工而成，或由各种单体经聚合反应而得到的高弹性的高分子化合物。

（3）合成纤维　合成纤维由合成的高分子化合物制成，常用的合成纤维有涤纶、锦纶、腈纶、氯纶、维纶、氨纶、聚烯烃弹力丝等。

1.1.3 复合材料

复合材料是由金属材料、陶瓷材料或高分子材料等两种或两种以上的材料经过复合工艺而制备的多相材料，各种材料在性能上互相取长补短，产生协同效应，使复合材料的综合性能优于原组成材料从而满足各种不同的要求，是特殊的工程材料，具有广阔的发展前景。

复合材料由基体和增强剂两个组分构成，基体材料分为金属和非金属两大类。金属基体常用的有铝、镁、铜、钛及其合金，非金属基体主要有合成树脂、橡胶、陶瓷、石墨、碳等。增强剂材料主要有玻璃纤维、碳纤维、硼纤维、芳纶纤维、碳化硅纤维、石棉纤维、晶须、金属丝和硬质细粒等。复合材料具有以下性能特点：

1）质轻高强。

2）较好的可设计性。

3）较好的工艺性能。

4）热性能好。

5）耐腐蚀性能好。

6）电性能好。

7）具有耐候性、耐疲劳性、耐冲击性、耐蠕变性、透光性等。

1.1.4 功能材料

功能材料是指通过光、电、磁、热、化学、生化等作用后具有特定功能的材料。功能材料涉及面广，具体包括光、电功能，磁功能，分离功能，形状记忆功能等。这类材料相对于通常的结构材料而言，一般除了具有机械特性外，还具有其他的功能特性，如光、声、电、磁、热等。

1.2 工程材料的性能

在机械工程中，金属材料使用最为广泛，金属材料的性能一般包括使用性能和工艺性能，如图 1-2 所示。

1.2.1　材料的力学性能

力学性能是材料在不同环境（温度、介质）下，承受各种外加载荷（拉伸、压缩、弯曲、扭转、冲击、交变应力等）时所表现出的力学特征。力学性能指标包括：弹性、刚度、强度、塑性、硬度、冲击韧度和疲劳强度等，性能参数通常由以下三种试验获得。

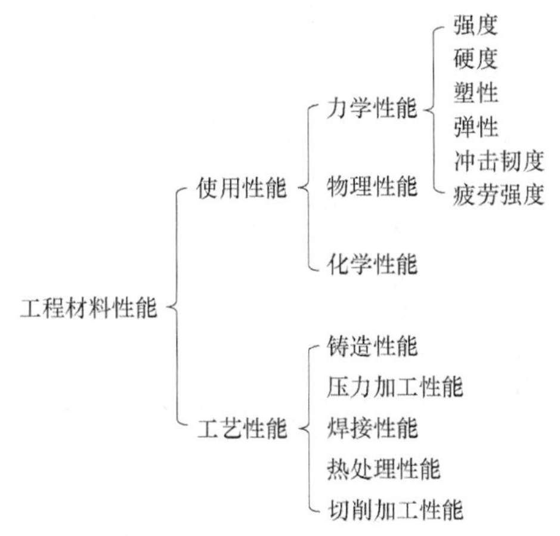

图 1-2　工程材料性能

1. 静力试验

（1）拉伸试验　测量材料抵抗缓慢增加的拉力作用时表现出来的性能，包括弹性、刚度、强度以及塑性。通常由应力、应变定义。应力指单位面积上试样承受的载荷，应变指单位长度的伸长量。

1）弹性和刚度。

① 弹性：金属材料受外力作用时产生变形，当外力去掉后能恢复到原来形状及尺寸的性能。

② 弹性变形：随载荷撤除而消失的变形。

③ 刚度：材料抵抗弹性变形的能力。

④ 弹性模量：弹性限度内应力与应变的比值，表示材料抵抗弹性变形的能力。

2）强度。材料在载荷作用下抵抗永久变形和破坏的能力。

① 屈服强度：材料产生明显塑性变形的最低应力值。

② 抗拉强度：试样在断裂前所能承受的最大应力。

屈服强度和抗拉强度是零件设计的重要依据，也是评定金属强度的重要指标之一。

3）塑性。在载荷作用下产生塑性变形而不被破坏的能力。

① 伸长率：试样拉断后的伸长量与原始长度的比值。

② 断面收缩率：试样拉断后横截面积的收缩量与原始横截面积的比值。

（2）硬度试验　硬度是指材料抵抗其他硬物体压入其表面的能力。常用测量硬度的方法包括布氏硬度 HBW、洛氏硬度 HRC、维氏硬度 HV。

2. 动力试验

（1）冲击韧度　材料在冲击载荷作用下抵抗破坏的能力。

（2）疲劳强度　表示材料经无数次交变载荷作用而不致引起断裂的最大应力值。

1.2.2　材料的物理性能

材料的物理性能是指材料的固有属性，它包括材料的密度、熔点、导热性、导电性、热膨胀性和磁性等。

1.2.3　材料的化学性能

材料的化学性能是指材料在化学介质的作用下所表现出来的性能，如材料的耐蚀性、抗氧化性和化学稳定性。

1.2.4　材料的工艺性能

工艺性能是指金属材料加工制造机械零件及产品时的适应性，即能否或易于加工成零部件的性能，它是物理、化学和力学性能的综合。工艺性能一般包括铸造性能、压力加工性能、焊接性能、热处理性能和切削加工性能等。

（1）铸造性能　铸造性能好的金属材料具有良好的液态流动性和收缩性等，能够顺利充满铸型型腔，凝固后得到轮廓清晰、尺寸和力学性能合格以及变形、缺陷符合要求的铸件。

（2）压力加工性能　压力加工性能好的金属材料具有良好的液态金属流动性，变形抗力小，可锻温度范围宽及冲压性能好等，容易得到高质量的压力加工件。

（3）焊接性能　焊接性能好的金属材料焊缝强度高，缺陷少，邻近部位应力及变形小。

（4）热处理性能　热处理性能好的金属材料经热处理后组织和性能容易达到要求，变形和缺陷少。

（5）切削加工性能　切削加工性能好的金属材料易于切削，切屑易脱落，切削加工表面质量高。

1.3 工程材料的用途

工程材料是工业和技术进步的基础，其应用涉及工业、农业、建筑业、汽车、军事、航空航天等各个领域。本节重点介绍金属和非金属材料。

1.3.1　金属材料

在工业生产中，通常把铁和以铁为基的合金（钢、铸铁和铁合金）称为黑色金属，把其他非铁金属及其合金称为有色金属。

1. 黑色金属材料

黑色金属材料性能优越、价格便宜，是工程中最重要的金属材料。常用黑色金属材料有碳素钢、合金钢、铸钢和铸铁等。

（1）碳素钢　碳素钢是一种碳含量<2%，并含有少量硅、锰、硫、磷等杂质元素的铁碳合金，钢中杂质对性能的影响见表 1-1。

表 1-1　钢中杂质对性能的影响

序号	杂质元素	特　性	对性能的影响
1	硅	有益元素	1）脱氧能力强，可以有效消除 FeO，改善钢的品质 2）能溶于铁素体，使其强度、硬度、弹性得到提高
2	锰	有益元素	1）能溶于铁素体，使其强化。也能溶于渗碳体，提高硬度 2）脱氧能力强，能够清除钢中的 FeO，降低钢的脆性 3）能与钢中的硫化物合成 MnS（熔点为 1620℃），减轻硫的有害作用
3	氮	有益元素	使钢的硬度、强度增高，塑性下降，脆性增大
4	硫	有害元素	不溶于铁素体，以 FeS 形式存在于钢中，使钢产生热脆性
5	磷	有害元素	使钢产生冷脆性。在常温下不溶于铁素体，部分形成 FeP，使钢在室温下的塑性和韧性急剧下降
6	氧	有害元素	钢中的氧使钢的强度和塑性降低，其氧化物（Fe_3O_4、MnO 等）对钢的疲劳强度有很大影响
7	氢	有害元素	钢中的氢会造成氢脆、白点等缺陷

碳的含量对钢的力学性能有很大的影响。随着碳含量的增加，钢的硬度不断提高，塑性和韧性不断下降。强度也是随着碳含量的增加而提高，但当碳含量超过 1%后，强度呈下降趋势。碳钢根据碳含量分为低碳钢、中碳钢和高碳钢，碳钢性能见表 1-2。

表 1-2　碳钢性能表

序号	碳钢名称	质量分数（%）	性能及用途
1	低碳钢	<0.25	塑性和韧性高，但强度较低
2	中碳钢	0.25~0.6	制造机器零件最常用的钢材
3	高碳钢	>0.6	经过热处理后，具有较高的硬度和较好的耐磨性，主要用来制造工具

碳钢根据用途和质量分为普通碳素结构钢、优质碳素结构钢和碳素工具钢三类。

1）普通碳素结构钢。其牌号由屈服强度“屈”字汉语拼音第一个字母“Q”、屈服强度数值（MPa）、质量等级符号（A、B、C、D）及脱氧方法符号（F 为沸腾钢，Z 为镇静钢）四部分按顺序组成。如 Q235AF 表示屈服强度值为 235MPa、质量为 A 级的沸腾钢。普通碳素结构钢的牌号、主要性能及用途见表 1-3。

2）优质碳素结构钢。其牌号以两位数字或数字与特征符号组成，如 08、10、15F、20、70、75 等。数字表示钢中平均碳含量的万分数，例如，45 钢表示钢中平均碳含量为 0.45%。镇静钢一般不标符号。锰含量较高的优质碳素结构钢在表示平均碳含量的数字后面加锰元素符号。例如，碳含量为 0.50%、锰含量为 0.70%~1.00%的钢，其牌号表示为 50Mn。高级优质碳素结构钢在牌号后加符号“A”，特级优质碳素结构钢在牌号后加符号“E”。优质碳素结构钢的硫、磷含量较低，材质比普通碳钢好，广泛用来制造机器零件。优质碳素结构钢的牌号、主要性能及用途见表 1-4。

表 1-3 普通碳素结构钢的牌号、主要性能及用途

类别	主要性能特点	常用的牌号	用途举例
普通碳素结构钢	碳含量低，含 S、P 等杂质较多，硬度较低，有一定强度，塑性较好，价格低廉	Q195、Q215A、Q215B 等	用于制作钉子、铆钉、垫块及轻载荷的冲压件
		Q235A、Q235B、Q235C、Q235D 等	用于制作小轴、拉杆、连杆、螺栓、螺母、法兰等不重要的零件
		Q275 等	用于制作拉杆、连杆、转轴、心轴、齿轮和键

表 1-4 优质碳素结构钢的牌号、主要性能及用途

类别	主要性能特点	常用的牌号	用途举例
优质碳素结构钢	属低碳钢，塑性、韧性好，具有优良的冷成形性能和焊接性能	08、08F、10、10F、15、15F、20、25	常冷轧成薄板，用于制作仪表外壳、汽车和拖拉机上的冷冲压件，如汽车车身、拖拉机驾驶室等
	属中碳钢，具有良好的综合力学性能，即具有较高的强度和较高的塑性、韧性	30、35、40、45、50、55 等	主要用于制作各种轴类零件，也用于制作各种受力较大的零件（如连杆、齿轮）
	属高碳钢，强度、硬度较高，特别是弹性较好	60、65、70、75、80、85 等	用于制造弹簧、弹簧圈、轧辊、各种垫圈、凸轮及钢丝绳
	性能与相应正常锰含量的各种钢基本相同，强度稍高，淬透性好	40Mn、50Mn、60Mn、65Mn、70Mn 等	用于制造螺栓、螺母、螺钉、杠杆、制动踏板；还可以制造在高应力下工作的细小零件，如农机钩环、链等

3）碳素工具钢。其牌号为 T7、T8…T13 等。代号“T”后面的数字表示钢中平均碳含量的千分数，若牌号后加字母“A”，如 T8A、T13A 等，则表示高级优质钢。钢号中的数字越大，表示碳含量越高，则硬度越高，耐磨性越好，但脆性也越大。

碳素工具钢碳含量为 0.65%~1.3%。在退火状态的硬度为 190~210HBW，便于加工。经过淬火以后，硬度高达 62HRC 以上，主要用来制造刀具、模具和量具。碳素工具钢的牌号、主要性能及用途见表 1-5。

表 1-5 碳素工具钢的牌号、主要性能及用途

类别	主要性能特点	常用的牌号	用途举例
碳素工具钢	碳含量较高（0.65%~1.35%），含 S、P 等杂质较少，热处理后可获得较高的硬度及耐磨性	T7、T7A、T8、T8A、T8Mn、T8Mn A 等	用于制作承受冲击、韧性较好、硬度适当的工具，如扁铲、手钳、锤子、木工工具
		T9、T9A、T10、T10A、T11、T11A 等	用于制作不受剧烈冲击、高硬度、耐磨的工具，如车刀、刨刀、丝锥、钻头、手锯条
		T12、T12A、T13、T13A 等	用于制作不受冲击、高硬度且要求更高耐磨性的工具，如锉刀、刮刀、丝锥、精车刀、量具

(2) 合金钢　合金钢是在碳钢的基础上加入合金元素（如锰、硅、铬、镍等）所炼成的钢。合金元素对钢性能的影响见表1-6。

表1-6　合金元素对钢性能的影响

序号	加入合金元素	对钢性能的影响
1	钛、钒等	提高钢的强度和硬度，细化晶粒，提高塑性与韧性
2	铬、硅、镍、锰、硼等	提高钢的淬透性
3	铬、锰等	具有耐高温、耐热、耐磨、耐腐蚀等特殊性能

合金元素总量<5%的称为低合金钢，总量>10%的称为高合金钢。按用途不同，合金钢分为合金结构钢、合金工具钢和特殊性能钢三类。

1) 合金结构钢。其牌号由“数字+元素+数字”三部分组成，如45Mn2和16Mn等。前面两位数字表示平均碳含量的万分数。合金元素以化学符号表示，当此元素平均含量<1.5%时，只标出元素符号而不标明含量；当其平均含量≥1.5%或≥2.5%时，则在元素后面标出2或3。如16Mn钢，表示平均碳含量为0.16%、平均锰含量<1.5%的低合金钢。

合金结构钢按用途可分为机器零件用钢和工程结构用钢，机器零件用钢根据用途可分为合金渗碳钢、合金调质钢、合金弹簧钢和滚动轴承钢四种。

工程结构用钢包括09MnV、16Mn、15MnV、15MnW等，其中16Mn是我国产量最大、各种性能配合较好的钢材，应用最广。工程结构用钢的强度比同样碳含量的普通碳钢的强度有明显提高，而成本与普通碳钢相近，所以工程结构用钢在桥梁、船舶、高压容器、石油化工设备、农业机械中应用广泛，合金结构钢分类、牌号、性能及用途见表1-7。

表1-7　合金结构钢分类、牌号、性能及用途

序号	合金钢名称	合金钢代表牌号	性　能	用　途
1	工程用低合金结构钢	Q295、Q345、09MnV、16Mn、15MnV、15MnW	低碳，较高的强度和韧性，良好的冷热加工性	桥梁、船舶、车辆、压力容器及建筑结构等
2	合金渗碳钢	20Cr、20CrMnTi	表面硬度高、耐磨性好，心部具有足够的韧性、塑性	汽车、拖拉机齿轮
3	合金调质钢	40Cr、40CrMnMo	良好的综合力学性能	齿轮、连杆、轴及螺栓等重要的机器零件
4	合金弹簧钢	60Si2Mn、65Mn	高的弹性极限、疲劳强度，足够的塑性、韧性	弹簧
5	滚动轴承钢	GCr15、GCr1SiMn	高的硬度、耐磨性，足够的韧性	滚动轴承

2) 合金工具钢。其牌号表示方法与结构钢相似，不同之处是，合金工具钢平均碳含量≥1%时，碳含量不标出；当碳含量<1%时，钢号前的数字表示平均碳含量的千分数。合金工具钢的最后热处理多采用淬火与低温回火，以保证硬度和耐磨性。此外，其材质要求很严，合金工具钢都是高级优质钢。由于工作条件不同，合金工具钢可分为合金刃具钢、模具

钢和量具钢，其分类及用途见表 1-8。

表 1-8 合金工具钢分类及用途

序号	合金钢名称	分类		用途	代表牌号
1	合金刃具钢	低合金工具钢		制造切削速度不高、形状较复杂的刀具（如丝锥、板牙、钻头、铰刀等），也可用来制造量具和冷作模具	9SiCr、9Mn2V、CrWMn 等
2	合金刃具钢	高合金工具钢		制造多种形状复杂的刀具（如成形铣刀、拉刀等）	W18Cr4V、W6Mo5Cr4V2
3	合金刃具钢	硬质合金	钨钴类	制成简单形状的刀片	YG8、YG6、YG3 等
4	合金刃具钢	硬质合金	钨钛类	制成简单形状的刀片	YT5、YT15、YT30 等
5	模具钢			可用来制造冷作模具钢和热作模具钢	9Mn2V、CrWMn、5CrMnMo、5CrNiMo 等
6	量具钢			可用来制造各种测量工具，如卡尺、千分尺、量块等	65Mn、9SiCr、GCr15、CrWMn、40Cr13 等

3）特殊性能钢。它是指以某些特殊物理、化学或力学性能为主的钢种。在工程上常用的主要有不锈钢、耐热钢、耐磨钢，见表 1-9。

表 1-9 特殊性能钢分类及用途

序号	特殊性能钢名称	分类	用途	代表牌号
1	不锈钢	马氏体不锈钢	不锈钢船用螺旋桨、不锈钢剪刀	12Cr13、20Cr13、30Cr13、40Cr13
2	不锈钢	铁素体不锈钢	容器和管道	10Cr17、10Cr17Ti
3	不锈钢	奥氏体不锈钢	化工容器和管道	06Cr19Ni10、12Cr18Ni9Ti
4	耐热钢	锅炉用钢	锅炉	15CrMo
5	耐热钢	气阀钢	气体阀门	4Cr9Si2、4Cr10Si2Mo
6	耐热钢	热强钢	高压锅炉的过热器、化工高压反应器	12Cr13、0Cr18Ni11Ti
7	耐磨钢		坦克和矿山拖拉机履带板、破碎机颚板、挖掘机铲齿、铁道道岔及球磨机衬板等	ZGMn13

（3）铸钢　铸钢主要用于制造形状复杂，具有一定强度、塑性和韧性的零件。铸钢的牌号、主要性能及用途见表 1-10。

（4）铸铁　铸铁是碳含量>2.11%，并含有较多 Si、Mn、S、P 等元素的铁碳合金。铸铁的生产工艺和生产设备简单，价格便宜，具有许多优良的使用性能和工艺性能，所以应用非常广泛，是工程上最常用的金属材料之一。铸铁按照碳存在的形式可以分为白口铸铁、灰铸铁、麻口铸铁；按铸铁中石墨的形态可以分为灰铸铁、可锻铸铁、球墨铸铁、蠕墨铸铁。常见灰铸铁的牌号及其用途见表 1-11。

表 1-10　铸钢的牌号、主要性能及用途

<table>
<tr><th>类别</th><th>主要性能特点</th><th>牌　　号</th><th>用途举例</th></tr>
<tr><td rowspan="5">铸钢</td><td rowspan="2">低碳铸钢，韧性及塑性均好，但强度和硬度较低，低温冲击韧度大，脆性转变温度低，导磁、导电性能良好，焊接性好，但铸造性能差</td><td>ZG200-400（ZG15）</td><td>机座、电气吸盘、变速箱体等受力不大，但要求韧性好的零件</td></tr>
<tr><td>ZG230-450（ZG25）</td><td>用于载荷不大、韧性好的零件，如轴承盖、底板、阀体、箱体、侧架等</td></tr>
<tr><td rowspan="2">中碳铸钢，有一定的韧性及塑性，强度和硬度较高，切削性能良好，焊接性尚可，铸造性能比低碳钢好</td><td>ZG270-500（ZG35）</td><td>应用广泛，用于制作飞轮、车辆车钩、机架、水压机缸体等</td></tr>
<tr><td>ZG310-570（ZG45）</td><td>用于重载荷零件，如联轴器、大齿轮、气缸、机架、制动轮等</td></tr>
<tr><td>高碳铸钢，具有高强度、高硬度及高耐磨性，塑性、韧性低，铸造、焊接性均差，裂纹敏感性较大</td><td>ZG340-640（ZG55）</td><td>起重运输机齿轮、联轴器、齿轮、车轮、叉头</td></tr>
</table>

表 1-11　常见灰铸铁的牌号及其用途

<table>
<tr><th rowspan="2">牌　　号</th><th colspan="2">力学性能</th><th rowspan="2">用途举例</th></tr>
<tr><th>σ_b/MPa</th><th>HBW</th></tr>
<tr><td>HT100</td><td>130
100
90</td><td>110～166
93～140
87～131</td><td>适用于载荷小、对摩擦和磨损无特殊要求的不重要的零件，如防护罩、盖、油盘、手轮、支架、底板、重锤等</td></tr>
<tr><td>HT150</td><td>175
145
130</td><td>137～205
119～179
110～166</td><td>适用于承受中等载荷的零件，如机座、支架、箱体、刀架、床身、轴承座、工作台、带轮、阀体、飞轮、电动机座等</td></tr>
<tr><td>HT200</td><td>220
195
170</td><td>157～236
148～222
134～200</td><td rowspan="2">适用于承受较大载荷和要求一定气密性或耐蚀性等较重要的零件，如气缸、齿轮、机座、飞轮、床身、气缸体、活塞、齿轮箱、制动轮、联轴器盘、中等压力阀体、泵体、液压缸、阀门等</td></tr>
<tr><td>HT250</td><td>270
240
220</td><td>175～262
164～247
157～236</td></tr>
<tr><td>HT300</td><td>290
250
230</td><td>182～272
168～251
161～241</td><td>适用于承受高载荷、耐磨和高气密性的重要零件，如重型机床、剪床、压力机、自动机床的床身、机座、机架、高压液压件、活塞环、齿轮、凸轮、车床卡盘、衬套、大型发动机的气缸体、缸套、气缸盖等</td></tr>
</table>

2. 有色金属材料

有色金属的产量和用量不如黑色金属多，但由于其具有许多优良的特性，如特殊的电、磁、热性能，耐蚀性能及高的比强度（强度与密度之比）等，在现代工业中发挥着不可替代的作用。有色金属种类很多，可分为重金属（如铜、铅、锌）、轻金属（如铝、镁）、贵

金属（如金、银、铂）及稀有金属（如钨、钼、锗、锂、镧、铀）等。下面介绍常用有色金属材料。

（1）铜

1）纯铜。

① 物理性能：密度为 8.93g/cm³，熔点为 1083℃，呈面心立方晶格，塑性好，表现出优异的冷、热压力加工性能，导电、导热性能很好。强度低，不能作为结构材料使用。

根据杂质的含量，工业纯铜可分为四种：T1、T2、T3、T4。“T”为铜的汉语拼音字头，编号越大，纯度越低。

纯铜除工业纯铜外，还有一类称为无氧铜，其氧含量极低，不大于 0.003%。牌号有 TU1、TU2、TUP（用磷脱氧的无氧纯铜）。

② 应用：T2、T3、T4 均可用来制作化工设备及深冷设备；TUP 可用来制作合成纤维工业中的塔设备。

2）黄铜。以锌为主要合金元素的铜合金称为黄铜。由铜、锌组成的黄铜称为普通黄铜，由两种以上元素组成的多种合金称为特殊黄铜。黄铜有较强的耐磨性能，常用于制造阀门、水管、空调内外机连接管和散热器等。

3）青铜。铜与锌以外的元素组成的合金统称为青铜，常用青铜有锡青铜、铝青铜、硅青铜、铅青铜等。青铜具有熔点低、硬度大、可塑性强、耐磨、耐腐蚀、色泽光亮等特点，适用于铸造各种器具、机械零件、轴承、齿轮等。

（2）铝　纯铝熔点低，密度小；熔点为 660℃，密度为 2.72g/cm³；导电性好，仅次于银、铜、金；导热性好，比铁几乎大三倍；抗大气腐蚀好，其表面有一层致密的氧化膜。

纯铝及其合金组别、牌号系列见表 1-12，常用铝合金牌号及用途见表 1-13。

表 1-12　纯铝及其合金组别、牌号系列

组　　别	牌号系列
纯铝（铝含量≥99.00%）	1×××
以铜为主要合金元素的铝合金	2×××
以锰为主要合金元素的铝合金	3×××
以硅为主要合金元素的铝合金	4×××
以铁为主要合金元素的铝合金	5×××
以镁和硅为主要合金元素并以 Mg_2Si 相为强化相的铝合金	6×××
以锌为主要合金元素的铝合金	7×××
以其他合金为主要合金元素的铝合金	8×××
备用合金组	9×××

表 1-13　常用铝合金牌号及用途

系列	牌　号	用　途
1 系	1050	食品、化学和酿造工业用挤压盘管，各种软管，烟花粉
	1060	要求耐蚀性与成形性均高的场合，但对强度要求不高，化工设备是其典型用途
	1100	用于加工需要有良好的成形性和高的耐蚀性，但不要求有高强度的零部件，例如，化工产品、食品工业装置与贮存容器、薄板加工件、深拉或旋压凹形器皿、焊接零部件、热交换器、印刷板、铭牌、反光器具
2 系	2011	螺钉及要求有良好切削性能的机械加工产品
	2014	应用于要求高强度与硬度（包括高温）的场合。飞机重型、锻件、厚板和挤压材料，车轮与结构零件，多级火箭第一级燃料槽与航天器零件，货车构架与悬挂系统零件
	2017	是第一个获得工业应用的 2××× 系合金，目前的应用范围较窄，主要为铆钉、通用机械零件、结构与运输工具结构件、螺旋桨与配件
	2024	飞机结构件、铆钉、导弹构件、货车轮毂、螺旋桨元件及其他种种结构件
	2036	汽车车身钣金件
	2048	航空航天器结构件与兵器结构零件
3 系	3003	用于加工需要有良好的成形性能、高的耐蚀性和焊接性好的零部件，或既要求有这些性能又需要有比 1××× 系合金强度高的工件，如厨具、食物和化工产品处理与贮存装置，运输液体产品的槽、罐，以薄板加工的各种压力容器与管道
	3004	全铝易拉罐罐身，要求有比 3003 合金更高强度的零部件，化工产品生产与贮存装置，薄板加工件，建筑加工件，建筑工具，各种灯具零部件
4 系	4A01	低熔点，耐蚀性好，耐热、耐磨的零件，如建筑材料、机械零件、锻造用材、焊接材料
	4032	适用于锻造活塞材料
	4043	熔接焊条、硬焊焊条、建筑大楼外装饰板
5 系	5050	薄板可作为制冷机与冰箱的内衬板，汽车气管、油管与农业灌溉管；也可加工厚板、管材、棒材、异形材和线材等
	5052	此合金有良好的成形加工性能、耐蚀性、疲劳强度与中等的静态强度，用于制造飞机油箱、油管，以及交通车辆、船舶的钣金件，仪表、街灯支架与铆钉、五金制品等
	5083	用于需要有高的耐蚀性、良好的焊接性和中等强度的场合，如舰艇、汽车和飞机板焊接件；需严格防火的压力容器、制冷装置、电视塔、钻探设备、交通运输设备、导弹零部件与甲板等
6 系	6005	挤压型材与管材，用于要求强度大于 6063 合金的结构件，如梯子、电视天线等
	6009	汽车车身板
	6010	薄板；汽车车身
	6061	要求有一定强度、焊接性与耐蚀性高的各种工业结构件，如制造货车、塔式建筑、船舶、电车、夹具、机械零件、精密加工等用的管、棒、形材、板材
	6063	建筑型材，灌溉管材以及供车辆、台架、家具、栏栅等用的挤压材料
	6066	锻件及焊接结构挤压材料

（续）

系列	牌　　号	用　　途
7系	7005	挤压材料，用于制造既要有高的强度又要有高的断裂韧度的焊接结构，如交通运输车辆的桁架、杆件、容器；大型热交换器，以及焊接后不能进行固溶处理的部件；还可用于制造体育器材，如网球拍与垒球棒
	7039	冷冻容器、低温器械与贮存箱，消防压力器材，军用器材、装甲板、导弹装置
	7072	空调器铝箔与特薄带材；2219、3003、3004、5050、5052、5154、6061、7075、7475、7178合金板材与管材的包覆层
	7075	用于制造飞机结构及其他要求强度高、抗腐蚀性能强的高应力结构件、模具
	7475	机身用的包铝的与未包铝的板材，机翼骨架、桁条等，其他既要有高的强度又要有高的断裂韧度的零部件

（3）铅　铅具有很高的耐蚀性（特别是在 H_2SO_4 中），铅的强度和硬度都低，不耐磨，非常软，相对密度大，故不适合于单独制作化工设备，只能制作设备的衬里。耐 H_2SO_3、H_3PO_4（体积分数 $<85\%$）等介质的腐蚀，不耐 HCOOH、CH_3COOH、HNO_3 等介质的腐蚀。

铅合金通常是指铅与锑的合金，也称为硬铅，强度和硬度都比纯铅高，常用于制作加料管、鼓泡器、耐酸泵和阀门等零件。

（4）钛　纯钛密度小（4.5g/cm^3），熔点高（1667℃），熔炼和浇注工艺复杂，价格昂贵。焊接性好、强度低、塑性好、易于冷压加工。工业纯钛可分为TA1、TA2、TA3三个牌号，编号越大，杂质越多。纯钛主要用于350℃以下工作、强度要求不高的零件，如石油化工中热交换器、反应器，海水净化装置等。

钛合金按退火组织可分为α型钛合金、β型钛合金和α+β型钛合金三类，它们的牌号分别用TA、TB、TC加顺序号表示，如TA5、TB2、TC4等。钛合金主要用于制作飞机发动机压气机部件，其次为火箭、导弹和高速飞机的结构件。

1.3.2　金属材料的热处理

改变金属材料性能的途径除合金化外，还有热处理方法。

热处理是指通过加热、保温和冷却的操作，改变钢的组织和性能的工艺。热处理的目的在于改善工件的使用性能或工艺性能，不改变其形状和尺寸。常用的热处理工艺有退火、正火、淬火、回火和表面热处理等，如图1-3、图1-4所示。

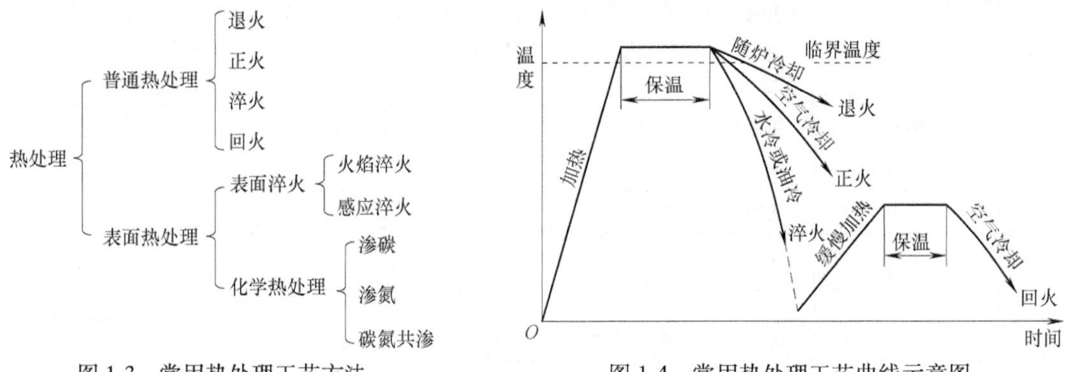

图1-3　常用热处理工艺方法　　图1-4　常用热处理工艺曲线示意图

根据热处理工序的作用可将其分为预备热处理和最终热处理两大类，见表 1-14。

表 1-14　热处理工序的作用及目的

序号	热处理工序的作用	热处理类型	安 排 工 艺	目　　的
1	预备热处理	退火和正火	一般安排在铸造、锻造、焊接之后，切削加工之前	消除前工序所造成的某些缺陷，或改善切削加工性能，或为最终热处理做组织准备
2	最终热处理	淬火、回火和表面热处理	零件加工的后期	获得零件最后所需要的组织，使零件性能达到规定的技术指标

1. 退火

退火是把工件放在炉中加热到一定的温度、保温以后进行缓慢冷却（通常随炉冷却）的热处理工艺。退火的工艺类型及特点见表 1-15。

表 1-15　退火的工艺类型及特点

序号	退火种类	加 热 方 式	适用的金属材料	目　　的
1	完全退火	加热温度为 800 ~ 900℃，随炉冷却	低、中碳钢件	降低材料硬度，改善其切削加工性能，细化材料内部晶粒，均匀组织
2	去应力退火	加热到 500 ~ 650℃，保温 1 ~ 3h 后随炉缓慢冷却到室温	锻压件、焊件和铸铁件	消除毛坯在成形（锻造、铸造、焊接）过程中所产生的内应力，为后续的机械加工和热处理做好准备
3	自然时效	露天长期放置（数月乃至数年）	铸铁件	使内应力缓慢松弛，从而使尺寸稳定

2. 正火

把工件在炉内加热到 800~900℃、保温后在空气中冷却的热处理工艺称为正火。

由于正火的冷却速度稍快于退火，经正火后的零件，其强度和硬度较退火零件要高，且操作简便，生产周期短，能量耗费少，故在可能的条件下，应优先考虑采用正火处理。但消除应力不如退火。正火的工艺特点见表 1-16。

表 1-16　正火的工艺特点

序号	正火的作用	功　　能	用　　途
1	可作为最终热处理	可细化晶粒，正火后组织的力学性能较高	大型或复杂零件淬火时，可能有开裂危险，所以正火可作为普通结构零件或大型、复杂零件的最终热处理
2	改善切削加工性能	提高其硬度，改善切削加工性能	低碳钢和低碳合金钢
3	为球化退火做好组织准备	使二次渗碳体来不及沿奥氏体晶界呈网状析出	消除过共析钢中的二次渗碳体

3. 淬火

淬火是把工件加热到760~820℃（高碳钢约760℃，中碳钢约820℃）、保温后迅速冷却的热处理工艺。淬火后获得淬火组织，使工件具有高的硬度和较好的耐磨性。淬火冷却介质及淬火方法见表1-17。

表1-17　淬火冷却介质及淬火方法

淬火冷却介质	特　点	淬火方法	特　点
水	水最便宜且冷却能力较强，适合于尺寸不大、形状简单的碳素钢零件的淬火	单液淬火	将加热后的零件投入一种冷却剂中冷却至室温 操作简单，容易实现自动化
矿物油	多用于合金钢的淬火，使用机油、柴油等	双液淬火	先水后油，或先油后空气 可防止变形与开裂
盐水和碱水	流动性好，易于保证温度的一致 在高温区域冷却速度快，而在低温区域则冷却速度缓慢 淬火后的零件变形小	分级淬火	先放入一定温度的盐浴或碱浴中，再空冷 有效减小内应力，防止变形与开裂；但只适用于小尺寸工件

4. 回火

将淬火工件重新加热到某一温度、保温后在空气中或油中冷却的工艺称为回火。因为淬火组织脆性大，存在淬火内应力，若工件淬火后直接磨削加工，容易出现裂纹，精密零件和工具在使用过程中易引起变形而失去精度，所以工件经过淬火之后必须进行回火处理，以降低脆性和内应力，并获得具有不同要求的力学性能。回火分为低温回火、中温回火和高温回火三种，见表1-18。

表1-18　回火的种类和应用

回火种类	回火温度/℃	应用场合
低温回火	150~250	用于要求硬度高、耐磨性好的零件，如各类高碳工具钢、低合金工具钢制作的刃具，冷变形模具、量具，滚动轴承及表面淬火件等
中温回火	350~450	主要用于各类弹簧、热锻模具及某些要求较高强度的轴、轴套、刀杆的处理
高温回火	500~650	生产中通常把淬火加高温回火的处理称为调质处理。对于各种重要的结构件，特别是在交变载荷下工作的零件，如连杆、螺栓、齿轮、轴等都需经过调质处理后再使用

5. 表面热处理

当有些零件要求表面硬而耐磨、心部具有足够的韧性时，可采用表面热处理。表面热处理分为表面淬火和化学热处理两大类。

表面淬火是将工件表层淬硬、心部仍然保持未淬火状态的一种局部淬火。方法是通过快速加热使工件表层迅速达到淬火温度，然后立即喷水冷却，只使表层得到淬火组织。表面淬火以中碳钢和中碳合金钢为宜。碳含量过低，淬火层硬度就不高；碳含量过高，则表层易淬裂，且心部韧度不足。根据表面加热方法不同，可分为火焰淬火和高频感应淬火。火焰淬火简单易行，但淬火层深度和加热温度不易掌握，容易过热，质量不稳定，如图1-5所示。高频感应淬火质量好，生产率高，适用于大量生产，如图1-6所示。

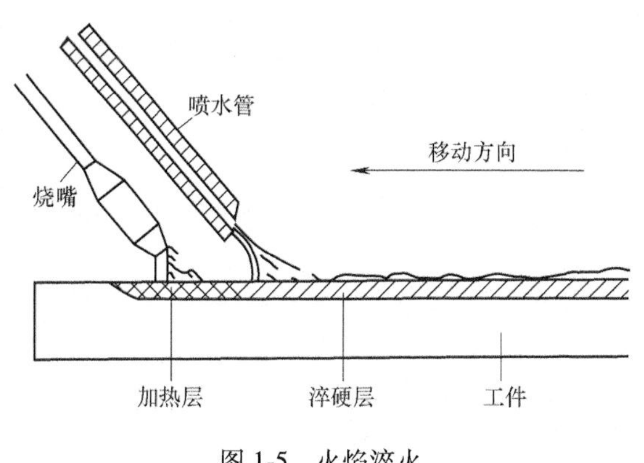

图1-5　火焰淬火

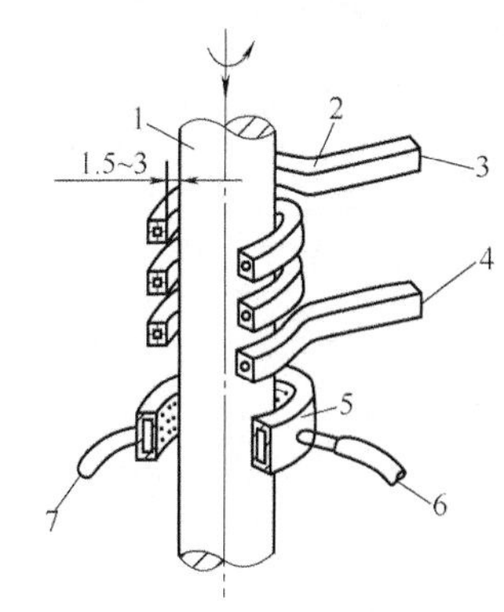

图1-6　高频感应淬火

1—工件　2—加热感应圈　3—冷却水入口　4—冷却水出口　5—淬火喷水套　6、7—淬火冷却介质入口

化学热处理是指使零件表层渗入某些元素，以改变零件表层的化学成分和组织的热处理工艺。化学热处理可提高表面的硬度、耐磨性、耐蚀性、抗氧化性等。化学热处理有渗碳、渗氮、碳氮共渗、渗铬和渗铝等，其中以渗碳应用最广。向钢制零件（如齿轮）表层渗入碳原子以提高表层碳含量的工艺称为渗碳。渗碳方法有固体渗碳法和气体渗碳法，气体渗碳如图1-7所示。用煤油或甲醛为渗碳剂，工件装入密闭的炉膛内，加热温度约930℃，保温3~8h。煤油在炉内高温下分解产生活性碳原子，渗入工件表面层，渗碳层的碳含量可达0.85%~1.05%。渗碳以低碳钢和低碳合金钢为宜。渗碳后的零件经淬火和低温回火后，表层因碳含量高可获得高硬度（58~62HRC），心部因碳含量低仍保持着高的韧性。

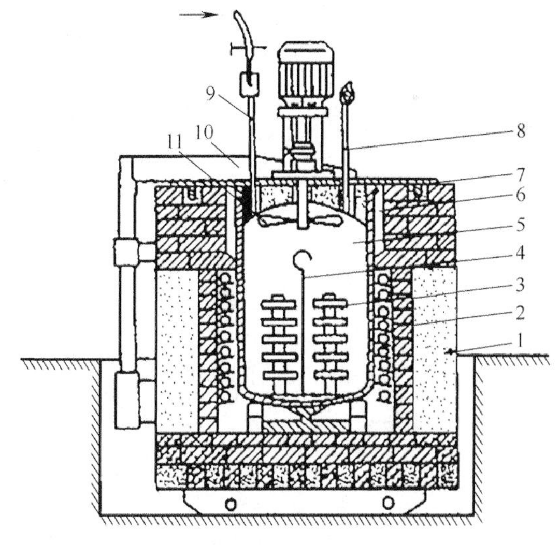

图1-7　气体渗碳

1—炉体　2—电热元件　3—工件　4—工件挂篮　5—炉膛　6—炉罐　7—炉　8—废气引出管　9—滴量器　10—炉盖升降机构　11—风扇

与表面淬火相比，渗碳可使零件表层有更高的硬度，心部有更高的韧性。但成本高，生

产周期长，故渗碳主要用于既受严重磨损，又受强烈冲击条件下工作的重要零件，如汽车、拖拉机的变速箱齿轮、活塞销等。

1.3.3 非金属材料

1. 无机非金属材料

无机非金属材料的代表是陶瓷。陶瓷分为普通陶瓷和特种陶瓷两类。陶瓷材料性能特点及用途见表 1-19。

表 1-19 陶瓷材料性能特点及用途

序号	陶瓷化合物	陶瓷名称	性能	缺点	用途
1	氧化物陶瓷	氧化铝瓷	Al_2O_3 含量越高，性能越好；强度高，比普通陶瓷高 5~6倍；硬度高，有很好的耐磨性；耐高温，能在 1600℃高温下长期工作；耐蚀性及绝缘性好	脆性大，抗热振性差	工具、量具、模具、轴承、坩埚、热电偶套管、火花塞、火箭及导弹整流罩等
2		氧化锆瓷	熔点在 2700℃以上，能抗熔融金属的侵蚀；用氧化锆作添加剂可大幅提高陶瓷材料的强度和韧性		可替代金属制造模具、拉丝模、泵叶轮，还可制造汽车零件
3		氧化镁/钙瓷	能抗各种金属碱性渣的作用	热稳定性差，MgO 在高温下易挥发，CaO 在空气中易水化	常作炉衬的耐火砖
4		氧化铍瓷	导热性好，具有很高的热稳定性，抗热冲击性较高		坩埚、真空陶瓷
5	氮化物陶瓷	氮化硅瓷	硬度高，摩擦系数小；蠕变抗力高，热膨胀系数小；化学稳定性好；具有优异的电绝缘性能	断裂韧度低，耐蚀性差	切削刀具、高温轴承，反复烧结氮化硅瓷用于形状复杂、尺寸精度要求高的零件，如机械密封环等
6		氮化硼瓷	具有良好的耐热性和导热性，热膨胀系数小，绝缘性好，化学稳定性高；硬度比其他陶瓷低，可进行切削加工；有自润滑性		制作热电偶套管、坩埚、高温容器和管道
7	碳化物陶瓷	碳化硅瓷	热导率高，热膨胀系数小		制作加热组件、石墨表面保护层及砂轮和磨料等

2. 有机高分子材料

常用的有机高分子材料主要有塑料和橡胶。

塑料按物理化学性能分为热固性塑料和热塑性塑料。热固性塑料是指在受热或其他条件下能固化成不溶性物质的塑料，变化过程不可逆。热塑性塑料是指在特定温度范围内能反复加热软化和冷却硬化的塑料，变化过程可逆。常用热塑性塑料性能及用途见表 1-20。

表 1-20 常用热塑性塑料性能及用途

序号	名 称	性 能 特 点	用 途
1	聚甲醛（POM）	1）聚甲醛为乳白色塑料，有光泽 2）具有良好综合力学性能、硬度，刚性较高、耐冲击性较好，且具有优良的耐磨性及自润滑性 3）耐有机溶剂性能好，性能稳定 4）成型后尺寸比较稳定，受湿度环境影响较小	POM 具有很低的摩擦系数和很好的几何稳定性，特别适合于制作齿轮和轴承。由于它还具有耐高温特性，因此还用于管道器件（管道阀门、泵壳体），草坪设备等
2	聚甲基丙烯酸甲酯（PMMA）有机玻璃	1）透明性极好，强度较高，有一定的耐热、耐寒性，耐腐蚀，绝缘性良好 2）综合性能超过聚苯乙烯，但质脆，易溶于有机溶剂，如作透光材料，其表面硬度稍低，容易擦花	汽车工业（信号灯设备、仪表盘等），医药行业（储血容器等），工业应用（影碟、灯光散射器），日用消费品（饮料杯、文具等）
3	聚氯乙烯（PVC）	1）通过添加增塑剂使材料软硬度范围扩大 2）难燃自熄，热稳定性差 3）PVC 溶于环己酮	供水管道，家用管道，房屋墙板，商用机器壳体，电子产品包装，医疗器械，食品包装等
4	聚乙烯（PE）	1）耐蚀性，电绝缘性（尤其高频绝缘性）优良，可以氯化，辐照改性，可用玻璃纤维增强 2）低压聚乙烯的熔点，刚性，硬度和强度较高，吸水性小，有良好的电性能和耐辐射性 3）高压聚乙烯的柔软性、伸长率、冲击强度和渗透性较好 4）超高分子量聚乙烯冲击强度高，耐疲劳、耐磨	低压聚乙烯适用于制作耐腐蚀零件和绝缘零件；高压聚乙烯适用于制作薄膜等；超高分子量聚乙烯适用于制作减振，耐磨及传动零件
5	丙烯腈-丁二烯-苯乙烯共聚体（ABS）	1）ABS 的组成及作用 丙烯腈（A）：使制品表面硬度较高，提高耐磨性、耐热性 丁二烯（B）：加强柔顺性，保持材料韧性、弹性及耐冲击强度 苯乙烯（S）：保持良好成型性（流动性、着色性）及保持材料刚性 2）具有良好电镀性能	ABS 主要应用于汽车（仪表板、工具舱门、车轮盖、反光镜等），电冰箱，电话机壳体，键盘等

（续）

序号	名　称	性能特点	用　途
6	聚四氟乙烯（F4）	1）有卓越的耐化学腐蚀性，对所有化学品都耐腐蚀，摩擦系数在塑料中最低，还有很好的电性能，其电绝缘性不受温度影响，有“塑料王”之称 2）呈透明或半透明状态，结晶度越高，透明性越差。原料多为粉状树脂或浓缩分散液，具有较高的分子量，多为高结晶度的热塑性聚合物	适用于制作耐腐蚀件，减摩、耐磨件、密封件、绝缘件和医疗器械零件
7	聚丙烯（PP）	1）呈半透明，质轻，可浮于水上 2）高的分子量使得拉伸强度高及屈服强度（耐疲劳度高） 3）化学稳定性高，不溶于有机溶剂 4）耐磨性优异，常温下耐冲击性好	汽车工业（挡泥板、通风管、风扇等），器械（干燥机通风管、洗衣机门框架及机盖、冰箱门衬垫等），日用消费品（喷水器、喷水壶等）
8	聚酰胺（PA） 俗称尼龙	1）坚韧、耐磨、耐油、耐水、抗霉菌，但吸水大 2）冲击强度高、耐磨性好、耐寒性较好	适用于制作一般机械零件、减摩、耐磨零件、传动零件，以及化工、电器、仪表等零件
9	聚碳酸酯（PC）	1）外观透明，具有一定的刚度和韧性 2）PC塑料耐冲击性是塑料中最好的 3）成品精度高，尺寸稳定性好 4）化学稳定性好，但不耐碱、酮、芳香烃等有机溶剂 5）耐疲劳强度差，对缺口敏感，耐应力开裂性显著	电气和商业设备（计算机元件、连接器等），器具（食品加工机、电冰箱抽屉等），交通运输行业（车辆前后灯、仪表板等）

橡胶材料分为天然橡胶和合成橡胶。常用橡胶性能及用途见表1-21。

表1-21　常用橡胶性能及用途

序号	名　称	性能特点	用　途
1	天然橡胶（NR）	具有优良的物理力学性能、弹性和加工性能	1）广泛应用作轮胎、胶带、胶鞋、胶布以及日用、医用、文艺制品等的原料 2）适用于制作减振零件，在汽车制动油、醇等带氢氧根的液体中使用的制品
2	氟素橡胶（FPM）	1）有优异的耐高温性能，是橡胶材料中最高的 2）有较好的耐油、耐化学腐蚀性能，可耐王水腐蚀，也是在橡胶材料中最好的 3）具有不延燃性，属自熄性橡胶 4）在高温、高压下的性能比其他橡胶都好 5）耐臭氧老化、天候老化及辐射作用都很稳定	广泛用于现代航空、导弹、火箭、宇宙航行等尖端技术及汽车、造船、化学、石油、电信、仪表机械等工业部门

（续）

序号	名　称	性能特点	用　途
3	硅橡胶（VQM）	1）既耐高温又耐严寒，可在-100～300℃范围内保持弹性 2）耐臭氧、耐天候老化性能优异 3）电绝缘性优良，其硫化胶的电绝缘性在受潮、遇水或温度升高时的变化较小 4）物理力学性能较差，拉伸强度、撕裂强度耐磨性能均比天然橡胶及其他合成橡胶低很多	1）在航空、宇航、汽车、冶炼等工业部门中应用 2）广泛用于医用材料 3）用于军工业、汽车部件、石油化工、医疗卫生和电子等工业上，如模压制品、O 形圈、垫片、胶管、油封、动静密封件以及密封剂、黏合剂等
4	乙丙胶（EPDM）	1）耐老化性能优异，被誉为“无龟裂”橡胶 2）优秀的耐化学药品性能 3）优异的电绝缘性能 4）低密度和高填充特性 5）卓越的耐水特性，不耐油 6）具有良好的弹性和抗压缩变形性	1）汽车零件：包括轮胎胎侧及胎侧覆盖胶条 2）电气制品：高、中、低压电缆绝缘材料等 3）工业制品：耐酸、碱、氨及氧化剂等，各种用途的胶管、垫圈；耐热输送带和传动带等 4）建筑材料：桥梁工程用橡胶制品，橡胶地砖等 5）其他方面：橡皮船、游泳用气垫、潜水衣等。其使用寿命比其他通用橡胶高
5	丁苯胶（SBR）	1）低成本的非抗油性材质 2）良好的抗水性 3）高硬度时具有较差的压缩变形	广泛用于轮胎、胶管、胶带、胶鞋、汽车零件、电线、电缆等橡胶制品
6	丁腈胶（NBR）	1）耐油性最好 2）耐热氧老化性能优于天然、丁苯等通用橡胶 3）耐磨性较好，其耐磨性比天然橡胶高30%～45% 4）耐化学腐蚀性优于天然橡胶，但对强氧化性酸的抵抗能力较差 5）弹性、耐寒性、耐屈挠性、抗撕裂性差，变形生热大 6）电绝缘性能差，属于半导体橡胶，不宜作电绝缘材料使用 7）耐臭氧性能较差 8）加工性能较差	1）用于制作接触油类的胶管、胶辊、密封垫圈、贮槽衬里，非机油箱衬里以及大型油囊等 2）可制造运送热物料的运输带

1. 工程材料有哪些？
2. 金属材料的性能是什么？

3. 常用的硬度表示方法有哪些?
4. 简述普通热处理的基本过程。
5. 何为热处理? 热处理的特点及目的是什么?
6. 简述钢的热处理工艺分类以及热处理工艺曲线。
7. 简述金属材料的选用原则。

第2章 零件加工质量及检测方法

零件是构成机器的最基本单元。在规格相同的一批零件（或部件）中，不经挑选和修配就能顺利进行装配，并能达到规定的性能要求，零件的这种性质称为互换性。零件的互换性是机器进行现代化批量生产的基础，既有利于机器装配和维修，又便于进行高效率的专业化生产。在设计阶段，必须对零件的加工质量提出要求，依据极限与配合制度确定零件的尺寸公差和零件间的配合。在零件的加工过程中，必须对零件进行检测，以保证零件的质量，从而达到零件的互换性要求。随着制造技术的发展，零件的检测技术呈现出智能化、数字化的趋势。本章主要介绍零件质量的检测内容和常用工量具的使用。

2.1 零件加工质量

零件的加工质量包括加工精度和表面质量，其中加工精度是指零件加工后的尺寸、几何形状、相互位置的实际值与理想值的符合程度，它们的偏离程度则是加工误差的大小。加工精度有尺寸精度、几何精度（形状精度和位置精度），表面质量主要指表面粗糙度、波纹度、表面加工硬化的程度、残余应力等，零件加工质量内容如图2-1所示。

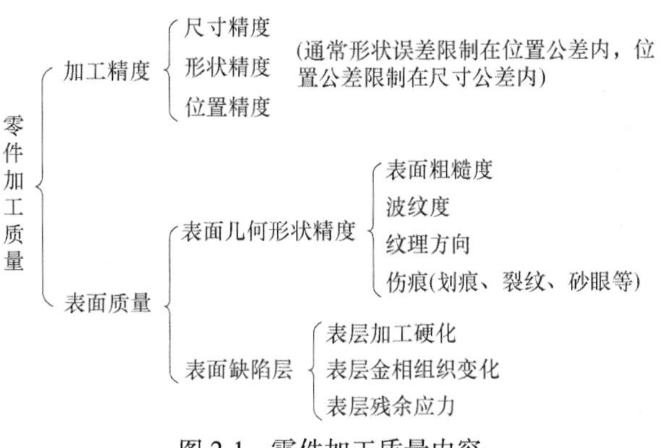

图2-1 零件加工质量内容

零件的精度和表面质量直接影响产品的质量和使用寿命，在加工时，必须按照图样等技术文件的要求进行控制。为保证加工工件的精度要求，需要借助于有一定精度的测量工具来测量。

2.1.1 加工精度

加工精度是指实际零件的尺寸、形状和理想零件的尺寸、形状相符合的程度，包括尺寸、形状、方向、位置和跳动误差等。为了保证零件的质量和互换性，必须限制误差的最大变动量，即明确公差要求。

1. 尺寸精度

尺寸精度是指实际零件的尺寸和理想零件的尺寸相符的程度，即尺寸准确的程度。设计时，尺寸精度由尺寸公差（简称公差）表示，同一基本尺寸的零件，公差值小的精度高，公差值大的精度低。标准公差等级分为 20 级，用 IT 表示，精度由高到低分别为 IT01、IT0、IT1、IT2…IT18，常用的精度为 IT 6～IT 10 级。机械图样中，尺寸精度的表示如图 2-2 所示。图 2-2a 所示是以公差带代号的形式表示，上、下极限偏差可通过查表获得。图 2-2b 所示是直接标注上、下极限偏差的形式，图 2-2c 所示为配合尺寸标注形式。未注尺寸精度的尺寸按 GB/T 1184—1996 规定的未注公差值执行。加工时，零件是否满足尺寸精度要求，通过使用游标卡尺、千分尺、百分表等工具测量零件的实际尺寸来检验。

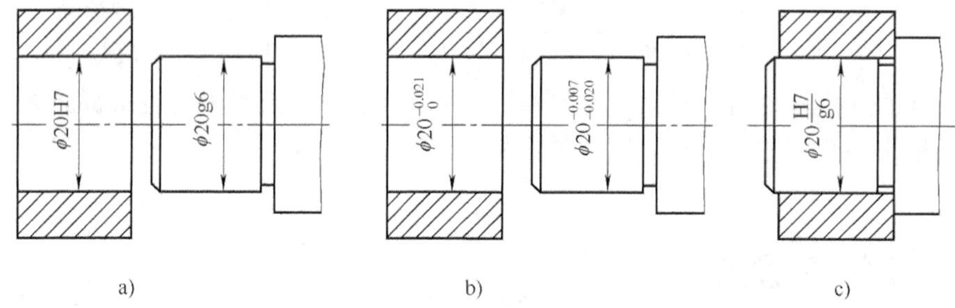

图 2-2 尺寸精度的表示

2. 几何精度

（1）几何公差的类型 零件的几何精度是零件的实际形状与理想形状相符合的程度，即几何的准确程度。按照国家标准 GB/T 1182—2018 规定，几何精度用几何公差来表示，几何公差分为形状公差、方向公差、位置公差和跳动公差。几何公差的几何特征和符号见表 2-1。

表 2-1 几何公差的几何特征和符号

公差类别	几何特征	符号
形状公差	直线度	—
	平面度	▱
	圆度	○
	圆柱度	⌭
	线轮廓度	⌒
	面轮廓度	⌓
方向公差	平行度	//
	垂直度	⊥
	倾斜度	∠
	线轮廓度	⌒
	面轮廓度	⌓

公差类别	几何特征	符号
位置公差	位置度	⌖
	同心度（用于中心线）	◎
	同轴度（用于轴线）	
	对称度	⌯
	线轮廓度	⌒
	面轮廓度	⌓
跳动公差	圆跳动	↗
	全跳动	⌰

（2）几何公差带定义　精度的高低用公差来表示，几何公差带用一个或几个理想的几何线和面所限定的、由线性公差值表示其大小的区域表示。公差值大小应根据功能要求和经济性权衡而定。实际的几何参数是否合格，应通过技术测量所得的结果来判断。零件的几何精度通常用钢直尺、游标卡尺、百分表、轮廓测量仪等来检查。国家标准对各项几何公差的概念、公差带定义、测量、标注等有详细的说明。常见的几何公差的公差带如下。

1）直线度：圆柱面中心线的直线度公差带为直径为公差值的小圆柱内部区域；棱边直线度公差带为间距为公差值的两平行平面之间的区域；在平面上给定方向的直线度公差带是在该方向上距离为公差值的两平行直线之间的区域。

2）平面度：距离为公差值的两平行平面之间的区域。将刀口形直尺与被测平面接触，在各个方向检测，其中最大缝隙的读数值即为平面度误差。

3）圆度：在同一正截面上半径差为公差值的两同心圆之间的区域。

4）圆柱度：半径差为公差值的两同轴圆柱面之间的区域。圆柱度检测方法与圆度的测量方法基本相同，所不同的是测量头在无径向偏移的情况下，要测若干个横截面，以确定圆柱度误差。

5）平行度：当给定一个方向时，平行度公差带是距离为公差值，且平行于基准面（或线）的两平行平面（或线）之间的区域。

6）垂直度：当给定一个方向时，垂直度公差的公差带是距离为公差值，且垂直于基准面（或线）的两平行平面（或线）之间的区域。

7）同轴度：公差带是直径为公差值，基准轴线同轴圆柱面内的区域。

8）圆跳动：径向圆跳动公差带是在垂直于基准轴线的任一测量平面内半径差为公差值，且圆心在基准轴线上的两个同心圆之间的区域。

（3）几何公差在图中的表示　当精度要求较高时，采用框格标注，如图 2-3 所示，不在图中标注的按 GB/T 1184—1996 规定的未注公差值执行。

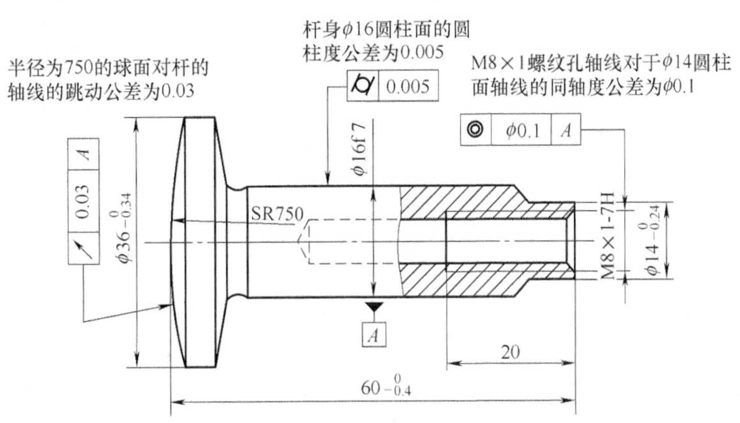

图 2-3　几何公差的标注示例

2. 1. 2　表面质量

零件的表面质量是影响零件性能和使用的重要因素，体现在表面结构、表面物理力学性能和表面缺陷等方面。零件的表面质量受到多种因素的影响，在加工中需要综合控制各种影响因素。

1. 表面结构

表面结构是表面粗糙度、表面波纹度、表面缺陷、表面纹理和表面几何形状的总称。表面粗糙度、表面波纹度以及表面几何形状总是同时生成并存在于同一表面。波距>10mm、无周期性变化的为形状误差；波距在1~10mm之间、呈周期性变化的为表面波纹度误差；波距<1mm、呈周期性变化的为表面粗糙度误差。

零件经过机械加工后的表面会留有许多高低不平的凸峰和凹谷，零件加工表面上具有较小间距与峰谷所组成的微观几何形状特性称为表面粗糙度。表面粗糙度与加工方法、切削刃形状和进给量等各种因素都有密切关系。表面粗糙度是评定零件表面质量的一项重要技术指标，用轮廓的算术平均偏差 *Ra* 和轮廓最大高度 *Rz* 表示，优先使用 *Ra*。加工方法与表面粗糙度的关系见表2-2。

表2-2　加工方法与表面粗糙度的关系

加工类型	加工方法	*Ra* 值/μm	表面特征
粗加工	粗车/铣/刨/钻孔	25，12.5	明显见刀痕
半精加工	精车/铣/刨/铰孔	6.3，3.2，1.6	微见刀痕
精加工	精磨/镗孔	0.8，0.4，0.2	尚可辨纹路
光整加工	研磨/抛光	0.1，0.05，0.025	光如镜面

一般情况下，尺寸公差、形状公差、位置公差、表面粗糙度之间的公差值具有下述关系式：尺寸公差>位置公差>形状公差>表面粗糙度。表面粗糙度与形状公差、尺寸公差的关系见表2-3。

表2-3　表面粗糙度与形状公差、尺寸公差的关系

尺寸公差等级	形状公差	*Ra* 值/μm	*Rz* 值/μm
IT5~IT7	≈0.6IT	≤0.05IT	≤0.2IT
IT8~IT9	≈0.4IT	≤0.025IT	≤0.1IT
IT10~IT12	≈0.25IT	≤0.012IT	≤0.05IT
>IT12	<0.25IT	≤0.15IT	≤0.6IT

加工过程中，由于机床、工件和刀具系统的振动，在工件表面所形成的间距比粗糙度大得多的表面不平度称为波纹度，零件表面的波纹度是影响零件使用寿命和引起振动的重要因素。表面波纹度有相应的评定参数，加工时，必须按照图样的参数要求进行检测和控制。目前，对表面结构检测的方法主要有现场比对法、接触式扫描法、相移干涉法、相干扫描干涉法等。

表面缺陷是表面结构中的另一项评价指标。表面缺陷是指在零件表面随机出现的无规律的表面形貌误差，如划痕、砂眼、毛刺、裂纹、气孔等。

2. 表面物理力学性能

零件表面的物理力学性能是零件表面质量的重要组成部分，影响机械加工零件物理力学性能的因素有很多。一是零件表面冷作硬化。零件切削速度和切削刀具如果使用不当将会影响零件表面层的冷作硬化，材料的冷作硬化变强将会影响零件的正常使用，进而影响材料的性能。二是零件表面材料的组织结构变化。当被加工零件的表面温度达到一定程度时，表面的金属会发生金相组织的变化，导致零件表层金属的强度和硬度降低，甚至会出现一定的裂纹，如磨削烧伤等。三是零件加工时会产生表面层的残余应力。零件在切削过程中会造成塑性变形，导致零件表面的金属比体积增加，这时体积会有所膨胀，在零件表面的金属层会产生一定的残余应力。

2.2 测量工具及使用

测量工具包括量规、量具和量仪。通常把不能指示量值的测量工具称为量规；把能指示量值，拿在手中使用的测量工具称为量具；把能指示量值的座式和上置式等测量工具称为量仪。

2.2.1 钢直尺、塞尺及内外卡钳

1. 钢直尺

钢直尺是最简单的长度量具，它的长度有 150mm、300mm、500mm 和 1000mm 四种规格。图 2-4 所示是常用的 150mm 钢直尺。

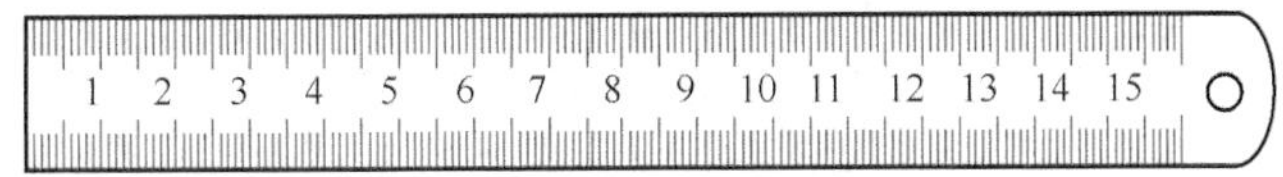

图 2-4　150mm 钢直尺

钢直尺用于测量零件的长度尺寸，其使用方法如图 2-5 所示。由于钢直尺的刻线间距为 1mm，而刻线本身的宽度就有 0. 1~0. 2mm，所以测量时读数误差比较大，只能读出毫米数，即它的最小读数值为 1mm，比 1mm 小的数值，只能估计而得。

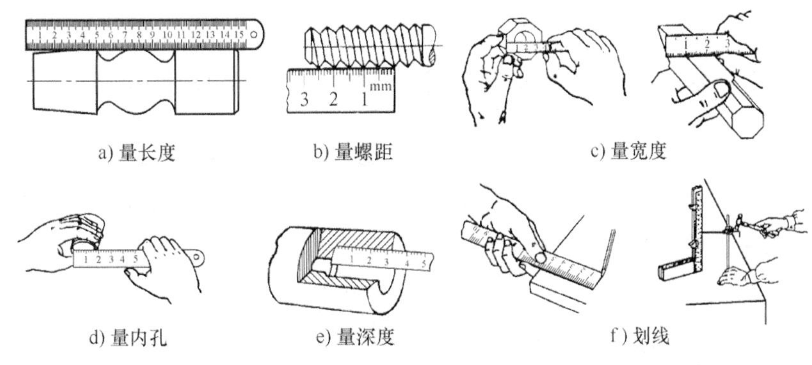

图 2-5　钢直尺的使用方法

2. 塞尺

塞尺又称厚薄规或间隙片，主要用来检验两个接合面之间的间隙大小。例如，机床紧固

面和紧固面、活塞与气缸、活塞环槽和活塞环、十字头滑板和导板、进排气阀顶端和摇臂等间隙大小。塞尺由许多厚薄不一的薄钢片组成，如图 2-6 所示。按照塞尺的组别制成一把一把的塞尺片，每把塞尺中的每个塞尺片具有两个平行的测量平面，且都有厚度标记，以供组合使用。

测量时，根据接合面间隙的大小，用一片或数片重叠在一起塞进间隙内。例如，用 0.03mm 的一片能插入间隙，而 0.04mm 的一片不能插入间隙，这说明间隙在 0.03~0.04mm 之间，所以塞尺也是一种界限量规。

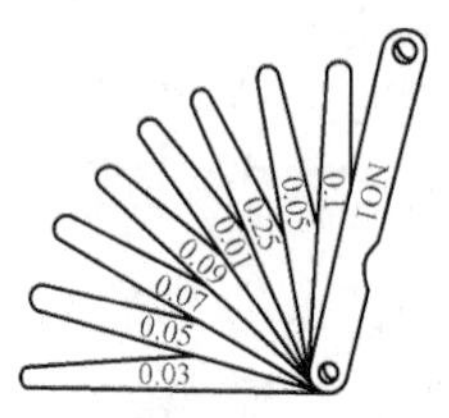

图 2-6　塞尺

使用塞尺时必须注意下列几点：

1）根据接合面的间隙情况选用塞尺片数，但片数越少越好。

2）测量时不能用力太大，以免塞尺被弯曲和折断。

3）不能测量温度较高的工件。

3. 内外卡钳

内外卡钳是最简单的比较量具，如图 2-7 所示。内卡钳可用来测量内径和凹槽，如图 2-7a 所示。外卡钳可用来测量圆柱体外径和物体长度，如图 2-7b 所示。它们本身都不能直接读出测量结果，而是把测量的结果在钢直尺上进行读数，或在钢直尺上先取下所需尺寸，再去检验零件的尺寸是否符合。

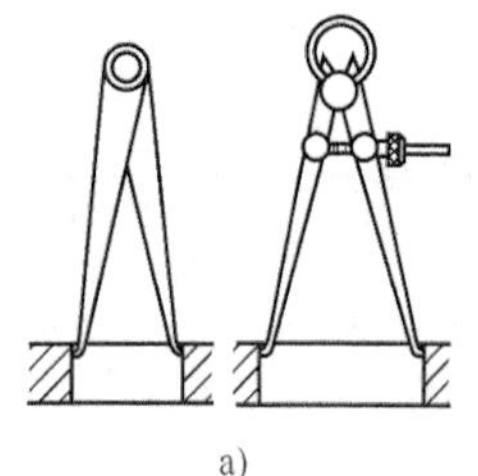
a)

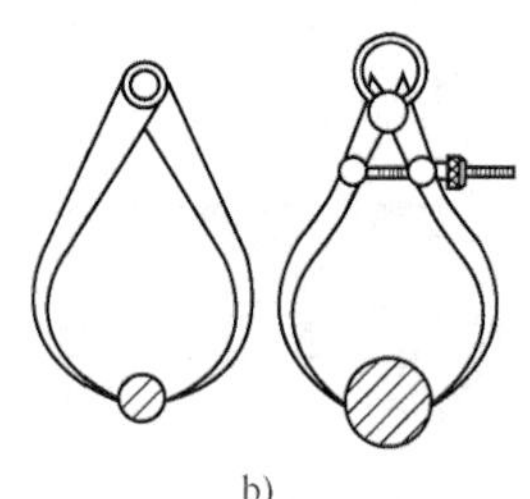
b)

图 2-7　内外卡钳

（1）卡钳开度的调节　首先检查钳口的形状，钳口形状对测量精确性影响很大，应注意经常修整钳口的形状。调节卡钳的开度时，应轻轻敲击卡钳脚的两侧面。先用两手把卡钳调整到和工件尺寸相近的开口，然后轻敲卡钳的外侧来减小卡钳的开口，敲击卡钳内侧来增大卡钳的开口，如图 2-8a 所示。但不能直接敲击钳口，如图 2-8b 所示，这会因卡钳的钳口损伤测量面而引起测量误差，更不能在机床的导轨上敲击卡钳，如图 2-8c 所示。

（2）卡钳的适用范围　卡钳是一种简单的量具，它具有结构简单，制造方便、价格低廉、维护和使用方便等特点，广泛应用于要求不高的零件尺寸的测量和检验，尤其是对锻、铸件毛坯尺寸的测量和检验，卡钳是最合适的测量工具。

2.2.2　游标读数量具

应用游标读数原理制成的量具主要有游标卡尺、游标高度卡尺、游标深度卡尺、游标万能角度尺（如万能角度尺）和游标齿厚卡尺等，用以测量零件的外径、内径、长度、宽度，厚度、高度、深度、角度以及齿轮的齿厚等。

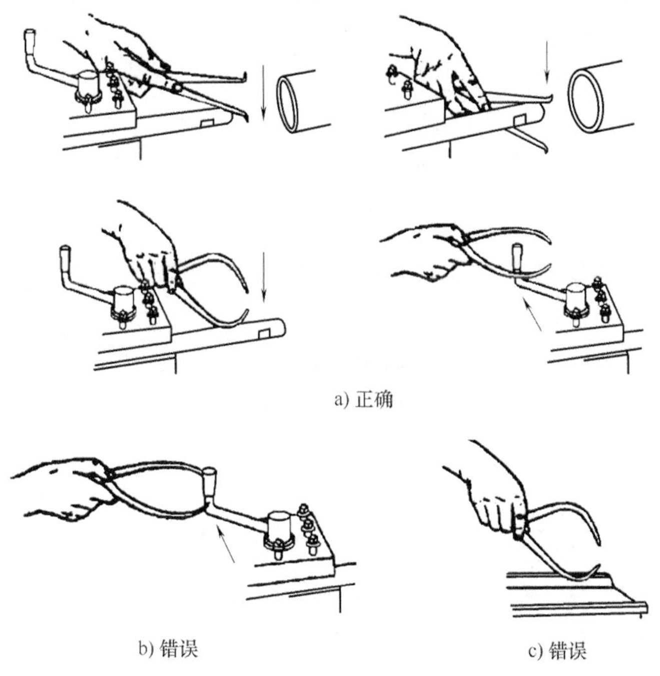

a) 正确

b) 错误　　c) 错误

图 2-8　卡钳开度调节

1. 游标卡尺

游标卡尺是一种常用的量具，具有结构简单、使用方便、精度中等和测量的尺寸范围大等特点，可以用它来测量零件的外径、内径、长度、宽度、厚度、深度和孔距等，应用范围很广。

（1）游标卡尺的结构形式

1）测量范围为 0~150mm 的游标卡尺，制成带有刀口形的上下量爪和带有深度尺的形式，如图 2-9 所示。

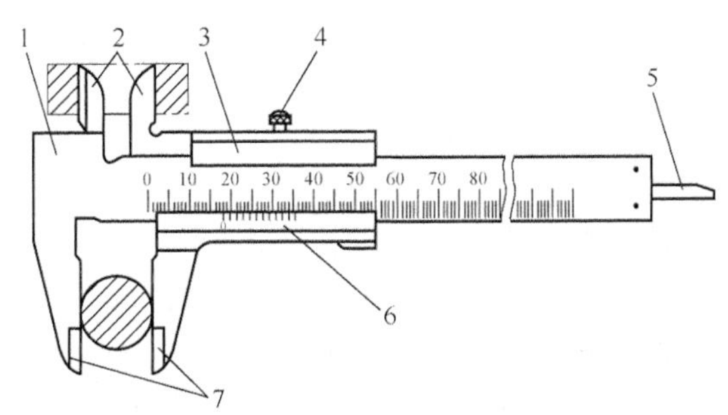

图 2-9　游标卡尺的结构形式之一

1—尺身　2—上量爪　3—尺框　4—紧固螺钉　5—深度尺　6—游标尺　7—下量爪

2）测量范围为 0~300mm 的游标卡尺，可制成带有内外测量面的下量爪和带有刀口形的上量爪的形式，如图 2-10 所示。

3）测量范围为 0~500mm 的游标卡尺，也可制成只带有内外测量面的下量爪的形式，如图 2-11 所示。而测量范围>300mm 的游标卡尺，只制成仅带有下量爪的形式。

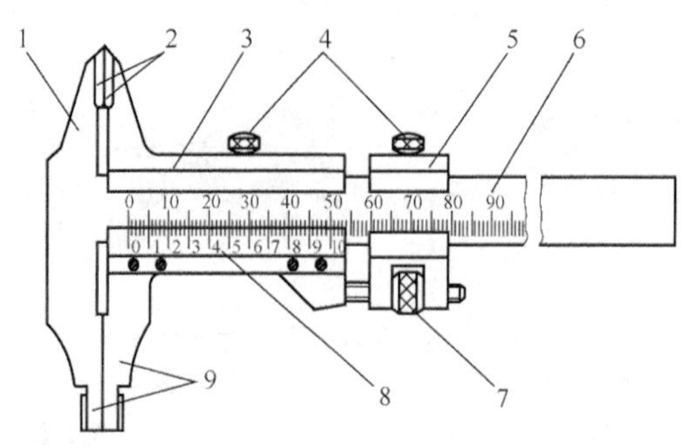

图 2-10　游标卡尺的结构形式之二

1—尺身　2—上量爪　3—尺框　4—紧固螺钉　5—微动装置　6—主尺　7—微动螺母　8—游标尺　9—下量爪

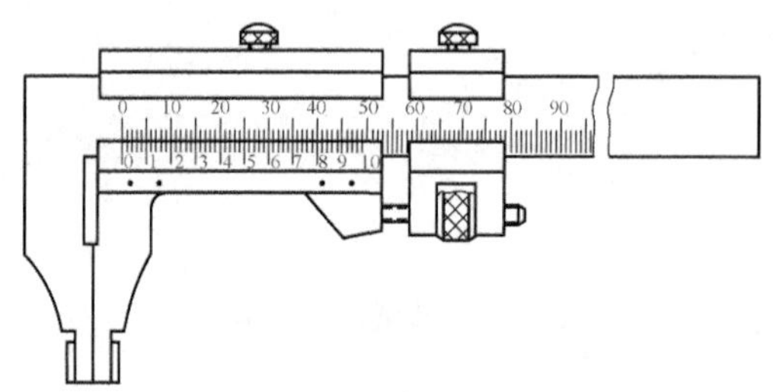

图 2-11　游标卡尺的结构形式之三

（2）游标卡尺的读数原理和读数方法　游标卡尺的读数机构，由主尺和游标尺（图 2-10 中的 6 和 8）两部分组成。当活动量爪与固定量爪贴合时，游标尺上的“0”刻线（简称游标尺零线）对准主尺上的“0”刻线，此时量爪间的距离为“0”，如图 2-10 所示。当尺框向右移动到某一位置时，固定量爪与活动量爪之间的距离，就是零件的测量尺寸，如图 2-10 所示。此时零件尺寸的整数部分，可在游标尺零线左边的主尺刻线上读出来，而<1mm 的小数部分，需借助游标尺读数机构来读出。三种精度的游标卡尺的读数原理和读数方法介绍如下。

1）游标尺精度为 0. 1mm 的游标卡尺。如图 2-12a 所示，主尺刻线间距（每格）为 1mm，当游标尺零线与主尺零线对准（两爪合并）时，游标尺上的第 10 格刻线正好对准主尺上的 19mm，而游标尺上的其他刻线都不会与主尺上任何一条刻线对准。

$$游标尺每格间距 = 19mm \div 10 = 1.9mm$$

$$主尺第 2 格与游标尺第 1 格间距相差 = 2mm - 1.9mm = 0.1mm$$

在游标卡尺上读数时，首先要看游标尺零线的左边，读出主尺上尺寸的整数是多少毫米，其次是找出游标尺上第几格刻线与主尺刻线对准，该游标尺刻线的次序数乘其游标尺精度值，读出尺寸的小数，整数和小数相加的总值，就是被测零件尺寸的数值。

0. 1mm 即为此游标卡尺上游标尺所读出的最小数值，再也不能读出比 0. 1mm 小的数值。

当游标尺向右移动 0. 1mm 时，则游标尺零线后的第 1 格刻线与主尺刻线对准。当游标尺向右移动 0. 2mm 时，则游标尺零线后的第 2 格刻线与主尺刻线对准，依次类推。

如图 2-12b 所示，游标尺零线在 2mm 与 3mm 之间，其左边的主尺刻线是 2mm，所以被测尺寸的整数部分是 2mm，再观察游标尺刻线，这时游标尺上的第 3 格刻线与主尺刻线对准。所以，被测尺寸的小数部分为 3×0. 1mm＝0. 3mm，被测尺寸即为 2mm+0. 3mm＝2. 3（mm）。

2）游标尺精度为 0. 05mm 的游标卡尺。如图 2-12c 所示，主尺每小格为 1mm，当两爪合并时，游标尺上的 20 格正好对准主尺的 39mm，则

游标尺每格间距＝39mm÷20＝1. 95mm

主尺第 2 格与游标尺第 1 格间距相差＝2mm−1. 95mm＝0. 05mm

0. 05mm 即为此种游标卡尺的最小读数值。同理，也有用游标尺上的 20 格刚好等于主尺上的 19mm，其读数原理不变。

如图 2-12d 所示，游标尺零线在 32mm 与 33mm 之间，游标尺上的第 11 格刻线与主尺刻线对准。所以被测尺寸的整数部分为 32mm，小数部分为 11×0. 05mm＝0. 55mm，被测尺寸为 32mm+0. 55mm＝32. 55mm。

3）游标尺精度为 0. 02mm 的游标卡尺。如图 2-12e 所示，主尺每小格 1mm，当两爪合并时，游标尺上的 50 格正好对准主尺上的 49mm，则

游标尺每格间距＝49mm÷50＝0. 98mm

主尺每格与游标尺每格间距相差＝1mm−0. 98mm＝0. 02mm

0. 02mm 即为此种游标卡尺的最小读数值。

如图 2-12f 所示，游标尺零线在 123mm 与 124mm 之间，游标尺上的 11 格刻线与主尺刻线对准。所以，被测尺寸的整数部分为 123mm，小数部分为 11×0. 02mm＝0. 22mm，被测尺寸为 123mm+0. 22mm＝123. 22mm。

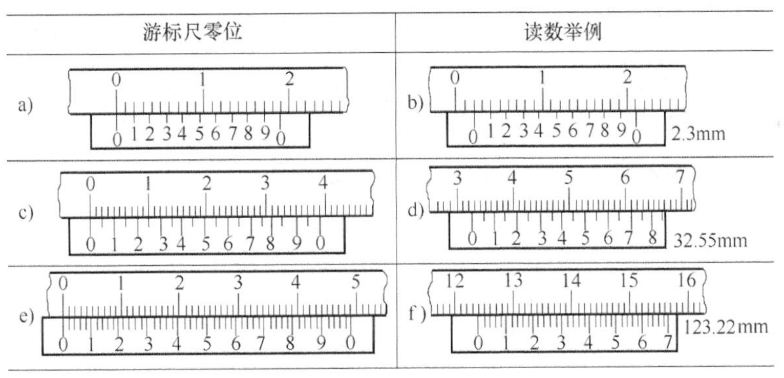

图 2-12　游标尺零位和读数举例

要直接从游标尺上读出尺寸的小数部分，而不是通过上述的换算，为此，可以把游标尺的刻线次序数乘其精度值所得的数值，标记在游标尺上，如图 2-12 所示，这样读数就方便了。

（3）游标卡尺的使用方法　量具使用的是否合理，不但影响量具本身的精度，而且直接影响零件尺寸的测量精度。所以，必须重视量具的正确使用，务必获得正确的测量结果，确保产品质量。

使用游标卡尺测量零件尺寸时，应注意下列几点：

1）测量前应把卡尺揩干净，检查卡尺的两个测量面和测量刃口是否平直无损，把两个量爪紧密贴合时，应无明显的间隙，同时游标尺和主尺的零位刻线要相互对准。这个过程称

为校对游标卡尺的零位。

2）移动尺框时，活动要自如，不应过松或过紧，更不能有晃动现象。

3）当测量零件的外尺寸时：卡尺两测量面的连线应垂直于被测量表面，不能歪斜。测量时，可以轻轻摇动卡尺，放正垂直位置，如图 2-13a 所示。否则，量爪若在如图 2-13b 所示的错误位置上，将使测量结果不是真实值。

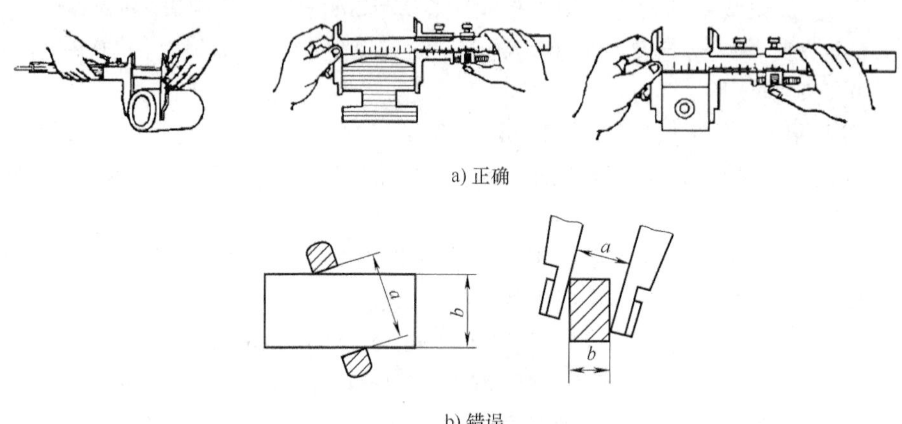

a) 正确

b) 错误

图 2-13 游标卡尺测量

测量沟槽直径时，应当用量爪的平面测量刃进行测量，尽量避免用端部测量刃和刀口形量爪去测量外尺寸，如图 2-14 所示。

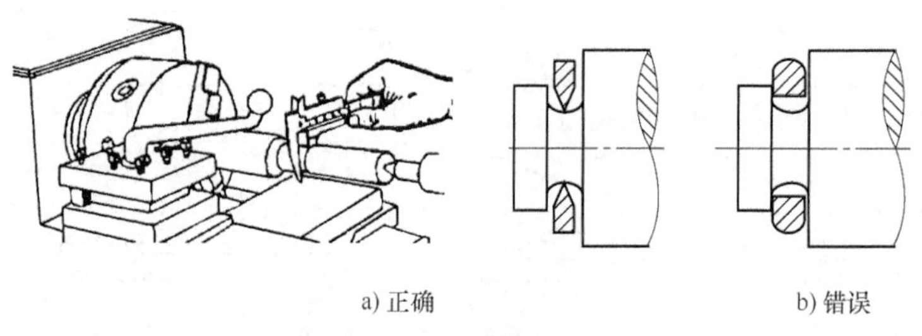

a) 正确　　b) 错误

图 2-14 测量沟槽直径

测量沟槽宽度时，也要放正游标卡尺的位置，应使卡尺两测量刃的连线垂直于沟槽，不能歪斜。否则，量爪若在如图 2-15b 所示的错误位置上，也将使测量结果不准确。

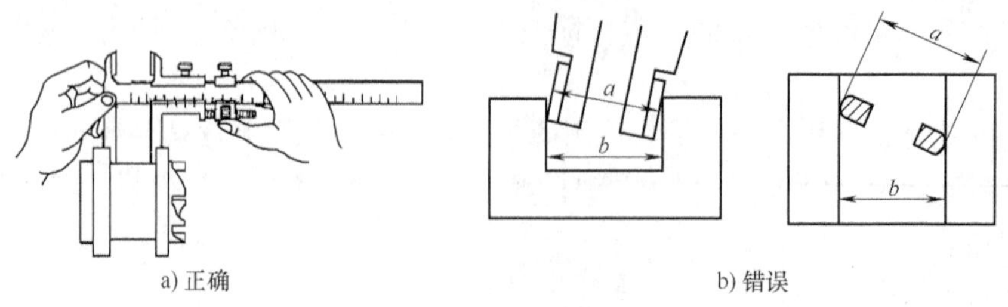

a) 正确　　b) 错误

图 2-15 测量沟槽宽度

当测量零件的内尺寸时，卡尺两测量刃应在孔的直径上，不能偏歪。图 2-16 所示为带有刀口形量爪和带有圆柱面形量爪的游标卡尺，在测量内孔时正确的和错误的位置。当量爪在错误位置时，其测量结果将比实际孔径 D 要小。

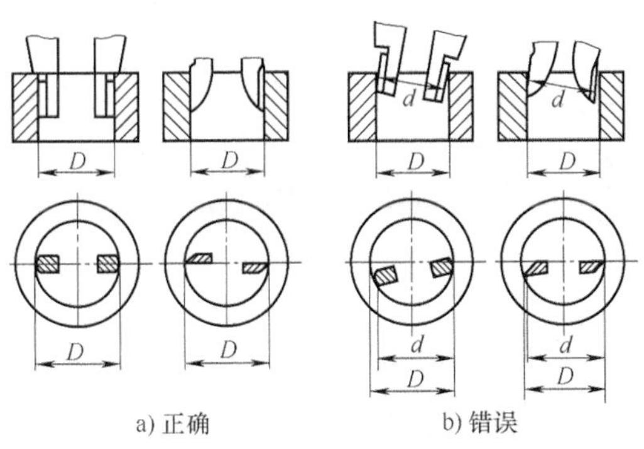

图 2-16　测量内孔

4）用下量爪的外测量面测量内尺寸。如使用如图 2-10 和图 2-11 所示的两种游标卡尺测量内尺寸，在读取测量结果时，要加上量爪的宽度，即游标卡尺上的读数加上量爪的厚度，才是被测零件的内尺寸。

2. 游标高度卡尺

游标高度卡尺如图 2-17 所示，用于测量零件的高度和精密划线。它的结构特点是用质量较大的基座 4 代替固定量爪，而可移动的尺框 3 则通过横臂装有测量高度和划线用的量爪 5，量爪的测量面上镶有硬质合金，以提高量爪使用寿命。游标高度卡尺的测量工作，应在平台上进行。当量爪的测量面与基座的底平面位于同一平面时，如在同一平台平面上，尺身 1 与游标尺 6 的零线相互对准。所以在测量高度时，量爪测量面的高度，就是被测量零件的高度尺寸，它的具体数值，与游标卡尺一样可在主尺（整数部分）和游标尺（小数部分）上读出。应用游标高度卡尺划线时，调好划线高度，用紧固螺钉 2 把尺框锁紧后，还应在平台上先进行调整再进行划线。图 2-18 所示为游标高度卡尺的应用。

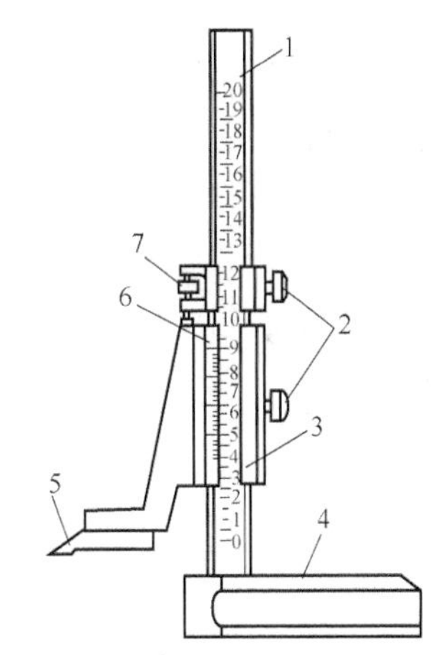

图 2-17　游标高度卡尺
1—尺身　2—紧固螺钉　3—尺框
4—基座　5—量爪　6—游标尺
7—微动装置

3. 游标深度卡尺

游标深度卡尺如图 2-19 所示，用于测量零件的深度尺寸、台阶高低和槽的深度。它的结构特点是尺框 3 与两个量爪连成一体成为一个带游标尺的测量基座 1，基座端面和尺身 4 的端面就是深度游标卡尺的两个测量面。如测量内孔深度时应把基座的端面紧靠在被测孔的端面上，使尺身与被测孔的中心线平行，伸入尺身，则尺身端面至基座端面之间的距离，就是被测零件的深度尺寸。它的读数方法和游标卡尺完全一样。

测量时，先把测量基座轻轻压在工件的基准面上，两个端面必须接触工件的基准面，如图 2-20a 所示。测量轴类等台阶时，测量基座的端面一定要压紧在基准面上，如图 2-20b、c

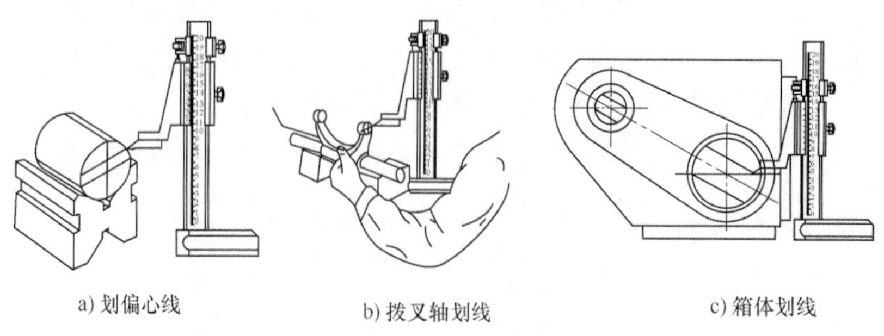

图 2-18 游标高度卡尺的应用

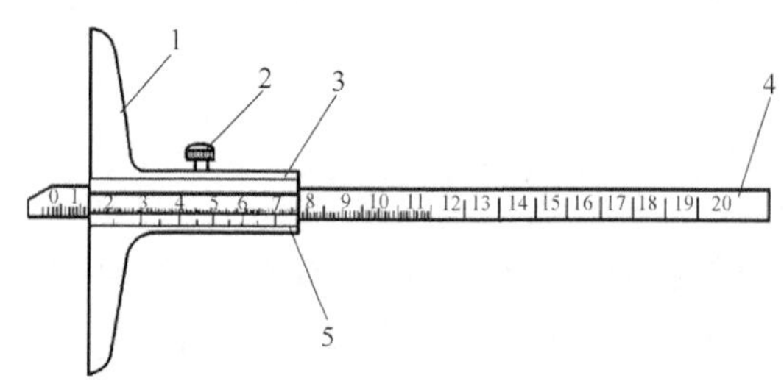

图 2-19 游标深度卡尺

1—测量基座 2—紧固螺钉 3—尺框 4—尺身 5—游标尺

所示，再移动尺身，直到尺身的端面接触到工件的测量面（台阶面）上，然后用紧固螺钉固定尺框，提起卡尺，读出深度尺寸。多台阶小直径的内孔深度测量，要注意尺身的端面是否在要测量的台阶上，如图 2-20d 所示。当基准面是曲线时，如图 2-20e 所示，测量基座的端面必须放在曲线的最高点上，测量出的深度尺寸才是工件的实际尺寸，否则会出现测量误差。

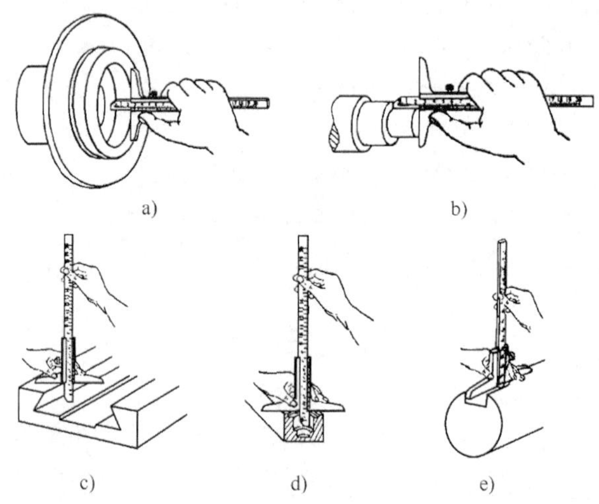

图 2-20 游标深度卡尺的使用方法

4. 游标齿厚卡尺

游标齿厚卡尺可用来测量齿轮（或蜗杆）的弦齿厚和弦齿顶，如图 2-21 所示。这种游标卡尺由两互相垂直的尺身组成，因此它就有两个游标尺，即垂直尺身游标尺和水平尺身游标尺。刻线原理和读法与一般游标卡尺相同。

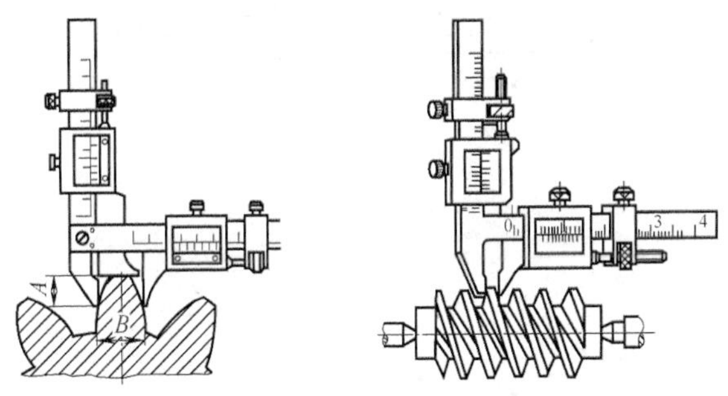

图 2-21　游标齿厚卡尺测量齿轮与蜗杆

5. 其他游标卡尺

常用的游标卡尺还有带表游标卡尺和数显游标卡尺，如图 2-22、图 2-23 所示。

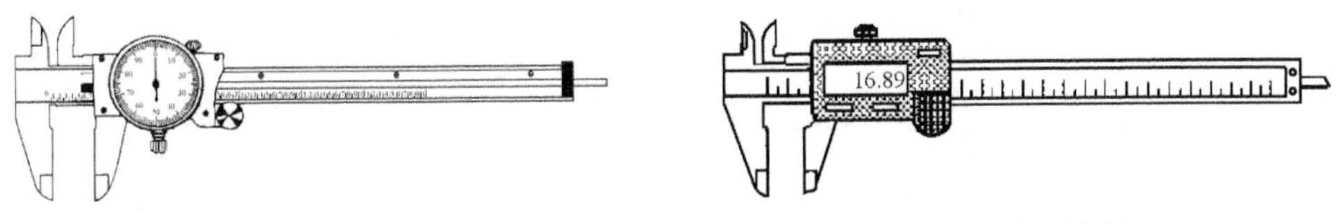

图 2-22　带表游标卡尺　　　　图 2-23　数显游标卡尺

2.2.3　螺旋测微量具

应用螺旋测微原理制成的量具，称为螺旋测微量具。它们的测量精度比游标卡尺高，并且测量比较灵活，加工精度要求较高时多被应用。常用的螺旋读数量具有千分尺和微米千分尺。千分尺的读数精度为 0.01mm，微米千分尺的读数精度为 0.001mm。目前大量使用的是读数精度为 0.01mm 的千分尺。千分尺和微米千分尺的读数原理是一样的，下面主要介绍千分尺。

千分尺的种类很多，常用的有外径千分尺、内径千分尺、深度千分尺以及螺纹千分尺和公法线千分尺等，分别用于测量或检验零件的外径、内径、深度、厚度以及螺纹的中径和齿轮的公法线长度等。

1. 外径千分尺

（1）外径千分尺结构　外径千分尺的结构如图 2-24 所示。

（2）外径千分尺刻线原理　固定套管上每相邻两刻线轴向每格长为 0.5mm，测微螺杆螺距为 0.5mm。当微分筒转 1 圈时，测微螺杆就移动 1 个螺距 0.5mm。微分筒圆锥面上共等分 50 格，微分筒每转 1 格，测微螺杆就移动 0.01mm，所以千分尺的测量精度为 0.01mm。

（3）外径千分尺读数方法　先读出固定套管上露出刻线的整毫米及半毫米数，再看微分筒哪一刻线与固定套管的基准线对齐，读出不足半毫米的小数部分。最后将两次读数相加，即为工件的测量尺寸，如图 2-25 所示。

（4）外径千分尺使用　用千分尺进行测量时，应先将砧座和测微螺杆的测量面擦干净，并校准千分尺的零位。测量时可用单手或双手操作，其具体方法如图 2-26 所示。不管用哪

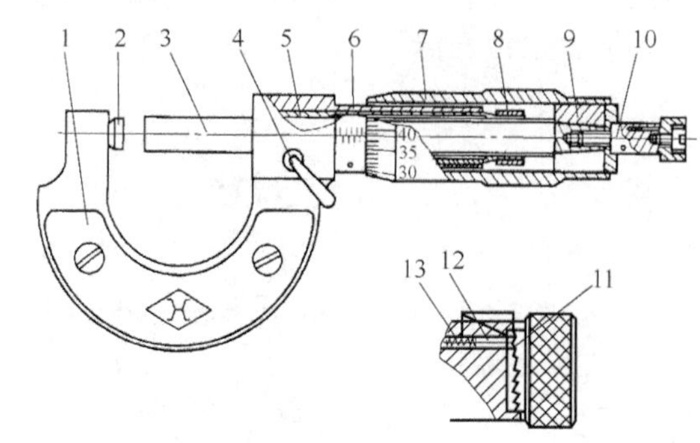

图 2-24　外径千分尺的结构

1—尺架　2—砧座　3—测微螺杆　4—锁紧手柄　5—螺纹套　6—固定套管　7—微分筒　8—螺母
9—接头　10—测力装置　11—棘轮　12—棘轮爪　13—弹簧

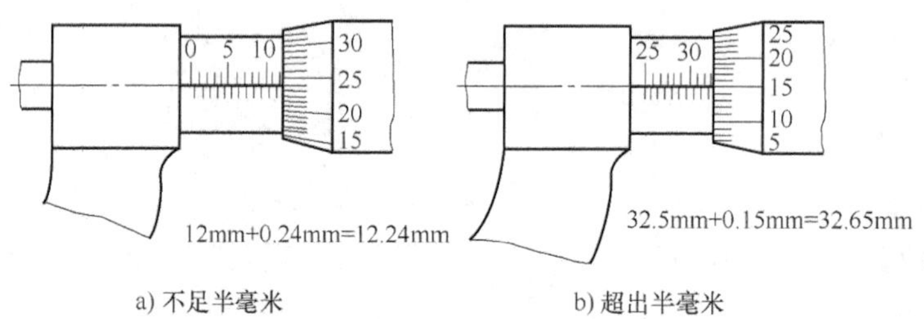

a) 不足半毫米　　　　b) 超出半毫米

图 2-25　千分尺的读数方法

种方法，旋转力要适当，一般应先旋转微分筒，当测量面快接触或刚接触工件表面时，再旋转棘轮，以控制一定的测量力，最后读出读数。

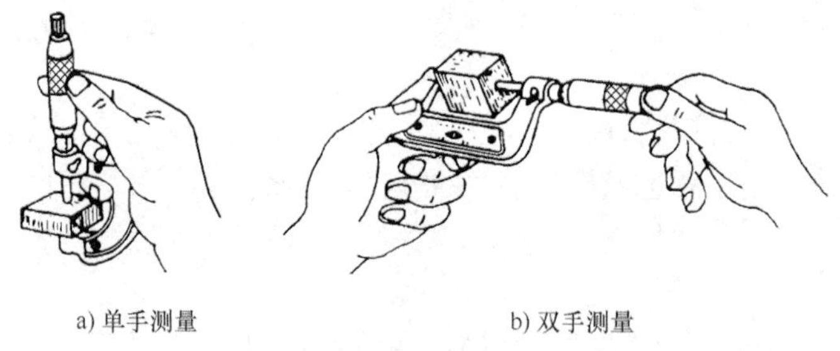

a) 单手测量　　　　b) 双手测量

图 2-26　外径千分尺的使用方法

（5）使用外径千分尺注意事项

1）测量时，在测微螺杆快靠近被测物体时应停止使用微分筒，而改用棘轮，避免产生过大的压力，既可使测量结果精确，又能保护外径千分尺。

2）在读数时，要注意固定套管刻度尺上表示半毫米的刻线是否已经露出。

3）读数时，千分位有一位估读数字，不能随便扔掉，即使固定套管刻度的零点正好与微分筒刻度的某一刻度线对齐，千分位上也应读取为“0”。

4）当砧座和测微螺杆并拢时，微分筒刻度的零点与固定套管刻度的零点不相重合，将出现零误差，应加以修正，即在最后测量长度的读数上去掉零误差的数值。

2. 内径千分尺

内径千分尺如图 2-27 所示，可测量小尺寸内径和槽内侧面的宽度。其特点是容易找正内孔直径，测量方便。内径千分尺的读数方法与外径千分尺相同，只是套筒上的刻线尺寸与外径千分尺相反，另外它的测量方向和读数方向也都与外径千分尺相反。

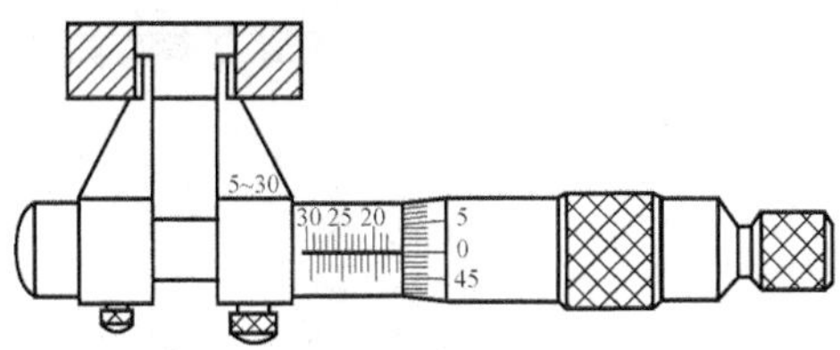

图 2-27　内径千分尺

3. 公法线长度千分尺

公法线长度千分尺如图 2-28 所示，主要用于测量外啮合圆柱齿轮的两个不同齿面公法线长度，也可以在检验切齿机床精度时，按被切齿轮的公法线检查其原始外形尺寸。它的结构与外径千分尺相同，所不同的是在测量面上装有两个带精确平面的量钳（测量面）代替了原来的测砧面。

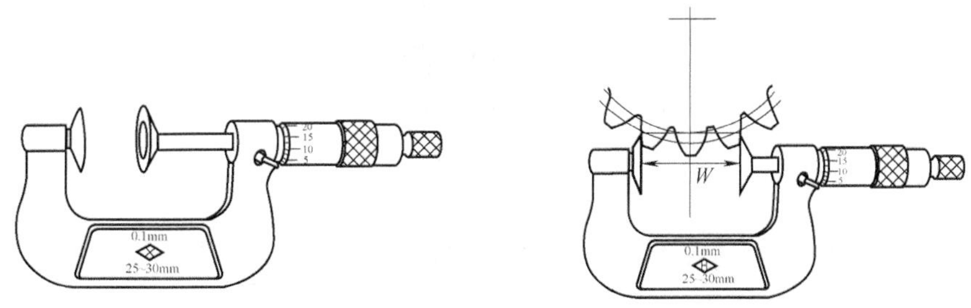

图 2-28　公法线长度千分尺

4. 螺纹千分尺

螺纹千分尺如图 2-29 所示，主要用于测量普通螺纹的中径。

螺纹千分尺的结构与外径千分尺相似，所不同的是它有两个特殊的可调换的量头 1 和 2，其角度与螺纹牙型角相同。

5. 深度千分尺

深度千分尺如图 2-30 所示，用以测量孔深、槽深和台阶高度等。它的结构，除用基座代替尺架和测砧外，与外径千分尺没有什么区别。

2.2.4　指示式量具

指示式量具是以指针指示出测量结果的量具。车间常用的指示式量具有百分表、千分表、杠杆百分表和内径百分表等，主要用于校正零件的安装位置，检验零件的形状精度和相互位置精度，以及测量零件的内径等。

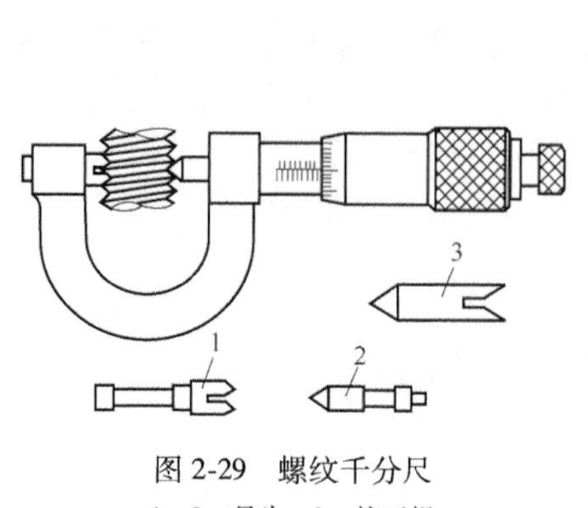

图 2-29　螺纹千分尺

1、2—量头　3—校正规

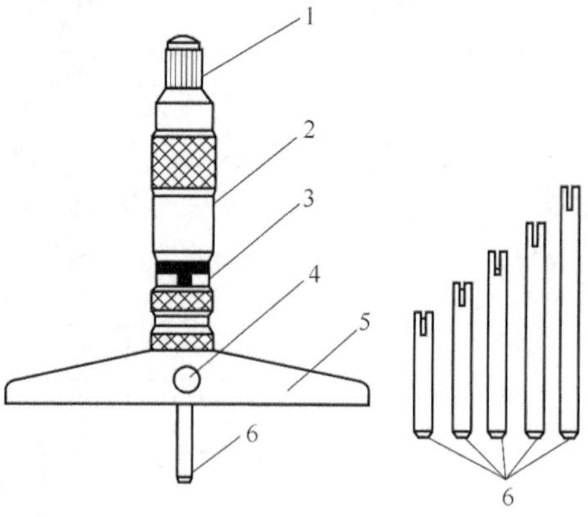

图 2-30　深度千分尺

1—测力装置　2—微分筒　3—固定套筒

4—锁紧装置　5—基座　6—测量杆

1. 百分表的分类

百分表和千分表，都可用来校正零件或夹具的安装位置，检验零件的形状精度或相互位置精度。它们的结构原理没有什么大的不同，就是千分表的读数精度比较高，即千分表的读数值为 0.001mm，而百分表的读数值为 0.01mm。

2. 百分表的使用范围

1）百分表的安装。用夹持百分表的套筒来固定百分表时，夹紧力不要过大，以免因套筒变形而使测量杆活动不灵活，如图 2-31 所示。

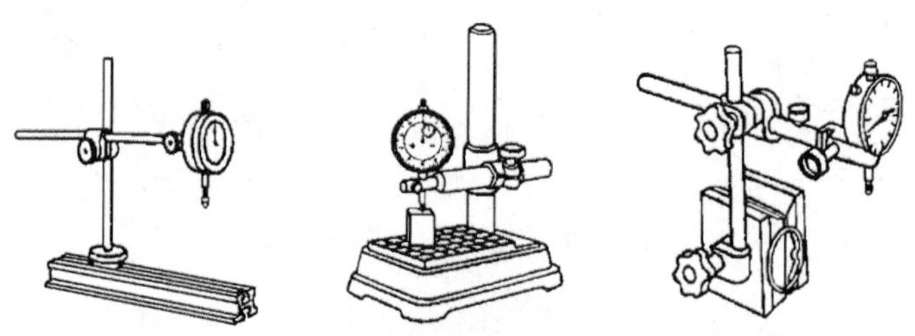

图 2-31　安装在专用夹持架上的百分表

用百分表或千分表测量零件时，测量杆必须垂直于被测量表面，如图 2-32 所示，即应该使测量杆的轴线与被测量尺寸的方向一致，否则将使测量杆活动不灵活或使测量结果不准确。

2）用百分表检测车床主轴轴线对刀架移动平行度、刀架移动在水平面内直线度，如图 2-33、图 2-34 所示。

3）轴类零件的圆度、圆柱度及跳动测量，如图 2-35、图 2-36、图 2-37、图 2-38 所示。

3. 内径百分表

内径百分表用以测量或检验零件的内孔、深孔直径及其形状精度。内径百分表是内量杠杆式测量架和百分表的组

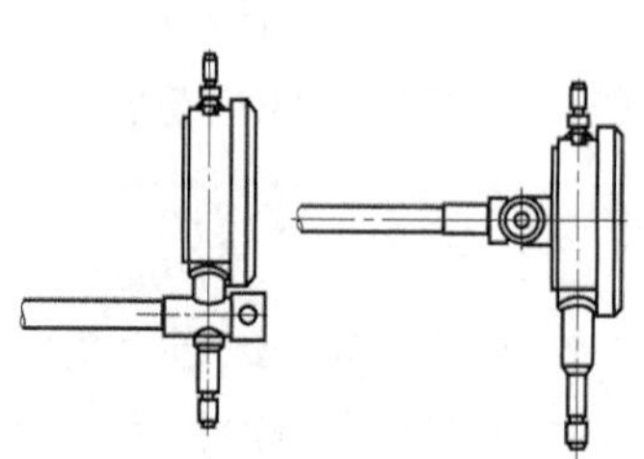

图 2-32　百分表安装

合，如图 2-39 所示。将百分表装在表架 1 上，触头 6 通过摆动块 7、杆 3 将测量值 1∶1 地传给百分表。固定测量头 5 可根据孔径大小更换。

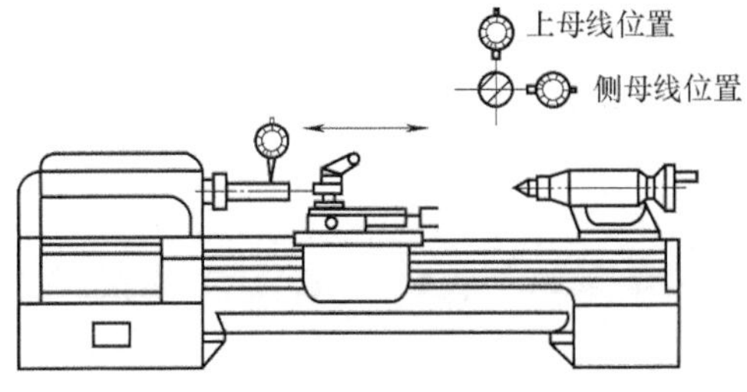

图 2-33　主轴轴线对刀架移动的平行度检验

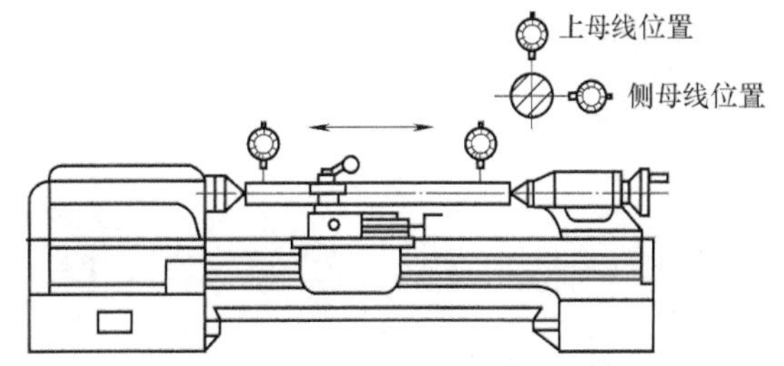

图 2-34　刀架移动在水平面内的直线度检验

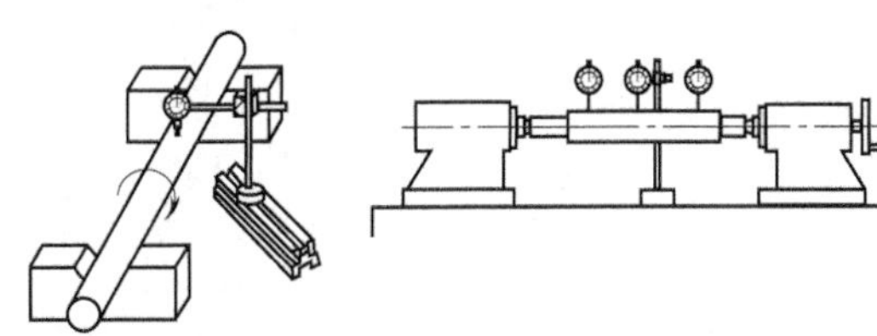

a) 工件放在V形铁上　　b) 工件放在专用检验架上

图 2-35　轴类零件圆度、圆柱度及跳动测量

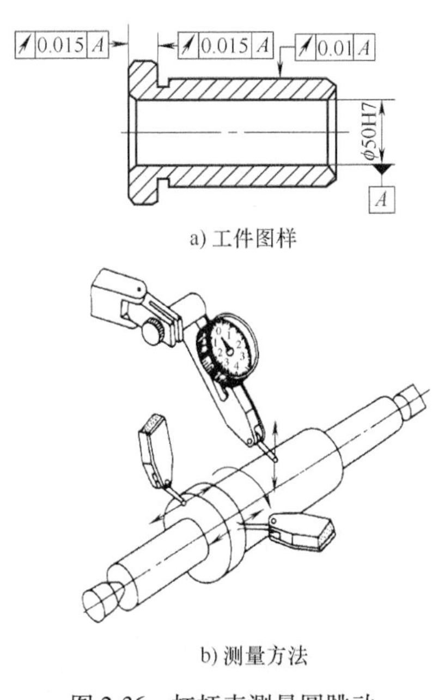

a) 工件图样

b) 测量方法

图 2-36　杠杆表测量圆跳动

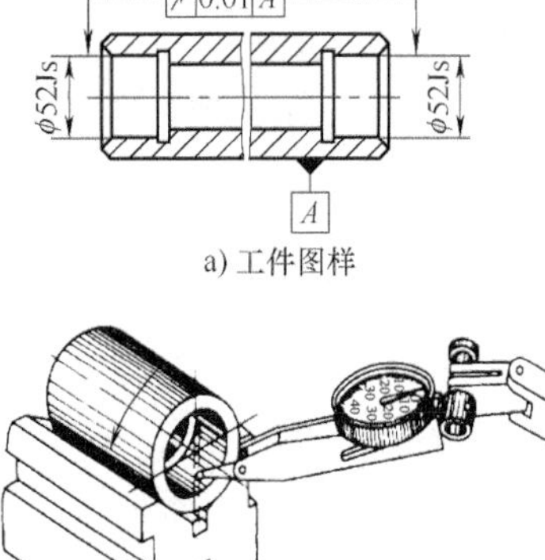

a) 工件图样

b) 测量方法

图 2-37　杠杆表测量内孔圆跳动

内径百分表是一种比较量仪，只有和外径千分尺配合才能测出孔径的实际读数。测量时应先将内径百分表对准基位，沿轴向摆动百分表，如图 2-40 所示，所得的最小尺寸才是孔径的实际尺寸。

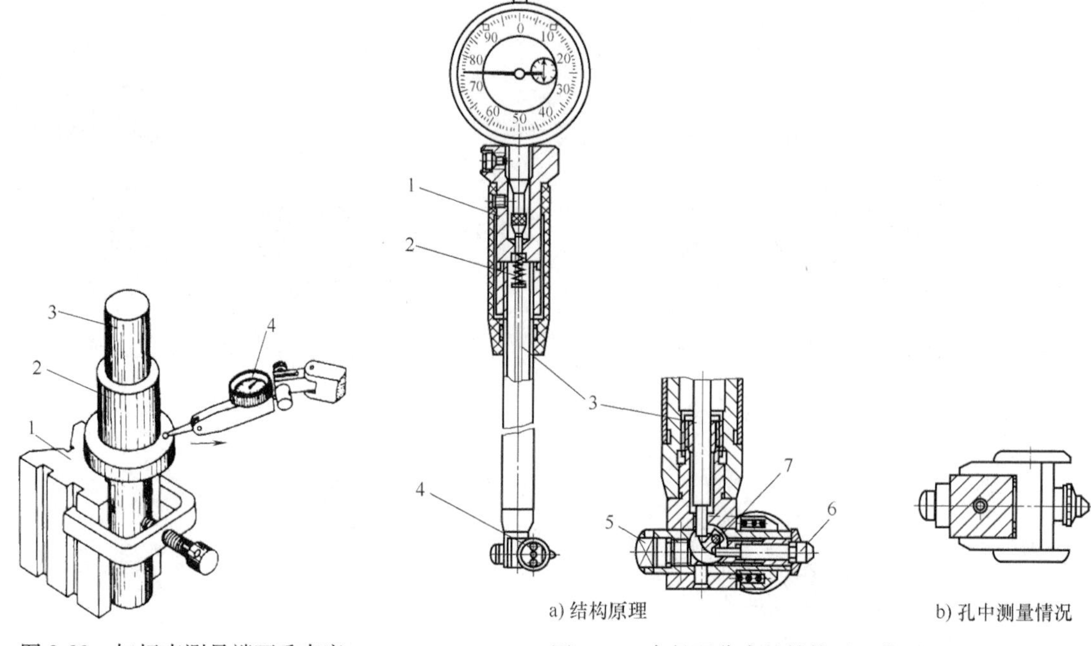

图 2-38　杠杆表测量端面垂直度

1—V 形块　2—工件

3—心轴　4—杠杆表

图 2-39　内径百分表的结构及工作原理

1—表架　2—弹簧　3—杆　4—定心器

5—测量头　6—触头　7—摆动块

2.2.5　角度量具

常用的角度量具主要有直角尺、量角器、游标万能角度尺。

游标万能角度尺是用来测量精密零件内外角度或进行角度划线的角度量具，如图 2-41 所示，它由刻有基本角度刻线的尺身 1 和固定在扇形板 6 上的游标尺 3 组成。扇形板可在尺身上回转移动（有制动头 5），形成了和游标卡尺相似的游标读数机构。

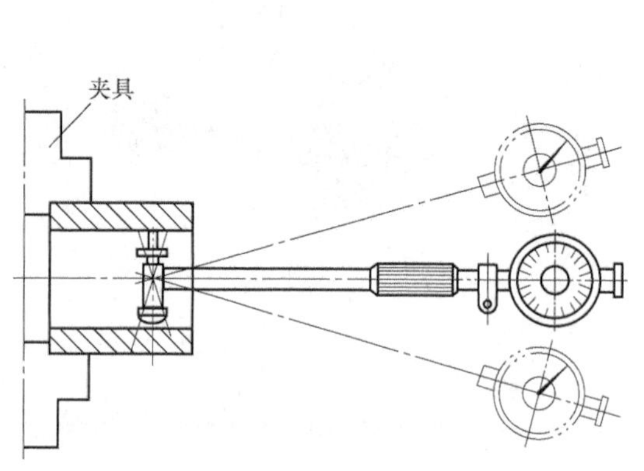

图 2-40　内径百分表的测量方法

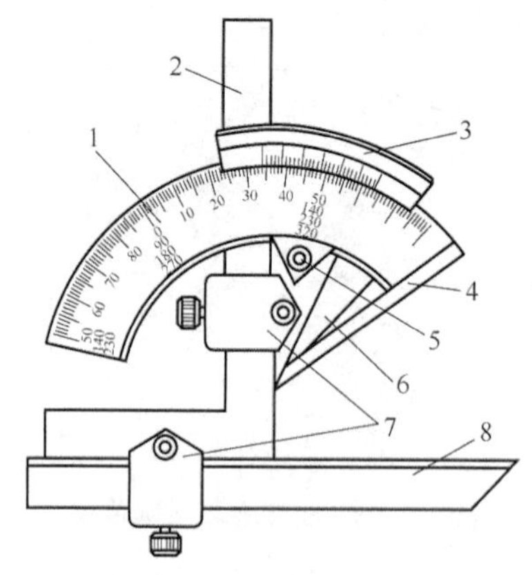

图 2-41　游标万能角度尺

1—尺身　2—直角尺　3—游标尺　4—基尺

5—制动头　6—扇形板　7—卡块　8—直尺

游标万能角度尺尺身上的刻度线每格为 1°，由于游标尺上刻有 30 格，所占的总角度为 29°，因此，两者每格刻线的度数差是

$$1°-\frac{29°}{30}=\frac{1°}{30}=2'$$

即游标万能角度尺的精度为 2′。

游标万能角度尺的读数方法和游标卡尺相同，先读出游标尺零线前的角度是几度，再从游标尺上读出角度“分”的数值，两者相加就是被测零件的角度数值。

在游标万能角度上，基尺 4 是固定在尺身上的，直角尺 2 用卡块 7 固定在扇形板上，可移动直尺 8 用卡块固定在直角尺上。若把直角尺 2 拆下，也可把直尺 8 固定在扇形板上。由于直角尺 2 和直尺 8 可以移动和拆换，使游标万能角度尺可以测量 0°~320°的任何角度，如图 2-42 所示。

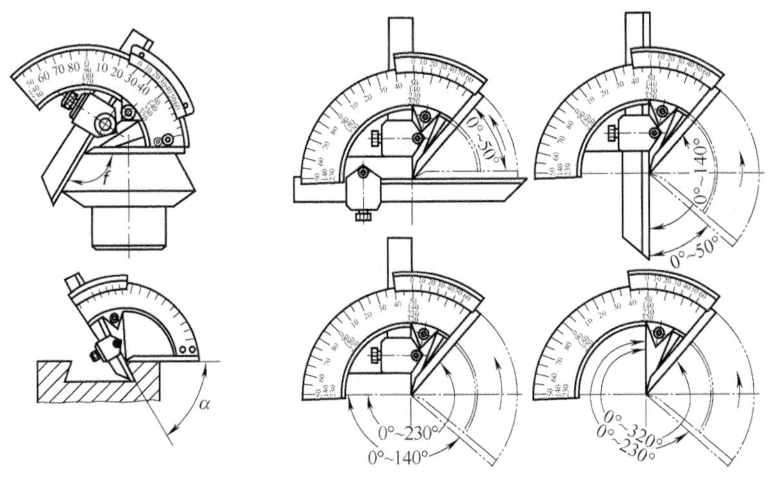

图 2-42　游标万能角度尺的应用

2.2.6　三坐标测量仪

三坐标检测是检验工件的一种精密测量方法，广泛应用于机械制造业、汽车工业等现代工业中。三坐标检测就是运用三坐标测量仪对工件进行几何公差的检验和测量，判断该工件的误差是不是在公差范围之内，也称三坐标测量。

1. 三坐标测量仪的结构

三坐标测量仪的结构有桥式、龙门式、悬臂式三种。下面以爱德华 686 桥式三坐标测量仪为例介绍，桥式三坐标测量仪结构如图 2-43 所示。

2. 三坐标测量原理

将被测物体置于三坐标测量仪的测量空间，获得被测物体上各测点的坐标位置，根据这些点的空间坐标值，拟合形成测量元素，如圆、球、圆柱、圆锥、曲面等，经过数学运算，求出被测的几何尺寸、形状和位置。

爱德华 686 设备所用软件为 AC-DMIS，包括机器运动控制、坐标测量法测量基本几何量、几何模型数据计算、形状和位置公差评定、测量结果的显示和编辑、图文并茂的报表内

容、CAD 连接等。

3. 三坐标测量操作注意事项

（1）安全操作注意事项

1）在确信已经彻底了解了在紧急情况下如何关机之后，才能尝试运行机器。

2）花岗岩表面作为测量区域，轨道不可作为测量区域，只能供机器运行（轨道不能碰伤，划伤）。

3）不可使用压缩空气来清理机器，因为未经良好处理的压缩空气会导致污垢，影响空气轴承的正常工作。可使用吸尘器来清理机器。

4）保持工作台面的清洁和被测工件表面清洁。开机前用 120 号航空汽油或体积分数为 99.7%的无水酒精清洁导轨。

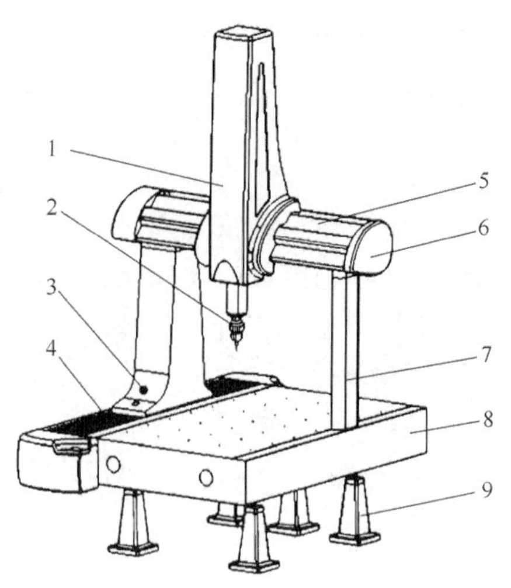

图 2-43　桥式三坐标测量仪结构

1—Z 轴传动及护罩　2—测头系统　3—主立柱　4—Y 轴传动及护罩　5—横梁及 X 轴传动　6—X 轴护罩　7—副立柱　8—工作台　9—支撑

5）测量工件时，如果中间休息，应把 Z 轴移到被测工件的上方（安全平面），并留出一段净空，然后按下操纵盒上的急停按钮。

6）不可试图让机器急速转向或反向。

7）手动操控机器探测量时应使用较低的速度并保持速度均匀。在自动回退完成之前，不可拧操纵杆。

8）测量小孔或狭槽之前应确认回退距离设置适当。

9）运行一段测量程序之前应检查当前坐标系是否与该段程序要求的坐标系一致。

（2）开机步骤

1）检查是否有阻碍机器运行的障碍物。

2）打开总电源。

3）打开气源，检查测量仪的气压表指示，不低于 0.5MPa（5bar）（先开工作气源，后开总气源）。

4）开控制柜电源（顺时针旋转，松开控制柜上的急停按钮）。

5）开启计算机。

6）启动 AC-DMIS 测量软件。

7）打开机器和操纵盒上的急停开关，给 X、Y、Z 加上势能，单击“机器回零”。

8）回零成功后，方可进行测量。

（3）关机步骤

1）把测头座 A 角转到 90°，B 角转到 180°（测针 A90B180）。

2）将三轴移到左上方（接近回零的位置）。

3）按下操纵盒及控制柜上的急停按钮。

4）退出 AC-DMIS 测量软件操作界面。

5）关闭计算机。

6）关闭控制柜电源（手动按下红色急停按钮）。

7）关闭气源（先关总气源，后关工作气源）。

8）关闭总电源。

4. 三坐标测量操作步骤

（1）回零操作　打开 AC-DMIS 软件，弹出如图 2-44 所示窗口。进入软件界面，如图 2-45 所示。

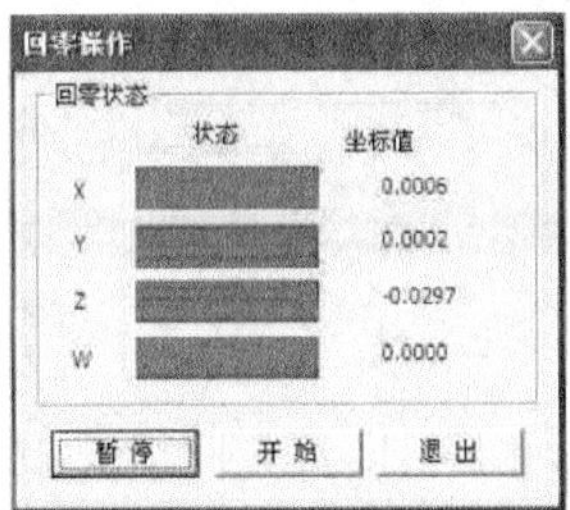

图 2-44　回零操作

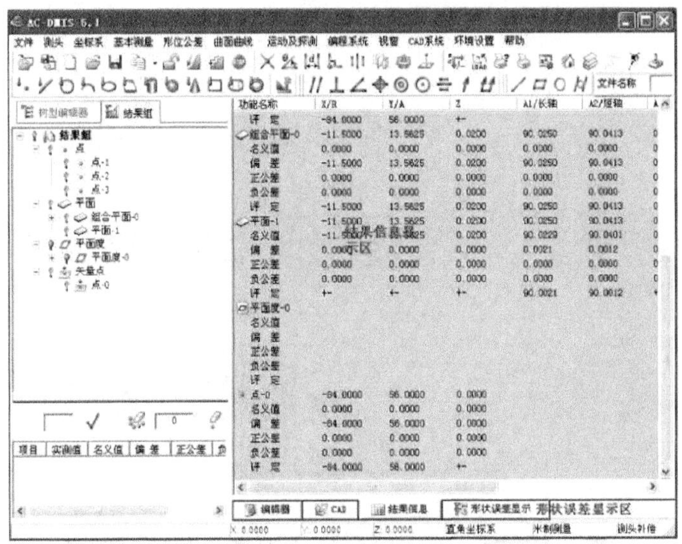

图 2-45　AC-DMIS 软件界面

（2）测头装配　单击“测头”→“测头装配 . . . ”，在自动双旋转测座上依次装配测头系统（测头 PH10M）、测头转接体（PAA1x32-TO_M8）、应变式触发测头体（TP200-TO_AG）、低测力测头模块（TP200_LF-TO_M2）、测针转接杆（M2x7-TO_M3）、测针（M3_20x2），如图 2-46 所示。

（3）测头校正　测头校正的目的就是确定各个测针的参数（测针半径）及各测针位相互之间的位置关系。

1）测头补偿。选择“测头补偿”，如果未选，测得的几何元素为通过测针球心坐标所拟合的结果，选择（默认）后测得的几何元素为经补偿后坐标所拟合的结果，如图 2-47 所示。

在接触式测量中，当测针的球心坐标一定时，测针与被测工件表面的接触点是不确定的，要获得确定的测量点坐标值，必须按一定的规则对测针的半径进行补偿。

2）配置辅助参数。校正测针前必须先确定“配置辅助参数”选项里面的内容正确无误，“辅助距离”是指安全回退距离（设置范围 2~4mm），如图 2-48 所示。

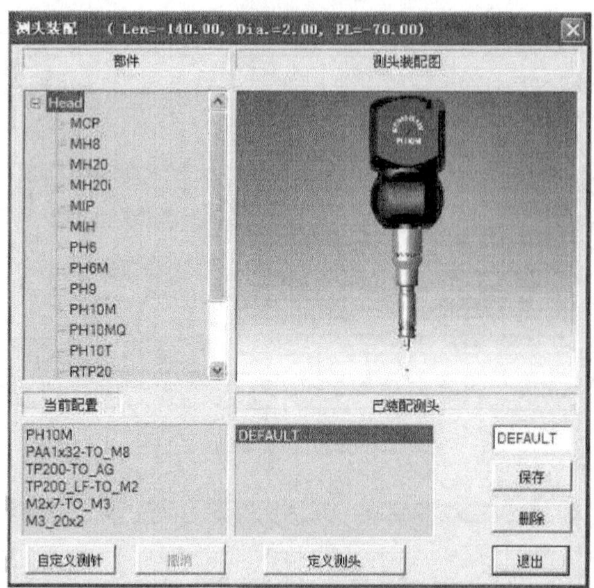

图 2-46 测头装配

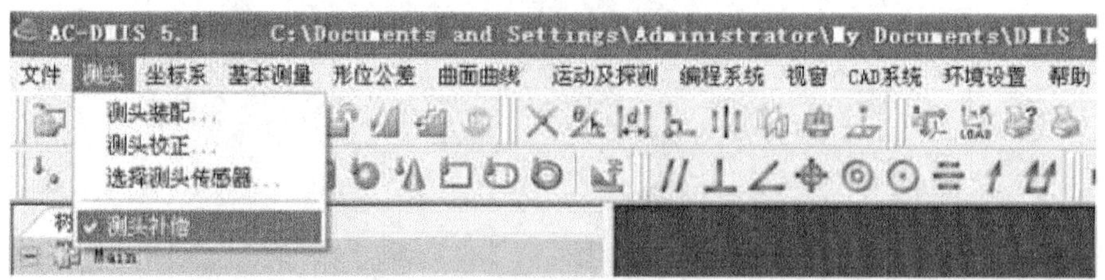

图 2-47 测头补偿

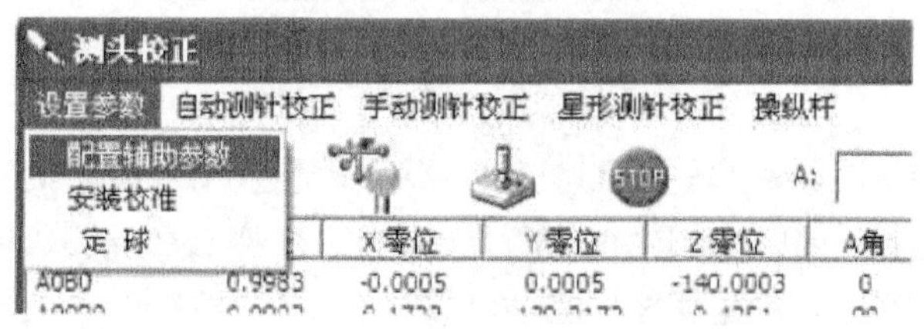

图 2-48 配置辅助参数

3）安装校准。为了查看测头座安装位置是否正确，选择“安装校准”选项。只能使用“DEFAULT”测头文件进行安装校准，校准时一开始提示测针放到 A0B0 角度，然后自动完成 A0B0 和 A90B0 两个角度的校准。安装校准 dA、dB 的取值范围在-0.3°~0.3°之间，超过范围需要重新安装测头座并再次进行安装校准，如图 2-49 所示。

4）定球。在“测头校正”→“设置参数”界面，单击“定球”选项，确定标准球在机器中的安装位置。必须使用 DEFAULT 测头文件和 A0B0 测针角度，并且只能用球形测针定球，如图 2-50 所示。

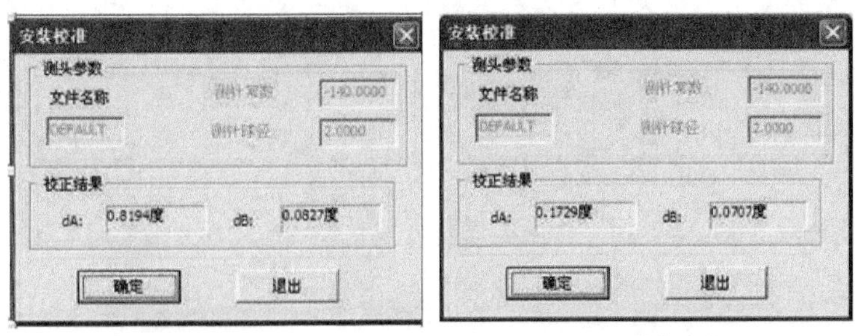

a) 安装校准前　　b) 安装校准后

图 2-49 测头安装校准

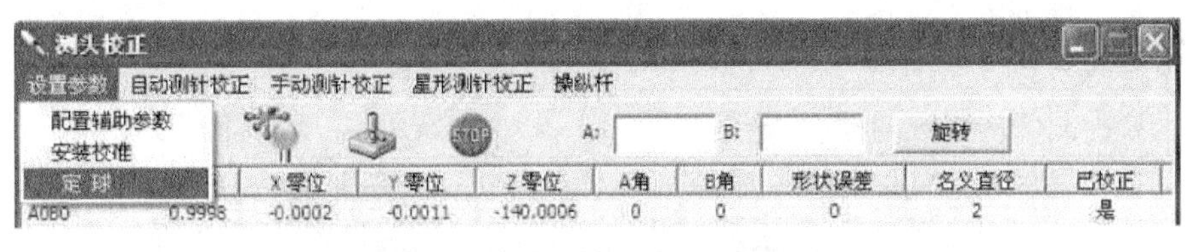

图 2-50 测头定球

尽量保证拾取的点在球的正上方，否则可能导致定球失败。拾取完一点后单击“确定”按钮，机器会自动定球。共重复操作两次，第一次粗略定下球的位置，第二次精确定位。定球成功后，方可进行自动测针校正。

5）自动测针校正。在头校正界面选择“自动测针校正”。

“文件名称”为装配好的测头。“测针名称”反映测针角度（针位）。在 A、B 文本框中输入 A、B 的角度。A 角表示测针轴线与 Z 轴向下方向的夹角（0°~105°，分度角为 75°），B 角表示测座绕 Z 轴的旋转角（0°~180°，分度角为 7.5°），总共可以定义 720 个针位。单击“添加”选项，逐个定义测针名称，定义好后选中需要校正的测针，然后单击“开始”按钮，机器对每个选中的测针自动进行校正操作，如图 2-51 所示。

测头校正 DEFAULT

设置参数　自动测针校正　手动测针校正　星形测针校正　操纵杆

A: 0.0　B: 0.0　旋转

测针名称	半径	X零位	Y零位	Z零位	A角	B角	形状误差	名义直径	已校正
A0B0	0.9993	0.0035	-0.0013	-140.0003	0	0	0.0001	2	是
A90B0	1	0.2019	-139.9855	2.0021	90	0	0	2	否
A90B90	1	139.9999	0.202	-0	90	90	0	2	否
A90B180	1	-0.2019	139.9855	-2.0021	90	180	0	2	否
A90B-90	1	-139.9999	-0.202	-0	90	-90	0	2	否

图 2-51 测针校正

确定测头移动到标准球上方安全位置之后单击“确定”按钮。显示“是”的表示已校正。

（4）几何元素测量　几何元素分为点元素和矢量（线）元素两大类，如图 2-52 所示。

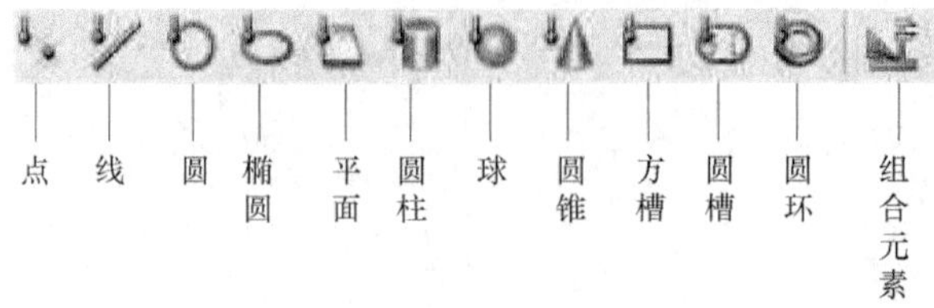

图 2-52　几何元素测量

点元素共 8 个，包括点、线、圆、椭圆、球、方槽、圆槽、圆环，只表达元素的尺寸和空间位置。

矢量元素（线元素）共 4 个，包括直线、平面、圆柱、圆锥，既要表达元素的空间方向，同时也可以表达元素的尺寸和空间位置。

组合元素：只针对点元素组合其他元素。

注意矢量元素矢量方向的规定：指向实体外的平面法线方向规定为该平面的矢量方向。除平面以外的矢量元素的矢量方向服从于当前坐标系下与矢量元素最靠近的坐标轴的正方向，即矢量元素的矢量方向与最靠近的坐标轴的正方向接近，或从第一个测点（第一层截面圆）指向最后一个测点（最后一层截面圆）。

（5）相关功能　“相关功能”选项包括相交、角度、距离、垂足、对称、镜像、圆锥、投影和平面相交点的计算，如图 2-53 所示。

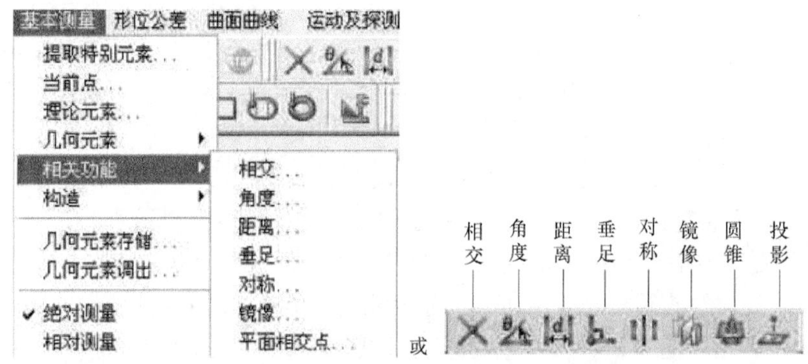

图 2-53　相关功能

（6）工件坐标系的建立　每台测量仪有一个固定唯一的机器坐标系，当进行工件测量时，需要以机器坐标系为参考建立工件坐标系。工件坐标系建立是否合理正确将会直接影响到测量结果，对生产加工或装配都有很大的影响，故工件坐标系的建立必须遵守一定的原则。

1）选择测量基准时应按使用基准、设计基准、加工基准的顺序来考虑。

2）当上述基准不能为测量所用时，可考虑采用等效的或效果接近的过渡基准作为测量基准。

3）选择面积或长度足够大的元素作定向基准。

4）选择设计及加工精度高的元素作为基准。

5）注意基准的顺序及各个基准在建立工件坐标系时所起的作用。

6）可采用基准目标或模拟基准。

7）注意减小因基准元素测量误差造成的工件坐标系偏差。

在测量过程中坐标系可能会相互切换，当前坐标系可能是机器坐标系，也可能是好几个工件坐标系之一，要看测量的需要。

注意：

1）使用极坐标的前提是必须在直角坐标系的状态下建立一个完整的工件坐标系，方可转换成极坐标系，来测量被测元素。单击“环境设置”→“单位”，选择“极坐标”→“投影面”，单击“确定”按钮。

2）极坐标只用于测量，不能用于建立工件坐标系，如图 2-54 所示。

图 2-54　建立工件坐标系

（7）编程　编程主要适用于批量性检测。编程模式有自学习编程（联机编程）、借助 CAD 模型编程、脱机编程（高级编程）三种，在编程时，光标永远都是放在最后一个元素上，运行时可根据实际要求放在需要测量的位置上。

以自学习编程的操作为例：

1）单击“文件”→“新建工作区”，单击“树形编辑器”和“编辑器”选项卡。

2）单击“运行及探测”→“手动模式”，单击“编程系统”，选择“DISP”语句，输入“相关要素”，选择测针角度（A0B0）。

3）单击“编程系统”→“手动采点自学习”，弹出对话框，分别手动拾取元素，结束后退出此界面。

4）把光标放在 Main 位置上，单击“自动运行”按钮，按照提示分别在工件上拾取点，结束后，再把光标放在最后一个元素的位置上。

5）单击“结果组”，单击“坐标系”→“工件位置找正”，弹出对话框后建立工件坐标系。单击“运动及探测”→“CNC 模式”，单击“基本测量”，选择“新建组”。

6）单击“树形编辑器”和“编辑器”的对话框，单击最后一个元素。

7）将测针抬到安全位置按<F12>，编辑器中显示“MOVE-TO”（移动到某一位置），测针从测量一个元素到测量另一个元素的移动过程中，为了避免碰撞工件，最少需按三次<F12>来规划路径。

8）拾取点作为元素（拾取点时不能按<F12>，且要先将测头抬起来，再拾取元素），对“相关功能”中的选项进行计算，在机器移动前再按<F12>，以此类推。

9）如果需要转动角度，应将测头抬高后再按<F12>，再进行角度转动，结束后再按<F12>，再移动机器（因为在转动角度时也是在运动过程中，所以需按<F12>）。

10）编程结束后，需将测头抬到安全平面后再按<F12>。

11）保存程序或保存工作区（最好是编程与保存同时进行，以避免出现异常现象）。

12）单击“文件”→“新建工作区”，导入模型，单击“模型坐标初始化”→“显示模型坐标系”，单击“树形编辑器”和“编辑器”选项卡。

13）设置安全平面。单击“自学习”选项，再确定，单击“CAD 系统”→“特征测量”，弹出对话框，单击“激活安全平面”按钮，直接在模型上拾取要测量的点，用线拾取要测量的圆，用面拾取要测量的圆柱，圆锥等。

（8）报告输出　在打印设置中设置要输出的大小标题，添加需要输出的项目名称和内容、要输出的日期/时间格式等，然后查看输出报告内容是否符合要求。

思考题

1. 零件的加工质量包括哪些内容？
2. 零件的加工精度如何评价？
3. 请简述几何特征的种类及其意义。
4. 请简述游标卡尺的读数方法。
5. 使用游标卡尺测量零件尺寸时的主要注意事项有哪些？
6. 使用外径千分尺的注意事项有哪些？
7. 三坐标测量仪的原理是什么？

第 3 章 车削加工

车削是指在车床上利用工件的旋转运动和刀具的进给运动改变毛坯的形状和尺寸的加工方法。车削适用于加工回转体，是最基本、最常见的切削加工方法之一，在生产中占有十分重要的地位。

3.1 车削加工基础知识

3.1.1 车削加工类型

车削加工应用范围很广泛，可完成的主要工作有车端面、内外圆、内外圆锥面、内外螺纹、成形面、切槽和切断、钻孔和中心孔、铰孔、滚花及盘绕弹簧等，卧式车床加工的典型表面如图 3-1 所示。若使用其他附件夹具，还可进行镗削、磨削、抛光及加工各种复杂形状零件的外圆、内孔等。

3.1.2 车床

车床的种类很多，根据其用途和结构的不同可分为仪表车床、卧式车床、立式车床、转塔车床、曲轴及凸轮轴车床、仿形及多刀车床等。其中又以普通卧式车床所占比例最高，应用最为普遍，下面主要以 CA6132A 卧式车床为例加以介绍。

1. 卧式车床的型号

根据 GB/T 15375—2008《金属切削机床型号编制办法》规定，卧式车床的型号由汉语拼音字母和阿拉伯数字组成。例如，CA6132A 字母和数字含义："C" 为类代号，代表车床；"A" 为通用特性代号；"6" 为组代号，表示落地及卧式车床组；"1" 为型代号，表示卧式车床；"32" 为主参数，表示最大加工工件的 1/10，即最大加工直径 320mm；"A" 为 A 表示第一次重大改进。

2. 卧式车床各部分的名称和用途

如图 3-2 所示，以型号 CA6132A 为例介绍如下。

（1）主轴箱　主轴箱又称床头箱，位于机床的左上端，内装主轴和一套主轴变速机构，用来带动主轴、卡盘（工件）转动。变换主轴箱外的变速手柄位置，可使主轴得到各种不同的转速。主轴为空心台阶轴，其前端内部为内锥孔，用于装夹顶尖或刀具、夹具等，前端外部为螺纹或锥面，用于安装卡盘等夹具。

（2）进给箱　进给箱又称走刀箱，内装进给运动的变速齿轮，它可将挂轮传来的旋转

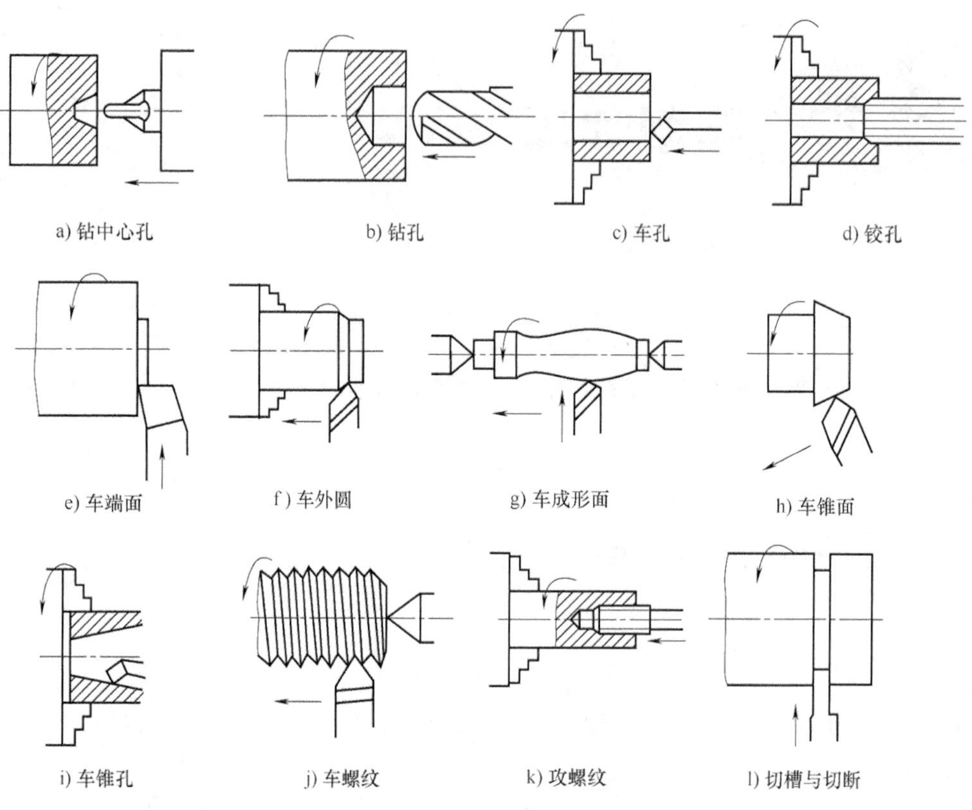

图 3-1 卧式车床加工的典型表面

运动传给丝杠或光杠。改变进给手柄的位置，可使光杠或丝杠得到不同的转速，从而改变纵、横向进给量或车削螺纹时刀具所走螺距的大小。

（3）床身 床身是车床的基础零件，用于支撑和连接各主要部件并保证各个部件之间有正确的相对位置。床身上的导轨，用以引导刀架和尾座相对于主轴箱进行正确的移动。

（4）刀架 刀架用来夹持刀具并使其作纵向、横向或斜向进给运动。它由一个方刀架、一个转盘以及大、中、小三个滑板组成，如图 3-3 所示。

1）方刀架。固定在小滑板上，用来夹持刀具。可以同时夹持四把不同的刀具。换刀时，逆时针松开手柄，即可转动方刀架，车削时必须顺时针旋紧手柄。

2）转盘。其上有刻度刻线，与中滑板用螺栓连接。松开螺母，便可在水平面内旋转任意角度。

3）大滑板。与溜板箱连接，沿床身导轨作纵向移动，主要车外圆表面。

4）中滑板。沿床鞍上面的导轨作横向移动，主要车外圆端面。

5）小滑板。沿转盘上面的导轨作短距离纵向移动，还可以将转盘扳转某一角度后，小滑板带动车刀作相应的斜向移动，用来车锥面。

（5）尾座 尾座安装在床身的内侧导轨上，可沿导轨移至所需的位置。尾座由底座、尾座体、套筒等部分组成，如图 3-4 所示。尾座安装在床身导轨上，可沿导轨调节位置。尾座可以装夹顶尖以支承较长工件加工，还可以安装钻头、铰刀等刀具，用于钻孔、扩孔和铰孔等加工。

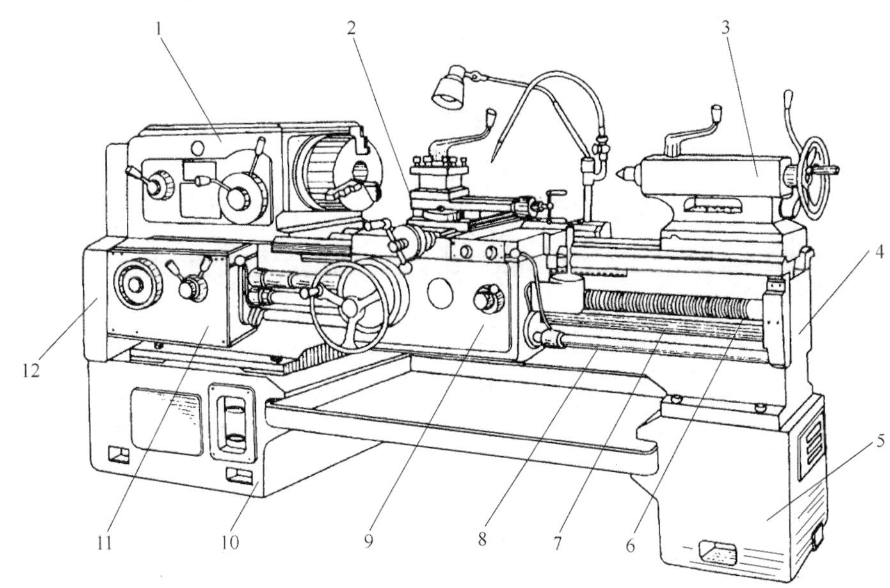

图 3-2　CA6132A 卧式车床

1—主轴箱　2—刀架　3—尾座　4—床身　5、10—床脚　6—丝杠　7—光杠　8—操纵杆　9—溜板箱　11—进给箱　12—挂轮变速机构

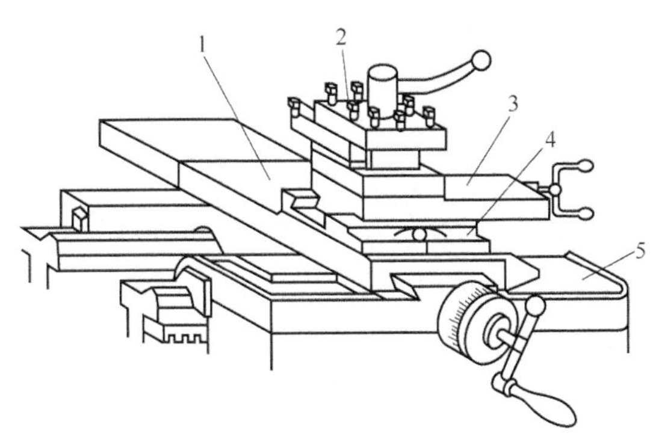

图 3-3　刀架

1—中滑板　2—方刀架　3—小滑板　4—转盘　5—大滑板

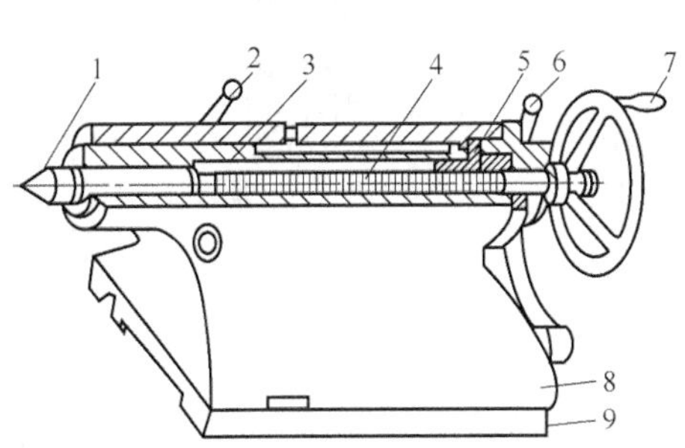

图 3-4　尾座

1—顶尖　2—套筒锁紧手柄　3—顶尖套筒　4—丝杠　5—螺母　6—尾座锁紧手柄　7—手轮　8—尾座体　9—底座

(6) 溜板箱　溜板箱是车床进给运动的操纵箱，上面与中滑板相连。它接受光杠或丝杠传递的运动，以驱动床鞍（大滑板）和中、小滑板及刀架实现车刀的纵、横向进给运动。其上还装有一些手柄及按钮，可以很方便地操纵车床来选择如机动、手动、车螺纹及快速移动等运动方式。

(7) 丝杠　丝杠通过开合螺母（又称开螺母）带动溜板箱，使主轴的旋转运动与刀架上的刀具的移动有严格的比例关系，用于车削各种螺纹。

（8）光杠　用于将进给箱的运动传递给溜板箱，通过溜板箱带动刀架上的刀具作直线进给运动。

（9）挂轮变速机构　挂轮变速机构把主轴箱的转动传递给进给箱。更换箱内齿轮，配合进给箱内的变速机构，可以得到车削各种螺距螺纹（或蜗杆）的进给运动；并满足车削时对不同纵、横向进给量的需求。

（10）操纵杆　操纵杆是车床的控制机构，在操纵杆左端和溜板箱右侧各装有一个手柄，操作机床时可以很方便地操纵手柄以控制车床主轴正转、反转或停车。

3. 车床上常用的机械传动系统

车床必须有主运动和进给运动的相互配合。

如图 3-5 所示，主运动是通过电动机 1 驱动带 2，把运动输入到主轴箱 4，使主轴 5 得到不同的转速，再经卡盘 6（或夹具）带动工件旋转。而进给运动则是由主轴箱把旋转运动输出到交换齿轮箱 3，再通过进给箱 13 变速后由丝杠 11 或光杠 12 驱动溜板箱 9、床鞍 10、滑板 8 和刀架 7，从而控制车刀的运动轨迹完成车削各种表面的工作。

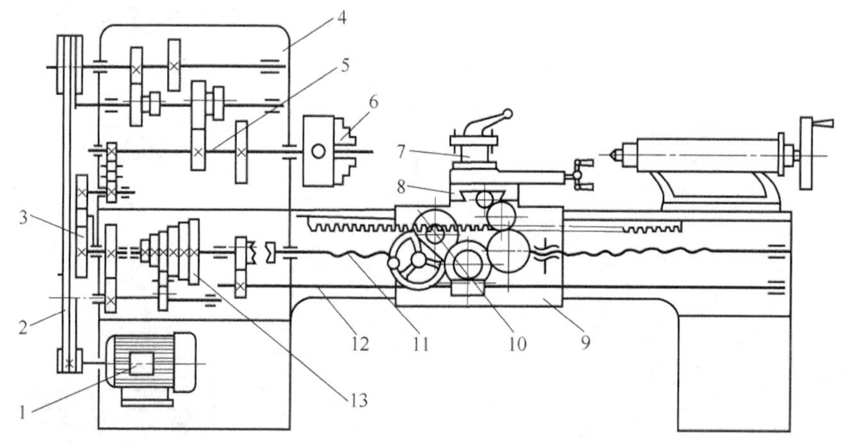

a) 示意图

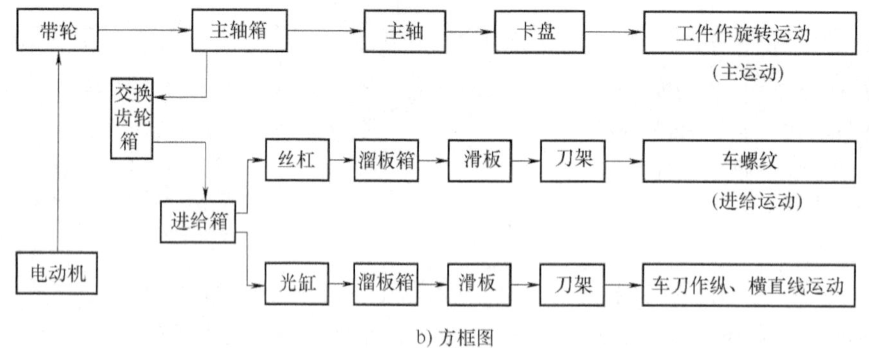

b) 方框图

图 3-5　CA6132-A 型车床的传动系统

1—电动机　2—带　3—交换齿轮箱　4—主轴箱　5—主轴　6—卡盘　7—刀架

8—滑板　9—溜板箱　10—床鞍　11—丝杠　12—光杠　13—进给箱

3.1.3　车削用量三要素及合理选用

1. 车削用量三要素

车削用量三要素包括背吃刀量 a_p、主轴转速 n 或切削速度 V_c（用于恒线速度切削）、进给速度 V_f 或进给量 f。这些参数均应在机床给定的允许范围内选取。

2. 车削用量的选取原则

粗车时，应尽量保证较高的金属切除率和必要的刀具寿命。选择切削用量时应首先选取尽可能大的背吃刀量 a_p，其次根据机床动力和刚度的限制条件，选取尽可能大的进给量 f，最后根据刀具寿命要求，确定合适的切削速度 V_c。增大背吃刀量 a_p 可使走刀次数减少，增大进给量 f 有利于断屑。

精车时，对加工精度和表面粗糙度要求较高，加工余量不大且较均匀。选择精车的切削用量时，应着重考虑如何保证加工质量，并在此基础土尽量提高生产率。因此，精车时应选用较小（但不能太小）的背吃刀量和进给量，并选用材料性能高的刀具和合理的几何参数，以尽可能提高切削速度。

3.2　车削刀具及工件安装

3.2.1　车刀种类及安装

1. 车刀的分类

（1）按结构分类　车刀按结构分类，有整体式、焊接式、机夹式和可转位式四种形式，如图 3-6 所示。

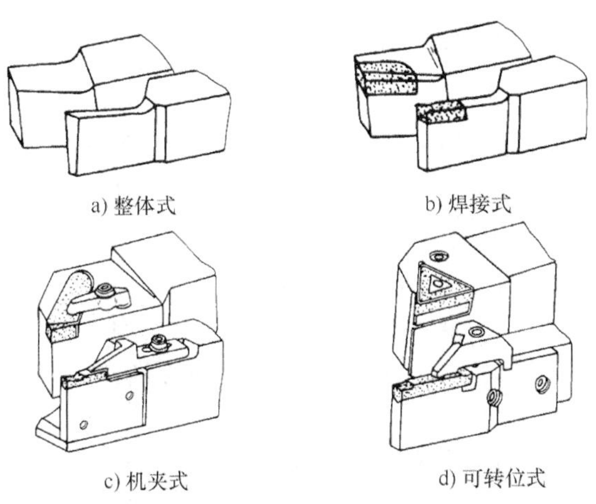

a) 整体式　b) 焊接式　c) 机夹式　d) 可转位式

图 3-6　按结构分类的车刀常用种类

1）整体式车刀。用整体高速钢制造，刃口可磨得较锋利，适用于小型车床或加工有色金属。

2）焊接式车刀。焊接硬质合金或高速钢刀片，结构紧凑，使用灵活，适用于各类车刀，特别是小刀具。

3）机夹式车刀。避免了焊接产生的应力、裂纹等缺陷，刀片利用率高。刀片可集中刃磨获得所需参数，使用灵活方便。

4）可转位式车刀。避免了焊接刀的缺点，刀片可快换转位。生产率高、断屑稳定，可使用涂层刀片。

（2）按用途分类　通常可分为45°直头车刀、45°弯头车刀、90°偏刀、端面车刀、切断刀、内孔车刀、螺纹车刀、成形车刀、宽刃光刀等，如图3-7所示。

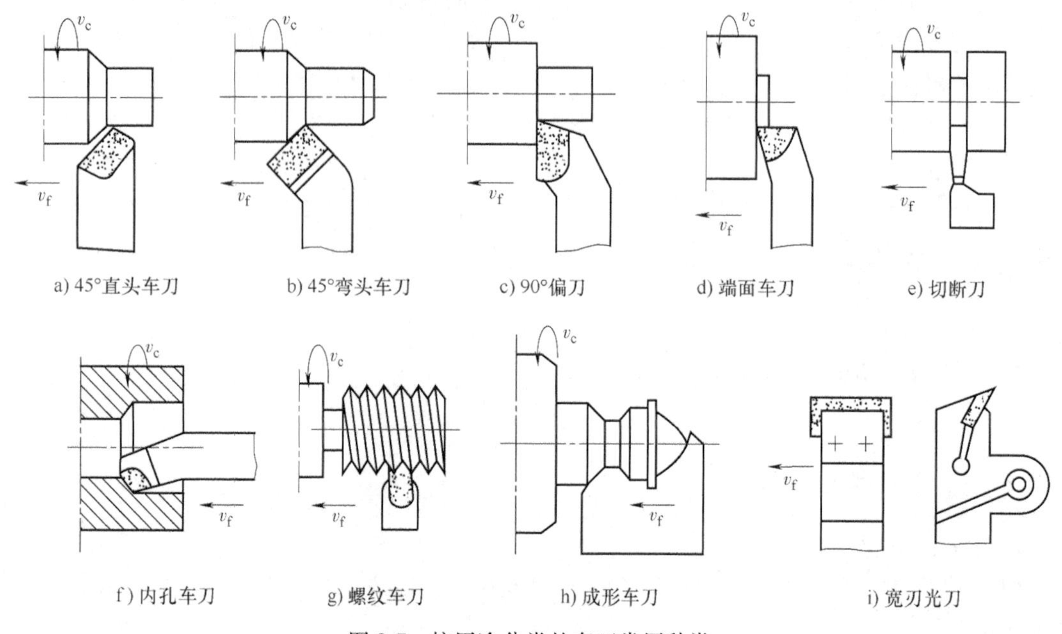

图3-7　按用途分类的车刀常用种类

1）外圆车刀用于加工外圆柱面和外圆锥面，分为直头车刀（图3-7a）、弯头车刀（图3-7b）和90°偏刀（图3-7c）三种。直头车刀主要用于加工没有台阶的光轴；45°弯头外圆车刀可以加工外圆，又可以加工端面和倒棱；偏刀有90°和93°主偏角两种，常用来加工外圆、台阶和端面。外圆车刀可分为粗车刀、精车刀和宽刃光刀。由于精车刀刀尖过渡圆弧半径较大，加工时可得到较小的残留面积。

2）端面车刀（图3-7d）用于车削垂直于轴线的平面，它工作时采用横向进给。

3）切断刀（图3-7e）用于从棒料上切下已加工好的零件，也可以切槽。切断刀切削部分宽度很小，强度低，排屑不畅时极易折断，所以要特别注意切削刃形状几何参数的合理性。

4）内孔车刀（图3-7f）用于车削圆孔，其工作条件比外圆车刀差。这是由于内孔车刀的刀杆截面尺寸和悬伸长度都受被加工孔的限制，刚度低、易振动，只能承受较小的切削力。

5）成形车刀（图3-7h）是一种加工回转体成形表面的专用刀具，它不但可以加工外成形表面，还可以加工内成形表面。成形车刀主要用于大批量生产，其设计与制造比较麻烦，刀具成本比较高。但为使成形表面精度得到保证，工件批量小时，在卧式车床上也常常使用。

6）螺纹车刀（图3-7g）车削部分的截面形状与工件螺纹的轴向截面形状（即牙形）相同。按所加工的螺纹牙型不同，有普通螺纹车刀、梯形螺纹车刀、矩形螺纹车刀、锯齿形螺纹车刀等。车削螺纹比攻螺纹和套螺纹加工精度高，表面粗糙度值低。因此，用螺纹车刀车削螺纹是一种常用的方法。

2. 车刀的安装

车刀必须正确安装在刀架上，如图3-8所示。安装车刀应注意以下几点：

1）刀头不宜伸出太长，否则切削时容易产生振动，影响工件加工精度和表面粗糙度。一般刀头伸出长度不超过刀杆厚度的两倍。

2）刀尖应与车床主轴中心线等高。车刀装得太高，后面与工件加剧摩擦；装得太低，切削时工件会被抬起。刀尖的高低，可根据尾座顶尖高低来调整并用钢直尺检验。

3）车刀底面的垫片要平整，并尽可能用厚垫片（2~3片），以减少垫片数量。

4）车刀位置装正后，应将螺钉交替拧紧（至少压紧两个螺钉），并将刀架锁紧。

5）检查车刀在工件的加工极限位置时是否会产生干涉或碰撞，以及安装是否正确。

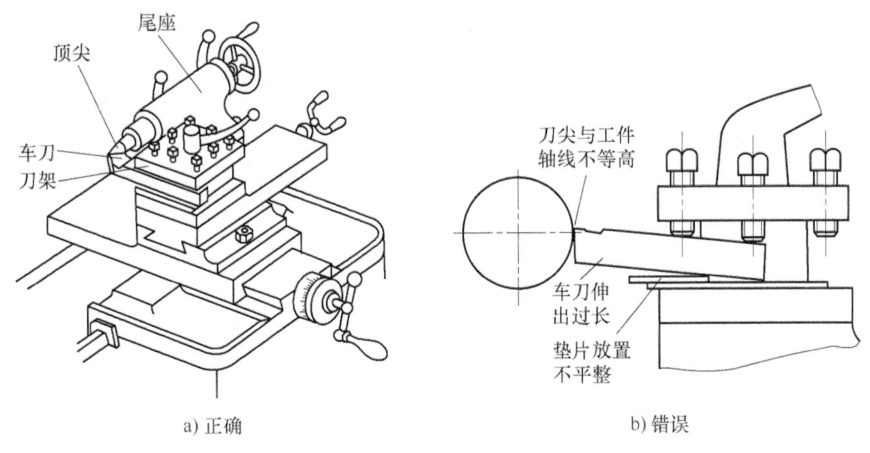

图3-8 车刀的安装

3.2.2 车床夹具及工件安装

1. 常用的车床夹具种类

车削工件时，通常总是先把工件装夹在车床的卡盘或夹具上，经过校正而后进行加工。车床夹具的主要作用是确定工件在车床上的正确位置，并可靠地夹紧工件。常用的车床夹具有以下几种。

（1）通用夹具或附件　如自定心卡盘、单动卡盘、花盘、拨盘，各种形式的顶尖、中心架和跟刀架等。

（2）可调夹具　如成组夹具、组合夹具等。

（3）专用夹具　专门为满足某个零件的某道工序而设计的夹具。

根据工件的特点，可利用不同的夹具或附件进行不同的装夹。在各种批量的生产中，正确地选择使用夹具，对于保证加工质量，提高生产效率，减轻工人劳动强度是至关重要的。

在实习中，主要使用通用夹具。下面介绍通用夹具及附件的装夹方法。

2. 车床通用夹具及工件安装

（1）自定心卡盘装夹工件　自定心卡盘是车床上最常用的通用夹具，其特点是所夹持工件能自动定心，装夹方便，可省去许多找正工作，适用于装夹圆柱形短棒料或圆盘类工件，还可夹持截面为正三角形、正六边形的工件。但其定心准确度并不太高（精度为0.05～0.15mm），工件上同轴度要求较高的表面，应在一次装夹中车出，特别是对于形状不规则的工件找正困难，需加垫片调整。其结构如图 3-9a 所示。使用专用扳手插入自定心卡盘的方孔中，转动小锥齿轮时，可使与其相啮合的大锥齿轮随之转动，在大锥齿轮背面的平面螺纹作用下，使三个爪同时向中心移动或退出，以夹紧不同直径的工件，如图 3-9b 所示。自定心卡盘还附带三个“反爪”，装到卡盘体上即可用来夹持直径较大的工件，如图 3-9c 所示。

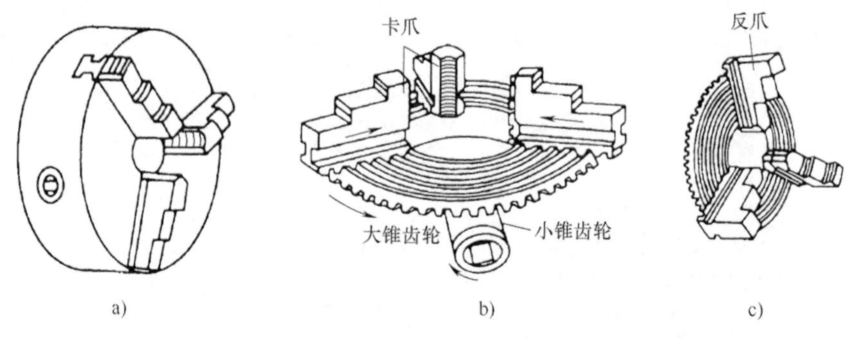

图 3-9　自定心卡盘

用自定心卡盘装夹工件时，要注意夹持长度一般不小于 10mm，工件不能有明显的摇摆、跳动，否则须重新找正、夹紧后再进行加工。用已加工过的零件表面作为装夹面时，应包一层铜皮，以免夹伤工件已加工表面。自定心卡盘一般有正、反两副卡爪，有的只有一副可正反使用的卡爪。各卡爪都有编号，应按编号顺序进行装配。图 3-10 所示为自定心卡盘装夹工件的几种形式。

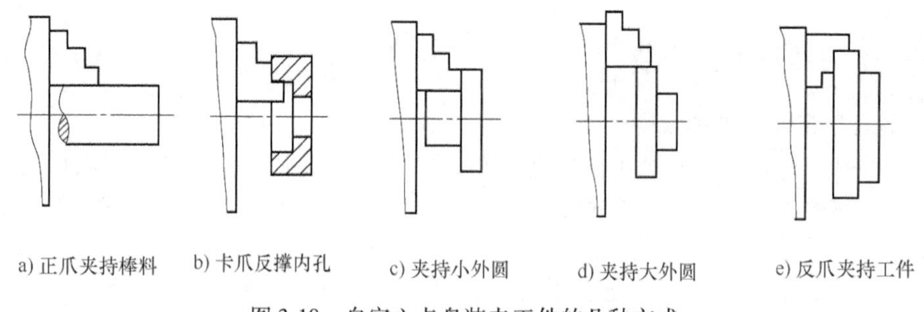

图 3-10　自定心卡盘装夹工件的几种方式

（2）单动卡盘装夹工件　单动卡盘的外形如图 3-11a 所示。与自定心卡盘不同的是，它的四个爪分别由四个螺杆带动作径向独立移动。装夹工件时，四个卡爪只能用卡盘钥匙逐一调节，不能自动定心，装夹费时费力，但夹紧力比自定心卡盘大，调节得当精度高于自定心卡盘。使用时一般要与划针盘、百分表配合进行工件找正，如图 3-11b、c 所示。单动卡盘主要用来夹持方形、椭圆形、长方形及其他各种不规则形状的工件，有时也可用来夹持尺寸较大的圆形工件。

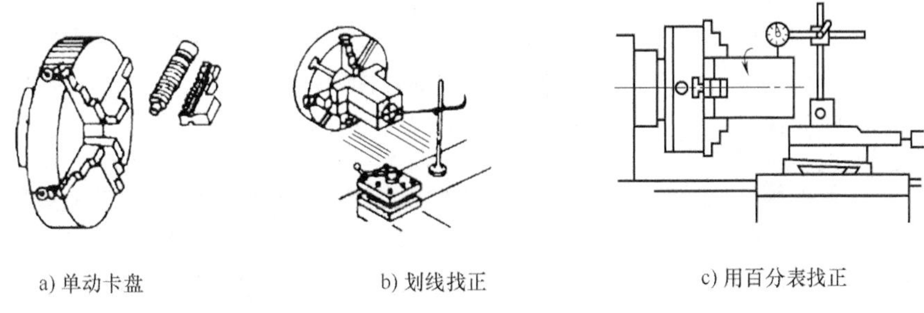

a) 单动卡盘　b) 划线找正　c) 用百分表找正

图 3-11　单动卡盘及其找正

（3）顶尖装夹工件　顶尖的结构如图 3-12 所示。车削较长的轴类零件时常使用双顶尖装夹，这时轴类零件两端要打中心孔。中心孔是轴类零件在顶尖上安装的定位基面，一般用中心钻在车床上或专用机床上加工。如图 3-13 所示，工件装在前、后顶尖间，由卡箍、拨盘带动其旋转。前顶尖装在主轴锥孔内，后顶尖装在尾座套筒内，拨盘装在主轴端部，带动卡箍旋转，从而带动工件旋转。

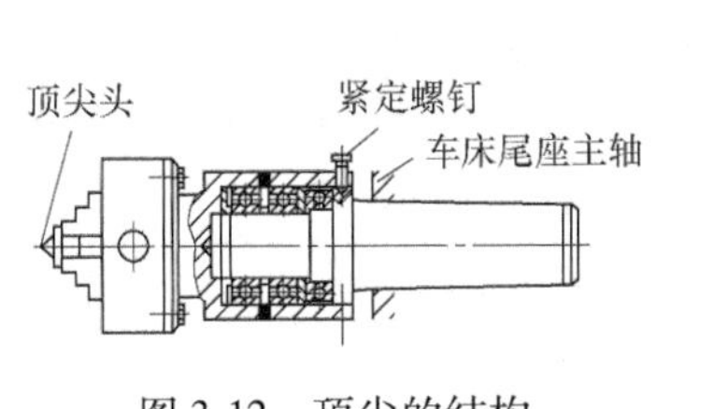

图 3-12　顶尖的结构

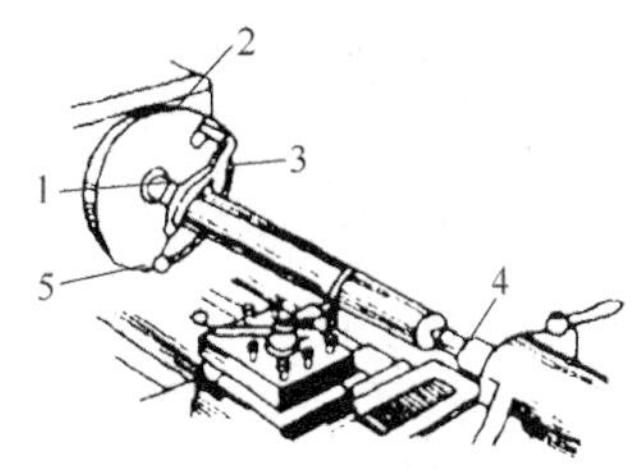

图 3-13　双顶尖装夹工件

1—前顶尖　2—拨盘　3—卡箍　4—后顶尖　5—夹紧螺钉

用顶尖安装工件时应注意：

1）卡箍上的夹紧螺钉不能夹得太紧，以防工件变形。

2）由于靠卡箍传递转矩，所以车削工件的切削用量要小。

3）钻两端中心孔时，要先用车刀把端面车平，再用中心钻钻中心孔。

4）安装拨盘和工件时，首先要擦净拨盘的内螺纹和主轴端的外螺纹，把拨盘拧在主轴上，再把轴的一端装在卡箍上，最后在双顶尖中间安装工件。

（4）用心轴装夹工件　盘、套类零件的外圆及端面相对内孔的轴线，常有同轴度及垂直度的要求。如果有关表面无法在一次装夹中与孔一道精加工完成，就难以保证位置度要求，则须在孔精加工后，再装到心轴上进行端面的精车，以保证位置精度要求。心轴由于制造容易，使用方便，因此在生产中应用很广泛。常用的心轴有下列几种：

1）实体心轴。实体心轴有不带台阶和带台阶两种。不带台阶的实体心轴有 1∶1000～1∶5000的锥度，又称小锥度心轴，如图 3-14a 所示。这种心轴的特点是制造容易，加工出的零件精度较高。缺点是长度无法定位，承受切削力小，装卸不太方便。图 3-14b 所示是台阶心轴，它的圆柱部分与零件孔保持较小的间隙配合，工件靠螺母来压紧。优点是一次可以装夹多个零件，缺点是精度较低。如果装上快换垫圈，装卸工作则很方便。

2）胀力心轴。胀力心轴依靠材料弹性变形所产生的胀力来固定工件，由于装卸方便，精度较高，生产中用得很广泛。可装在机床主轴孔中的胀力心轴如图 3-14c 所示。根据经验，胀力心轴塞的锥角最好为 30°左右，最薄部分壁厚 3~6mm。为了使胀力保持均匀，槽可做成三等份，如图 3-14d 所示。临时使用的胀力心轴可用铸铁做成，长期使用的胀力心轴可用弹簧钢（65Mn）制成。这种心轴使用最方便，得到广泛应用。

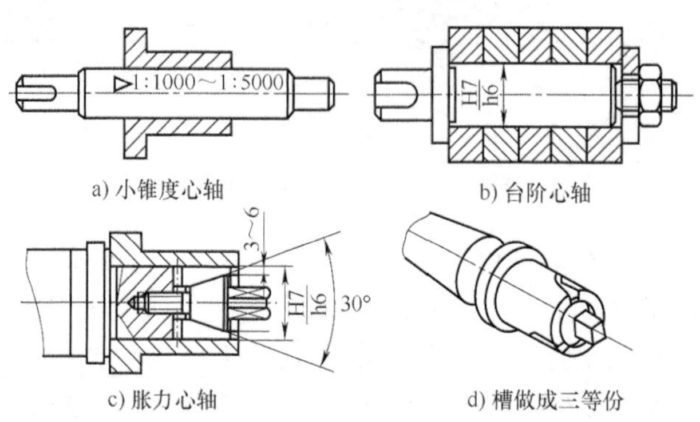

a) 小锥度心轴　b) 台阶心轴

c) 胀力心轴　d) 槽做成三等份

图 3-14　常用心轴种类

（5）中心架与跟刀架装夹工件　当工件长度跟直径之比大于 25（L/d>25）时，由于工件本身的刚度变差，在车削时，工件受切削力、自重和旋转时离心力的作用，会产生弯曲、振动，严重影响其圆柱度和表面粗糙度。同时，在切削过程中，工件受热伸长产生弯曲变形，车削很难进行，严重时会使工件在顶尖间卡住。此时需要用中心架或跟刀架来支承工件。

利用中心架来车削长轴外圆，如图 3-15 所示。中心架固定在床身某一部位，共三个支承爪支承在预先加工过的工件外圆上，对工件在中心架右侧或左侧部分进行车削加工，一般先车削一端再车削另一端。长轴的端面或轴端内孔要加工时，也可利用中心架进行辅助安装。

对不适宜调头车削的细长轴，不能用中心架支承，要用跟刀架支承进行车削，以增加工件的刚度。跟刀架固定在床鞍上，一般有两个支承爪，它可以跟随车刀移动，抵消径向切削力，提高车削细长轴的形状精度和减小表面粗糙度值，如图 3-16 所示。

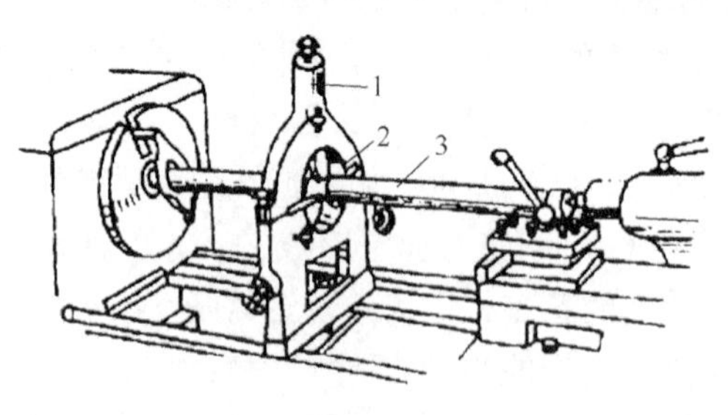

图 3-15　中心架

1—中心架　2—支承爪　3—工件

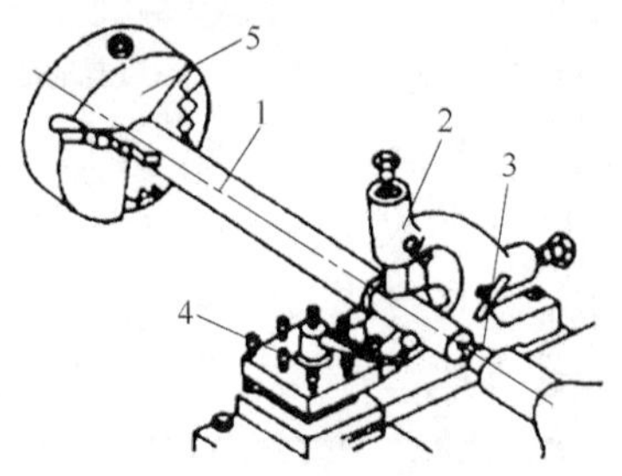

图 3-16　跟刀架的应用

1—工件　2—跟刀架　3—尾座顶尖

4—刀架　5—三爪自定心卡盘

使用中心架或跟刀架时，工件的支承部分要加润滑油，工件的转速不能太高，以免工件与支承爪之间摩擦因过热而烧坏或磨损支承爪。

（6）使用花盘与弯板安装工件　形状不规则的工件，无法使用三爪或单动卡盘装夹的工件，可用花盘装夹，如图3-17a所示。花盘是安装在车床主轴上的一个大圆盘，盘面上的许多长槽用以穿放螺栓，工件可用螺栓直接安装在花盘上。也可以把辅助支承弯板（角铁）用螺钉牢固夹持在花盘上，工件则安装在弯板上，如图3-17b所示。为了防止转动时因重心偏向一边而产生振动，在工件的另一边要加平衡铁，以减小转动时的振动。此外，加工时工件转速不宜太高，以免因离心力造成事故。

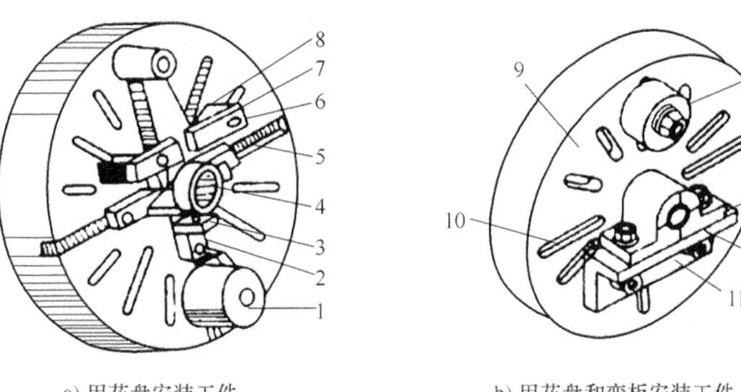

图3-17　用花盘和弯板安装工件

1—平衡铁　2—顶丝　3—角铁　4—工件　5—螺栓槽　6—螺栓　7—压板　8—垫铁　9—花盘　10—螺栓孔槽　11—弯板　12—安装基面

3.3 车削加工工艺

3.3.1 刻度盘及其手柄的基本操作

在车削工件时，为了正确和迅速地掌握进给量，通常利用中滑板或小滑板上刻度盘进行操作。以中滑板为例，手柄转过一周，与其相连接的丝杠也转过一周，此时固定在中滑板上的螺母就带动中滑板上刀架车刀移动一个导程。如果横向进给丝杠导程为5mm，刻度盘分100格，当摇动进给丝杠转动一周时，中滑板就移动5mm，当刻度盘转过一格时，中滑板移动量为5mm÷100=0.05mm。使用刻度盘时，由于丝杠和螺母之间配合往往存在间隙，因此会产生空行程（即刻度盘转动而滑板未移动），必须向相反方向退回全部空行程，然后再转到需要的格数，而不能直接退回到需要的格数。

由于丝杠与螺母之间的间隙，调整刻度时必须慢慢地将刻度盘转到所需要的格数。如果刻度盘手柄摇过头，或试切后发现尺寸稍大而需将车刀退回时，绝不能直接退回几格，必须向相反的方向退回半周左右，消除丝杠与螺母间隙，再摇到所需的格数，具体方法如图3-18所示。

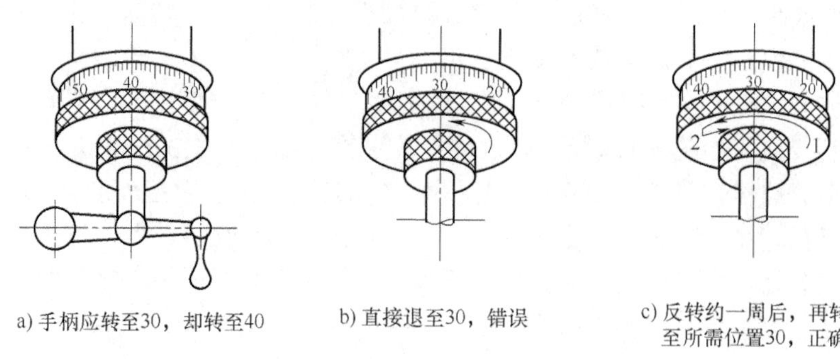

a) 手柄应转至30，却转至40　　b) 直接退至30，错误　　c) 反转约一周后，再转至所需位置30，正确

图 3-18　刻度盘手柄摇过头的纠正方法

3.3.2　试切法加工

因为刻度盘和进给丝杠都存在误差，在半精车和精车时，往往不能满足进给精度的要求。因此为了准确地确定背吃刀量，保证工件的尺寸精度，需要采用试切的方法。试切的方法与步骤如图 3-19 所示。

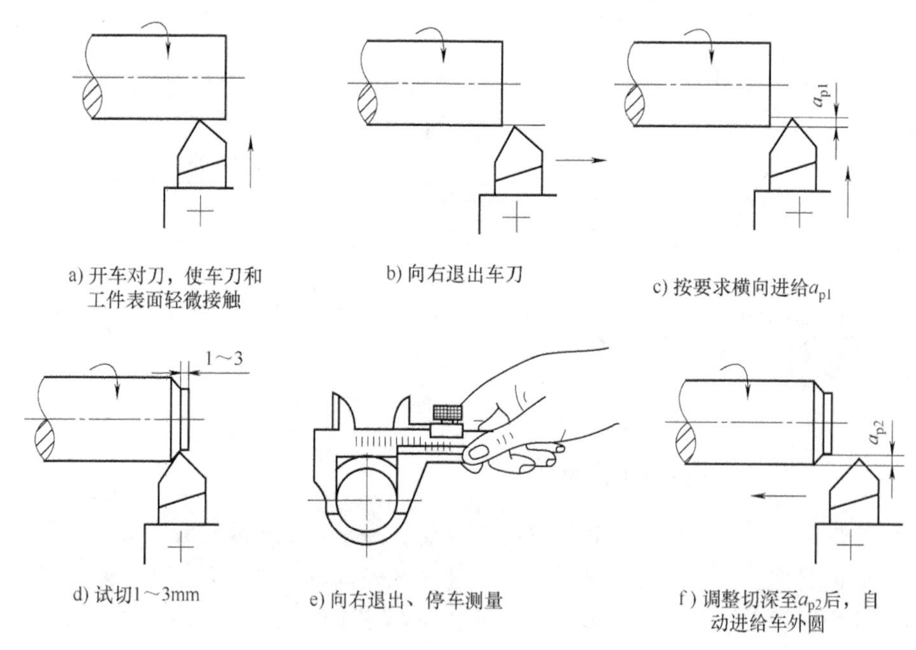

a) 开车对刀，使车刀和工件表面轻微接触　　b) 向右退出车刀　　c) 按要求横向进给a_{p1}

d) 试切1～3mm　　e) 向右退出、停车测量　　f) 调整切深至a_{p2}后，自动进给车外圆

图 3-19　试切的方法与步骤

3.3.3　粗、精车

1. 粗车

粗车应在车床动力允许的条件下，采用大的切削深度和进给量，但转速不宜过快，以合理时间尽快把工件余量车掉。因为粗车对切削表面没有严格要求，只需留一定的精车余量即可。粗车的另一作用是：可以及时发现毛坯材料内部的缺陷，如夹渣、砂眼、裂纹等，也能消除毛坯工件内部残存的应力和防止热变形等。

2. 精车

精车是机械加工工艺中的精加工工序，需要保证产品的尺寸公差、几何公差和表面粗糙度的相应要求。精加工的目的主要是达到零件的全部尺寸和技术要求，半精车和精车应尽量选取较小的切削深度和进给量，而切削速度则可以取大点。精车要求切削深度要小，进给量也要小，精车完毕后，不但工件的几何尺寸要合格，而且对表面粗糙度要求也要合格。精车的加工精度可达 IT8～IT6 级，表面粗糙度 Ra 可达 1.6～0.8μm。

3.3.4　车端面、外圆和台阶

1. 车端面

端面通常是轴类、盘类、套类工件用来作轴向定位和测量的基准，因此车削加工时，一般都先车出端面。对工件端面进行车削的加工方法称为车端面，如图 3-20 所示。45°弯头车刀车端面时（图 3-20a），参加切削的是车刀主切削刃，切削顺利，因此工件表面粗糙度值小，适用于车削较大的平面。右偏刀车端面时（图 3-20b），参加切削的是车刀的副切削刃，切削起来不顺利，表面粗糙度值较大，适用于车削带台阶和端面的工件。对于有孔的工件，用右偏刀车端面时是由中心向外进给，如图 3-20c 所示。这时是用主切削刃切削，切削顺利，表面粗糙度值较小。

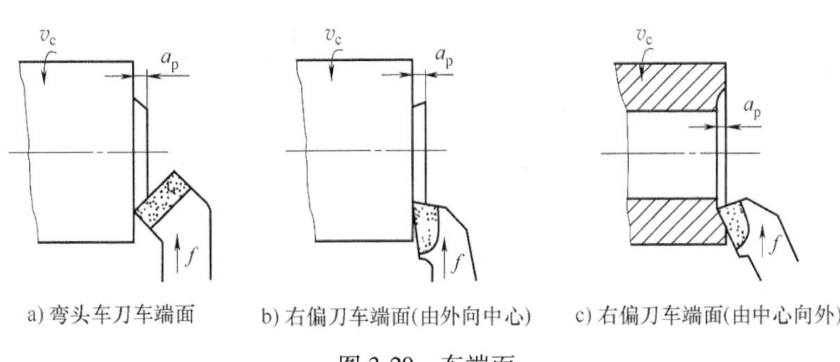

a) 弯头车刀车端面　b) 右偏刀车端面(由外向中心)　c) 右偏刀车端面(由中心向外)

图 3-20　车端面

车端面时应注意以下几点：

1）车刀的刀尖应对准工件的回转中心，否则会在端面的中心留下凸台。

2）因为工件中心处的线速度较低，为了获得较好的表面质量，车端面的转速要比车外圆的转速高一些。

3）车削直径较大的端面时，应将大滑板锁紧在床身上，以防大滑板让刀引起的端面外凸或内凹。

4）精度要求高的端面，应分粗、精加工。

2. 车外圆

将工件车成圆柱形表面的加工称为车外圆，是最常见、最基本的车削加工。图 3-21 所示为常见的几种车外圆的示例。图 3-21a 所示的车刀主要用于粗车没有台阶或台阶不大的外圆；图 3-21b 所示的车刀既可车外圆，也可以车端面；图 3-21c 所示的车刀可以加工有垂直台阶的外圆，由于车外圆时径向力很小，适合于精车或细长轴的加工。

车外圆操作时应注意以下几点：

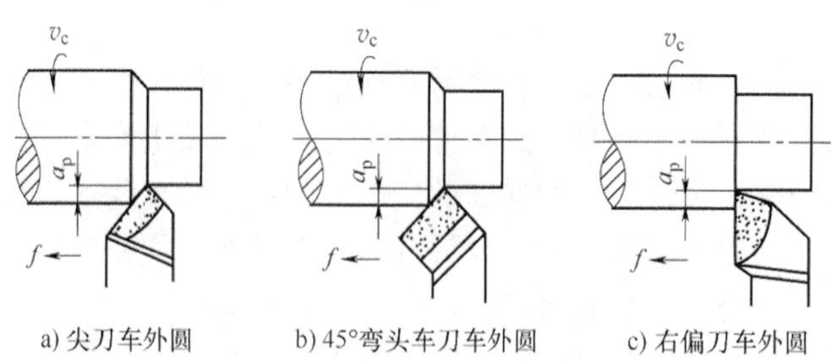

图 3-21 常见的几种车外圆的示例

1）在调整切削深度时，应利用进给手柄上的刻度盘来掌握，以便准确地控制车削尺寸。

2）精车时，为避免温度对加工精度的影响，要特别注意工件粗车后的试测，待工件冷却后再精车。

3）精车时，应正确使用量具（卡尺、千分尺等），准确地测量出工件的尺寸，避免因测量误差而造成加工的工件不合格。

3. 车台阶

车台阶时，不仅要车削组成台阶的外圆，还要车削环形的台阶平面，它是外圆车削和平面车削的组合。车削台阶时既要保证外圆的尺寸精度和台阶面的长度要求，还要保证台阶平面与工件轴线的垂直度要求。车削<5mm 的低台阶，选用合适的车刀一次车出，如图 3-22a 所示。对于高度>5mm 的高台阶，则应分层纵向切削，在外圆直径车到位后，用偏刀沿横向将台阶面由内向外精车一次，如图 3-22b 所示。

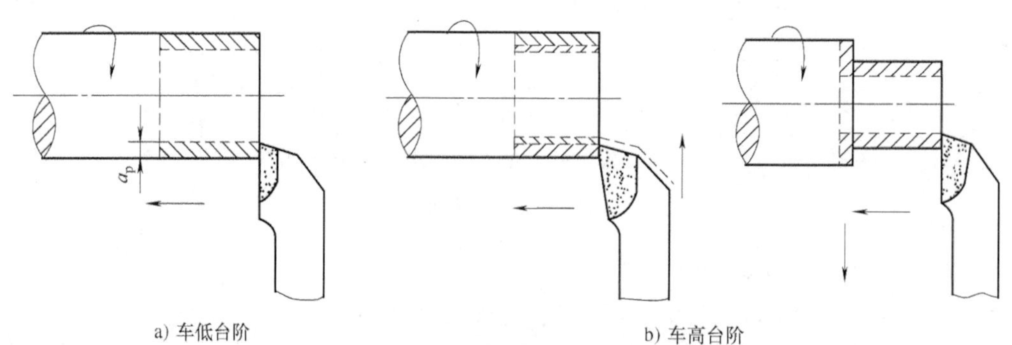

图 3-22 车台阶的方法

车削台阶时，控制台阶长度尺寸通常有以下几种方法：

1）台阶长度尺寸精度要求较低时可直接用大滑板刻度盘来控制。

2）可用钢直尺或样板确定台阶长度位置，如图 3-23 所示。车削时先用刀尖车出比台阶长度略短的刻痕作为加工界线，台阶的准确长度可用游标卡尺或游标深度卡尺测量。

3）台阶长度尺寸精度要求较高且长度较短时，可以用小滑板刻度盘来控制其长度。

3.3.5 切槽和切断

1. 切槽

回转体表面经常存在一些沟槽，如退刀槽、砂轮越程槽等，工件上车削沟槽的方法称为

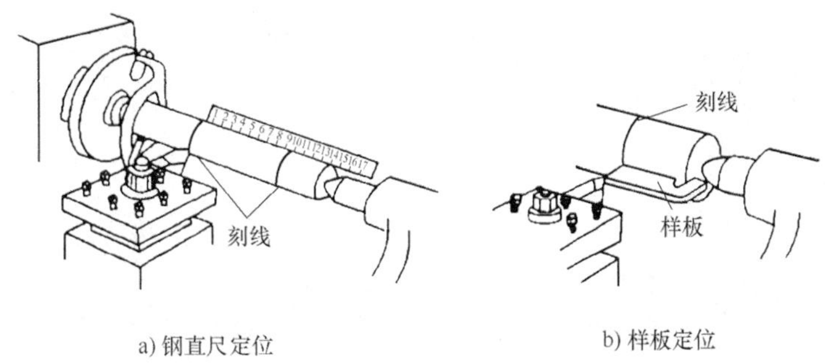

a) 钢直尺定位　　b) 样板定位

图 3-23　台阶长度尺寸的控制方法

切槽。槽的形状有外槽、内槽和端面槽，如图 3-24 所示。

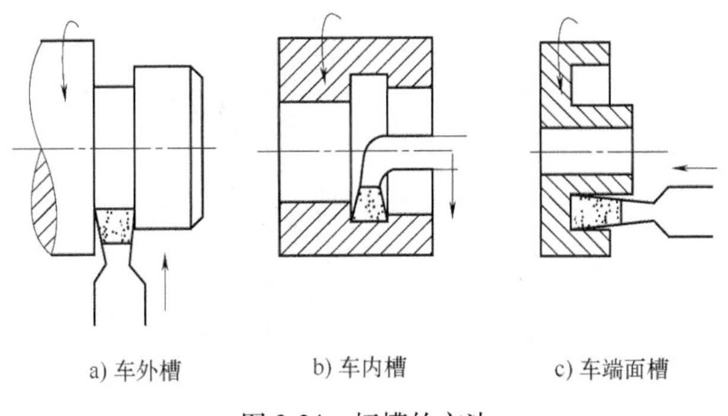

a) 车外槽　　b) 车内槽　　c) 车端面槽

图 3-24　切槽的方法

切槽操作时的注意事项如下：

1）车削宽度<5mm 的窄槽，可用主切削刃与槽等宽的切槽刀一次车出。

2）切削宽槽时，可先沿纵向分段粗车，再精车，车出槽宽与槽深，如图 3-25 所示。

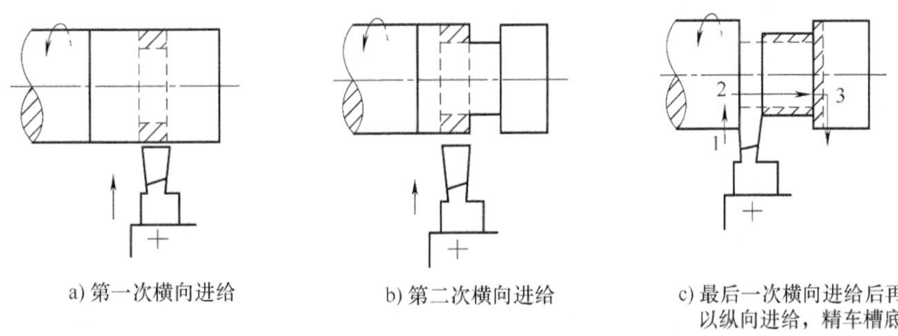

a) 第一次横向进给　　b) 第二次横向进给　　c) 最后一次横向进给后再以纵向进给，精车槽底

图 3-25　切削宽槽的方法

3）切槽时，切削刃宽度、切削速度和进给量都不宜选太大，并且需要合理匹配，以免产生振动，影响加工质量。

4）选用切槽刀时，要正确选择切槽刀刀宽和刀头长度，以免在加工中引起振动等问题。具体可根据经验公式计算：刀头宽度 $a \approx (0.5 \sim 0.6)d$（$d$ 为工件直径），刀头长度 $L=h+(2 \sim 3)$（h 为切入量）。

2. 切断

切断是指在车床上将较长的坯料切断成短料或将车削完成的工件从毛坯或原材料上切下，这种加工方法称为切断，一般在卡盘上进行，如图 3-26 所示。刀具采用的是切断刀，其结构与切槽刀相似。

（1）常用切断方法

1）直进法切断。是指垂直于工件轴线方向切断。这种切断方法的切断效率高，但对刀具刃磨及装夹有较高的要求，否则容易造成切断刀的折断。

2）左右借刀法切断。是指切断刀径向进给的同时，在轴线方向多次往返移动直至工件切断。在切削系统（刀具、工件、车床）刚度不足的情况下可采用这种方法切断工件。

3）反切法切断。是指工件反转，车刀反装进行切断的方法。这种切断法适用于较大直径工件的加工。

（2）切断操作时的注意事项

1）安装刀具的刀尖一定要与工件旋转中心等高，且安装必须是两边对称，如图 3-27 所示。否则切断处会留有凸台，且在进行深槽加工时会出现槽侧壁倾斜，也容易损坏刀具。

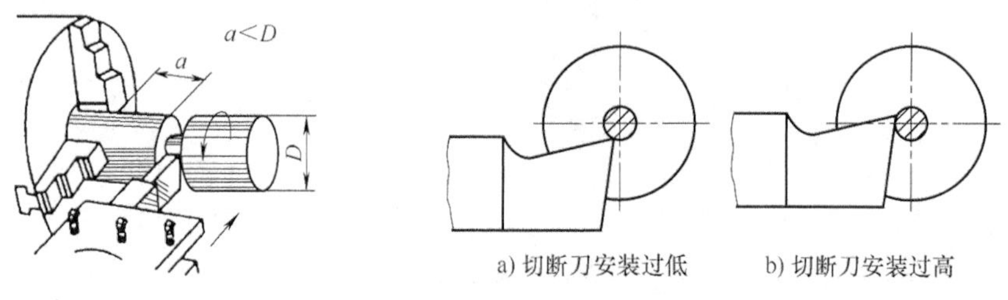

图 3-26　在卡盘上切断

图 3-27　切断刀刀尖必须与工件中心等高

2）合理选择切削用量。切削速度要低，采用缓慢均匀的手动进给，以免刀具折断。

3）为了增加切断刀的强度，刀杆不易伸出过长以防振动。

4）尽量减少刀架各滑动部分的间隙，提高刀架刚度。

5）切断时要进行冷却润滑。

3.3.6　车圆锥面、成形面和滚花

1. 车圆锥面

将工件车成锥体的方法称为车锥面。常用方法有宽刀法、小刀架转位法、靠模法和尾座偏移法等几种。

（1）宽刀法　宽刀法车锥面是指利用主切削刃横向进给直接车出圆锥面，如图 3-28 所示。切削刃的长度略大于圆锥母线的长度并且切削刃与工件中心线成半锥角。这种加工方法操作简单，可以加工任意角度的圆锥。由于该方法加工效率高，适合批量生产中、短长度的内、外锥面。但是要求切削加工系统（如刀具性能等）要有较高的刚度。

（2）小刀架转位法　松开小滑板和转盘之间的紧固螺钉，使小滑板随转盘转动半锥角，然后紧固螺钉。车削时，转动小滑板手柄，即可加工出所需圆锥面。如图 3-29 所示。这种方法操作简单，不受锥度大小的限制，但由于受到小滑板行程的限制不能加工较长的圆锥，且只能手动进给，因此适用于单件小批量生产。

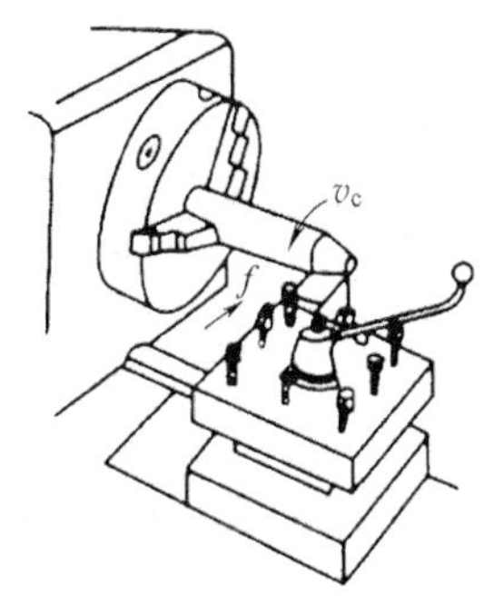

图 3-28 宽刀法车锥面

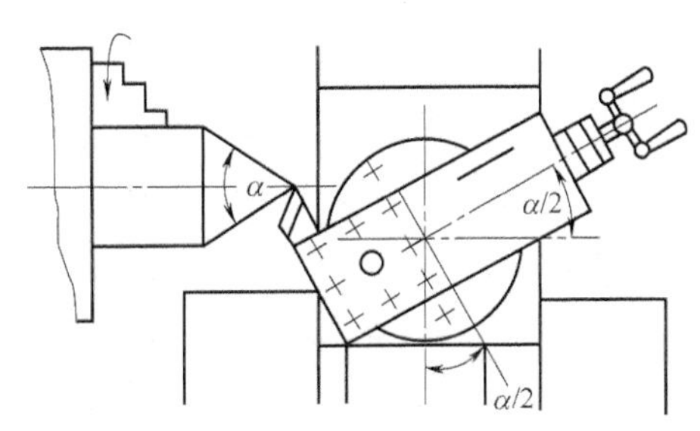

图 3-29 小刀架转位法车锥面

（3）靠模法 靠模法车锥面是指利用靠模装置控制车刀进给方向，车出所需锥面。适合于生产圆锥角度小、精度要求高、尺寸相同和数量较多的圆锥体。如图 3-30 所示，靠模装置的底座固定在床身的后面，底座上装有锥度靠模板，松开紧固螺钉，靠模板绕中心轴旋转，这样便与工件的轴线形成一定的夹角。靠模上的滑块可以沿靠模滑动，而滑块通过连接板与中滑板连接在一起。中滑板上的丝杠与螺母脱开，这样其手柄便不再控制刀架横向位置，将小滑板转过 90°，用小滑板上的丝杠调节刀具横向位置从而调整所需的背吃刀量。

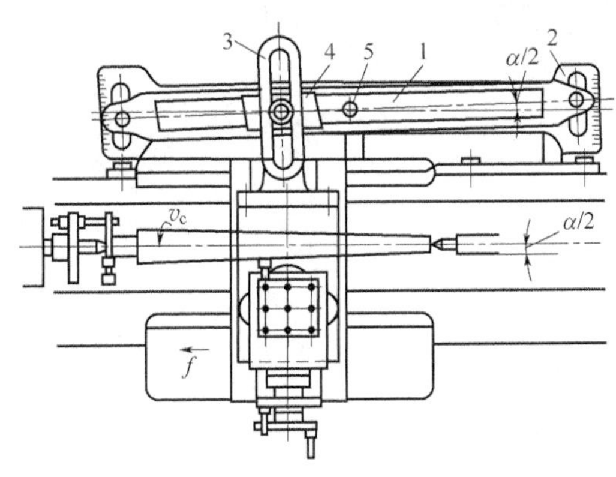

图 3-30 靠模法车锥面

1—靠模板 2—底座 3—连接板 4—滑块 5—紧固螺钉

（4）尾座偏移法 尾座偏移法是指将工件装夹在前、后顶尖上，把尾座顶尖偏移一个距离 S，使工件旋转轴线与机床主轴轴线的夹角为半锥角 $\alpha/2$。如图 3-31 所示，当刀架自动或手动纵向进给时，即可车出所需的锥面。与前面三种通过改变刀具以获取锥面的车削锥面方法不同的是，偏移尾座法是通过改变工件的角度来获取锥面。

尾座偏移量为

$$S=L_0\sin\alpha$$

当 α 很小时

$$S=L_0\sin\alpha\approx L_0\tan\alpha=L_0(D-d)/2L$$

2. 车成形面

在机器上有些零件的表面不是直线，而是一种曲线，表面轴向剖面呈现曲线形特征，这些零件表面称为成形面。这些带有曲线的表面也可称作特形面。如单球手柄，三球手柄及内

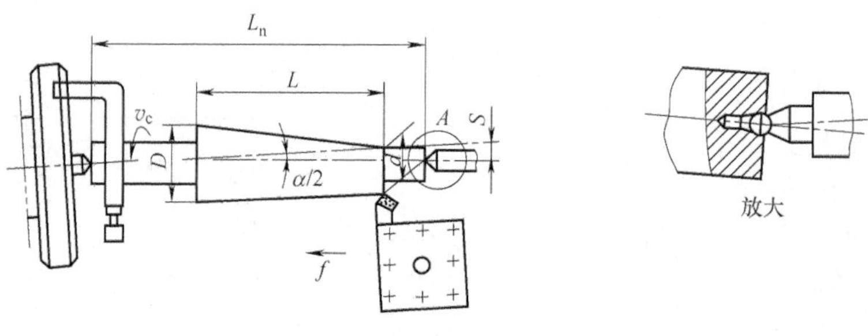

图 3-31 尾座偏移法车锥面

外圆弧槽。下面介绍三种加工成形面的方法。

（1）双手控制法 如图 3-32 所示，用双手同时摇动小滑板手柄和中滑板（或床鞍和中滑板），通过双手的协调动作，从而车出所要求的成形面的方法称为双手控制法。此方法需要较高的操作技能，生产效率低，精度也低，多用于单件小批量生产。

（2）成形车刀法 用成形车刀车成形面，如图 3-33 所示，其加工精度主要靠刀具保证。但要注意由于切削时接触面较大，切削抗力也大，易出现振动和工件移位。为此切削力要小些，工件必须夹紧。这种方法生产效率高，但刀具刃磨较困难，车削时容易振动，故只用于批量较大的生产中，车削工件刚度好，长度较短且较简单的成形面。

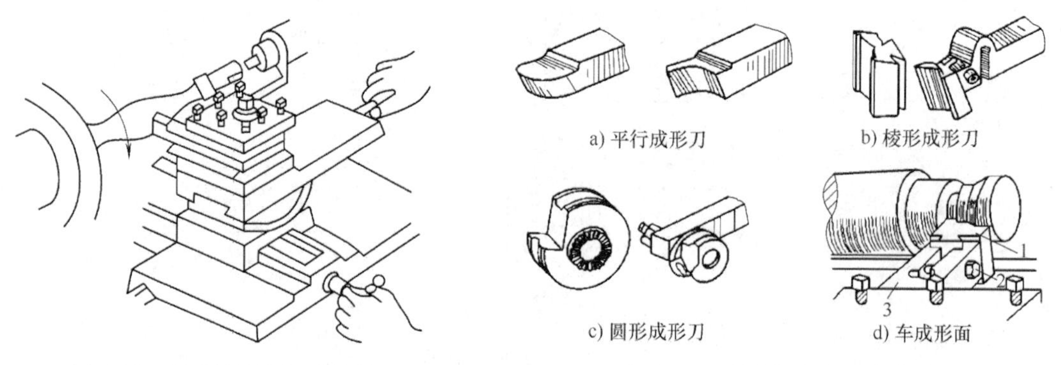

图 3-32 双手控制法车成形面

图 3-33 成形车刀法车成形面

（3）靠模法 用靠模法车成形面与用靠模法车锥面的原理是一样的，常用的方法有靠板靠模法（图 3-34）和尾座靠模法（图 3-35）两种。此方法操作方便，零件的加工尺寸不受限制，可实现自动进给，生产率高，但靠模的制造成本高，适合大批、大量生产。

3. 滚花

用滚花刀将工件表面滚压出直纹或网纹的方法称为滚花，如图 3-36 所示。工件经滚花后，可增加美观程度，便于握持，常用于螺纹环规、千分尺套管、手拧螺母等零件外表面的加工。

花纹有直纹和网纹两种，滚花刀按花纹也分直纹和网纹两种类型，按滚花轮的数量又分为单轮、双轮和三轮三种，如图 3-37 所示。滚花属挤压加工，其径向挤压力很大，因此加工时工件的转速要低些，还要供给充足的切削液，以免辗坏滚花刀和防止细屑滞塞滚花刀纹路而产生乱纹。

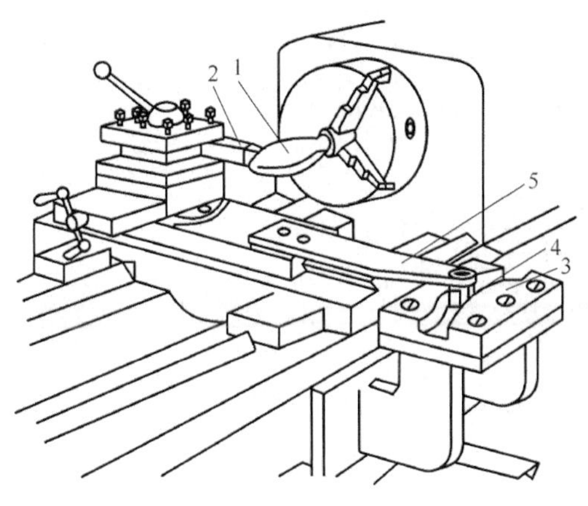

图 3-34 靠板靠模法车成形面
1—成形面 2—车刀 3—靠模 4—滚柱 5—拉杆

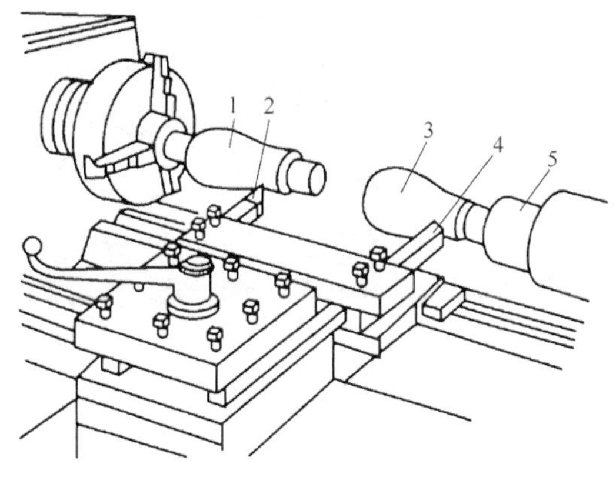

图 3-35 尾座靠模法车成形面
1—成形面 2—车刀 3—靠模 4—靠模杆 5—尾座

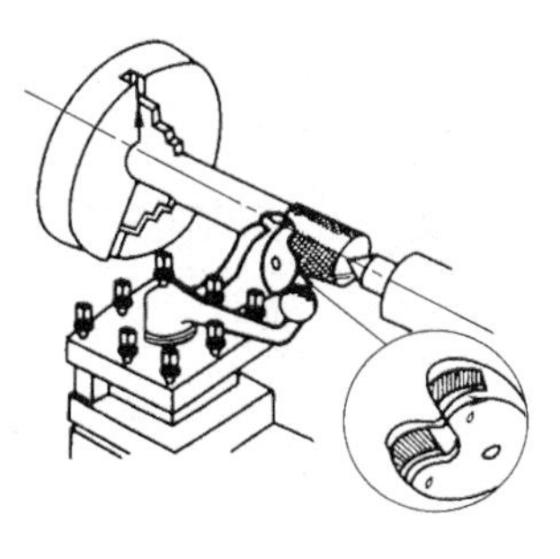
图 3-36 滚花

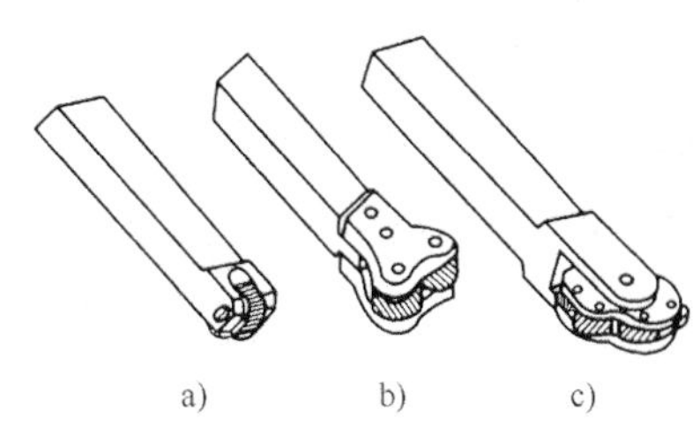

图 3-37 滚花刀

3.3.7 孔加工

车床上可以用钻头、镗刀、扩孔钻头、铰刀进行钻孔、镗孔、扩孔和铰孔。下面仅以钻孔和镗孔为例加以介绍。

1. 钻孔

利用钻头将工件钻出孔的方法称为钻孔。在车床上钻孔如图 3-38 所示，工件装夹在卡盘上，钻头安装在尾座套筒锥孔内。钻孔前先车平端面并车出一个中心孔或先用中心钻钻中心孔作为引导。钻孔时，摇动尾座手轮使钻头缓慢进给，注意要经常退出钻头排屑。钻孔进给量不能过大，以免折断钻头。钻钢料时应加切削液。

2. 镗孔

在车床上对工件上已铸出、锻出和钻出的孔进行车削的方法称为镗孔（又称为车孔）。镗孔可以作为粗加工，也可以作为精加工。镗孔分为镗通孔和镗盲孔（不通孔），如图 3-39 所示。镗通孔基本上与车外圆相同，只是进刀和退刀方向相反。粗镗和精镗内孔时也要进行试切和试测，其方法与车外圆相同。

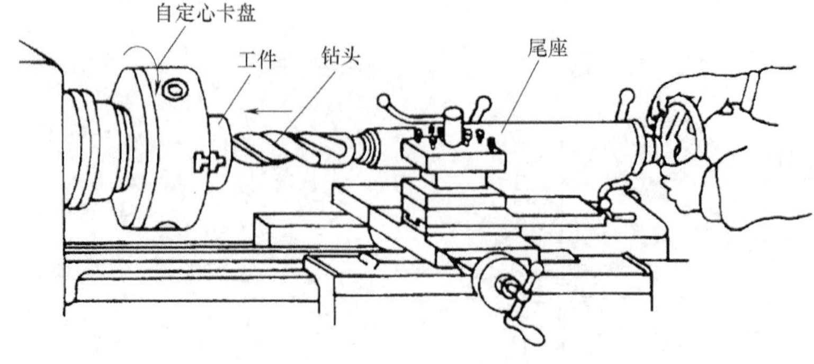

图 3-38 车床上钻孔

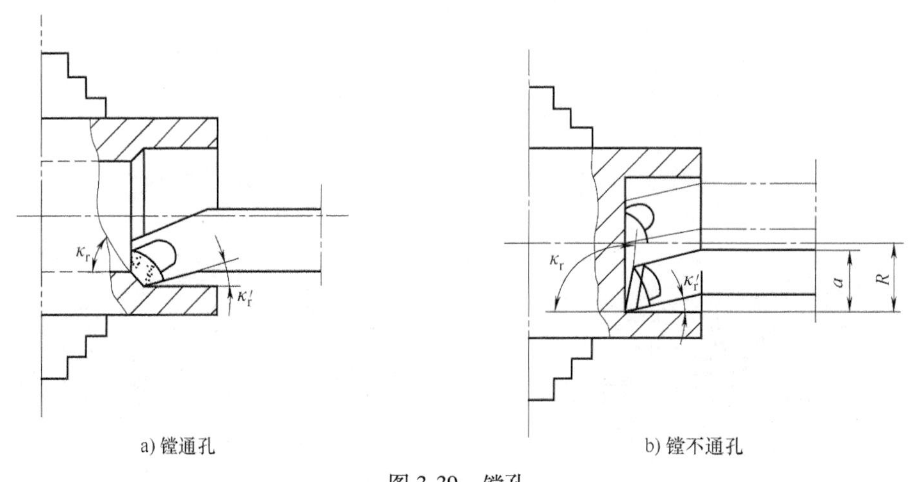

图 3-39 镗孔

3.3.8 车削螺纹

1. 螺纹的种类

螺纹是在圆柱（圆锥）工件表面上，沿着螺旋线所形成的、具有相同剖面的连续凸起和沟槽。螺纹的种类很多，按用途分有连接螺纹、紧固螺纹和传动螺纹等；按标准分有米制螺纹和寸制螺纹等；按牙形分为管螺纹、矩形螺纹和梯形螺纹等。其中以米制管螺纹应用最广，称为普通螺纹。如图 3-40 所示。

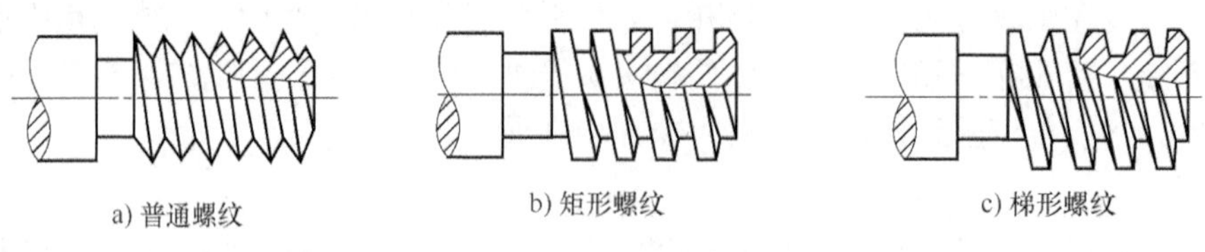

图 3-40 螺纹的种类

2. 车削外螺纹的方法与步骤

（1）准备工作

1）按螺纹规格车削螺纹外圆，并按所需长度刻出螺纹长度终止线。先将螺纹外径车至所需尺寸，然后用刀尖在工件上的螺纹终止处刻一条细微可见线，以它作为车螺纹的退刀标记。

2）螺纹车刀及其安装。车削各种牙形的螺纹，都应使螺纹车刀切削部分的形状与螺纹牙型相符。通常螺纹车刀的前角取 $\gamma_0=0°$，当粗加工或螺纹要求不高时，其前角可取 $\gamma_0=5°\sim20°$。安装螺纹车刀时，车刀刀尖必须与工件中心等高，车刀刀尖角的等分线须垂直于工件回转中心线，车出的牙型角才不会偏斜，应用对刀样板来安装车刀，如图 3-41 所示。

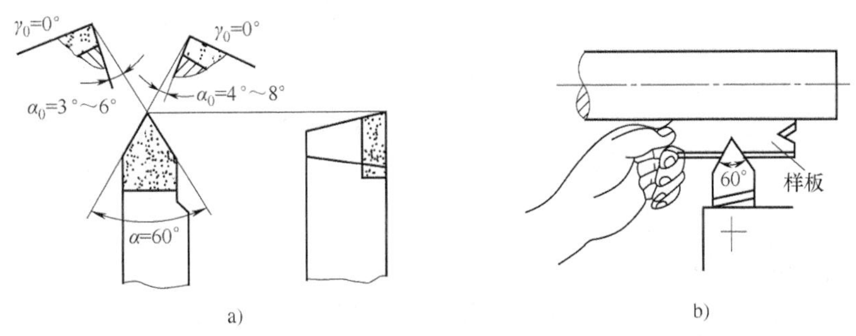

图 3-41　螺纹车刀几何角度与对刀样板

（2）车床的调整　车螺纹时，工件每转一周，刀具应准确地纵向移动一个螺距或导程（单线螺纹为螺距，多线螺纹为导程）。为了保证上述关系，车螺纹时应使用丝杠传动。根据工件的螺距 P，查机床上的标牌，然后调整进给箱上手柄位置及配换挂轮箱齿轮的齿数以获得所需要的工件螺距。

确定主轴转速。与车外圆相比，车螺纹时的进给量特别大，主轴的转速应选择低些，以保证进给终了时，有充分的时间退刀停车，否则可能会造成刀架或滑板与卡盘相撞。初学者应将车床主轴转速调到最低速。

（3）车削外螺纹的方法与步骤　车削外螺纹的操作过程如图 3-42 所示，具体步骤如下：

1）开车，使刀尖与工件表面轻微接触，将中滑板刻度调到零位，向右退出车刀，如图 3-42a 所示。

2）试切第一条螺旋线并检查螺距。将床鞍摇至离工件端面 8～10 牙处，横向进刀 0.05mm 左右，开车，合上开合螺母，在工件表面车出一条螺旋线，至退刀槽处退出车刀，如图 3-42b 所示。

3）开反车把车刀退到工件右端，停车，用钢直尺检查螺距是否正确，如图 3-42c 所示。

4）利用刻度盘调整背吃刀量，开始车削螺纹，至退刀槽处停车，如图 3-42d 所示。

5）横向退出车刀，开反车把车刀退到工件右端，如图 3-42e 所示。

6）再次调整背吃刀量，继续切削，直到螺纹加工完，如图 3-42f 所示。

（4）车螺纹的注意事项

1）车螺纹前要检查组装配换齿轮的间隙是否适当，检查方法是把主轴变速手柄放在空档位置，用手旋转主轴，判断是否有过重或空转量过大等现象。

2）开合螺母必须正确合上，如感到未合好，应立即提起，重新合上。

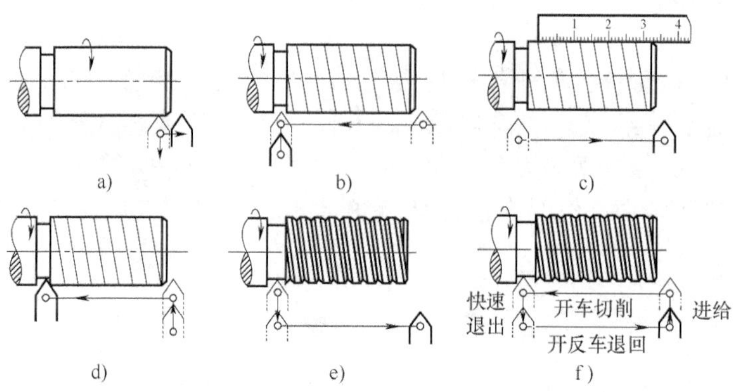

图 3-42　车削外螺纹的操作过程

3）车螺纹时，应始终保持切削刃锋利，如中途换刀或磨刀后，必须重新对刀以防乱扣，并重新调整中滑板的刻度。

4）车削没有退刀槽的螺纹时，特别注意螺纹的收尾在三分之一圈左右，每次退刀要均匀一致，否则会撞到刀尖。

3.4 车削加工实践

本节以锤柄零件加工为例，锤柄零件图如图 3-43 所示。锤柄车削加工涉及车端面、车外圆、车成形面、车螺纹、切槽等基本操作，工序卡片见表 3-1。

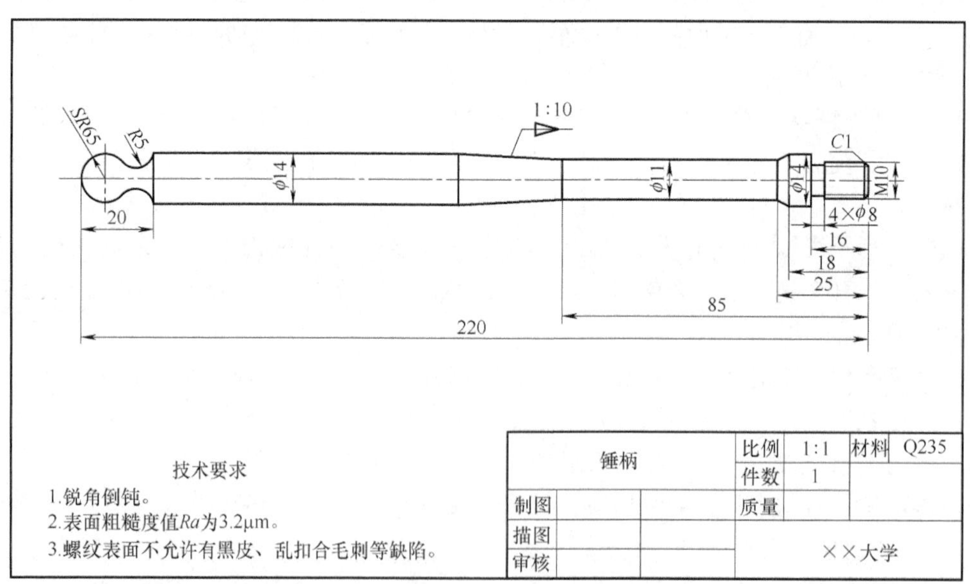

图 3-43　锤柄零件图

表 3-1 锤柄加工工序卡片

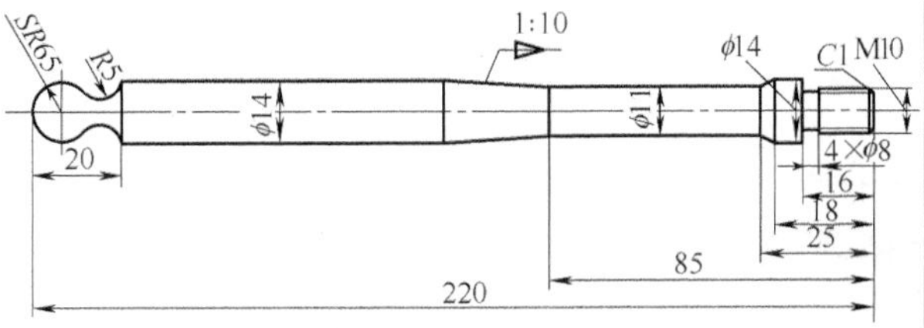

××大学		机械加工工序卡片		生产类型		工序号	
				零件名称	锤柄	零件号	
				材料		毛坯	
				牌号	硬度	形式	质量
				Q235	HBW≤165	棒料	
				设备		夹具和辅助工具	
				名称	型号	自定心卡盘	
				车床	C6136		
工序	工步	工 步 说 明	刀具	切削深度/mm	进给量/(mm/r)	转速/(r/min)	量具
1	1	车平端面	外圆车刀	≤2	0.2	360	游标卡尺
	2	车外圆 $\phi9.8^{+0.1}_{-0.1}$mm×16mm	外圆车刀	≤2	0.25	360	游标卡尺
	3	倒角 *C*1	外圆车刀	20	0.2	360	样板
	4	车螺纹退刀槽	切断刀	1.8	0.1	360	游标卡尺
	5	钻中心孔	中心钻	5	0.1	850	
	6	板牙套螺纹 M10	板 牙			55	环规
	7	切断，保留长度 220mm	切断刀		0.1	360	钢直尺
2	1	调头装夹，伸出 30mm 长，粗车外圆 ϕ15mm×9mm	外圆车刀	≤2	0.25	360	游标卡尺
	2	在长 15mm 处划线	外圆车刀		0.25	360	钢直尺
3	1	拆下工件，一夹一顶夹紧工件	顶尖				
	2	粗车外圆 ϕ14.5mm×205mm	外圆车刀	≤2	0.25	360	游标卡尺
	3	逆时针转小滑板 30°，顺时针转刀架 450°	小滑板扳手				
	4	在 25mm、85mm 处划线，并从 25mm 处粗车外圆 ϕ11，车削至 85mm 处	外圆车刀	≤2	0.25	360	游标卡尺
	5	转动小滑板车削圆锥	外圆车刀	≤2	0.08	360	游标卡尺
	6	车刀退回 25mm 处，精车外圆 ϕ11 及圆锥面	外圆车刀	0.5	0.25	75	游标卡尺
	7	车刀回正，精车外圆 ϕ14	外圆车刀	0.5	0.25	75	游标卡尺
4	1	调头装夹，伸出 30mm 长，车外圆直径 ϕ14mm×15mm	外圆车刀			360	游标卡尺
	2	车 *R*7 圆球	外圆车刀	≤2	0.25	360	
5	1	抛光工件表面 *Ra*3.2				850	
	2	检验					

1. 车床由哪些主要部件组成？各有何作用？

2. 卧式车床的加工范围有哪些？

3. 车削的切削三要素是什么？

4. 车削时工件和车刀都要运动，哪个是主运动？哪个是进给运动？

5. 车刀按照结构分类有哪些？并说出用途。

6. 车刀安装应该注意些什么？

7. 车削之前为什么要试切？试切的步骤有哪些？

8. 加工外圆时，如果刻度盘多转了 3 格，是否可以直接退回 3 格？为什么？应该如何处理？常用车削圆锥体的方法有几种？各用于哪些场合？

9. 为什么车削时一般要先车端面？为什么钻孔前也要先车端面？

10. 切槽刀和切断刀的形状有何特点？切断刀容易断裂的原因有哪些？

第4章 钳工

钳工是手持工具对金属材料进行切削加工的工种，是金属切削加工中的重要手段之一。钳工操作一般是利用台虎钳和各种手动、机动工具来完成零件的加工、装配和修理等工作。与其他机械加工方法相比，钳工方便、灵活、劳动强度大、生产效率低，但可以完成其他机械加工不便加工或难以完成的工作。

4.1 钳工基础知识

在机械加工领域，目前虽然有各种先进的加工方法，但很多工作仍然需要钳工来完成。在保证产品质量方面，钳工起着十分重要的作用，钳工的应用范围很广，主要包括以下几个方面：

1）机械加工前的准备工作，如清理毛坯，在工件上划线等。

2）某些精密零件的加工，如样板、模具的精加工，刮削或研磨机器、量具的配合表面等。

3）单件小批量生产中某些零件的加工，主要有表面加工、孔加工和螺纹加工三大类。表面加工的基本操作有锯削、锉削、錾削和刮削；孔加工的基本操作有钻孔、扩孔和铰孔；螺纹加工的基本操作有攻螺纹、套螺纹。

4）机器设备（或产品）的装配、调试与保养维护。

4.1.1 钳工分类

钳工按照工作内容性质分为装配钳工、机修钳工和工具钳工三类。装配钳工主要从事零件的加工和机器设备的装配、调整等工作；机修钳工主要从事机器设备的安装、调试和维修等工作；工具钳工主要从事工具、夹具、量具、辅具、模具、刀具的制造和修理等工作。各钳工之间并无严格的区别，只是工作内容和侧重点不同，进而要求的操作能力水平不同。尽管钳工的分工不同，但都应熟练掌握钳工的基础理论知识和基本操作技能，其内容包括：划线、錾削、锯削、锉削、钻孔、扩孔、锪孔、铰孔、攻螺纹、套螺纹、矫正和弯形、铆接、刮削、研磨以及机器的装配与调试、设备维修和简单的热处理等。

4.1.2 钳工加工特点

1）钳工加工方法灵活多变，操作简单，能够加工形状复杂、质量精度要求较高的零件。

2）工具和设备简单，制造刃磨方便，价格低廉，携带方便，投资小。

3）生产效率低，劳动强度大，对工人技术水平要求高。

4）加工质量不稳定，加工质量的好坏受工人技术水平的影响较大。

4.1.3 钳工常用设备及工量具

1. 常用设备

钳工常用的设备有：钳工工作台、台虎钳、钻床等。

（1）钳工工作台 钳工工作台是操作者从事钳工作业的主要区域，常用硬质木板或钢材制成，要求坚实、平稳，台面高度 800~900mm，台面上装台虎钳和防护网，如图 4-1 所示。钳工工作台的物品摆放规定：在台虎钳左边放的是量具，如卡尺、千分尺等，右边放的是各种刀具，如锉刀、刮刀等，台虎钳的正前方为各种样板，如角度样板、异形样板等。

（2）台虎钳 台虎钳是夹持工件的主要工具，如图 4-2 所示，分固定部分和活动部分，固定部分由锁紧螺栓固定在转盘座上，转盘座内装有夹紧盘，放松转盘座夹紧手柄，固定部分就可以在转盘座上转动，改变台虎钳钳口方向。转动手柄可以带动丝杠从固定部分的螺母中旋进或旋出，从而带动活动部分前后移动，实现钳口的张开与闭合。台虎钳规格常用钳口宽度来表示，常用的有 100mm、125mm、150mm 三种。

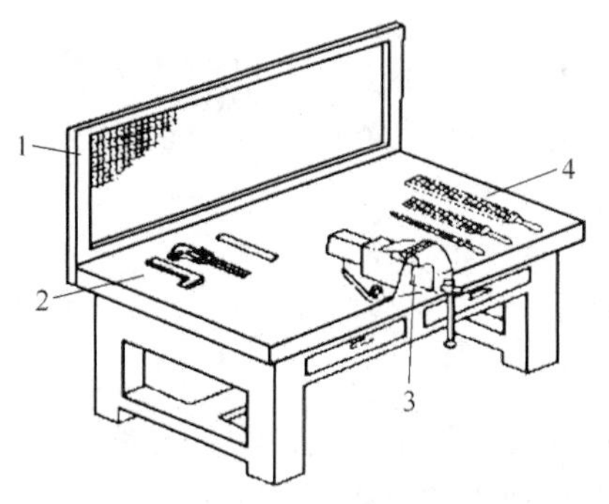

图 4-1 钳工工作台
1—防护网 2—量具 3—台虎钳 4—工具

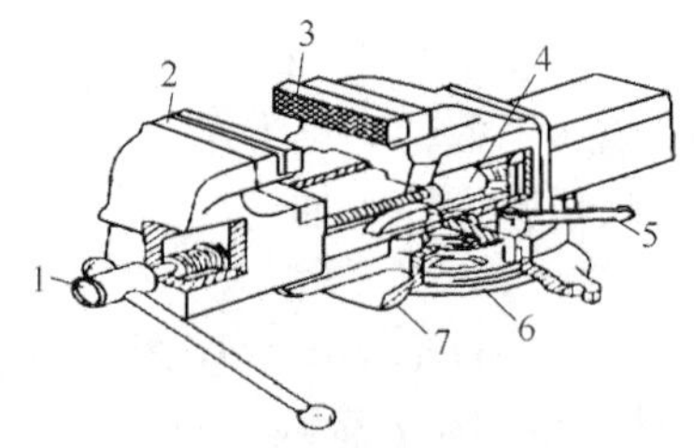

图 4-2 回转式台虎钳结构示意图
1—丝杠 2—活动钳口 3—固定钳口 4—螺母 5—夹紧手柄 6—夹紧盘 7—转盘座

（3）钻床 用钻头对工件进行各类圆孔加工的机床称为钻床。钻床可以分为台式钻床、立式钻床和摇臂钻床等。

1）台式钻床。台式钻床简称台钻，是指可安放在作业台上，主轴竖直布置的小型钻床，如图 4-3 所示。台式钻床钻孔直径一般在 13mm 以下。台钻灵活性较大，转速高，生产效率高，使用方便，因而是零件加工、装配和修理工作中常用的设备之一。但是由于构造简单，变速部分直接用带轮变速，最低转速较高，一般在 400r/min 以上，所以有些特殊材料或工艺需用低速加工的不适用。

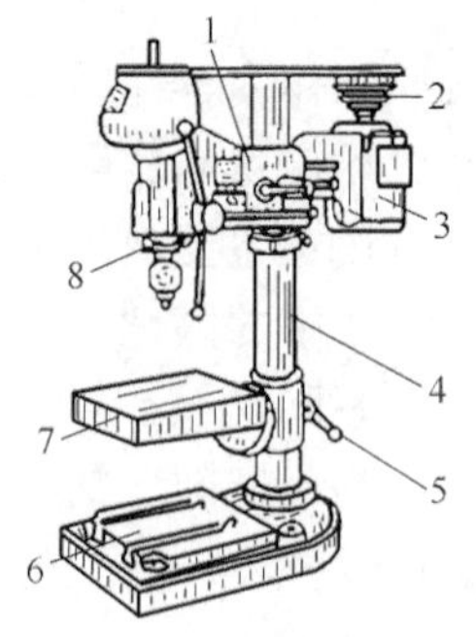

图 4-3 台式钻床结构示意图
1—头架 2—塔形带轮 3—电动机 4—立柱 5—工作台锁紧手柄 6—底座 7—工作台 8—主轴

2）立式钻床。立式钻床主要由主轴、主轴变速箱、进给变速箱、立柱、工作台和底座组成，如图 4-4 所示。立式钻床可以自动进给，它的功率和结构强度允许采用较高的切削用量，因此用这种钻床可获得较高的劳动生产率，并可获得较高的加工精度。立式钻床的主轴转速、进给量都有较大的变动范围，可以适应不同材料的刀具在不同材料工件上的加工，并能适应钻、锪、铰、攻螺纹等各种不同工艺的需要，在立式钻床上装一套多轴传动头，可同时钻削几十个孔，可作为批量生产的专用机床使用，适合加工单件、小批量中小型零件上的孔。

3）摇臂钻床。摇臂钻床有一个能绕立柱旋转的摇臂，摇臂带着主轴箱可沿立柱垂直移动，同时主轴箱等还能在摇臂上作横向移动，主轴可沿自身轴线垂直移动或进给（图 4-5）。其特点为：有 3 个调整位置的辅助运动，能方便地调整刀具位置对准被加工孔的中心，而不需要移动工件来进行加工，因此可加工一个零件上不同位置的孔，大大增加了加工的机动性和工作适应性，适用于单件或中小批量生产的大、中型零件或多孔零件的孔加工。摇臂钻床除了用于钻孔外，还能用于扩孔、锪孔、铰孔、镗孔、攻螺纹等。

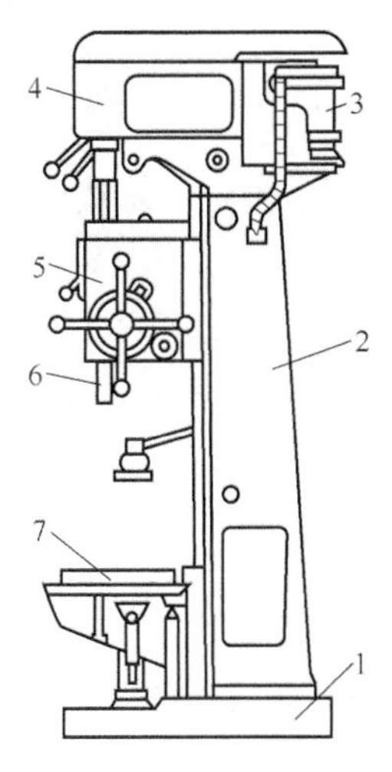

图 4-4　立式钻床结构示意图

1—底座　2—床身　3—电动机　4—主轴变速箱　5—进给变速箱　6—主轴　7—工作台

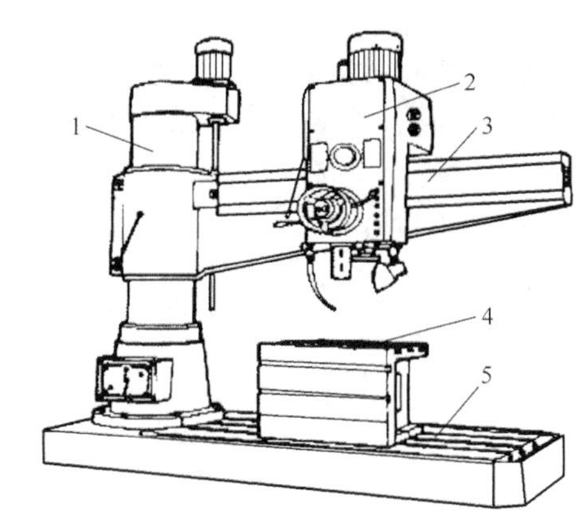

图 4-5　摇臂钻床结构示意图

1—主轴　2—主轴箱　3—摇臂　4—工作台　5—底座

2. 常用工具

钳工常用工具有划线用的划针、划线盘、划规（圆规）、样冲和平板，錾削用的锤子和各种錾子，锉削用的各种锉刀，锯削用的锯弓和锯条，孔加工用的麻花钻、各种锪钻和铰刀，攻螺纹、套螺纹用的各种丝锥、板牙，刮削用的平面刮刀、曲面刮刀以及各种扳手和螺钉旋具等。

3. 常用量具

钳工通用量具有钢直尺、普通游标卡尺、千分尺和百分表等。专用量具有游标深度卡尺、游标高度卡尺、塞尺、刀口形直尺、直角尺、游标万能角度尺等。

4.2 钳工基本操作

4.2.1 划线

根据图样的尺寸要求，在毛坯或半成品表面用划线工具划出加工部位的轮廓线即加工界线，或者是划出作为基准的点、线的操作过程称为划线。划线多用于单件、小批量生产，新产品试制和工具、夹具、模具制造等。

1. 划线的作用

1）明确地表示出加工余量、加工位置的依据。

2）借划线来检查毛坯的形状和尺寸是否合乎要求，避免不合格的毛坯投入机械加工而造成浪费。

3）通过划线使加工余量合理分配，保证加工产品的质量。

4）当在坯料上出现某些缺陷的情况下，可通过划线进行“借料”处理，来达到补救的目的。

2. 划线的种类

划线可分为平面划线（在一个或多个平行的平面上划线）和立体划线（在多个互成一定角度的平面上划线）。在工件的某个平面上划线称为平面划线，如图 4-6a 所示；在工件长、宽、高三个方向上划线称立体划线，如图 4-6b 所示。应该指出，由于划出的线条有一定宽度，故在加工过程中不能以划线作为最终尺寸依据，仍需用量具来测量工件的尺寸精度。

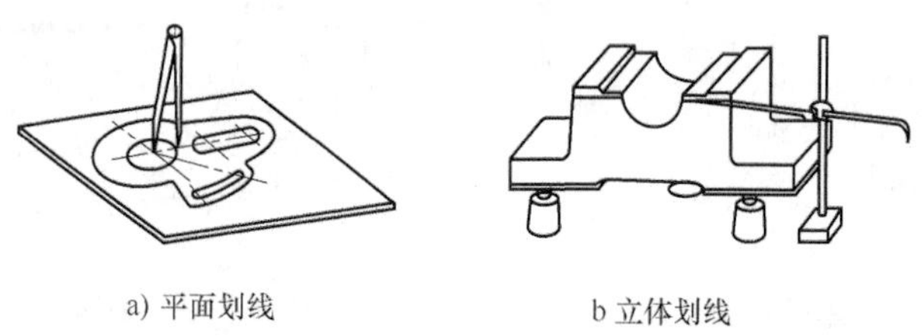

a) 平面划线　　b 立体划线

图 4-6　划线

3. 划线工具

（1）划线平台　划线平台是用以检验或划线的平面基准器具。平台是经过精细加工的铸铁件，要求基准平面平直、光滑，结构牢固。使用平台时应注意将其放置平稳，保持水平，以便稳定地支承工件，要防止碰撞和锤击平台，注意表面清洁，长期不用时应涂油防护，如图 4-7 所示。

（2）千斤顶和 V 形块　千斤顶和 V 形块都是在平板上用以支承工件的工具。工件的平面用千斤顶支承，如图 4-8 所示。千斤顶高度可调整，以便找正工件。圆柱形的工件则用 V 形块支承，如图 4-9 所示，使其轴线与平板平行。

（3）直角尺　直角尺是检验直角用的非刻线量尺，在划线时常用作划平行线或垂直线的导向工具，也可用来找正工件在划线平面上的垂直位置，如图 4-10 所示。

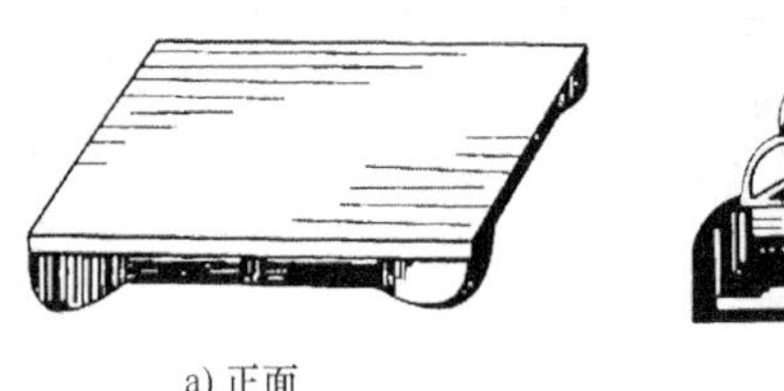

a) 正面

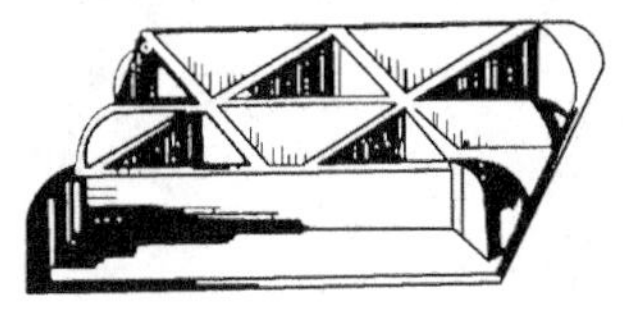

b) 反面

图 4-7　划线平台

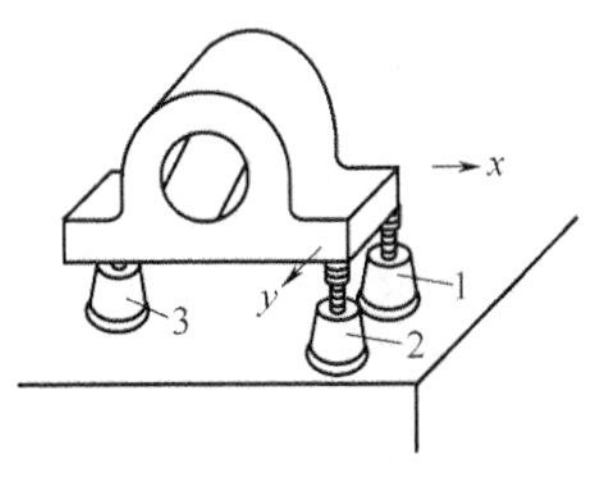

图 4-8　千斤顶

1、2、3—千斤顶

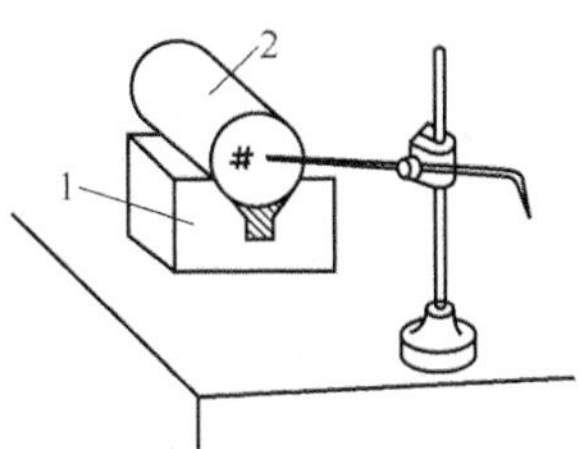

图 4-9　V 形块

1—V 形块　2—工件

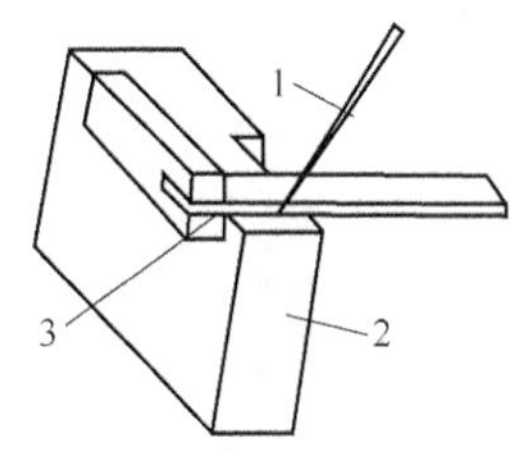

图 4-10　直角尺

1—划针　2—工件　3—直角尺

（4）划针　划针是用来在被划线的工件表面沿着钢直尺、直尺、角尺或样板进行划线的工具，有直划针和弯头划针之分，如图 4-11a 所示。划线时针尖要靠紧导向工具的边缘，上部向外侧倾斜 15°~20°，向划线方向倾斜 45°~75°，如图 4-11b 所示。划线要做到一次划成，不要重复地划同一根线条。划线时力度适当，使划出的线条既清晰又准确，否则线条变粗，反而模糊不清。

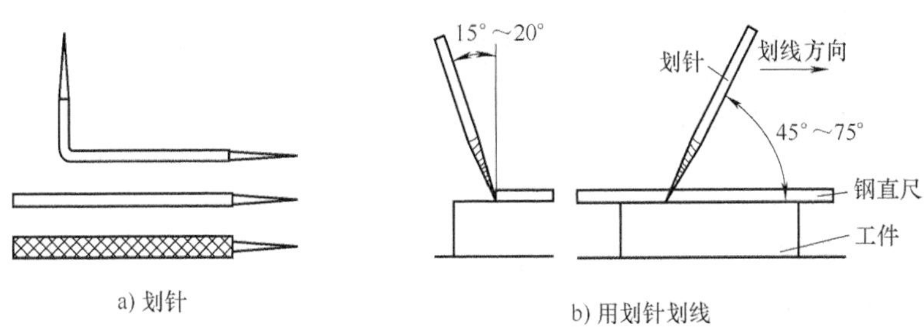

a) 划针　　b) 用划针划线

图 4-11　划针及使用

（5）划规、划卡　划规结构类似制图工具圆规，如图 4-12 所示，可用来划圆，量取尺寸和等分线段。划卡又称单脚规，可用以确定轴及孔的中心位置，也可用来划平行线，如图 4-13 所示。

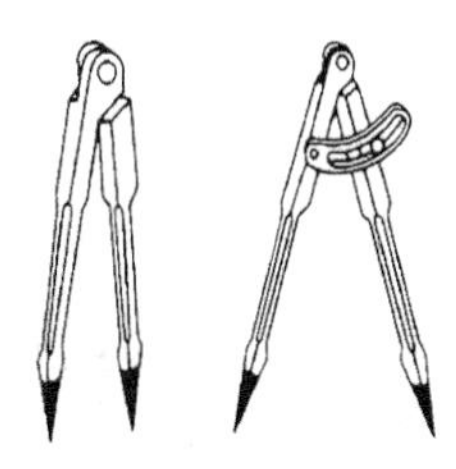

图 4-12　划规

（6）划线盘　划线盘可作为立体划线和找正工件位置用的工具，如图 4-14 所示。划线盘的划针一端（尖端）一般都焊有高速钢或硬质合金，作划线用，另外一端做成弯头，作校正工件用。调节划针高度，在平板上移动划线盘，即可在工件上划出与平板平行的线。

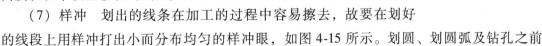

（7）样冲　划出的线条在加工的过程中容易擦去，故要在划好的线段上用样冲打出小而分布均匀的样冲眼，如图 4-15 所示。划圆、划圆弧及钻孔之前

的圆心也要打样冲眼，以便划规及钻头定位。

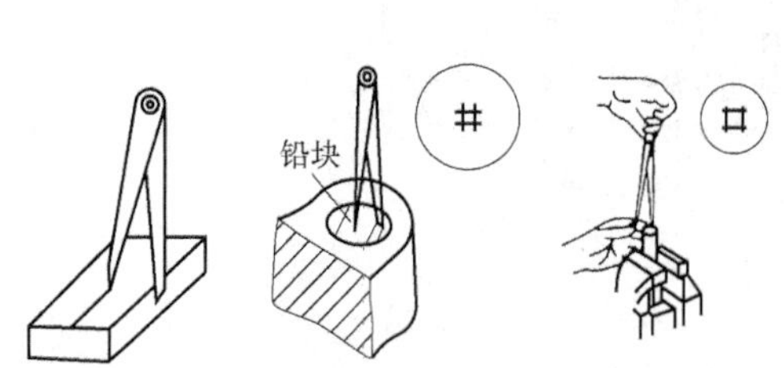

图 4-13　用划卡确定轴及孔中心及划平行线

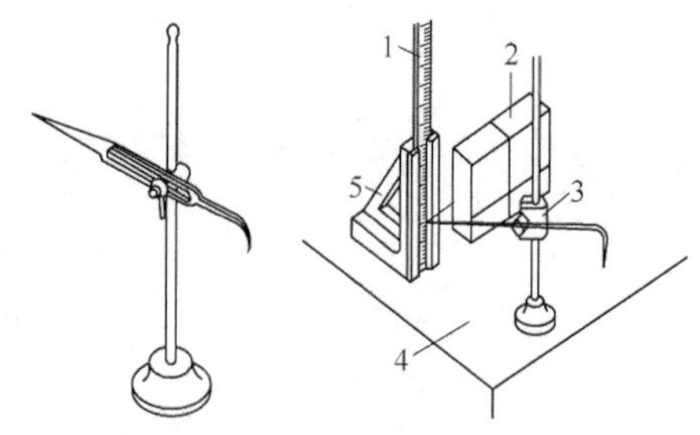

图 4-14　划线盘及其用法

1—钢直尺　2—工件　3—划线盘　4—平台　5—高度尺架

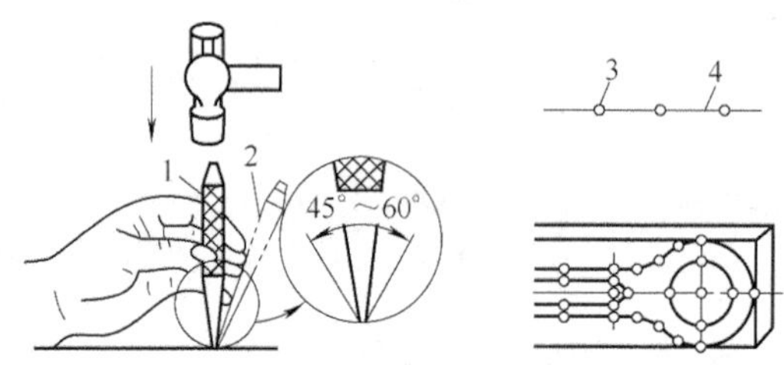

图 4-15　样冲及使用方法

1—样冲　2—样冲对准位置　3—样冲眼　4—划线

（8）方箱　方箱是用灰铸铁制成的空心立方体或长方体，其相对平面互相平行，相邻平面互相垂直，如图 4-16 所示。划线时，可用 C 形夹头将工件夹于方箱上，再通过翻转方箱，便可在一次安装的情况下，将工件上互相垂直的线全部划出来。方箱上的 V 形槽平行于相应的平面，是装夹圆柱形工件用的。要求划线方箱各工作面不能有锈迹、划痕、裂纹、凹陷以及影响计量性能的其他缺陷。非工作面应清砂涂漆，棱边倒角。

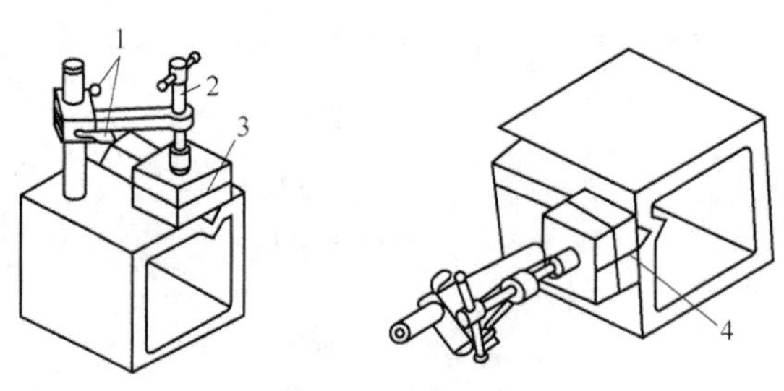

图 4-16　方箱

1—紧固手柄　2—压紧螺栓　3—划出的水平面　4—划出的垂直线

4. 划线基准的选择

（1）划线基准　划线时，应以工件上某一条线或某一个面作为依据来划出其余的尺寸线，这样的线（或面）称为划线基准。

（2）划线基准的选择　划线基准通常与设计基准一致。但实际遇到的工件复杂多变，具体问题需具体分析。下面就可能遇到的情况做简单介绍，划线基准的选择如图 4-17 所示。

1）工件上有重要的孔需加工，一般选择该孔轴线为划线基准。

2）工件上有个别平面已经加工，则应选择该平面为划线基准。

3）工件上几个面中有一个不加工表面，宜以不加工表面为划线基准；若有多个不加工表面，则选较大且平整的不加工表面为基准。

4）工件上有两个平行的不加工表面，应以其对称的中心平面为划线基准。

5）工件上所有平面都加工，应选加工余量较小或精度要求较高的平面为划线基准。

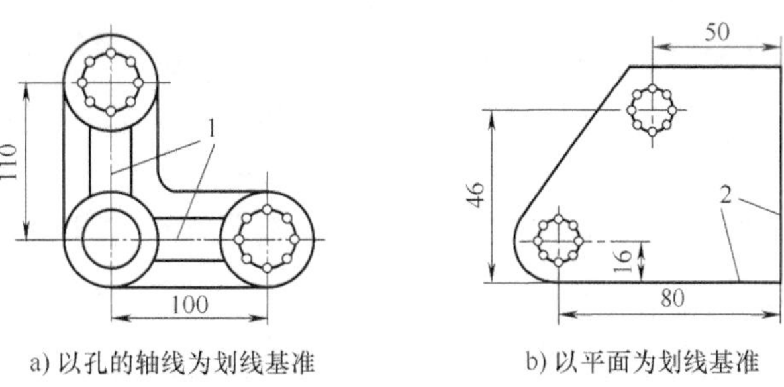

a) 以孔的轴线为划线基准　　b) 以平面为划线基准

图 4-17　划线基准的选择

1—基准　2—已加工面

5. 划线步骤与操作

下面以轴承座为例，说明划线步骤和操作，如图 4-18 所示。

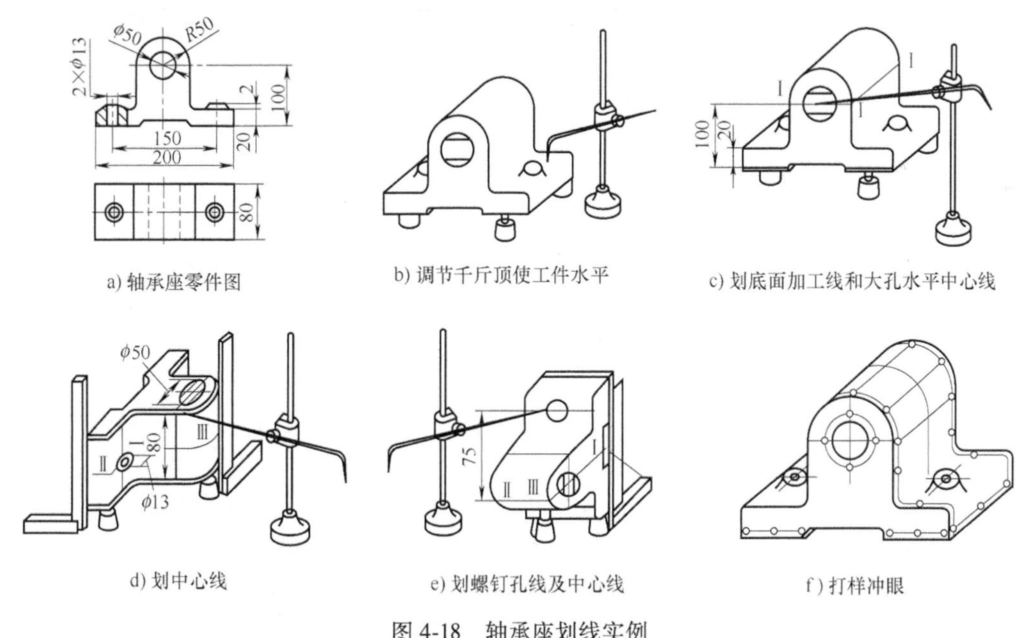

a) 轴承座零件图　　b) 调节千斤顶使工件水平　　c) 划底面加工线和大孔水平中心线

d) 划中心线　　e) 划螺钉孔线及中心线　　f）打样冲眼

图 4-18　轴承座划线实例

1）分析图样，检查毛坯是否合格，确定划线基准。轴承座孔为重要孔，应以该孔中心线为划线基准，以保证加工时孔壁均匀，如图 4-18a 所示。

2）清除毛坯上的氧化皮和毛刺。在划线表面涂上一层薄而均匀的涂料，毛坯用石灰水为涂料，已加工表面用紫色涂料或绿色涂料。对有孔的工件，还要用铅块或木块堵孔，以便确定孔的中心。

3）支承、找正工件。用三个千斤顶支承工件底面，并依孔中心及上平面调节千斤顶，使工件水平，如图 4-18b 所示。

4）划出各水平线。划出基准线及轴承座底面四周的加工线，如图 4-18c 所示。

5）将工件翻转 90°，并用直角尺找正后划螺钉孔中心线，如图 4-18d 所示。

6）将工件翻转 90°，并用直角尺在两个方向上找正后，划螺钉孔线及中心线，如图 4-18e 所示。

7）检查划线，确认正确后，打样冲眼。样冲眼不得偏离线条，且应分布合理，圆周不应少于 4 个，直线处的间距可大些，曲线处则小些。线条交点必须打孔，圆中心处冲眼须打大些，如图 4-18f 所示。

划线时，同一面上的线条应在一次支承中划全，避免补划时因再次调节支承产生误差。

4.2.2 锯削

用手锯分割材料或在工件上切槽的操作称为锯削。由于它具有使用简单和操作方便灵活的特点，在单件小批生产、施工现场以及切割异形工件、开槽、修整等场合应用较广。

1. 锯削工具

通常锯削所用工具是手锯，手锯由锯弓和锯条组成。

锯弓可分为固定式和可调式两种，图 4-19 所示为常用的可调式锯弓。该种锯弓的弓架分前后两段，由于前段在后段套内可以伸缩，因此可以安装多种长度规格的锯条。

锯条是用碳素工具钢制成的，如 T10A 钢，并经淬火处理。常用的锯条长度有 200mm、250mm、300mm 三种。锯条上的每一个齿相当于一把錾子，起切削作用。锯条制造时，锯齿按一定的形状左右错开，排列成一定的形状，称为锯路。锯路的作用是使锯缝宽度大于锯条背部厚度，以防止锯削时锯条卡在锯缝中，减少锯条与锯缝的摩擦阻力，并使排屑顺利、锯削省力，提高工作效率。

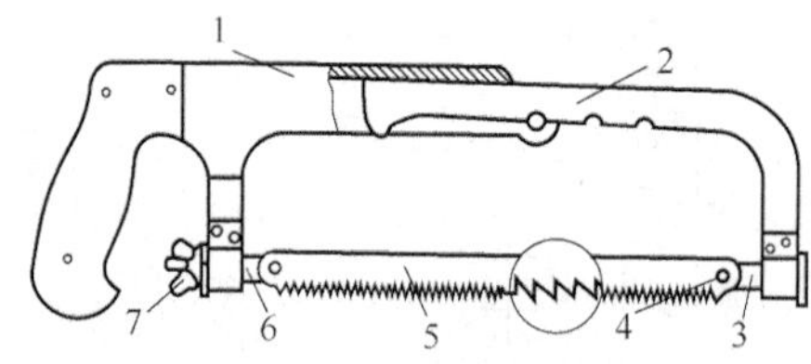

图 4-19 可调式锯弓

1—固定部分 2—可调部分 3—固定拉杆 4—销子 5—锯条 6—活动拉杆 7—蝶形螺母

锯条齿距大小以 25mm 长度所含齿数多少分为粗齿、中齿、细齿三种，主要根据加工材料的硬度、厚薄来选择。锯削软材料或厚工件时，因锯屑相对较多，要求有比较大的容屑空间，应该选用粗齿锯条；锯削硬材料及薄工件时，因为材料较硬，锯齿不易切入，锯屑量相对较少，不需要大的容屑空间，另外，薄工件在锯削中锯齿易被工件勾住而发生崩裂，一般至少要有 3 个齿同时接触工件，使锯齿受力减小，此时应选用细齿锯条。锯齿粗细的划分及用途见表 4-1。

表 4-1 锯齿粗细的划分及用途

锯齿粗细	每 25mm 齿数	用途
粗	14~18	锯削软钢、铝、纯铜、人造胶质材料等
中	18~24	中等硬度钢材、黄铜、厚壁管等

（续）

锯齿粗细	每 25mm 齿数	用　　途
细	24～32	板材、薄壁管等
从细齿变中齿	从 32 至 20	一般工厂用，易起锯

2. 锯削基本操作

（1）安装锯条　根据工件材料及厚度选择合适的锯条，安装在锯弓上。手锯向前推时进行切削，而在向后返回时不起切削作用，因此安装锯条时要保证锯齿向前，此时前角为零。如果装反了，则前面为负值，不能正常锯削，安装如图 4-20 所示。锯条安装松紧应适当，一般用两个手指的力能旋紧为止。锯条安装好后，不能有歪斜和扭曲，否则锯削时易折断。

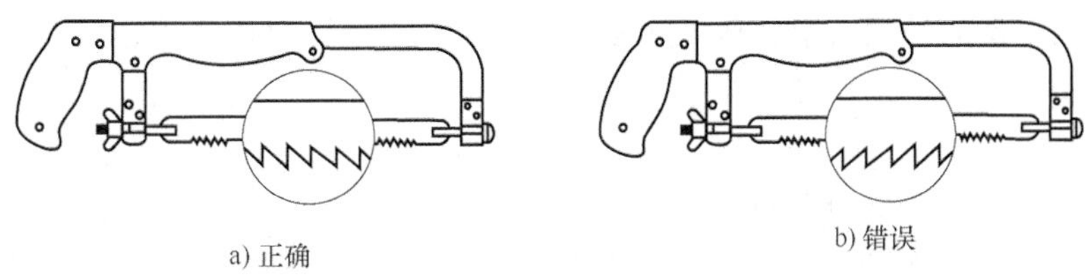

a) 正确　　b) 错误

图 4-20　锯条的安装方向

（2）安装工件　工件伸出钳口不应过长，防止锯削时产生振动，如图 4-21 所示。锯条应和钳口边缘平行，并夹在台虎钳的左边，以便操作。工件应夹紧，并应防止变形和夹坏已加工表面。

（3）锯削动作　握锯时右手握柄，左手扶弓，锯弓应直线往复，不可摆动，如图 4-22 所示。前推时加压要均匀，返回时锯条从工件上轻轻滑过。快锯断时用力要轻，以免碰伤手臂和折断锯条。

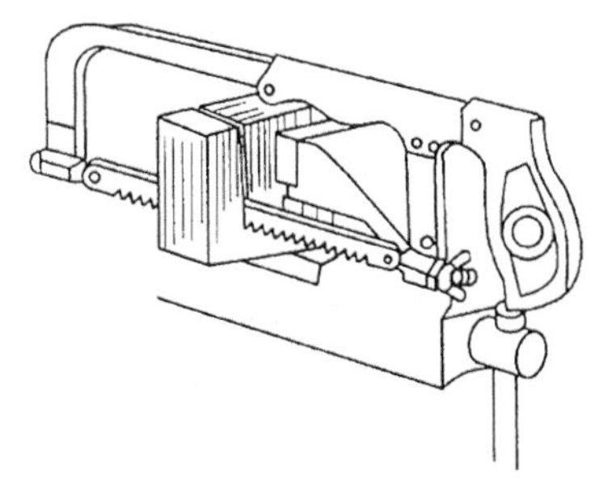

图 4-21　工件的安装

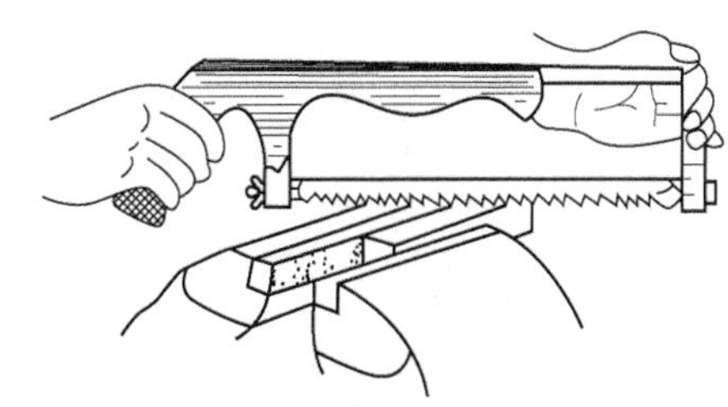

图 4-22　手锯的握法

锯削时锯弓的运动方式有两种：一种是直线往复运动，适用于锯缝底面要求平直的槽和薄壁工件的锯割；另一种是摆动式，锯割时锯弓作类似顺锉外圆弧面时锉刀的摆动，这样操作自然，两手不易疲劳，切削效率较高。

（4）起锯　起锯的方式有两种：一种是从工件远离操作者的一端起锯，称为远起锯，如图 4-23a 所示；另一种是从工件靠近操作者身体的一端起锯，称为近起锯，如图 4-23b 所示。一般情况下用远起锯较好。无论用哪一种起锯方法，都要有起锯角度，但不要超过

15°。为使起锯的位置准确和平稳，起锯可用左手大拇指挡住锯条的方法来定位，如图 4-23c 所示。

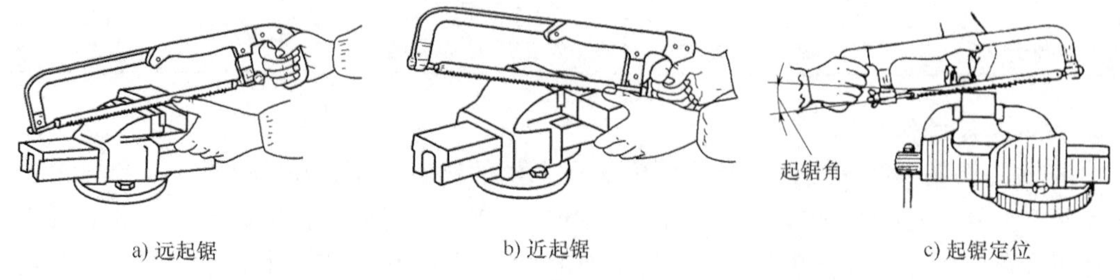

a) 远起锯　b) 近起锯　c) 起锯定位

图 4-23　起锯方法

（5）锯削的速度和往复长度　锯削速度以每分钟往复 20~40 次为宜。速度过快，锯条容易磨钝，反而会降低切削效率，速度太慢，效率不高。锯削时最好使锯条的全部长度都能进行锯割，一般锯条的往复长度不应小于锯条长度的 2/3。

3. 锯削实例

锯削不同的工件需要采用不同的锯削方法。

（1）锯削圆钢　若断面表面质量要求较高，应从起锯开始由一个方向锯到结束；若断面表面质量要求不高，则可以从几个方向起锯，使锯削面变小，容易锯入，工作效率高。

（2）锯切管子　一般情况下，钢管壁厚较薄，因此，锯管子时应选用细齿锯条。一般不采用一锯到底的方法，而是当管壁锯透后随即将管子沿着推锯方向转动一个适当的角度，再继续锯割，依次转动，直至将管子锯断，如图 4-24 所示。

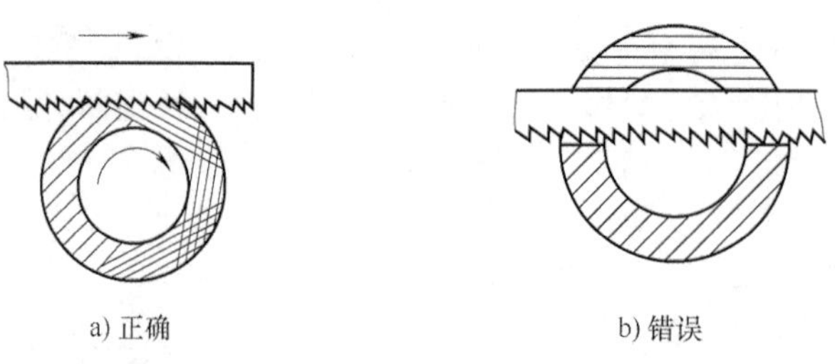

a) 正确　b) 错误

图 4-24　锯切管子

（3）锯削扁钢　为了得到整齐的锯缝，应从扁钢较宽的面下锯，这样锯缝较浅，锯条不至于卡住，如图 4-25 所示。

（4）锯削窄缝　锯削窄缝时，应将锯条转 90°安装，平放锯弓推锯，如图 4-26 所示。

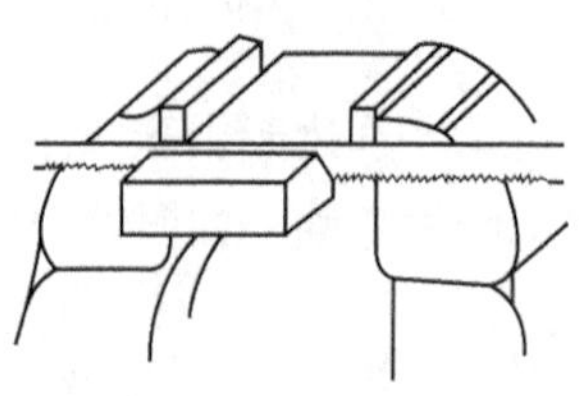

图 4-25　锯削扁钢

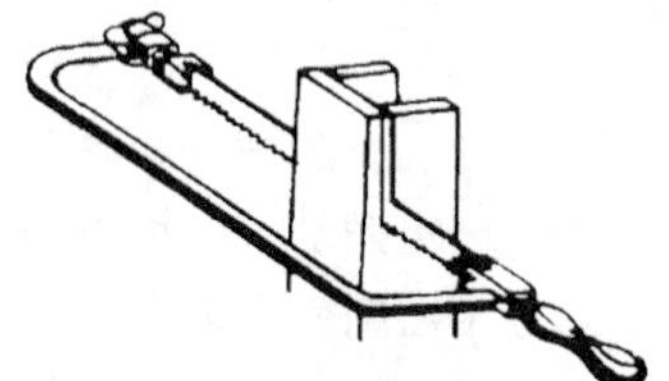

图 4-26　锯削窄缝

（5）锯削型钢　角钢和槽钢的锯法与锯削扁钢的方法基本相同，但工件应不断改变夹持位置。

4.2.3　锉削

用锉刀对工件表面进行切削加工，使其达到零件图样要求的形状、尺寸和表面粗糙度，这种加工方法称为锉削。锉削加工操作简单，但对技能水平的要求较高。锉削应用范围广，多用于錾削、锯削之后，其加工尺寸公差等级可达 IT8 ~ IT4，表面粗糙度可达 $Ra1.6$ ~ 0.8μm。可以加工平面、曲面、型孔、沟槽、内外倒角等，也可用于成形样板、模具、型腔及零部件，机器装配时的工件修整等。

锉刀是用以锉削的工具，常用 T12A 制成，经过热处理淬硬，硬度为 62 ~ 64HRC。锉刀结构如图 4-27 所示，一般由锉刀面、锉刀边、锉柄等组成。锉刀齿纹多制成交错排列的双纹，便于断屑和排屑，使锉削省力。也有单纹锉刀，一般用于锉铝等软材料。

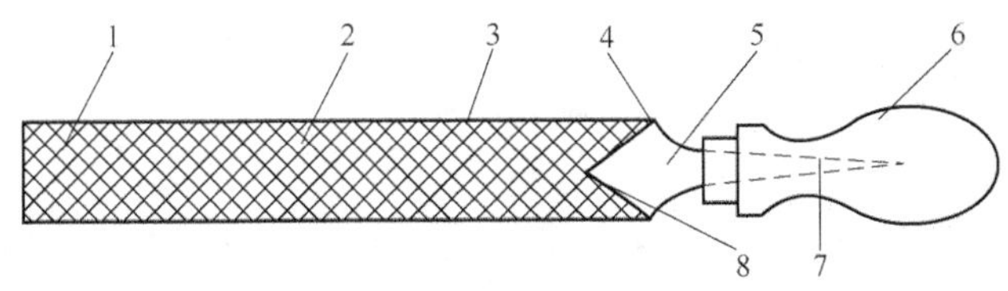

图 4-27　锉刀结构

1—锉齿　2—锉刀面　3—锉刀边　4—底齿　5—锉刀尾　6—锉柄　7—锉刀舌　8—面齿

1. 锉刀的种类

锉刀按用途分为钳工锉、特种锉、整形锉等。根据尺寸的不同，又可分为普通锉刀和整形锉刀两类。锉刀的规格一般以截面形状、锉刀长度、齿纹粗细来表示。

钳工锉刀按其截面形状可分为平锉、方锉、圆锉、半圆锉和三角锉五种，如图 4-28 所示。其中平锉用得最多，锉刀大小以工作部分的长度表示，按其长度有 100mm、150mm、200mm、250mm、300mm、350mm、400mm 等多种。

锉刀按每 10mm 长锉面上齿数的多少，分为粗齿锉（4 ~ 12 齿）、中齿锉（13 ~ 23 齿）、细齿锉（30 ~ 40 齿）和最细齿锉（油光锉，50 ~ 62 齿）四种。粗锉刀的齿间容屑槽较大，不易堵塞，适用于粗加工或锉削铜和铝等软金属；细锉刀多用于锉削钢材和铸铁；光锉刀又称为油光锉，只适用于最后修光表面。

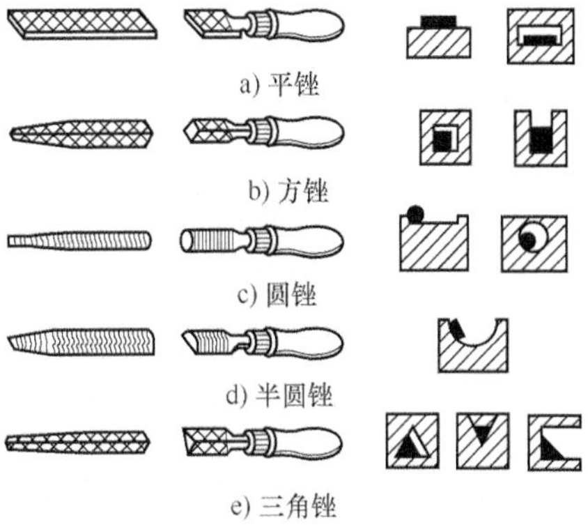

a) 平锉
b) 方锉
c) 圆锉
d) 半圆锉
e) 三角锉

图 4-28　锉刀形状及用途

2. 锉削操作

（1）工件装夹　锉削时，工件应牢固夹持在台虎钳钳口中部，并略高于钳口，夹持工件的已加工表面时，应在钳口和工件之间加垫铜片或铝片。易于变形和不便于直接装夹的工件，可以用其他辅助材料灵活装夹。

（2）选择锉刀　锉削前，应根据材料的硬度、加工余量的大小、工件的表面粗糙度要求等来选择锉刀。

(3) 锉削的姿势　锉削时人的站立位置与锯削时相似。站立要自然并便于用力，以能适应不同的锉削要求为准。锉削时身体的重心要落在左脚上，右膝伸直，左膝随锉削时的往复运动而屈伸。锉刀向前锉削的过程中，锉削姿势如图 4-29 所示。

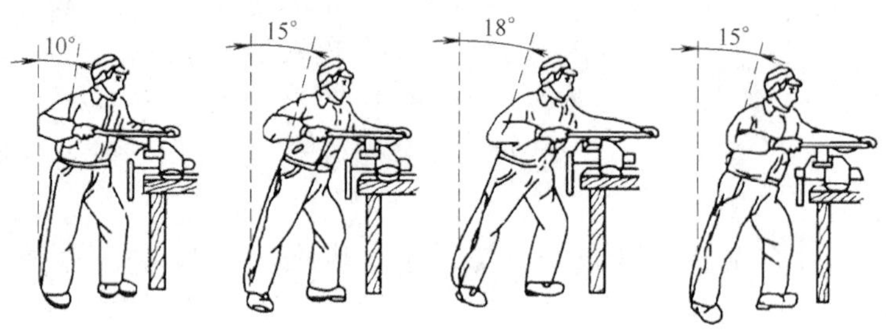

图 4-29　锉削姿势

(4) 锉削方法　锉刀的握法如图 4-30 所示。使用大平锉时，应右手握锉柄，左手压在锉刀端面上，使锉刀保持水平。使用中平锉时，因用力较小，左手的大拇指和食指握着锉端，引导锉刀水平移动。

锉削平面时保持锉刀的平直运动是锉削的关键。锉削力有水平推力和垂直压力两种。锉刀推进时，前手压力大而后手压力小，锉刀推到中间位置时，两手压力相同，继续推进锉刀时，前手压力逐渐减小后手压力逐渐加大。锉刀返回时不施加压力，如图 4-31 所示。

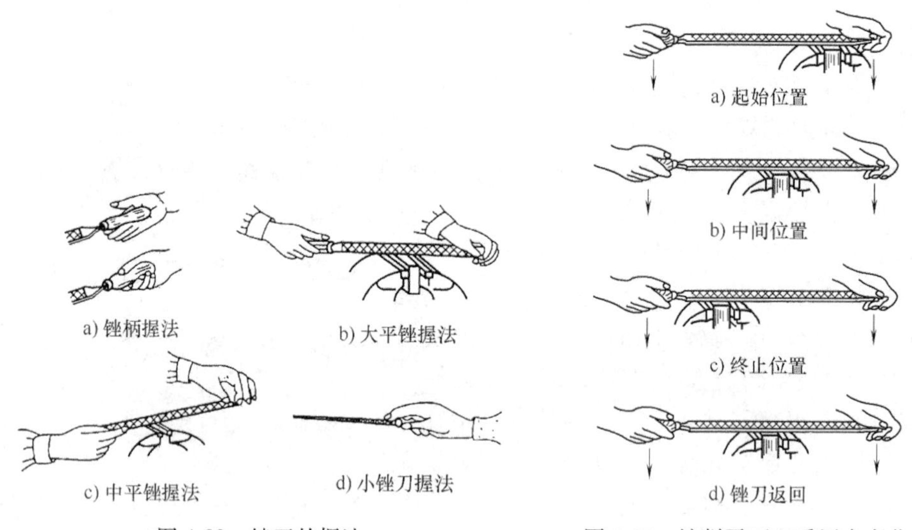

图 4-30　锉刀的握法

图 4-31　锉削平面双手用力变化

常用的锉削方法有顺锉法、交叉锉法、推锉法和滚锉法。前三种用于平面锉削，最后一种用于弧面锉削。推锉法是用双手横握锉刀，推与拉均施力的锉削方法，如图 4-32a 所示。此法多用于窄长平面的修光，能获得平整光洁的加工表面。当工件表面有凸台不能用顺锉法锉削时，也可采用推锉法。交叉锉法是锉削时锉刀呈交叉运动，适用于较大平面粗锉，如图 4-32b 所示。由于锉刀与工件接触面积较大，锉刀易掌握平稳，易锉削出较平整的平面，且去屑速度快。顺锉法是最基本的锉削方法，适用于锉削较小的平面，如图 4-32c 所示。顺锉的锉纹顺直，其表面整齐美观。

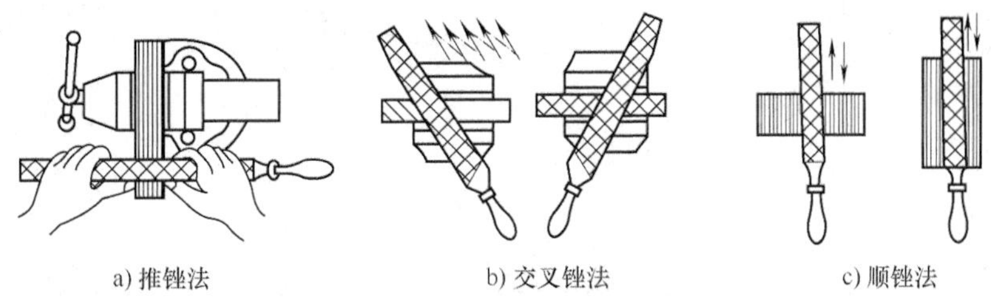

图 4-32　平面锉削方法

圆弧面锉削时，锉刀既要向前推进，又要绕弧面中心摆动。常用的有：外圆弧面锉削时的滚锉法和顺锉法，如图 4-33 所示；内圆弧面锉削时的滚锉法和顺锉法，如图 4-34 所示。滚锉时，锉刀顺圆弧摆动锉削。滚锉常用于精锉外圆弧面。顺锉时，锉刀垂直圆弧面运动。顺锉适宜于粗锉。

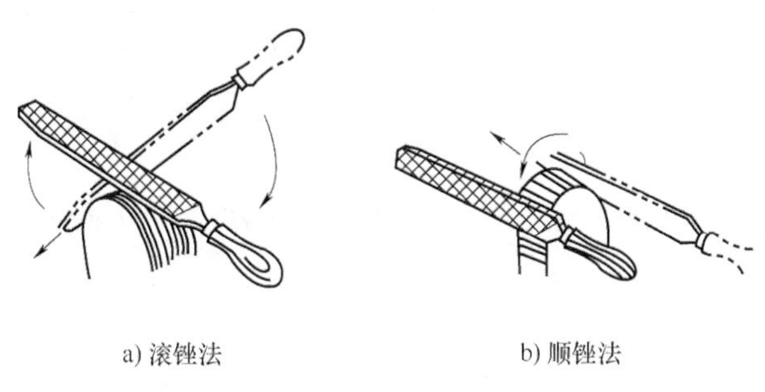

图 4-33　外圆弧面锉削方法

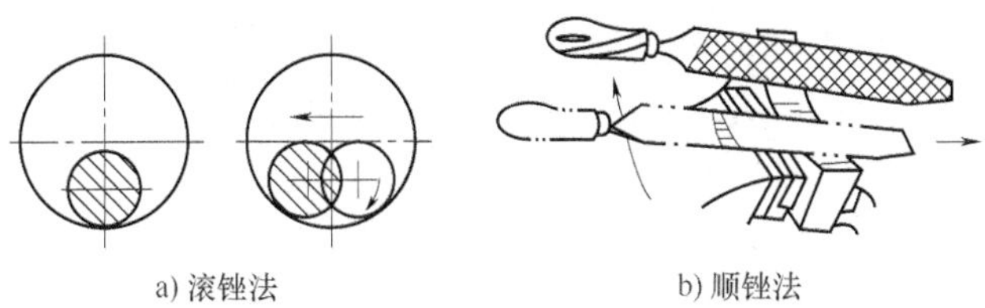

图 4-34　内圆弧面锉削方法

（5）锉削平面质量检验

1）检查平面的直线度和平面度。用钢直尺和直角尺以透光法来检查，要多检查几个部位并进行对角线检查，如图 4-35a 所示。

2）检查垂直度。用直角尺采用透光法检查，应选择基准面，然后对其他面进行检查，如图 4-35b 所示。

3）检查尺寸。根据尺寸精度用钢直尺和游标卡尺在不同尺寸位置上多测量几次。

4）检查表面粗糙度。一般用眼睛观察即可，也可用表面粗糙度样板进行对照检查。

（6）锉削操作注意事项

1）操作姿势、动作要正确。

2）两手用力方向、大小变化正确、熟练。要经常检查加工面的平面度和直线度情况，来判断和改进锉削时的施力变化，逐步掌握平面锉削的技能。

3）不准使用无柄锉刀锉削，以免被锉舌戳伤手。

4）有硬皮或砂粒的铸、锻件，需用砂轮磨去硬皮或砂粒后，才可用半锋利的锉刀或旧锉刀锉削。

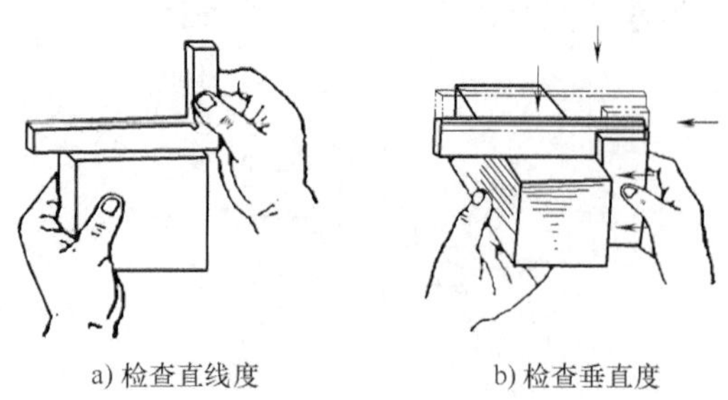

图 4-35　锉削质量检查

5）不要用手触摸刚锉过的表面，以免再锉时打滑。

6）被铁屑堵塞的锉刀用钢丝刷顺锉纹方向刷去锉屑，若嵌入锉屑较大要用铜片剔去。

7）锉削速度不可太快，否则会打滑。锉削回程时，不要再施加压力，以免锉齿磨损。

8）锉刀材料硬度高而脆，切不可摔落地上或把锉刀作为锤子和杠杆使用；用油光锉时不可用力过大，以免折断锉刀。

4.2.4　钻削加工

钻削主要是指用钻头在实体材料上钻出孔的加工方法，也包括对孔的进一步加工，如扩孔、铰孔、锪孔等。

1. 钻孔

在钻床上钻孔，一般是工件固定不动，钻头装夹在钻床主轴上既作旋转运动（主运动），同时又沿轴线方向向下移动（进给运动）。

钻削时由于钻头刚度较差，同时钻头在半封闭状态下工作，钻头工作部分大都处在已加工表面的包围之中，排屑较困难，切削热不易传散，钻头容易引偏（指加工时由于钻头弯曲而引起的孔径扩大、孔不圆或孔的轴线歪斜等），导致加工精度低。一般钻削的尺寸公差等级为 IT14~IT11，表面粗糙度为 $Ra50 \sim Ra12.5\mu m$。

（1）钻头　钻削用工具主要是钻头，有麻花钻、中心钻、扁钻、深孔钻等，其中以麻花钻应用最为广泛，分为直柄钻和锥柄钻两类。直柄钻传递转矩力较小，锥柄钻顶部是扁尾，起传递转矩的作用，其形状如图 4-36 所示。麻花钻一般用高速钢材料制造，工作部分热处理淬火后的硬度可达到 62~68HRC。直柄麻花钻也可以采用硬质合金材料制造，表面经涂层处理后，用来加工较硬材料的工件，可延长钻头的使用寿命。

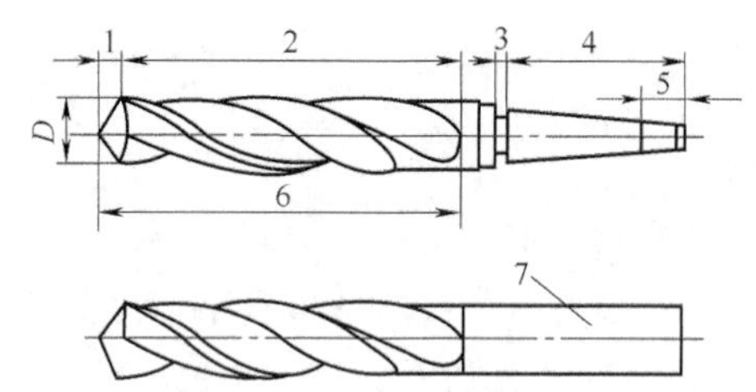

图 4-36　麻花钻的结构

1—切削部分　2—导向部分　3—颈部　4—锥柄　5—扁尾　6—工作部分　7—直柄

麻花钻有两条对称的螺旋槽，用来形成切削刃，并且作输送切削液和排屑之用。前端的切削部分有两条对称的主切削刃，两刃之间的夹角（118°）称为锋角，两个顶面的交线称作横刃，麻花钻的切削部分如图 4-37 所示。导向部分上的两条刃带在切削时起导向作用，同时又能减小钻头与工件孔壁的摩擦。

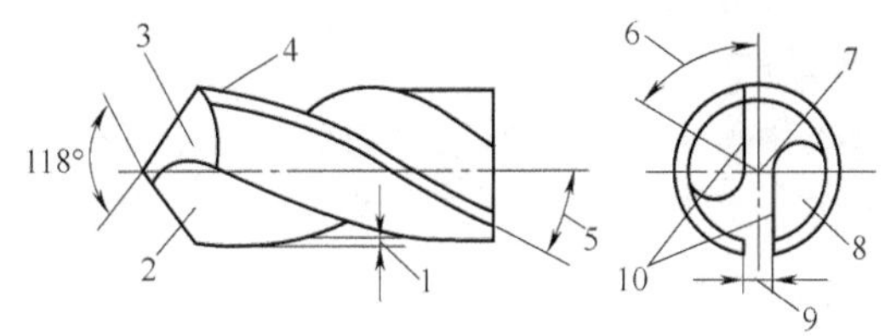

图 4-37　麻花钻的切削部分

1、4—副切削刃　2—前刀面　3—后刀面　5—螺旋角
6—横刃斜角　7—横刃　8—螺旋槽　9—刃带　10—主切削刃

（2）常用钻孔方法

1）钻削通孔。当孔快要钻穿时，应变自动进给为手动进给，以避免钻穿孔的瞬间因进给量剧增而发生啃刀，影响加工质量和损坏钻头。

2）钻盲孔。应按钻孔深度调整好钻床上的挡块、深度标尺等或采用其他控制方法，以免钻得过深或过浅，并应注意退屑。

3）深孔钻削。钻孔深度达到钻头直径的 3 倍时，钻头就应退出排屑。此后，每钻进一定深度，钻头应退出排屑一次，并注意冷却润滑，防止切屑堵塞，钻头过热退火或扭断。

4）钻削直径超过 ϕ30mm 大孔。一般应分两次钻削，第一次用 0.6~0.8 倍孔径的钻头，第二次用所需直径的钻头扩孔。扩孔钻头应使两条主切削刃长度相等、对称，否则会使孔径扩大。

5）钻 ϕ1mm 以下的小孔。开始进给力要轻，防止钻头弯曲和滑移，以保证钻孔试切的正确位置。钻削过程要经常退出钻头排屑和加注切削液。钻削速度可选择范围为 2000~3000r/min，进给力应小而平稳，不宜过大过快。

（3）钻孔操作

1）钻头的装夹。钻头的装夹方法因其柄部的形状不同而异。锥柄钻头可以直接装入钻床主轴孔内，较小的钻头可用过渡套筒安装，如图 4-38a 所示。直柄钻头一般用钻夹头安装，如图 4-38b 所示。钻夹头（或过渡套筒）的拆卸方法是将楔铁带圆弧的边向上插入钻床主轴侧面的长形孔内，左手握住钻夹头，右手用锤子敲击楔铁卸下钻夹头，如图 4-38c 所示。

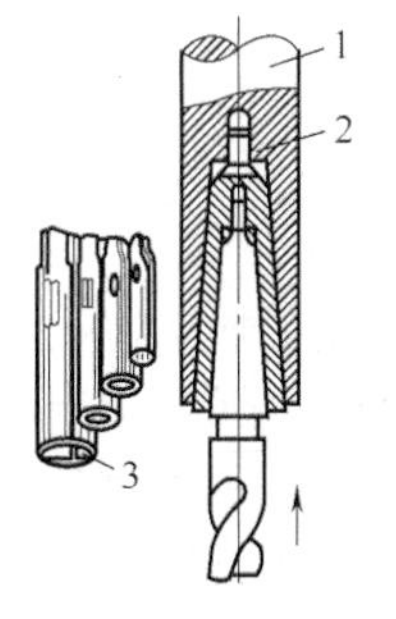

a) 锥柄钻头的安装

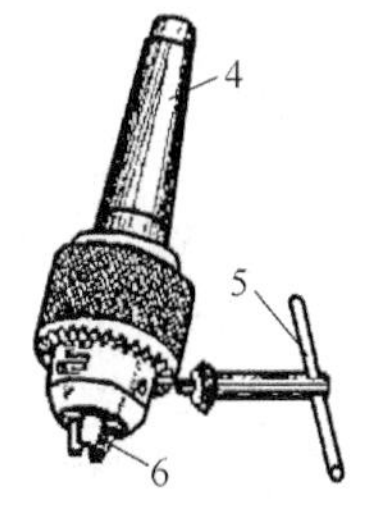

b) 钻夹头

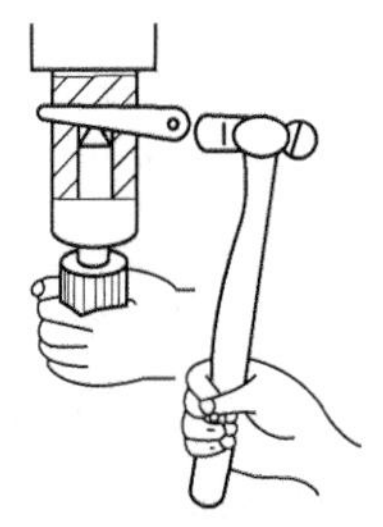

c) 钻夹头的拆卸方法

图 4-38　钻头的装夹

1—主轴　2—过渡套筒　3—锥孔　4—锥柄　5—钻夹钥匙　6—卡爪

2）工件的装夹。钻孔中的安全事故，大都是由于工件的装夹方法不当造成的，因此，应注意工件的装夹。小件和薄壁零件钻孔，可用手虎钳装夹工件，如图 4-39a 所示。中等零件，多用平口钳夹紧，如图 4-39b 所示。大型和其他不适合用台虎钳夹紧的工件，则直接用压板螺钉固定在钻床工作台上，如图 4-39c 所示。在圆轴或套筒上钻孔，须把工件压在 V 形块上钻孔，如图 4-39d 所示。

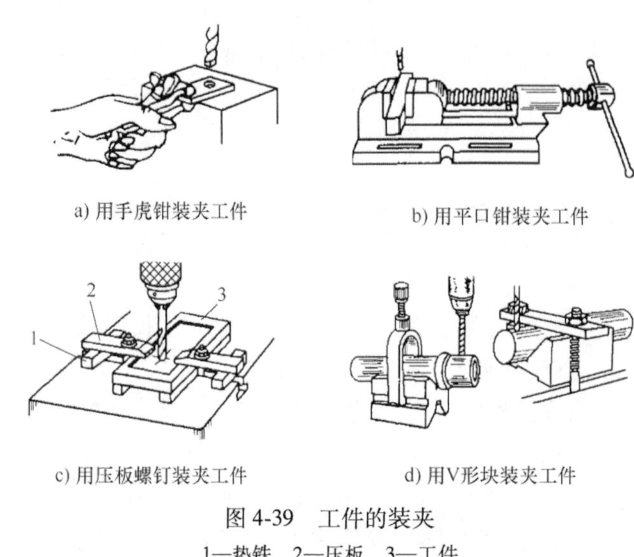

a) 用手虎钳装夹工件　b) 用平口钳装夹工件

c) 用压板螺钉装夹工件　d) 用V形块装夹工件

图 4-39　工件的装夹

1—垫铁　2—压板　3—工件

3）按划线钻孔。按划线钻孔时，应先对准样冲眼试钻一浅坑，如有偏位，可用样冲重新冲孔纠正，也可用錾子錾出几条槽来纠正。钻孔时，进给速度要均匀，快钻通时，进给量要减小。

（4）钻孔时的注意事项

1）用钻夹头装夹钻头时要用钻夹头钥匙，不可用扁铁和锤子敲击，以免损坏钻夹头和影响钻床主轴精度。装夹工件前，必须做好装夹面的清洁工作。

2）钻孔时，手的进给压力应根据钻头的工作情况，以目测和感觉进行控制，在练习中应注意掌握。

3）钻头用钝后必须及时修磨。

4）操作钻床时禁止戴手套，袖口必须扎紧，女生必须戴工作帽。

5）开动钻床前，应检查是否有钻夹头钥匙和斜铁插在主轴上。

6）工件必须夹紧，通孔将要钻穿时，应由自动进给改为手动进给，并要尽量减小进给力。

7）钻孔时不可用手、棉纱清除切屑，也不可用嘴吹，必须用毛刷清除；钻出长切屑时应用钩子钩断后清除；钻头上绕有长切屑时应停机清除，严禁用手拉或用铁棒敲击。

8）操作者的头部不能与旋转着的主轴靠得太近，停机时应让主轴自然停止，不可用手制动，也不能用反转制动。

9）严禁在钻床运转状态下装卸工件、检验工件和变换主轴转速。

2. 扩孔

用扩孔钻对已钻出的孔做扩大加工称为扩孔，如图 4-40a 所示。扩孔尺寸公差等级可达

IT9，表面粗度 Ra 值可达 3.2μm。扩孔可作为终加工，也可作为铰孔前的预加工。

扩孔所用的刀具是扩孔钻，如图 4-40b 所示。扩孔钻与麻花钻的区别是：切削刃数量多（一般为 3~4 个），无横刃，钻芯较粗，螺旋槽浅，刚度和导向性较好，切削较平稳，加工余量较小，因而加工质量比钻孔高。在钻床上扩孔的切削运动与钻孔相同。

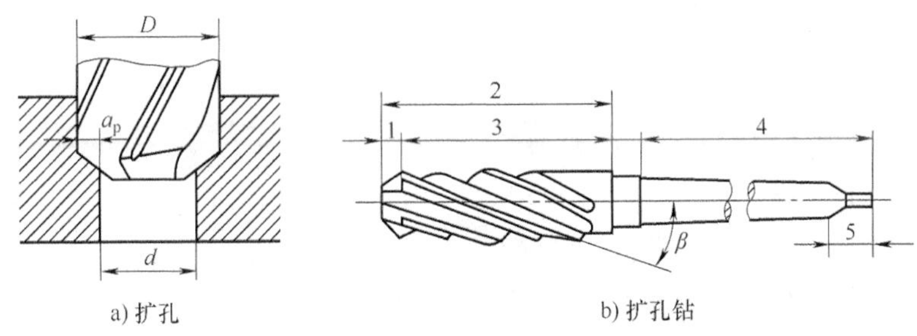

a) 扩孔　　b) 扩孔钻

图 4-40　扩孔及扩孔钻

1—切削部分　2—工作部分　3—导向部分　4—颈部　5—扁尾

3. 铰孔

铰孔是用铰刀从工件孔壁上切除微量金属层，以提高其尺寸精度和降低表面粗糙度值的加工方法，如图 4-41a 所示。其尺寸公差等级可达 IT8~IT4，表面粗糙度 Ra 值可达 0.8μm，加工余量很小（粗铰 0.15~0.5mm，精铰 0.05~0.15mm）。铰孔前工件应经过钻孔、扩孔（或镗孔）等加工。

铰刀是用于铰削加工的刀具，可分为机用铰刀（图 4-41b）和手用铰刀（图 4-41c）两种。机用铰刀切削部分短，柄部多为锥柄，安装在机床上铰孔；手用铰刀切削部分长，导向性更好。手工铰孔时，用铰杠手动进给（手铰用铰杠与攻螺纹用铰杠相同）。铰刀与扩孔钻的区别是：切削刃更多（6~12 个），容屑槽更浅（刀芯截面大），故刚度和导向性比扩孔钻更好。铰刀切削刃前角为 0°，铰刀本身精度高，有校准部分，可以校准和修光孔壁。铰刀加工余量很小，切削速度很低，故切削力小、切削热少。总之，铰削加工精度高，表面粗糙度值小。

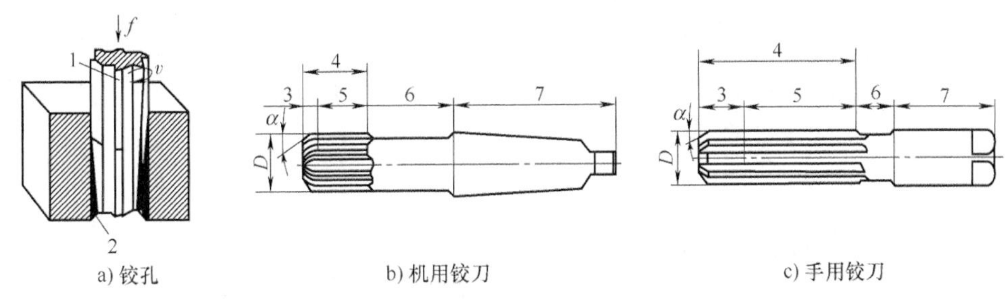

a) 铰孔　　b) 机用铰刀　　c) 手用铰刀

图 4-41　铰孔及铰刀

1—铰刀　2—铰削余量　3—切削部分　4—工作部分　5—修光部分　6—颈部　7—柄部

用手工铰孔法起铰时，可用右手通过铰孔轴线施加进刀压力，左手转动铰刀。正常铰削时，两手要用力均匀、平稳地旋转，不得有侧向压力，同时适当加压，使铰刀均匀地进给，以保证铰刀正确引进和获得较小的表面粗糙度值，并避免孔口铰成喇叭形或将孔径扩大。

采用机铰时，应使工件一次装夹后完成钻孔、扩孔、铰孔工作，以保证铰刀中心线与钻孔中心线一致。铰削完毕，要在铰刀退出后再停车，以防止在孔壁拉出痕迹。

铰孔应注意：铰刀不得反转，否则孔壁会被切屑划伤，切削刃崩裂；铰通孔时不得全部伸出孔外，否则孔的出口处会被刮坏；手工铰孔时，先将铰刀沿原孔垂直放正，顺时针转动铰杠并均匀施压，顺时针退出铰刀，切忌反转；手铰和机铰钢件时，应使用切削液进行冷却和润滑。

4. 锪孔

在孔口表面用锪钻加工出一定形状的孔或凸台的平面，称为锪孔。例如，锪圆柱形埋头孔、锪圆锥形埋头孔、锪用于安放垫圈用的凸台平面等，如图 4-42 所示。锪孔的作用主要是：在工件的连接孔端锪出圆柱形或圆锥形沉头孔，将沉头螺钉埋入孔内把有关零件连接起来，使外观整齐，结构紧凑；将孔口端面锪平，并与孔中心线垂直，能使连接螺栓（或螺母）的端面与连接件保持良好接触。

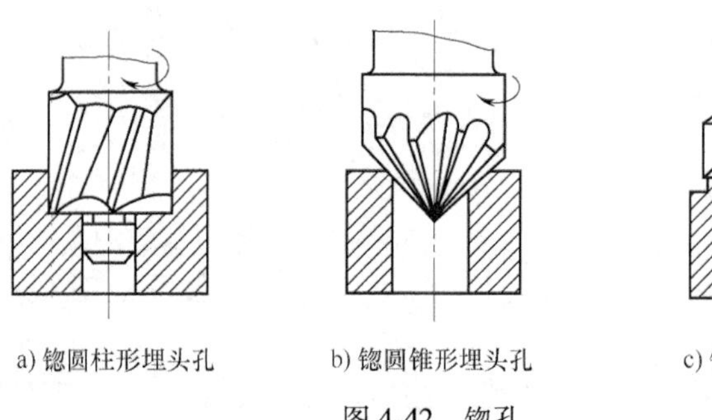

a) 锪圆柱形埋头孔　　b) 锪圆锥形埋头孔　　c) 锪凸台的平面

图 4-42　锪孔

4.2.5　攻螺纹和套螺纹

1. 攻螺纹

螺纹除用机械加工外，还可由钳工在装配与修理工作中用手工加工而成。用丝锥在孔中切削出内螺纹的加工方法称为攻螺纹。

（1）丝锥和铰杠　丝锥是由高速钢、碳素工具钢 T12A 或合金工具钢 9SiCr 经滚牙（或切牙）、淬火、回火制成的。丝锥结构如图 4-43 所示，其工作部分是一段开槽的外螺纹，包括切削部分和校准部分。切削部分有一定斜度，呈圆锥形，故切割部分牙齿不完整，且逐渐升高。丝锥可分为机用丝锥和手用丝锥两类。

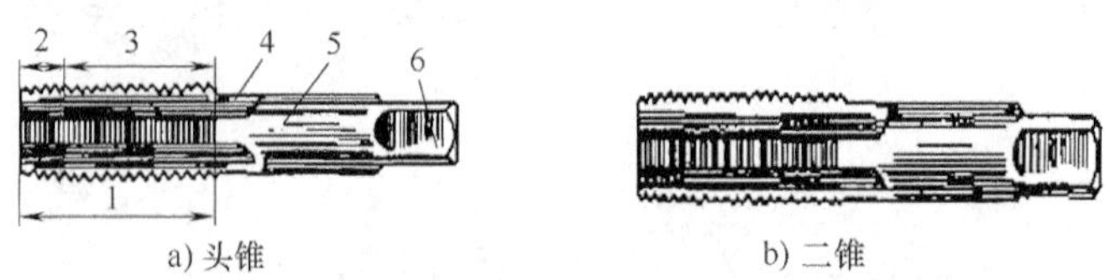

a) 头锥　　b) 二锥

图 4-43　丝锥

1—工作部分　2—切削部分　3—校准部分　4—槽　5—柄部　6—方头

M6~M24 手用丝锥多制成两支一套，小于 M6 和大于 M24 的多制成 3 支一套，分别称为头锥、二锥、三锥，内螺纹由各丝锥依次攻出。对于两支一套的丝锥，头锥有 4~5 个不完整的牙齿，二锥有1~2个不完整的牙齿。校准部分的牙形完整，用来校准和修光已切出的螺纹。

铰杠是扳转丝锥的工具，如图4-44所示。常用的铰杠是可调节式的，以便夹持各种尺寸不同的丝锥。

（2）攻螺纹前底孔直径与孔深的确定

1）攻螺纹前底孔直径的确定。攻螺纹之前的底孔直径应稍大于螺纹小径，如图4-45a所示。一般应根据工件材料的塑性和钻孔时的扩胀量来考虑，使攻螺纹时既有足够的空隙容纳被挤出的材料，又能保证加工出来的螺纹具有完整的牙形。

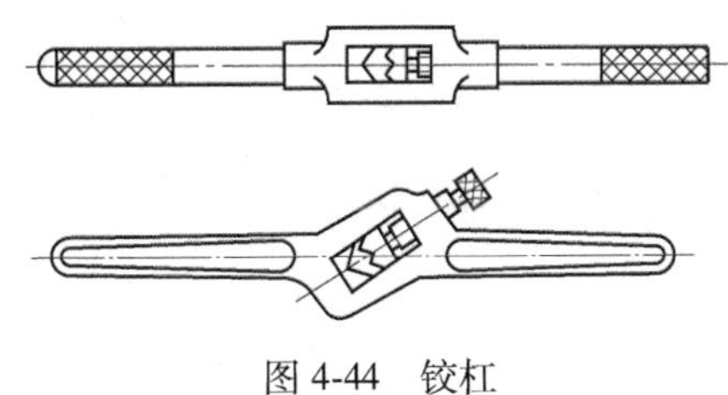

图4-44 铰杠

攻螺纹时，丝锥对金属层有较强的挤压作用，使攻出螺纹的小径小于底孔直径，此时，如果螺纹牙顶与丝锥牙底之间没有足够的容屑空间，丝锥就会被挤压出来的材料箍住，易造成崩刃、折断和螺纹烂牙现象。

加工脆性材料时：底孔直径=D（螺纹大径）-1.1P（螺距）。

加工塑性材料时：底孔直径=D（螺纹大径）-P（螺距）。

2）攻螺纹前底孔深度的确定。攻盲孔（不通孔）螺纹时，由于丝锥切削部分不能攻出完整的螺纹牙型，所以钻孔深度要大于螺纹的有效长度，其深度的确定如图4-45b所示，即孔深=螺纹深度+0.7D（螺纹大径）。

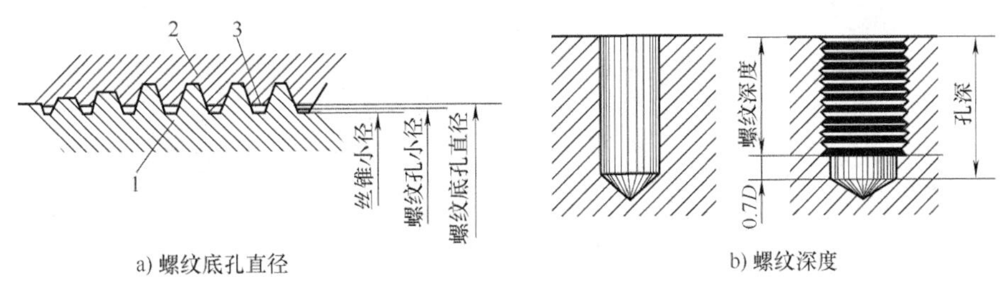

图4-45 螺纹底孔直径及深度的确定

1—丝锥 2—工件 3—挤压出的金属

（3）攻螺纹的基本步骤

1）将孔口倒角，以便于丝锥能顺利切入，攻螺纹的基本步骤如图4-46所示。

2）起攻时，可一手用手掌按住铰杠中部，沿丝锥轴线用力加压，另一手配合作顺向旋进，如图4-47a所示；或两手握住铰杠两端均匀施压，并将丝锥顺向旋进，保证丝锥中心线与孔中心线重合，如图4-47b所示。

3）当丝锥攻入1~2圈时，应检查丝锥与工件表面的垂直度，并不断校正，如图4-48所示。丝锥的切削部分全部进入工件时，要间断性地倒转1/4~1/2圈，进行断屑和排屑。

4）头锥攻完后，再用二锥、三锥依次攻削至标准尺寸。其方法是先用手将丝锥旋入孔内，旋不动再用铰杠，此时不必施压。攻钢件和灰铸铁时，应分别施加机油和煤油冷却、润滑。

2. 套螺纹

用圆板牙在圆杆上切削出外螺纹的加工方法称为套螺纹，如图4-49所示。

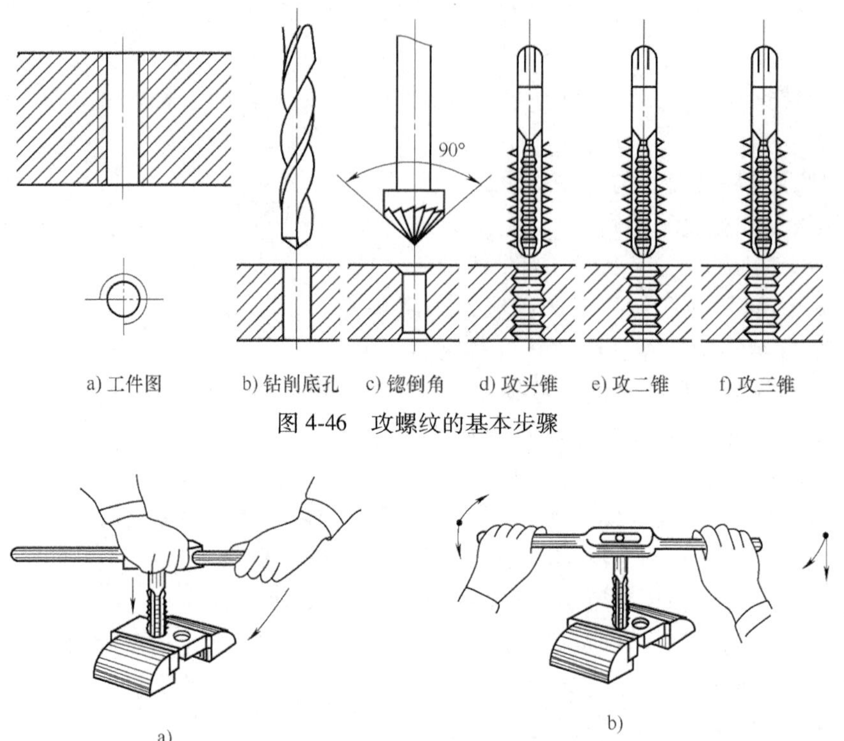

a) 工件图　b) 钻削底孔　c) 锪倒角　d) 攻头锥　e) 攻二锥　f) 攻三锥

图 4-46　攻螺纹的基本步骤

a)　b)

图 4-47　起攻方法

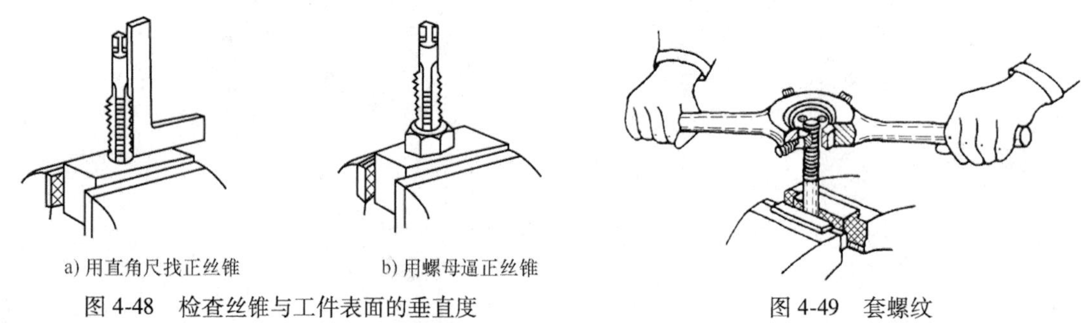

a) 用直角尺找正丝锥　b) 用螺母逼正丝锥

图 4-48　检查丝锥与工件表面的垂直度

图 4-49　套螺纹

（1）套螺纹工具　套螺纹工具主要有圆板牙和板牙架。

1）圆板牙。圆板牙是加工外螺纹的工具，它用合金工具钢或高速钢制作并经淬火处理，如图 4-50 所示。圆板牙由切削部分、校准部分和排屑孔组成。圆板牙两端面都有切削部分，待一端磨损后，可换另一端使用。

2）板牙架。板牙架是装夹圆板牙的工具，如图 4-51 所示。圆板牙放入后，需用螺钉紧固。

（2）套螺纹的操作步骤

1）确定圆杆直径。圆杆直径应小于螺纹公称尺寸，可通过查有关表格或经验公式来确定，即：圆杆直径 $=D$（螺纹大径）$-0.13P$（螺距）。

2）将套螺纹的顶端倒角 15°~20°。

3）将圆杆夹在软钳口内，要夹正紧固，并尽量低些。

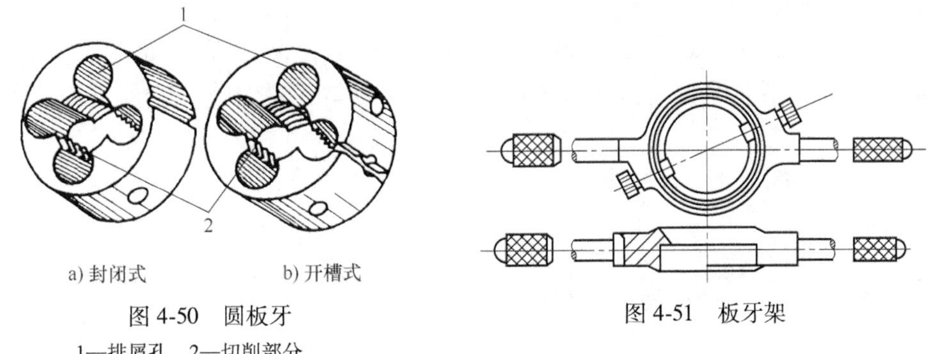

图 4-50　圆板牙

1—排屑孔　2—切削部分

图 4-51　板牙架

4）板牙开始套螺纹时，要检查校正，务必使板牙与圆杆垂直，然后适当加压并按顺时针方向扳动板牙架，同攻螺纹一样要经常反转。

4.3 钳工综合实践

4.3.1 实践项目一：鸭嘴锤头的制作

鸭嘴锤头如图 4-52 所示，加工步骤如下。

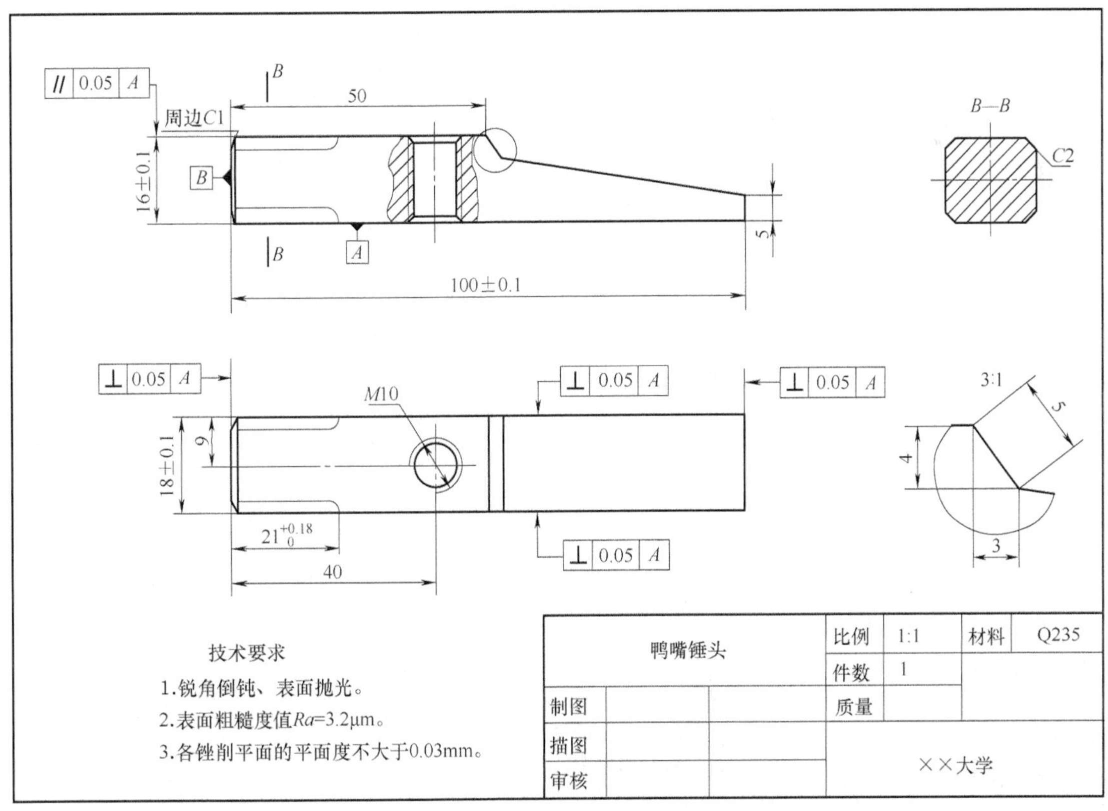

图 4-52　鸭嘴锤头

1. 零件图分析

1）零件主体形状为（16±0.1）mm×（18±0.1）mm×（100±0.1）mm 的长方体，一端做成鸭嘴形状，另一端四个棱边做 2mm 的倒角，长度为 21mm，中间部分加工一个 M10 的螺纹通孔。

2）上表面与基准面 *A* 平行度要求公差为 0.05mm，四个侧面与基准面 A 垂直度要求公差为 0.05mm。

3）零件所有表面的粗糙度 *Ra* 要求为 3.2μm。

4）基准面 *B* 作周边 *C*1 倒角，其余锐边去毛刺。

2. 实习准备

1）备料：17mm×19mm×102mm 的 Q235 长方体料。

2）工具和刀具：平板、划线高度尺、V 形块、字头、划针、钢直尺、样冲、锤子、锯弓和锯条（中齿）、锉刀（粗齿锉、中齿锉、整形锉）、麻花钻头（ϕ8.5mm）、M10 丝锥（头锥、二锥）、铰杠。

3）量具：刀口形直尺、直角尺、游标卡尺（0~150mm）。

3. 参考工艺安排

参考工艺安排见表 4-2。

表 4-2 工艺安排

郑州轻工业大学	加工工序卡片	零件名称	鸭嘴锤头	工序号	
		材料		毛坯	
		牌号	硬度	形式	质量
		Q235	HBW≤165		

序号	工　序	工序内容	工　具	量　具
1	锉削基准面 *A*	选择一个 102mm×19mm 平面作为基准面 *A* 进行锉削，保证其平面度	锉刀	刀口形直尺
2	锉削基准面 *B*	选择一个与基准面 *A* 垂直的小端面作为基准面 *B*，进行锉削，保证其平面度，以及与基准面 *A* 的垂直度	锉刀	刀口形直尺、直角尺
3	锉削 100±0.1mm 尺寸	选择基准面 *B* 的对面进行锉削，保证其与平面 A 的垂直度，保证 100±0.1mm 尺寸；并对其他三个平面进行粗加工	锉刀	直角尺、游标卡尺
4	划线	以基准面 *A*、基准面 *B* 为基准划线。用划线工具分别对鸭嘴部分的小斜面，大斜面进行划线，对划线部分按规范要求打样冲眼	划线平板、划针、样冲、锤子	游标高度卡尺、钢直尺
5	锯削鸭嘴斜面	根据划线，对鸭嘴大斜面、小斜面分别进行锯削	手锯	

（续）

序号	工　序	工序内容	工　具	量　具
6	锉削鸭嘴斜面、其他三个平面	对锯削平面进行锉削，保证平面度及尺寸要求；对其他三个平面进行锉削，保证平面度及尺寸要求	锉刀	刀口形直尺、直角尺、游标卡尺
7	加工螺纹孔	对螺纹孔中心进行划线、打样冲眼，用 ϕ8.5mm 钻头在台式钻床上钻螺纹孔底孔，用 ϕ12mm 钻头给孔口倒角；攻 M10 螺纹孔	划线平板、样冲、锤子、ϕ8.5mm 钻头、ϕ12mm 钻头、M10 丝锥、铰杠	游标高度卡尺
8	加工四个棱边 *C*2 倒角	对四个棱边 *C*2 倒角进行划线、锉削，控制长度为 21mm	锉刀、划针	钢直尺
9	锉削 *C*1 倒角	锉削基准面 *B* 周边四个 *C*1 倒角	锉刀	钢直尺
10	去毛刺	对其余边去毛刺，锐边倒钝	锉刀	
11	抛光及打标	用砂纸打磨，抛光各平面，保证表面粗糙度要求；在一侧面打上日期、学号	砂纸、钢字头、锤子	

4.3.2　实践项目二：高低阶直角凹凸配

高低阶直角凹凸配如图 4-53 所示。

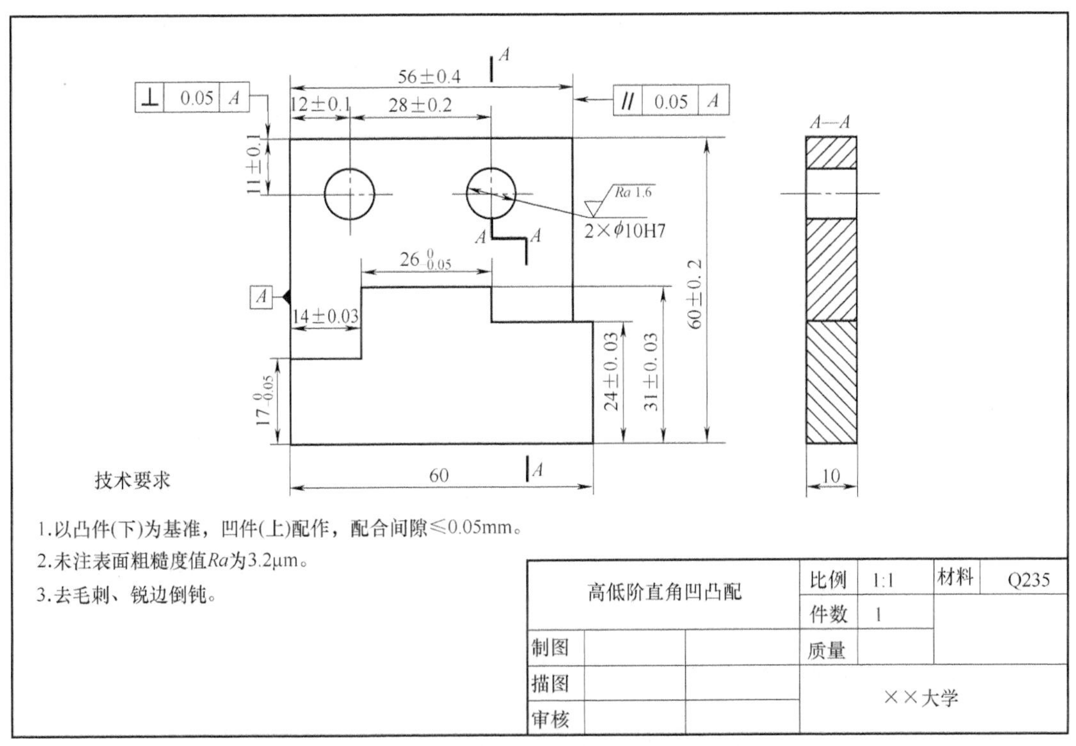

图 4-53　高低阶直角凹凸配

1. 技能训练要求

1）初步掌握直角锉配和误差检查方法。

2）掌握钻孔、铰孔方法，掌握锉配的修整方法。

3）练习凹凸件的工艺安排方法。

2. 操作注意事项

1）锉配时，先锉配凹件两侧面，再锉配各端面。

2）各加工面一定要锉平，并保证与大平面的垂直。

3）铰孔时注意切削液的添加。

思考题

1. 请简述钳工的概念及分类。
2. 请简述钳工工作的性质与特点。它包括哪些基本操作？
3. 简要概述钳工常用设备及工具、量具。
4. 划线的作用是什么？
5. 粗、中、细齿锯条如何区分？怎样正确选用锯条？
6. 锯削的基本操作包括什么？
7. 锉刀的种类有哪些？
8. 锉削的正确姿势是什么？
9. 孔加工的常用方法有哪些？如何选择？
10. 攻螺纹与套螺纹的加工注意事项有哪些？

第 5 章 铣削加工

在铣床上，利用铣刀的旋转和工件的移动对工件进行切削加工的工艺过程称为铣削加工。铣削和刨削（刨刀作直线往复运动）是加工平面的常用方法，铣削相对于刨削，具有加工效率高、加工质量好、加工适应性强等优点。铣削加工的精度一般可达 IT8~IT7，表面粗糙度 *Ra* 值为 6.3~0.8μm。

5.1 铣削加工基础知识

铣削加工的范围广泛，除了加工平面外，还可以加工台阶、沟槽和成形表面，也可进行钻孔、镗孔、切断、分度等工作。图 5-1 所示为铣削加工的应用范围。

5.1.1 铣削加工的特点

铣削加工是基本的金属切削加工方法之一，其主要特点有：

（1）生产效率高　铣刀是多刃刀具，与单刃刀具比较，旋转的多刃铣刀切削时可以承受更大的切削载荷，采用更大的切削用量。

（2）刀齿的散热条件好　铣削加工属于断续切削，铣刀刀齿在切离工件的时间内，可以得到一定的冷却，其散热条件较好。

（3）容易产生振动　由于铣刀刀齿的不断切入切出，切削力不断变化，因此铣削加工过程中会产生一定的冲击和振动。

5.1.2 铣削运动与铣削用量

1. 铣削运动

铣削运动是指在铣床上加工时，铣刀和工件之间的相对运动。

铣削加工的主运动是刀具的旋转运动，通过铣床主轴带动铣刀杆上的铣刀进行旋转。工件装夹在机床工作台上，通过机械传动自动进给或操作者摇动手柄手动进给来完成进给运动。在铣床上可以实现纵向、横向和垂直方向三种形式的进给运动。

2. 铣削用量

切削速度、进给量和吃刀量是切削用量的三要素。

铣削加工中的切削用量称为铣削用量。铣削用量包括铣削速度 v_c、进给量 f、背吃刀量（铣削深度）a_p 和侧吃刀量（铣削宽度）a_e。

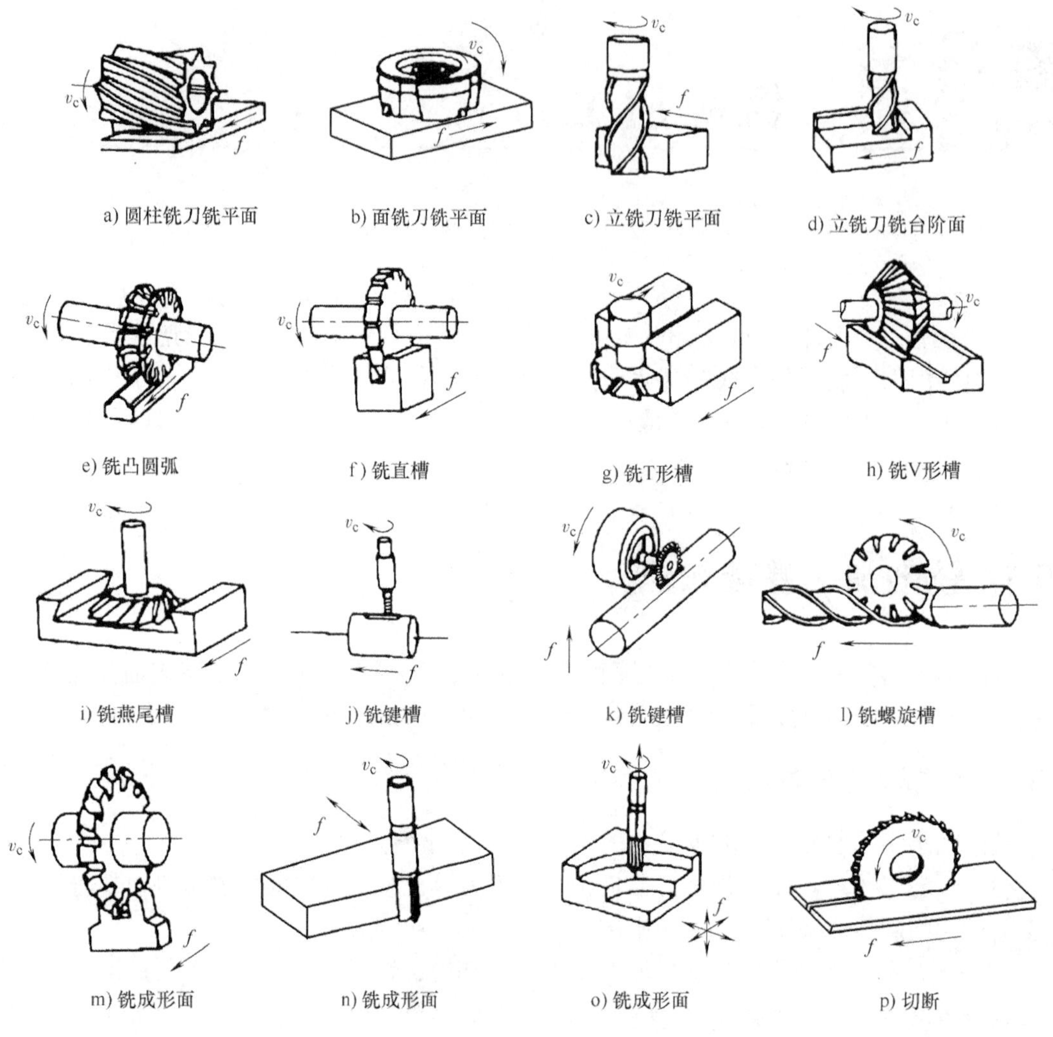

图 5-1　铣削加工的应用范围

（1）铣削速度 v_c　铣削速度即铣刀旋转（主运动）最大直径处的线速度，单位为 m/min，可由下式计算

$$v_c = \frac{\pi D n}{1000}$$

式中　D——铣刀的直径（mm）；

n——铣刀的转速（r/min）。

（2）进给量 f　铣削时，工件在进给运动方向上相对刀具的移动量即为铣削时的进给量。由于铣刀为多刃刀具，计算时按单位时间不同，有以下三种度量方法。

1）每齿进给量 f_z。其单位为毫米每齿（mm/z）。

2）每转进给量 f。其单位为毫米每转（mm/r）。

3）每分钟进给量 v_f。或者称进给速度，其单位为毫米每分钟（mm/min）。

上述三者的关系为

$$v_f = fn = f_z zn$$

式中 z——铣刀的齿数；

n——铣刀的转速（r/min）。

一般铣床标牌上所标出的进给量为每分钟进给量 v_f。

（3）吃刀量 吃刀量，一般指工件上已加工表面和待加工表面间的垂直距离。吃刀量是刀具切入工件的深度，铣削中的吃刀量分为背吃刀量（铣削深度）a_p 和侧吃刀量（铣削宽度）a_e。

1）背吃刀量 a_p 是平行于铣刀轴线方向测量的切削层尺寸，单位是 mm。例如，周铣铣刀端面（平行于轴线方向）的吃刀量，如图 5-2a 所示；端铣中铣刀端面（平行于轴线方向）的吃刀量，如图 5-2b 所示。

2）侧吃刀量 a_e 是垂直于铣刀轴线方向测量的切削层尺寸，单位是 mm。例如，周铣铣刀径向（垂直于轴线方向）的吃刀量，如图 5-2a 所示；端铣中铣刀径向（垂直于轴线方向）的吃刀量，如图 5-2b 所示。

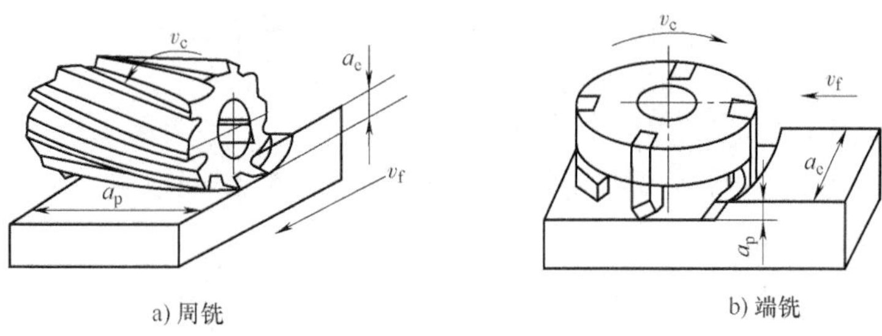

图 5-2 铣削加工吃刀量

3. 铣削用量的选择

在铣削过程中，如果能在一定的时间内切除较多的金属，就有较高的生产率。显然，增大背吃刀量和进给量，都能增加金属切除量。但是，影响刀具寿命最显著的因素是铣削速度，其次是进给量，而背吃刀量对刀具影响最小。为了保证合理的刀具寿命，应当优先采用较大的背吃刀量，其次选择较大的进给量，最后才是根据刀具的寿命要求选择合适的铣削速度。

（1）选择背吃刀量 在铣削加工中，一般根据工件切削层的尺寸来选择铣刀。例如，用面铣刀铣削平面时，铣刀直径一般应大于切削层宽度。若用圆柱铣刀铣削平面，铣刀长度一般应大于切削层宽度。当加工余量不大时，应尽量一次进给铣去全部加工余量。只有当工件的加工精度要求较高时，才分粗铣和精铣两步进行。

（2）选择进给量 应视粗、精加工要求分别选择进给量。粗加工时，影响进给量的主要因素是切削力。进给量主要根据铣床进给机构的强度、刀柄刚度、刀齿强度以及机床夹具工件系统的刚度来确定。在强度和刚度许可的情况下，进给量应尽量选取得大一些。精加工时，影响进给量的主要因素是表面粗糙度。为了减小工艺系统的振动，降低已加工表面残留面积的高度，一般应选择较小的进给量。

（3）选择铣削速度　在背吃刀量 a_p 与每齿进给量 f_z 确定后，可在保证合理的刀具寿命的前提下确定铣削速度 v_c。

1）粗铣时，确定铣削速度必须考虑到机床的允许功率。如果超过允许功率，则应适当降低铣削速度。

2）精铣时，一方面应考虑合理的铣削速度，以抑制积屑瘤的产生，提高表面质量；另一方面，由于刀尖磨损往往会影响加工精度，因此应选择耐磨性较好的刀具材料，并应尽可能使之在最佳的铣削速度范围内。

5.1.3　铣削方式

铣削方式是指铣削时铣刀相对于工件的运动和位置关系，它对铣刀寿命、工件加工表面粗糙度、铣削过程平稳性及切削加工效率都有较大的影响。

1. 周铣和端铣

铣削平面时根据所用铣刀的类型不同，可分为周铣和端铣两种铣削方式（图 5-2）。端铣一般在立式铣床上进行，也可以在其他各种形式的铣床上进行；周铣一般常用在卧式铣床上。

端铣与周铣相比，容易使加工表面获得较小的表面粗糙度值和较高的生产率。因为端铣时，副切削刃具有修光作用，而周铣时只有主切削刃切削。此外，端铣时主轴刚度好，并且面铣刀易于采用硬质合金可转位刀片，因而所用切削用量大，生产效率高。所以在平面铣削中，端铣基本上代替了周铣，但周铣可以加工成形表面和组合表面。

2. 逆铣和顺铣

圆周铣削有逆铣和顺铣两种方式。逆铣是指铣刀旋转切入工件的方向与工件的进给方向相反的铣削形式，如图 5-3a 所示。顺铣是指铣刀旋转切入工件的方向与工件的进给方向相同的铣削形式，如图 5-3b 所示。

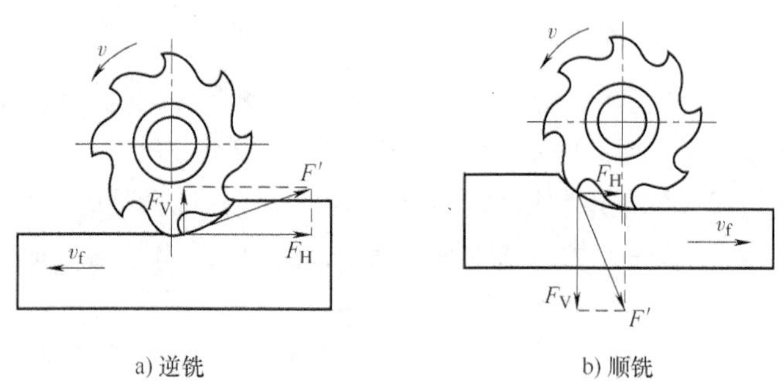

图 5-3　逆铣和顺铣

逆铣时每个齿的切削厚度由零到最大，切削开始时由于铣刀刃口处总有圆弧存在，刀齿接触工件的初期，不能切入工件。切削刃先在工作表面上划过一小段距离，并对工件表面进行挤压和摩擦，引起刀具的径向振动，使加工表面产生波纹，加速刀具的磨损。

顺铣时每个齿的切削厚度由最大到零，避免了逆铣带来的刀具的径向振动、加工表面的波纹以及刀具的磨损，从而相对于逆铣，可以提高刀具的使用寿命，降低加工面的表面粗糙度值。

逆铣时铣刀作用在工件上的垂直分力 f_V 向上，有将工件向上抬起的趋势，对工件的夹紧不利，还容易引起振动；另外作用在工件上的水平分力 F_H 与进给速度方向 v_f 相反，使得进给运动受到额外的阻力，加大了动力损耗。

顺铣时铣刀作用在工件上的垂直分力 F_V 向下，有利于工件的夹紧，减少了工件振动的可能性。作用在工件上的水平分力 F_H 与工件的进给速度方向 v_f 相同，工作台进给丝杠与固定螺母之间一般都存在间隙，切削时会使工作台产生窜动，切削厚度会突然增大，从而使铣刀刀齿折断或机床损坏。所以必须在纵向进给螺母副有消除间隙机构使轴向间隙消除的情况下才可以采用顺铣。

在实际生产中常用逆铣的方式铣削，可以有效地避免丝杠与固定螺母的间隙对加工过程的影响。如果从提高刀具寿命、提高工件表面质量、增加工件夹持的稳定性等因素来选择，可以采用顺铣的方式铣削。另外，在切削面上有硬质层、积渣、工件表面凹凸不平较显著时，如加工锻造毛坯、硬皮的铸件，应采用逆铣加工的方式。精加工时，铣削力较小，为提高加工表面质量和刀具寿命，多采用顺铣。

3. 对称铣削和不对称铣削

根据铣刀与工件相对位置的不同，端铣可分为对称铣削、不对称逆铣和不对称顺铣三种方式，如图 5-4 所示。

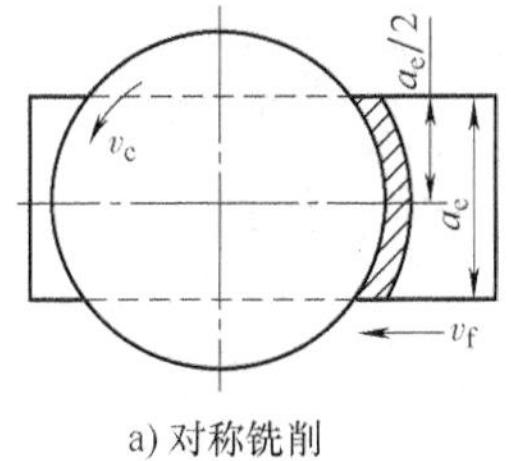

a) 对称铣削

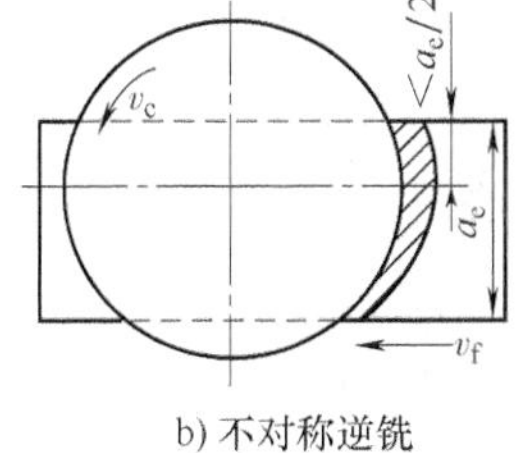

b) 不对称逆铣

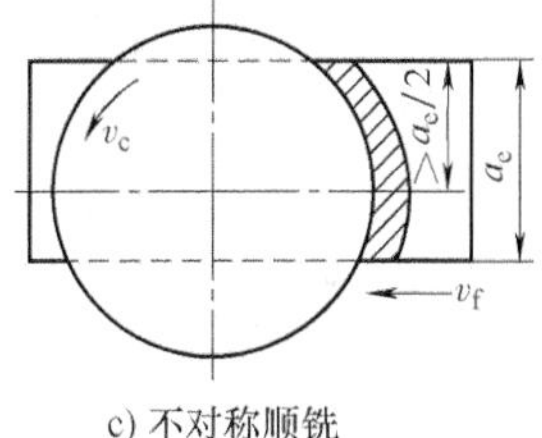

c) 不对称顺铣

图 5-4　端铣的三种铣削方式

（1）对称铣削　如图 5-4a 所示，铣削时面铣刀轴线始终位于铣削弧长的对称中心位置，上面的顺铣部分等于下面的逆铣部分，此种铣削方式称为对称铣削。

（2）不对称逆铣　如图 5-4b 所示，铣削时面铣刀轴线偏置于铣削弧长对称中心的一侧，且逆铣部分大于顺铣部分，这种铣削方式称为不对称逆铣。

（3）不对称顺铣　如图 5-4c 所示，铣削时面铣刀轴线偏置于铣削弧长对称中心的一侧，且顺铣部分大于逆铣部分，这种铣削方式称为不对称顺铣。

对称铣削方式具有最大的平均切削厚度，可避免铣刀切入时对工件表面的挤压和滑刀，刀具寿命高，加工表面质量好，铣削加工一般多用此种铣削方式，尤其适用于铣削淬硬钢。不对称逆铣刀齿切入时切削厚度小，减小了冲击，使得切削平稳，刀具寿命和加工表面质量较高，适用于端铣碳钢和低碳合金钢。不对称顺铣刀齿以较大的切削厚度切入，而以较小的切削厚度切出，适合于加工不锈钢等中等强度和高塑性的材料。

5.2 铣床及主要附件

铣床的种类很多，最常用的是立式升降台铣床、卧式升降台铣床、工具铣床、龙门铣床、仿形铣床、各种专用铣床等，其中立式升降台铣床与卧式升降台铣床应用最广。立式和卧式铣床的主要区别就是它们各自主轴的空间位置不同，立式铣床的主轴垂直于工作台面，而卧式铣床的主轴平行于工作台面。

5.2.1 立式升降台铣床

立式铣床主要特点是主轴线与工作台的台面垂直。在铣削时铣刀装在主轴上，绕主轴轴线旋转，主轴的旋转运动由电动机带动。工件安装在工作台上，工作台的纵向、横向和升降三个运动既可用电动机带动（称为自动进给，简称机动），又可用手转动手柄传动。立式铣床由于工人在操作时，观察、检查和调整都比较方便，而且铣床上能装夹镶有硬质合金刀片的面铣刀进行高速铣削，故加工一般工件时其生产效率比卧式铣床高，因此在生产车间里应用较为广泛。图 5-5 所示为 X5032 立式升降台铣床的外形图。在编号 X5032 中，“X”表示机床类别是铣床类，“5”表示立式铣床，“0”表示普通升降台铣床，“32”表示工作台宽度的 1/10，即工作台宽度为 320mm。

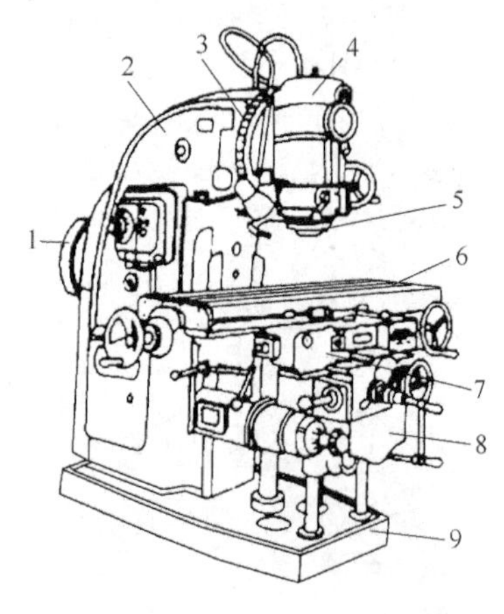

图 5-5 X5032 立式升降台铣床的外形图
1—电动机 2—床身 3—主轴头架旋转刻度 4—立铣头 5—主轴 6—纵向工作台 7—横向工作台 8—升降台 9—底座

X5032 立式铣床主要部件的作用如下：

（1）床身 用于固定和支承铣床上所有部件，是机床的主体。电动机、主轴及主轴变速机构等安装在它的内部。床身正面有垂直导轨，可引导升降台上下移动。

（2）立铣头 立铣头可沿床身上部圆形导轨转动，根据需要可在垂直面内±45°范围内扳动，使主轴与工作台面倾斜成所需角度，用来加工各种角度面、椭圆孔等。

（3）主轴 主轴是空心轴，前端的锥孔锥度为 7∶24，用于安装铣刀或刀轴，并带动铣刀或刀轴旋转。

（4）纵向工作台 用来安装工件或夹具，可沿导轨作纵向移动，以带动工作台上的工件纵向进给。

（5）横向工作台 横向工作台位于升降台上面的横向水平导轨上，可带动工作台实现横向进给运动。

（6）升降台 升降台可使整个工作台沿床身的垂直导轨上下移动，以调整工作台面到铣刀的距离，并作垂直进给，其内部装有供进给运动用的电动机及变速机构。

（7）底座　底座是整个铣床的基础，用于支承床身及工作台，并提供盛放切削液的空间。

5.2.2 卧式升降台铣床

卧式铣床与立式铣床的不同主要是卧式铣床的主轴与工作台面平行，最常用的是卧式万能升降台铣床，图 5-6 所示为 X6132 卧式万能升降台铣床的外形图。在编号 X6132 中，“X”表示机床类别是铣床类，“6”表示卧式铣床，“1”表示万能升降台铣床，“32”表示工作台宽度的 1/10，即工作台宽度为 320mm。

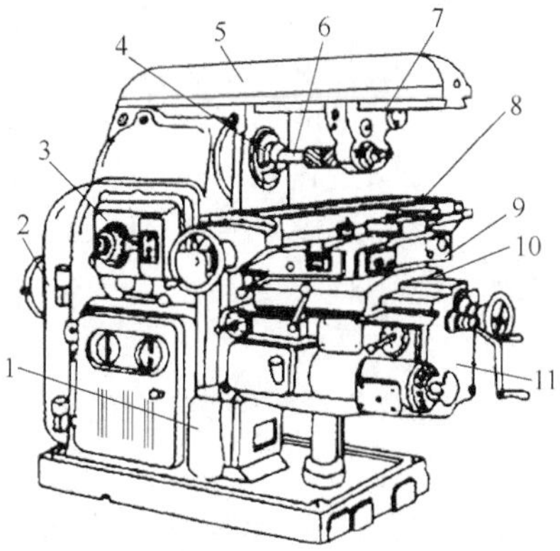

图 5-6　X6132 卧式万能升降台铣床的外形图
1—床身　2—电动机　3—主轴变速机构
4—主轴　5—横梁　6—刀杆　7—吊架
8—纵向工作台　9—转台
10—横向工作台　11—升降台

X6132 卧式铣床主要部件的作用如下。

（1）床身　床身支承并连接各部件，其顶面水平导轨支承横梁，前侧导轨供升降台移动之用。床身内装有主轴和主运动变速系统及润滑系统。

（2）横梁　横梁可沿床身顶部导轨前后移动，吊架安装其上，用来支承铣刀杆。

（3）主轴　主轴是空心的，前端有锥孔，用以安装铣刀杆和刀具。

（4）转台　转台位于纵向工作台和横向工作台之间，下面用螺钉与横向工作台相连，松开螺钉可使转台带动纵向工作台在水平面内回转一定角度（左右最大可转过 45°）。

（5）纵向工作台　纵向工作台由纵向丝杠带动在转台的导轨上作纵向移动，以带动台面上的工件作纵向进给。台面上的 T 形槽用以安装夹具或工件。

（6）横向工作台　横向工作台位于升降台上面的水平导轨上，可带动纵向工作台一起作横向进给。

（7）升降台　升降台可沿床身导轨作垂直移动，调整工作台至铣刀的距离。

5.2.3 铣床主要附件

铣床的主要附件有机用虎钳、回转工作台、分度头和万能铣头等。其中前三种附件用于安装零件，万能铣头用于安装刀具。当零件较大或形状特殊时，可以用压板、螺栓、垫铁和挡铁把零件直接固定在工作台上进行铣削。当生产批量较大时，可采用专用夹具或组合夹具安装零件，这样既能提高生产效率，又能保证零件的加工质量。

1. 机用虎钳

机用虎钳是一种通用夹具，也是铣床常用的附件之一。它安装使用方便，应用广泛，用于安装尺寸较小和形状简单的支架、盘套、板块、轴类零件。图 5-7 所示为带有转台的机用虎钳，主要由底座、钳身、固定钳口、活动钳口、钳口铁以及螺杆组成。底座下面镶有定位键，安装时，将定位键放在工作台的 T 形槽内即可在铣床上获得相对正确的位置。松开钳身上的压紧螺母，钳身就可以在水平方向扳转一定的角度，可使用百分表找正钳口并压紧螺母。铣削时，工件安放在固定钳口和活动钳口之间，通过螺杆、螺母转动调整钳口间距离，以安装不同宽度的零件。

使用机用虎钳安装工件时，应注意下列事项：

1）工件的被加工面应高出钳口，必要时可用垫铁垫高工件。

2）为防止铣削时工件松动，需将比较平整的表面紧贴固定钳口和垫铁。工件与垫铁间不应有间隙，故需一面夹紧，一面用锤子轻击工件上部。对于已加工表面应用铜棒进行敲击。

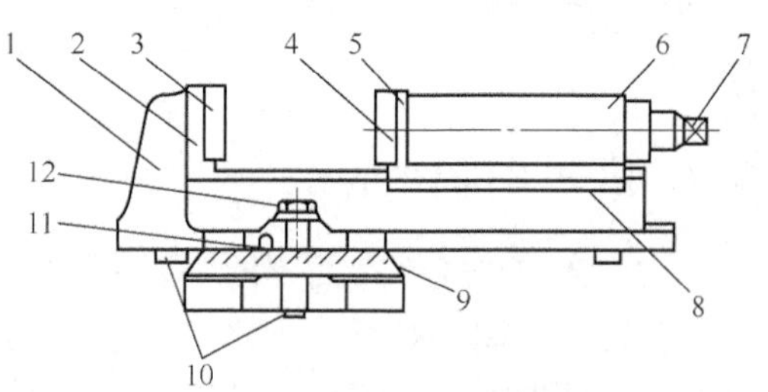

图 5-7 带有转台的机用虎钳

1—钳身 2—固定钳口 3—固定钳口铁 4—活动钳口铁 5—活动钳口 6—活动钳身 7—螺杆方头 8—压板 9—底座 10—定位键 11—刻度盘零线 12—压紧螺母

3）为保护钳口和工件已加工表面，往往在钳口与工件之间垫软金属片。

2. 回转工作台

回转工作台又称为圆形工作台、转盘和平分盘等，如图 5-8 所示，一般用于较大零件的分度工作和非整圆弧面的加工。它的内部有一对蜗轮蜗杆，摇动手轮，通过蜗杆轴直接带动与转台相连接的蜗轮转动。转台周围有刻度，用于观察和确定转台位置，也可进行分度工作。拧紧固定螺钉，可以固定转台，当底座上的槽和铣床工作台上的 T 形槽对齐后，即可用螺栓把回转工作台固定在铣床工作台上。

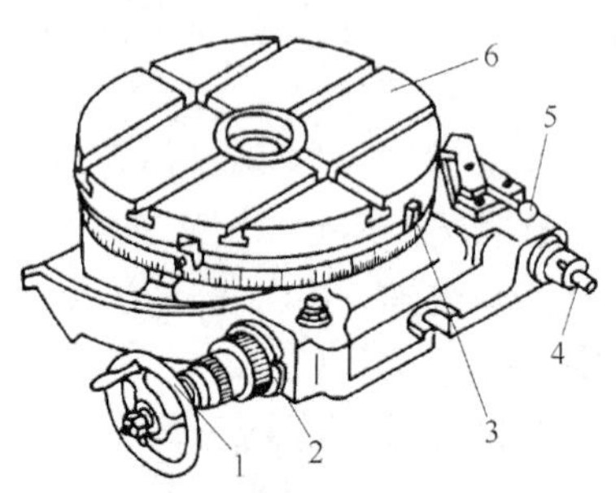

图 5-8 回转工作台

1—手轮 2—偏心环 3—挡铁 4—传动轴 5—离合器手柄 6—转台

铣圆弧槽时，工件用机用虎钳或三爪自定心卡盘安装在回转工作台上。安装工件时必须通过找正使工件上圆弧槽的中心与回转工作台的中心重合。铣削时，铣刀旋转，用手动（或机动）均匀缓慢地转动回转工作台，即可在工件上铣出圆弧槽。

3. 分度头

分度头的种类很多，有简单分度头、万能分度头、光学分度头、数控分度头等，其中用得最多的是万能分度头。万能分度头结构如图 5-9 所示。分度头主要用来安装需要进行分度的零件，利用分度头可以铣削多边形、齿形、花键和进行刻线等工作，根据加工的需要，万能分度头可以在水平、垂直和倾斜位置工作，另外利用分度头还可以铣削螺旋槽。

万能分度头的底座上装有回转体，分度头的主轴可随回转体在垂直平面内扳转。主轴的前端常装有三爪自定心卡盘或顶尖。扇形拨叉分度时，摇动分度手柄，通过蜗杆蜗轮带动分度头主轴旋转进行分度。万能分度头的传动示意图如图 5-10 所示。

4. 万能立铣头

在卧式铣床上装上万能立铣头可以扩大卧式铣床的加工范围。立铣头的主轴可以安装铣刀，并根据铣削的需要在空间扳转成任意角度，使铣刀可以在任意角度下进行工作，如图 5-11 所示。

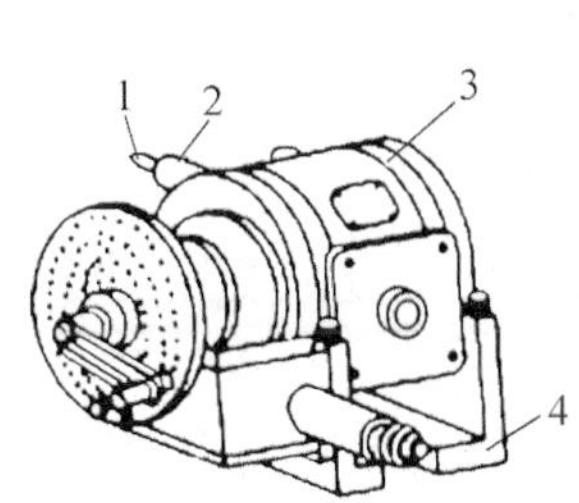

图 5-9　万能分度头

1—顶尖　2—主轴

3—回转体　4—底座

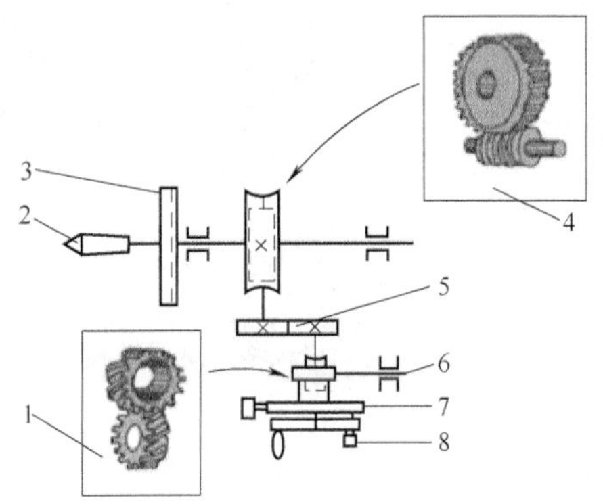

图 5-10　万能分度头的传动示意图

1—交错轴斜齿轮传动　2—主轴　3—刻度盘　4—蜗杆传动

5—齿轮传动　6—交换齿轮轴　7—分度盘　8—定位销

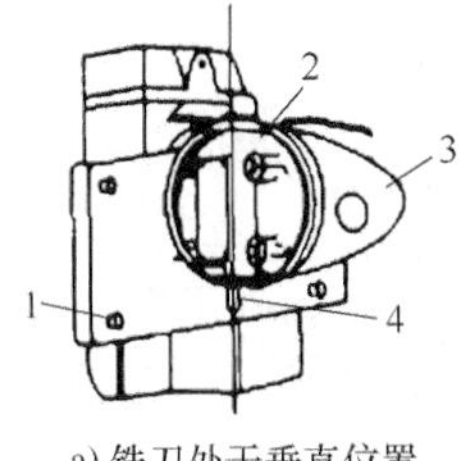

a) 铣刀处于垂直位置

b) 绕主轴轴线偏转角度

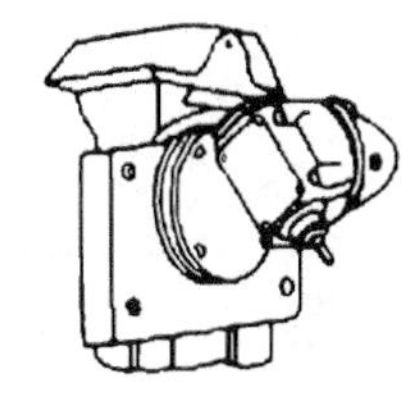

c) 绕立铣头壳体偏转角度

图 5-11　万能立铣头

1—螺钉　2—立铣头主轴壳体　3—主轴壳体　4—铣刀

5.3 铣刀

铣刀实质上是一种由几把单刃刀具组成的多刃刀具，它的刀齿分布在圆柱铣刀的外回转表面或面铣刀的端面上。常用的铣刀刀齿材料有高速钢和硬质合金两种。

5.3.1　铣刀的分类

铣刀的种类很多，按其装夹方式的不同可分为带孔铣刀和带柄铣刀两大类。采用孔装夹的铣刀称为带孔铣刀，如图 5-12 所示，一般用于卧式铣床。其中圆柱铣刀（图 5-12a）主要用圆周刃铣削平面；三面刃铣刀和锯片铣刀都属于圆盘铣刀，三面刃铣刀（图 5-12b）主要用于加工不同宽度的直角沟槽、小平面、小台阶面等；锯片铣刀（图 5-12c）主要用于铣削窄槽或切断工件；角度铣刀（图 5-12d）具有各种不同的角度，用于加工各种角度槽及斜面等；成形铣刀（图 5-12e）其切削刃呈凸圆弧、凹圆弧、齿槽形等状，主要用于加工与切削刃形状对应的成形面。

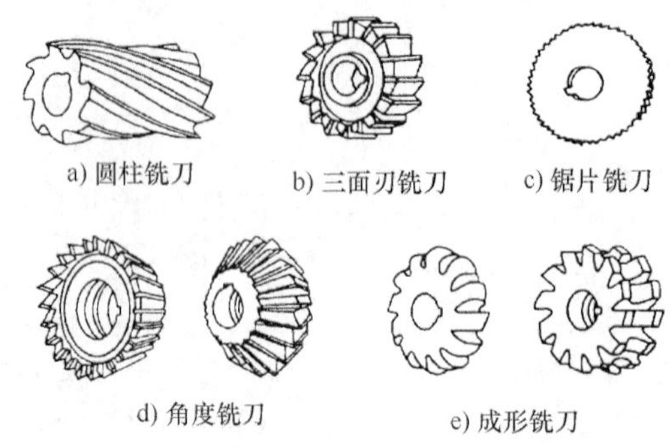

图 5-12 带孔铣刀

采用柄部装夹的铣刀称为带柄铣刀，有锥柄和直柄两种形式，如图 5-13 所示，多用于立式铣床。常用的带柄铣刀有镶齿面铣刀、立铣刀、键槽铣刀、T 形槽铣刀、燕尾槽铣刀等，其共同特点是都有供夹持用的刀柄。

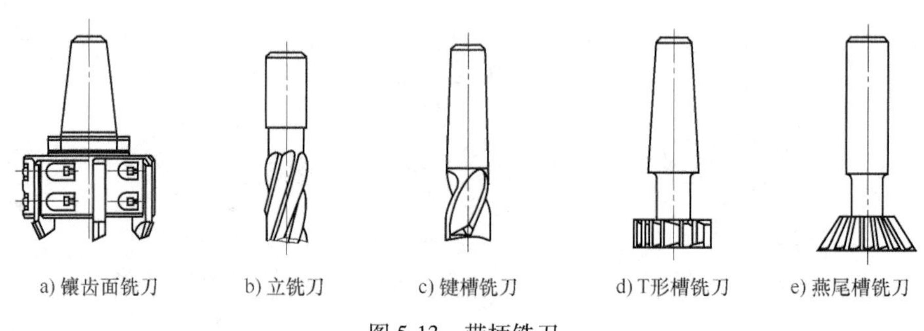

图 5-13 带柄铣刀

5.3.2 铣刀的装夹

1. 带孔铣刀的安装

带孔铣刀一般用于卧式铣床，使用时需安装在刀杆上。安装时尽量使用短刀杆，以提高加工时刀杆的刚度，防止径向圆跳动影响加工质量。但是带孔铣刀中的圆柱形、圆盘形铣刀，多用长刀杆安装，如图 5-14 所示。刀杆的一端为锥体，装入机床主轴前端的锥孔中，用拉杆螺钉将刀杆拉紧；另外一端靠吊架支撑，以防止刀杆弯曲变形。主轴的动力通过锥面和前端的键来带动刀杆旋转。铣刀装在刀杆上尽量靠近主轴的前端，以减少刀杆的变形。

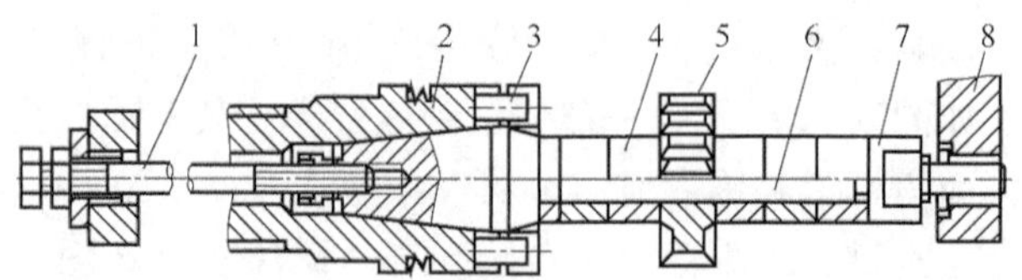

图 5-14 带孔铣刀的装夹

1—拉杆 2—主轴 3—端面键 4—套筒

5—铣刀 6—刀杆 7—螺母 8—吊架

2. 带柄铣刀的安装

（1）锥柄立铣刀的安装　如果锥柄立铣刀的锥柄尺寸与主轴锥孔尺寸相同，则可以直接安装在主轴中，并用拉杆将铣刀拉紧；如果尺寸不同，则根据铣刀锥柄的大小来选择合适的过渡锥套，擦干净配合表面，然后用拉杆将铣刀及过渡锥套一起拉紧在主轴上，如图 5-15a 所示。

（2）直柄立铣刀的安装　这类铣刀多用弹簧夹头安装，铣刀的直柄插入弹簧夹头的孔中，用螺母压紧弹簧夹头的端面，使弹簧夹头的外锥面受压而缩小孔径，从而夹紧铣刀。弹簧夹头上有三个开口，受力时能收缩，弹簧夹头有多种孔径，以适应各种尺寸的立铣刀，如图 5-15b 所示。

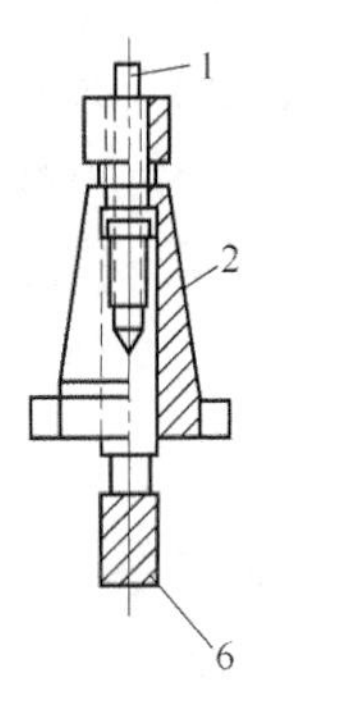

a) 锥柄立铣刀

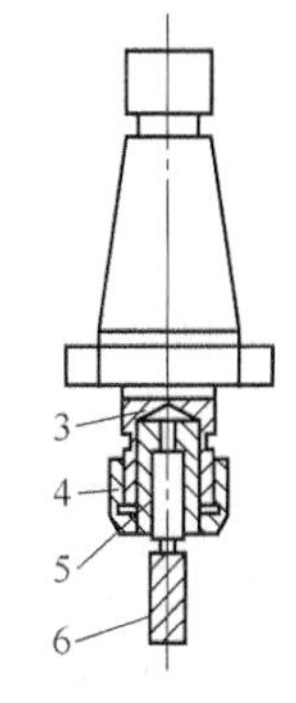

b) 直柄立铣刀

图 5-15　锥柄立铣刀和直柄立铣刀的装夹
1—拉杆　2—过渡锥套　3—夹头体
4—螺母　5—弹簧夹头　6—铣刀

5.4 铣削加工基本操作

铣削的工作范围比较广泛，常见的铣削工作有铣平面、铣连接面、铣斜面、铣沟槽等，铣床也可以铣成形面、铣螺旋槽、钻孔、扩孔和镗孔等。

5.4.1 铣平面

卧式铣床和立式铣床都可以铣削平面，常用的铣削平面刀具有圆柱铣刀、镶齿面铣刀、三面刃铣刀、立铣刀等。

1. 用圆柱铣刀铣平面

圆柱铣刀一般用于卧式铣床铣平面。铣平面用的圆柱铣刀，一般为螺旋齿圆柱铣刀。铣刀的宽度必须大于所铣平面的宽度。螺旋线的方向应使铣削时所产生的轴向力将铣刀推向主轴轴承方向。

用螺旋齿铣刀铣削时，同时参加切削的刀齿数较多，每个刀齿工作时都是沿螺旋线方向逐渐地切入和脱离工作表面，切削比较平稳。在单件小批量生产的条件下，用圆柱铣刀在卧式铣床上铣平面仍是常用的方法。

2. 用面铣刀铣平面

面铣刀一般用于立式铣床上铣平面，有时也用于卧式铣床上铣侧面，如图 5-16 所示。

面铣刀一般中间带有圆孔。通常先将铣刀装在短刀杆上，再将刀杆装入机床的主轴上，并用拉杆螺栓拉紧。

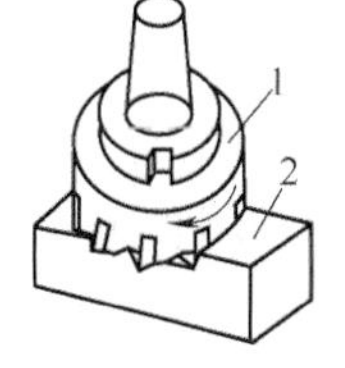

a) 面铣刀立铣铣平面

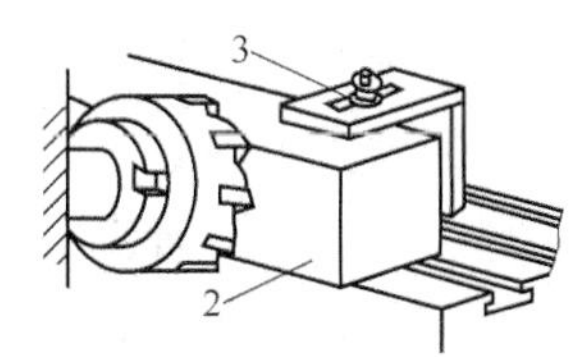

b) 面铣刀卧铣铣平面

图 5-16　面铣刀铣平面
1—面铣刀　2—工件　3—压板

用面铣刀铣平面与用圆柱铣刀铣平面相比，其特点是：切削厚度变化较小，同时切削的刀齿较多，因此切削比较平稳；再则面铣刀的主切削刃担负着主要的切削工作，而副切削刃又有修光作用，所以表面光整；此外，面铣刀的刀齿易于镶装硬质合金刀片，可进行高速铣削，且其刀杆比圆柱铣刀的刀杆短些，刚度较好，能减少加工中的振动，有利于提高铣削用量。因此，面铣刀既提高了生产率，又提高了表面质量，所以在大批量生产中，面铣刀已成为加工平面的主要工具之一。

5.4.2 铣连接面

连接面是指垂直面或平行面。典型的加工是铣削矩形工件，它是铣工必须掌握的一项基本技能。在多数情况下，都要将毛坯进行平行六面体加工处理，俗称“归方”，为后续加工做好准备。

1. 端铣加工垂直面

在立式铣床上加工垂直面（用机用虎钳装夹），产生垂直度误差的原因及保证垂直度的方法介绍如下。

（1）工件基准面与固定钳口不贴合　避免工件基准面与固定钳口不贴合现象的方法是修去毛刺，擦净固定钳口和基准面，再在活动钳口处安置一根圆棒，也可放一条窄长而较厚的铜皮。

（2）固定钳口与工作台台面不垂直　固定钳口与工作台台面不垂直的校正方法如下：

1）在固定钳口处垫铜皮或纸片。当铣出的平面与基面之间的夹角小于90°时，铜皮或纸片应垫在钳口的上部，反之则垫在下部，这种方法只作为临时措施和用于单件生产。

2）在机用虎钳底平面垫铜皮或纸片，当铣出垂直面与基准面夹角小于90°时，则应垫在靠近固定钳口的一端；若夹角大于90°，则应垫在靠近活动钳口的一端。这种方法也是临时措施，但加工一批工件只需垫一次。

3）校正固定钳口，先利用百分表检查钳口的误差，然后用百分表读数的差值乘以钳口铁的高度再除以百分表的移动距离，把计算数值厚度的铜皮垫在固定钳口和钳口铁之间。若上面的百分表读数大，则应垫在上面，反之则垫在下面。也可把钳口铁拆下并按误差的数值修正（磨准）。把钳口铁修正后，还需再做检查，直到准确为止。用于检查的平行垫铁要紧贴固定钳口的检查面，且固定钳口的检查面必须光洁平整。若钳口铁是光整平面，且高度方向尺寸较大时，可用百分表直接校正钳口铁。

（3）其他原因　夹紧力太大会使固定钳口变形而向外倾斜，从而产生垂直度误差，特别是在精加工时，夹紧力更不能太大，所以不能使用较长的手柄夹紧工件。

用面铣刀端铣垂直面时，影响加工面与基准面之间垂直度的原因还有铣床主轴轴线与进给方向的垂直度误差。

如果立铣头的“零位”不准确，加工平面会出现倾斜的现象；如果在不对称端铣纵向进给时，加工的平面会出现略带凹陷且不对称的现象。

2. 端铣加工平行面

与基准面平行的平面称为平行面。在立式铣床上加工平行面（用机用虎钳装夹），产生平行度误差的原因及保证平行度的方法介绍如下。

（1）工件基准面与机用虎钳导轨面不平行

1）垫铁的厚度不相等。应把两块平行垫铁在平面磨床上同时磨出。

2）垫铁的上下表面与工件和导轨之间有杂物。可用干净的棉布擦去杂物。

3）当活动钳口夹紧工件而受力时，会使活动钳口上翘，使工件靠近活动钳口的一边向上抬起。因此在铣平面时，工件夹紧后，须用铜锤或木榔头轻轻敲击工件顶面，直到两块平行垫铁的四端都没有松动现象为止。

4）工件上和固定钳口相对的平面与基准面不垂直，夹紧时应使该平面与固定钳口紧密贴合。

（2）机用虎钳的导轨面与工作台面不平行　机用虎钳的导轨面与工作台台面不平行的原因是机用虎钳底面与工作台台面之间有杂物，以及导轨面本身不准。因此，应注意剔除毛刺和切屑，必要时，需检查导轨面与工作台台面的平行度。

3. 影响垂直面和平行面加工质量的因素

影响垂直面和平行面加工质量的因素主要有垂直面的垂直度、平行面的平行度、平行面之间的尺寸精度。

（1）保证垂直度和平行度的注意事项

1）夹紧力不能过大，不然会造成工件变形，使加工平面与基准面不垂直或不平行。

2）端铣时要注意机用虎钳固定钳口的校正，不然会影响加工端面与基准面的垂直度。

（2）保证平行面之间尺寸精度的注意事项

1）工件在单件生产时，一般都是铣削→测量→铣削循环进行，一直到尺寸准确为止。需要注意的是，在粗铣时对铣刀抬起或偏让量与精铣时不同，在控制尺寸时要考虑这个因素。

2）当尺寸精度要求较高时，则需在粗铣后再进行一次半精铣，余量以 0.5mm 左右为宜，再根据余量决定精铣时工作台上升的距离。

3）粗铣或半精铣后测量工件尺寸时，在条件允许的情况下，最好不把工件拆下，而在工作台上测量。

4. 常用的平面连接面几何公差测量工具

常用的测量工具为直角尺、塞尺、刀口形直尺。

（1）直角尺　直角尺主要用来测量工件相邻表面的垂直度。如图 5-17a 所示，使用时，直角尺底座的一边与被测量面的基准贴合，观察直角尺另一边与被测量面的另一边是否贴合。如果接触严密、不透光或透光细而均匀，说明垂直度符合要求，否则，有一定的误差。使用直角尺时要放正放好，图 5-17b、c、d 所示为不正确的使用方法。

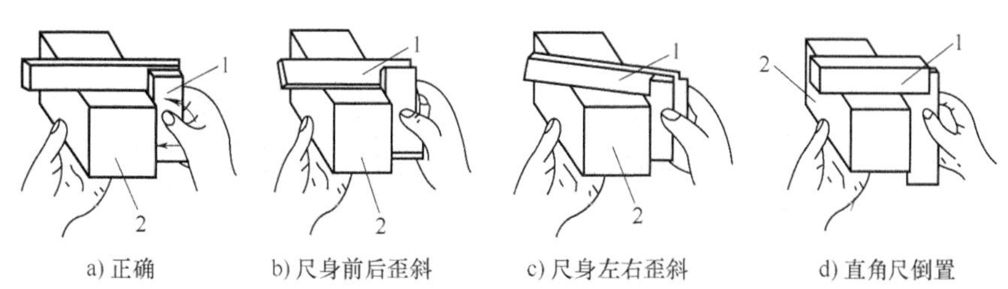

a) 正确　b) 尺身前后歪斜　c) 尺身左右歪斜　d) 直角尺倒置

图 5-17　直角尺及使用方法

1—直角尺　2—工件

（2）塞尺　塞尺又称为厚薄规或间隙片，是测量或检验两个接合面之间间隙大小的片状量规。

（3）刀口形直尺　如图 5-18a 所示，使用时，将刀口形直尺与被测量表面贴紧，并朝与刀口垂直的方向轻微摆动直尺，其摆动幅度为 15°左右，如图 5-18b 所示。在摆动过程中，细致观察两者之间的透光缝隙大小，透过的缝隙即是被测表面的直线度误差。若透光细而均匀，则平面平行。用刀口形直尺测量平面的平面度或直线度时，除沿工件的纵向和横向检查外，还应沿对角线方向进行检查。

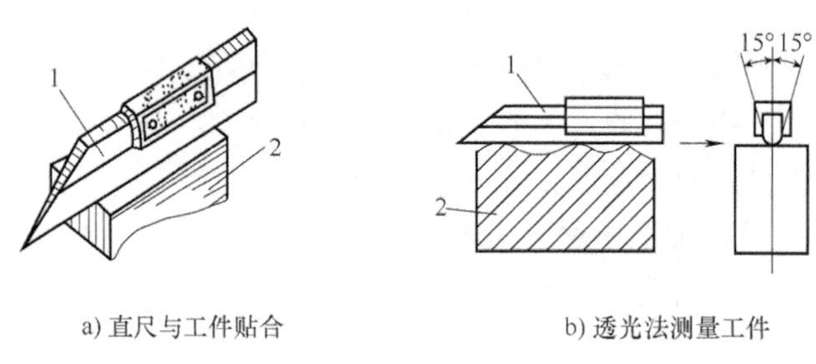

a) 直尺与工件贴合　　b) 透光法测量工件

图 5-18　刀口形直尺使用方法

1—刀口形直尺　2—被测工件

5.4.3　铣斜面

斜面的铣削方法有工件倾斜铣斜面、铣刀倾斜铣斜面和角度铣刀铣斜面三种。

（1）工件倾斜铣斜面　在立式或卧式铣床上，铣刀无法实现转动角度的情况下，可以将工件倾斜按所需角度安装进行斜面铣削。常用的方法有以下几种：

1）在单件生产中，常采用划线校正工件的装夹方法来实现斜面的铣削。

2）利用机用虎钳钳体调整所夹工件的角度也可实现斜面的铣削。安装机用虎钳时必须要校正固定钳口与主轴轴线的垂直度与平行度（卧式铣床），或与工作台纵向进给方向的垂直度与平行度，然后再按角度要求将钳体转到刻度盘上的相应位置，就可以铣削所要的斜面。

3）利用倾斜垫铁装夹工件和利用分度头装夹工件加工斜面。

（2）铣刀倾斜铣斜面　在立铣头可偏转的立式铣床、装有立铣头的卧式铣床、万能工具铣床上均可将面铣刀、立铣刀按要求偏转一定角度进行斜面的铣削，如图 5-19 所示。

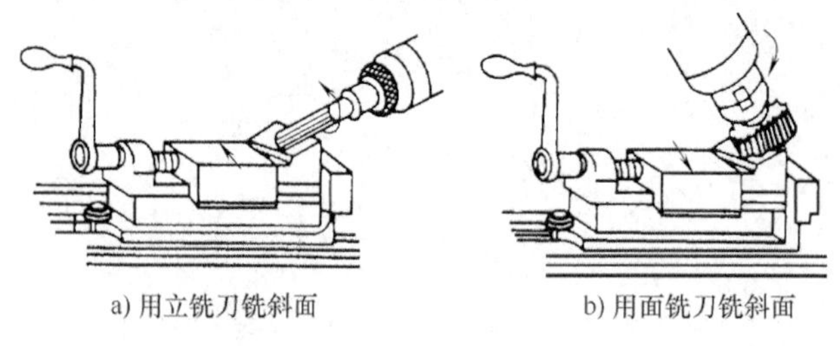

a) 用立铣刀铣斜面　　b) 用面铣刀铣斜面

图 5-19　用倾斜铣刀方法铣斜面

（3）角度铣刀铣斜面　切削刃与轴线倾斜成某一角度的铣刀称为角度铣刀，斜面的倾斜角度由角度铣刀保证。受铣刀切削刃宽度的限制，用角度铣刀铣削斜面只适用于宽度不大的斜面，如图 5-20 所示。

综上所述，铣削斜面时，工件、铣床及铣刀三者之间必须满足以下几个条件：

1）工件的斜面应平行于铣削时铣床工作台的进给方向。

2）工件的斜面应与铣刀的切削位置相吻合，即用圆周刃铣刀铣削时，斜面与铣刀的外圆柱面相切。

3）用端面刃铣刀铣削时，斜面与铣刀的端面相重合。

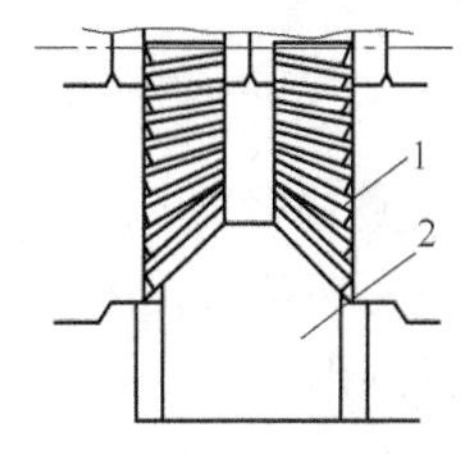

图5-20 用角度铣刀铣斜面

1—角度铣刀 2—工件

5.4.4 铣沟槽

利用不同的铣刀在铣床上可以加工直角槽、V形槽、各种角度槽、T形槽、燕尾槽和键槽等多种沟槽。

（1）铣键槽 常见的键槽有封闭式和敞开式两种。在轴上铣封闭式键槽，一般用键槽铣刀加工，键槽铣刀一次轴向进给不能太大，切削时要注意逐层切下；敞开式键槽多在卧式铣床上用三面刃铣刀进行加工，如图5-21所示。注意在铣削键槽前，应做好对刀工作，以保证键槽的对称度。

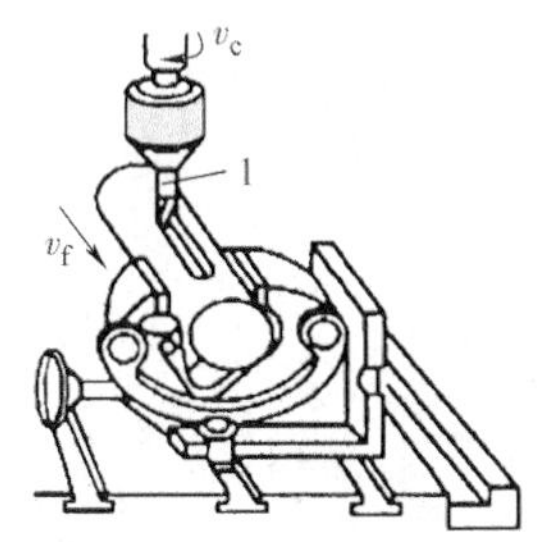

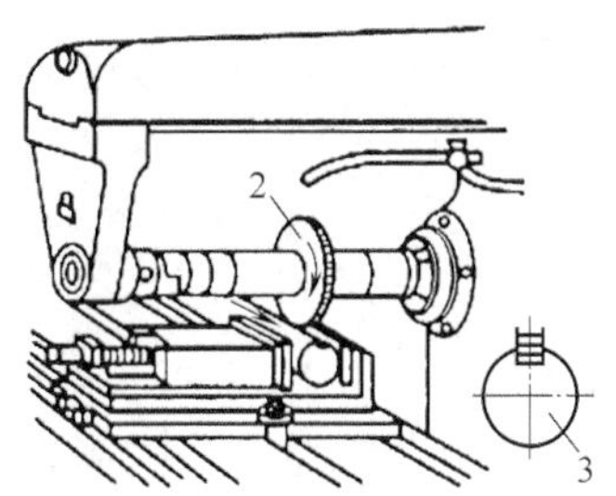

图5-21 铣键槽

1—键槽铣刀 2—三面刃铣刀 3—轴

若用立铣刀加工，则由于立铣刀中央无切削刃，不能向下进刀，因此，必须预先在槽的一端钻一个落刀孔，才能用立铣刀铣键槽。对于直径为3~20mm的直柄立铣刀，可用弹簧夹头装夹；对于直径为10~50mm的锥柄铣刀，可利用过渡套装入机床主轴孔中。

（2）铣T形槽及燕尾槽 如图5-22所示。T形槽应用很多，如铣床和刨床的工作台上用来安放紧固螺栓的槽就是T形槽。要加工T形槽及燕尾槽，必须首先用立铣刀或三面刃铣刀铣出直角槽，然后在立式铣床上用T形槽铣刀铣削T形槽和用燕尾槽铣刀铣削成形。但由于T形槽铣刀工作时排屑困难，因此切削用量应选得小些，同时应多加切削液，最后再用角度铣刀铣出倒角。

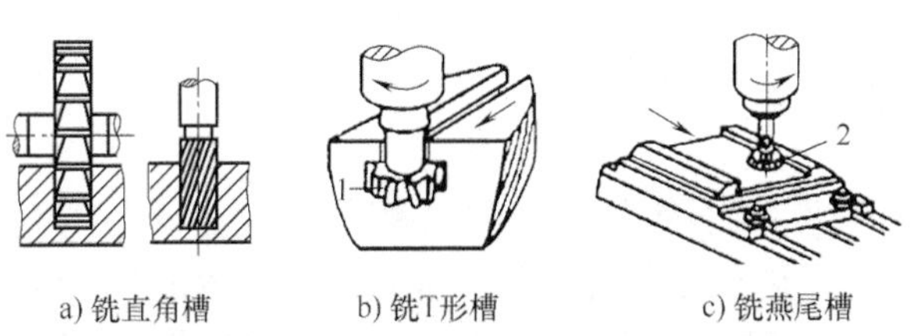

a) 铣直角槽　b) 铣T形槽　c) 铣燕尾槽

图5-22 铣T形槽及燕尾槽

1—T形槽铣刀 2—三面刃铣刀

5.4.5 其他铣削加工

1. 铣成形面

通常在卧式铣床上用成形铣刀加工各种成形面，如图 5-23 所示。成形铣刀的形状要与成形面的形状相吻合。如零件的外形轮廓是由不规则的直线和曲线组成，这种零件就称为具有曲线外形表面的零件。这种零件一般在立式铣床上铣削，加工方法有：按划线用手动进给铣削；用回转工作台铣削；用靠模铣削。

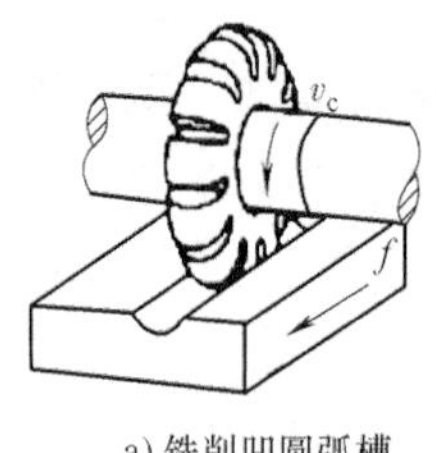

a) 铣削凹圆弧槽

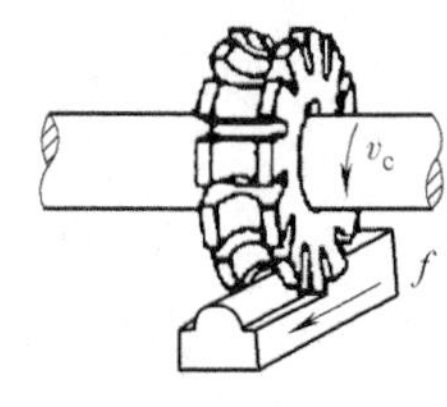

b) 铣削凸圆弧

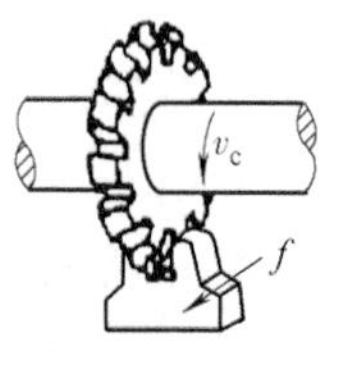

c) 模数铣刀铣削齿形

图 5-23 成形铣刀加工成形面

对于要求不高的曲线外形表面，可按工件上划出的线迹移动工作台进行加工，顺着线迹将打出的样冲眼铣掉一半。在成批及大量生产中，可以采用靠模夹具或专用的靠模铣床来对曲线外形面进行加工。

2. 铣螺旋槽

在铣床上铣螺旋槽与在车床上加工螺纹的原理基本相同。铣刀是专门设计的，工件用分度头安装，如图 5-24 所示。为获得正确的槽形，圆盘成形铣刀旋转平面必须与工件螺旋槽切线方向一致，所以需将工作台转过一个工件的螺旋角 β。铣削加工时，要保证工件在沿轴线移动一个螺旋导程的同时绕轴自转一周的运动关系。这种运动关系是通过纵向进给丝杠经交换齿轮将运动传至分度头后面的交换齿轮轴，再传给主轴和工件实现的。

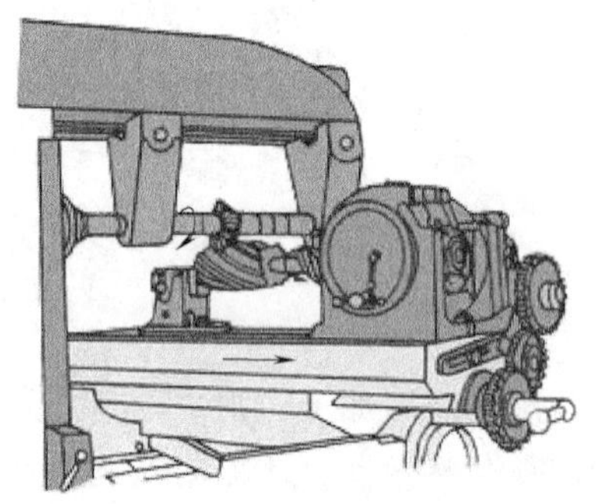
图 5-24 在万能铣床上铣螺旋槽

3. 铣床镗孔

镗孔通常在车床或镗床上进行，在铣床上只适宜镗削中小型工件上的孔，其尺寸公差等级可达 IT8～IT7，Ra 值可达 3.2～1.6μm。

在卧式铣床上镗孔的方法如图 5-25 所示，孔的轴线应与定位面平行。可将镗刀刀杆外锥面直接装入主轴锥孔内镗孔，若刀杆过长，可用吊架支撑。在立式铣床上镗孔，如图 5-26 所示，孔的轴线与定位面应相互垂直。

4. 齿轮加工

齿轮加工按照加工原理，可分为展成法和成形法两大类。

展成法（又称范成法）是利用齿轮刀具与被切齿轮的互相啮合运转而切出齿形的加工方法，如滚齿加工。加工时刀具与齿坯的运动就像一对互相啮合的齿轮，最后刀具将齿坯切出渐开线齿廓。用展成法加工齿轮时，只要刀具与被切齿轮的模数和齿形角相同，不论被加工齿轮的齿数是多少，都可以用同一把刀具来加工，这给生产带来了很大的方便，因此展成法得到了广泛的应用。

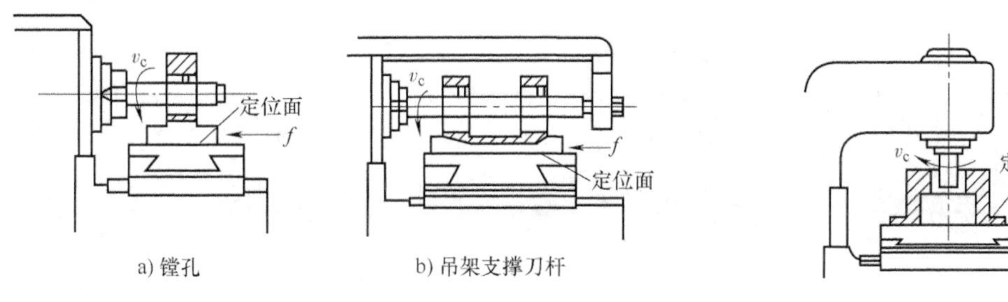

图 5-25　卧式铣床镗孔　　图 5-26　立式铣床上镗孔

成形法是采用与被切齿轮齿槽相符的成形刀具加工齿形的方法。用齿轮铣刀在普通铣床上加工齿轮是常用的成形加工法，铣完一个齿槽后，分度头将齿坯转过 360°/z，再铣下一个齿槽，直到铣出所有的齿槽。

(1) 铣齿　铣齿加工采用模数铣刀，用于卧式铣床的是盘状模数铣刀，如图 5-27a 所示，用于立式铣床的是指状模数铣刀，如图 5-27b 所示。

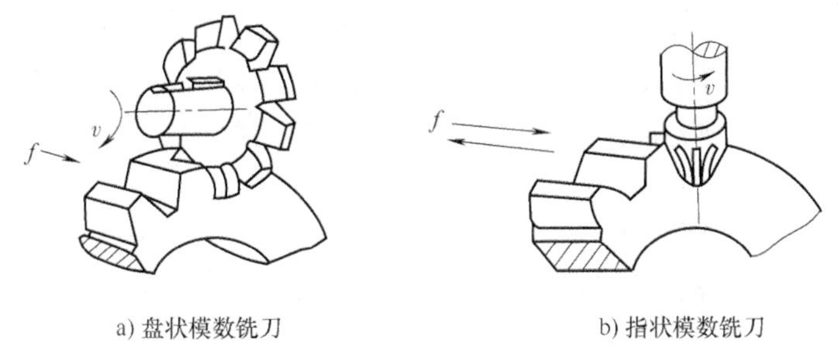

图 5-27　铣齿加工

铣齿前应选择与被加工齿轮模数、齿形角相等的铣刀，同时还要按齿轮的齿数根据表 5-1 选择合适号数的铣刀。

表 5-1　模数铣刀刀号的选择

刀号	1	2	3	4	5	6	7	8
加工齿数范围/个	12~13	14~15	17~20	21~25	25~34	35~54	55~134	135 以上及齿条

(2) 滚齿　滚齿加工是用滚齿刀在滚齿机上加工齿轮的方法。滚齿加工原理是滚齿刀和齿坯模拟一对交错轴斜齿轮作啮合运动，滚齿刀好比一个齿数很少（一至二齿）、齿很长的齿轮，形似蜗杆，经刃磨后形成一排排齿条刀齿。因此，可以把滚齿看成是齿条刀对齿坯的加工。滚切齿轮过程可分解为：前一排刀齿切下一薄层材料之后，后一排刀齿切下时，由于旋转的滚刀为螺旋形，所以使刀齿位置向前移动了一小段距离，而齿轮坯则同时转过相应角度，后一排刀齿便切下另一薄层材料，正如齿条刀向前移动，齿轮坯作转动，就这样，齿坯被一刀刀地切出整个齿槽，齿侧的齿形则被包络而成。所以这

种方法可用一把滚齿刀加工相同模数不同齿数的齿轮，不存在理论齿形误差。滚齿加工原理如图 5-28 所示。

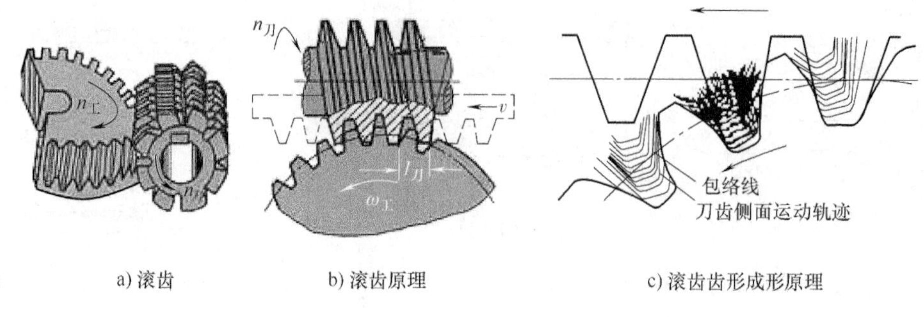

a) 滚齿　b) 滚齿原理　c) 滚齿齿形成形原理

图 5-28　滚齿加工原理

5.5 铣削加工实践

鲁班锁是中国传统木结构建筑固定结合器，也是广泛流传于民间的智力玩具，由多根长方体构件组合而成，其内部的凹凸部分（即榫卯结构）啮合，十分巧妙，形状各不相同，一般都是易拆难装。鲁班锁的种类各式各样，千奇百怪，其中以最常见的六根和九根的鲁班锁最为著名。

本节以六根鲁班锁为例实践铣削加工，六根鲁班锁由六根带槽长方体构件组合而成，每根构件一般要经过长方体及其沟槽的铣削加工，按要求加工完六根构件后，即可组装成鲁班锁。

5.5.1 长方体铣削加工

鲁班锁零件 1 如图 5-29 所示，加工步骤如下。

1. 分析图样

明确工件的尺寸、几何公差等精度要求以及工件的材料。该工件材料为铝，各加工面表面粗糙度 Ra 值均为 3.2μm，尺寸精度要求：16mm 的尺寸公差为 0.05mm，80mm 的尺寸公差为 0.1mm，平面之间有平行度和垂直度要求。

2. 选择机床及铣刀

选用 X5032 型立式铣床加工该工件。该工件为六面体且无沟槽类等结构，适合用面铣刀采用端铣法铣削，不仅提高效率还能降低表面粗糙度值。

3. 长方体的铣削准备工作

1）因为工件形状简单，尺寸也相对不大，所以用机用虎钳装夹工件。首先擦净铣床工作台的台面；擦净机用虎钳的安装平面；保证固定钳口垂直于工作台台面。找正固定钳口面与工作台纵向进给方向平行度；找正固定钳口面与工作台面的垂直度。

2）机床零位调整。将立铣头调到大概正确的位置，然后将磁力表座固定在上面，并连

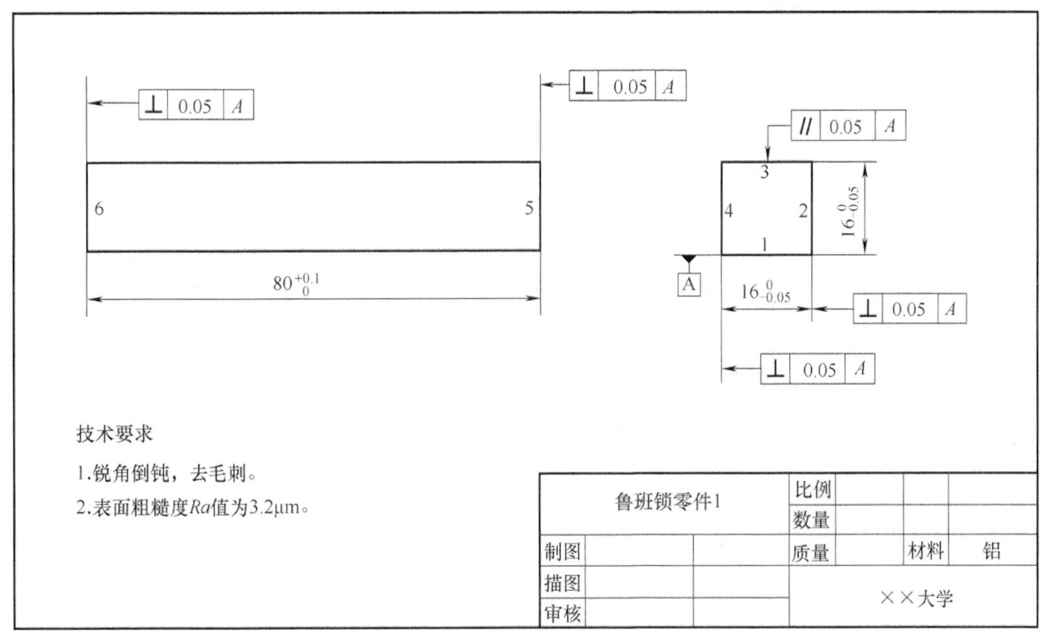

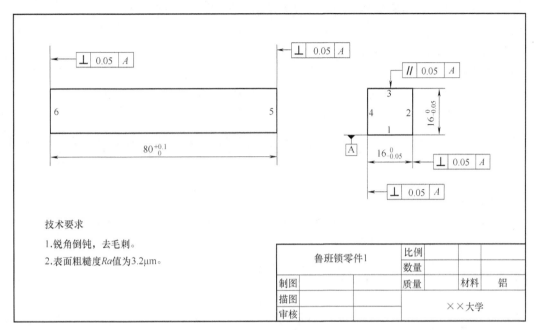

图 5-29 鲁班锁零件 1

接百分表。先用百分表在铣床工作台一点测量，再旋转 180°在另一点测量，两点间的距离为 300mm，若误差控制在百分表 2 格以内则零位调节好。

3）准备合适的垫铁。垫铁的厚度为 15mm，保证垫铁的平行度，准备两块高度合适的垫铁。

4. 刀具、量具准备

1）刀具：镶齿面铣刀。

2）量具：游标卡尺、百分表、磁力表座、直角尺、塞尺、刀口形直尺等。

5. 确定定位基准

为使定位准确、可靠，长方体工件加工中的精基准应选择一个较大的平面，或采用零件的设计基准，该工件选择平面 1（图 5-29）为精基准面。本着先加工基准面、后加工其他面的原则，需要在铣削的第一工步加工平面 1。

在加工其余各面时，都使用平面 1 为基准定位，即加工其余各面时都要将平面 1 靠向固定钳口或钳体的导轨面，从而保证所加工的平面与平面 1 的垂直度与平行度要求。

6. 毛坯尺寸分析及铣削用量的确定

铣削长方体所用毛坯为 24mm×24mm×85mm 的长方体，根据图样要求加工成 16mm×16mm×80mm 的长方体。宽度方向铣削总余量为 8mm，长度方向总余量 5mm。粗加工吃刀量 2mm，各边留 0. 5mm 精加工余量。根据毛坯材料、刀具尺寸大小及刀片材料、机床的性能等因素，并通过计算选择合适的铣削速度和进给量。

7. 铣削操作

（1）粗铣长方体　按粗铣切削用量调整好机床，依次粗铣六个面。为了保证各表面的平行度和垂直度，长方体的铣削顺序见表 5-2，并要注意以下几点。

1）选择毛坯上表面最不平整的面为最先铣削的平面，即平面 1。

2）铣削平面 2 及平面 4 时，为了保证平面 1 与固定钳口相贴合，在活动钳口上要加垫圆棒，见表 5-2 步骤 2 和步骤 3。

3）铣削平面 3 时，除了需使已加工的一个面紧贴固定钳口外，还需使另一已加工面与机用虎钳水平导轨或平行垫铁相贴合，以保证相对两面之间的平行度。

4）铣削平面 5 时，为了保证第 5 面和第 1 面、第 2 面、第 3 第 4 面都垂直，除了需使第 1 面与固定钳口相贴合外，还要用直角尺校正第 2 面或第 4 面对工作台台面的垂直度。校正的方法是，直角尺的一面与机用虎钳的水平导轨贴合，另一面与工件的第 2 面或第 4 面贴合。

5）铣削平面 6 时，应保证所要求长度尺寸。

（2）精铣长方体　按精铣用量调整机床，精铣长方体的平面顺序与粗铣时相同，依次精铣六个平面，保证各尺寸要求。

表 5-2　长方体铣削加工步骤

步骤	加工简图	加工内容	刀　具
1	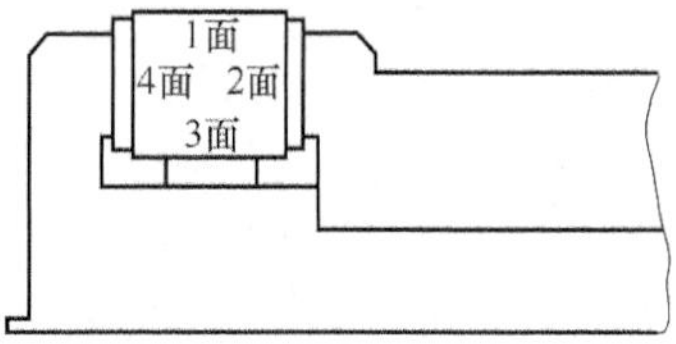 1面 4面 2面 3面	将面 3 紧靠在机用虎钳导轨面上的平行垫铁上，以面 3 为基准，工件在两钳口之间被夹紧，铣削精基准平面 1，保证 1、3 两面间的尺寸 20mm	ϕ63mm 硬质合金镶齿面铣刀
2	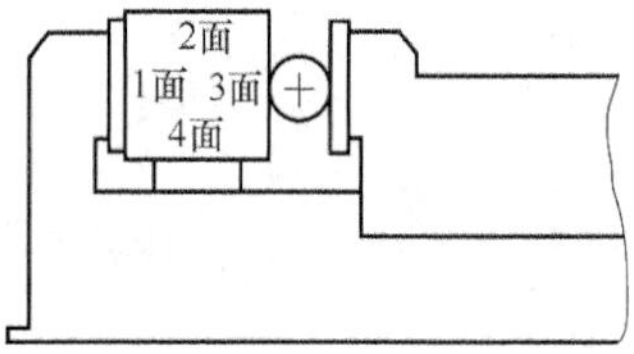 2面 1面 3面 4面	以平面 1 为定位基准，在零件与活动钳口间垫圆棒，确保精基准面 1 与固定钳口紧密贴合，夹紧后铣削平面 2（铣削余量为 4mm），从而保证平面 2 与平面 1 之间的垂直度	ϕ63mm 硬质合金镶齿面铣刀
3	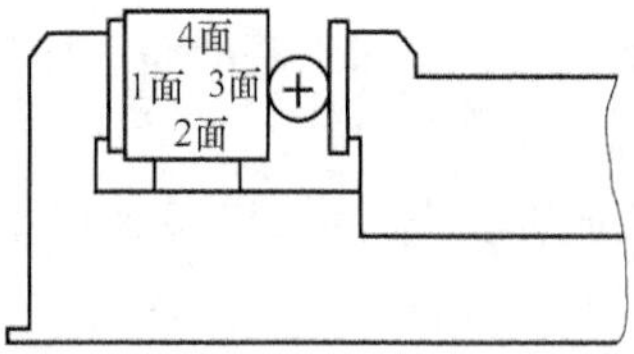 4面 1面 3面 2面	以平面 1 为定位基准，紧贴固定钳口，翻转 180°，使面 2 朝下，紧密贴合平行垫铁，在零件与活动钳口间垫圆棒，夹紧后铣削平面 4，保证 2、4 两面间的尺寸 16mm，公差为 0.05mm	ϕ63mm 硬质合金镶齿面铣刀
4	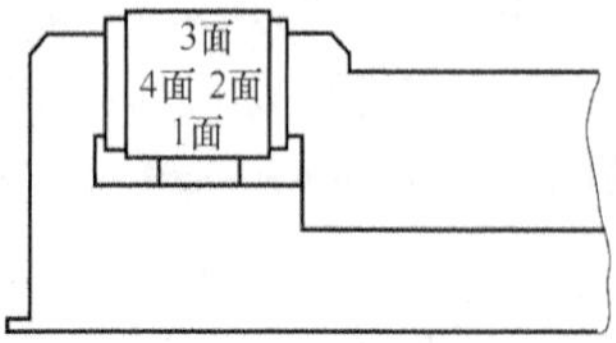 3面 4面 2面 1面	将面 1 紧靠在机用虎钳导轨面上的平行垫铁上，以面 1 为基准，紧密贴合平行垫铁，工件在两钳口之间被夹紧，铣削平面 3，保证 1、3 两面间的尺寸 16mm，公差为 0.05mm	ϕ63mm 硬质合金镶齿面铣刀

（续）

步骤	加工简图	加工内容	刀　　具
5	5面 1面 3面 6面	为了保证平面5与平面1和平面2都垂直，除了使平面1和固定钳口紧密贴合外，还要用直角尺找正平面2或平面4对工作台台面的垂直度。直角尺的一面与机用虎钳水平导轨或平行垫铁贴合，另一面与工件的平面2或平面4贴合	ϕ63mm硬质合金镶齿面铣刀
6	6面 1面 3面 5面	以平面5为基准紧密贴合机用虎钳的水平导轨，平面1贴合固定钳口，直角尺辅助校正，保证平面6与1、2、3、4面的垂直度，铣削平面6保证长度尺寸80mm，公差为0.1mm	ϕ63mm硬质合金镶齿面铣刀

8. 质量检验

工件完工后，除了按图样测量尺寸及检验表面粗糙度外，还要检验所铣平面的平面度，相对表面的平行度和相邻表面的垂直度。

(1) 刀口形直尺配合塞尺检验　将工件置于平台上，用刀口形直尺靠在被检平面上。若整个平面各处均与刀口形直尺接触，则平面度良好；当平面不平时，则出现缝隙，此时应使用塞尺测量其缝隙的大小。

(2) 刀口形直尺透光检验　绝大多数工件的平面度没有太大的误差，一般可将刀口形直尺靠在被检平面上，朝向光亮处，观察其边缘的透光情况。

(3) 平行度检测　将长方体的基准面放在平板上，再用磁力表座和百分表去测量与基准面有平行关系的面，先在平面的一边测量一下，并将百分表调零，再移到另一边测量，看误差是多少。

5.5.2　长方体铣槽加工

鲁班锁零件2如图5-30所示，加工步骤如下。

1. 分析图样

明确工件的尺寸、几何公差等精度要求以及工件的材料。该工件材料为铝，工件要求铣削加工，保证各加工面表面粗糙度 Ra 值均为3.2μm。长方体需要铣削三个槽，深度都为8mm，要求公差为0.1mm；两个宽度为8mm的槽，一个为16mm的槽，公差均为0.1mm，下极限偏差为0；定位基准与设计基准重合（基准 B），保证各加工面的平行度，公差控制在0.05mm之内；基准尺寸24mm和32mm，公差均为0.1mm。

2. 选择机床、夹具及铣刀

选用X5032型立式铣床加工该工件。该工件为长方体，比较规整，选用机用虎钳装夹；铝的材料软且比较黏，容易产生积屑瘤。为了获得光洁的表面，采用粗加工和精加工，粗加

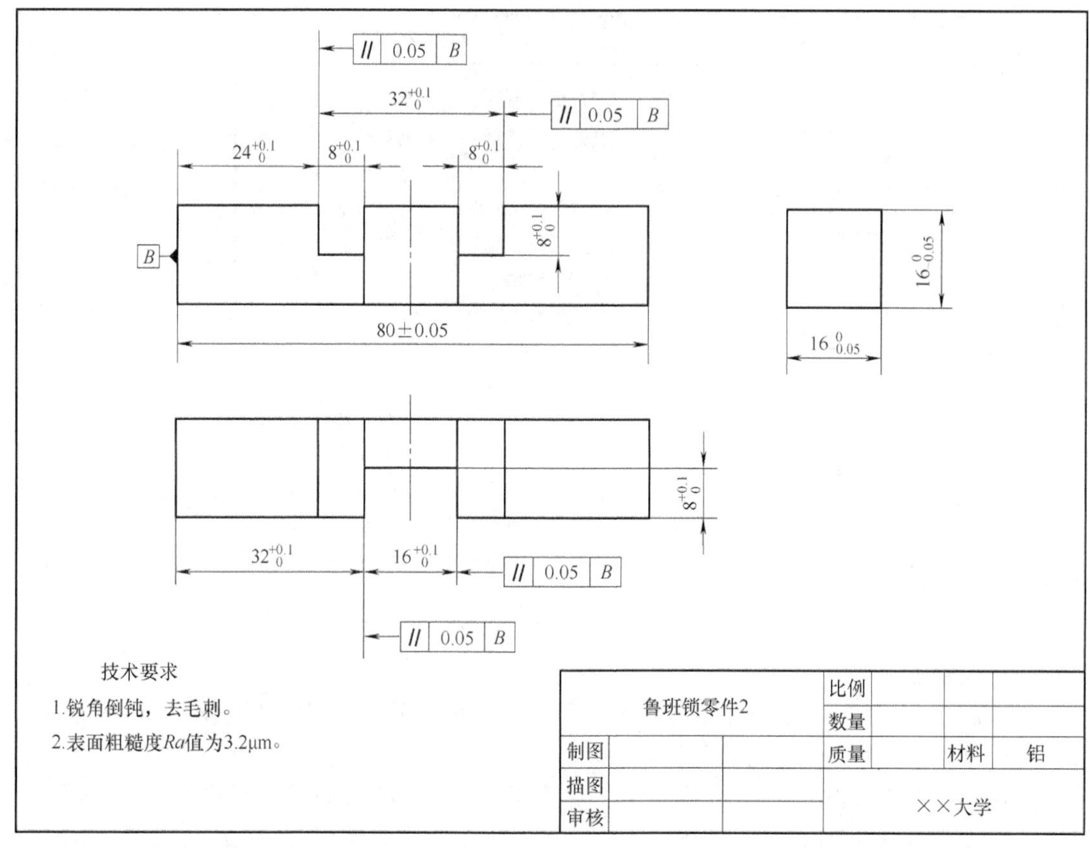

图 5-30 鲁班锁零件 2

工选用直径 6mm 的高速钢 3 刃立铣刀，精加工选用直径 6mm 的硬质合金 4 刃立铣刀，不带涂层。

3. 长方体铣槽加工准备工作

1）找正机用虎钳在铣床上的位置。

2）机床零位调整，保证立铣头的准确位置。

3）准备合适的垫铁。

4）准备 6mm 高速钢立铣刀一把，6mm 硬质合金立铣刀一把。

5）准备游标卡尺、百分表、磁力表座、0~50mm 深度尺等量具。

4. 铣削操作注意事项

1）铣削两个 8mm 槽和铣削 16mm 槽的时候，注意基准统一（*B* 基准），否则会出现三个槽错位超差的现象。

2）对刀的过程中，注意保护工件表面（特别是侧面对刀），可采用划线对刀法。

3）铣削加工分粗加工和精加工，为保证工件表面粗糙度，粗加工采用深度方向分层铣削，精加工采用侧面方向分层铣削。

4）测量时，注意量具的使用，保证测量尺寸准确。

经典六根鲁班锁拼装示意图如图 5-31 所示。

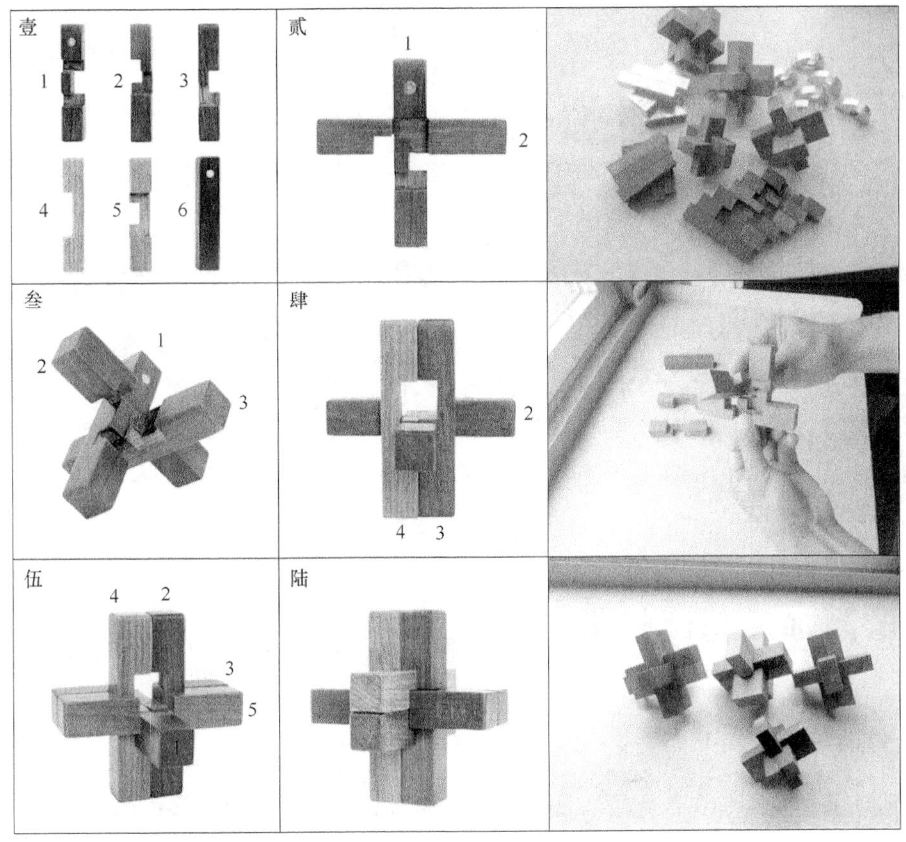

图 5-31 经典六根鲁班锁拼装示意图

1. 什么叫铣削加工?
2. 铣削的主运动和进给运动是什么?
3. 铣削用量三要素是什么? 铣削过程中如何选择?
4. 铣削进给量有哪几种表示方法? 它们之间有什么关系?
5. 铣削方式包括哪些?
6. 请简述顺铣和逆铣的概念。如何选择?
7. 立式铣床的主要结构及作用是什么?
8. 铣床的主要附件有哪些?
9. 铣刀的安装方式有哪些?
10. 铣削基本操作主要包括哪些内容?
11. 铣削平面时应该注意什么?

第6章 磨削加工

磨削加工是以磨料磨具（如砂轮、砂带、油石、研磨料等）为工具在磨床上进行切削的一种加工方法，是零件精加工的主要方法之一。随着磨料磨具的不断发展，机床结构和性能的不断改进，以及高速磨削、强力磨削等高效磨削工艺的采用，磨削已逐步扩大到粗加工领域。选用小切削余量的毛坯，以磨代车（或镗、铣、刨），既节省原料，又节省工时，为机械加工的发展方向之一。

6.1 磨削加工基础知识

6.1.1 磨削加工范围

磨削加工是零件精加工的主要方法，其工艺范围很广，主要用于零件的内外圆柱面、内外圆锥面、平面及成形表面（如花键、螺纹、齿轮等）的精加工。常见的磨削加工形式如图6-1所示。

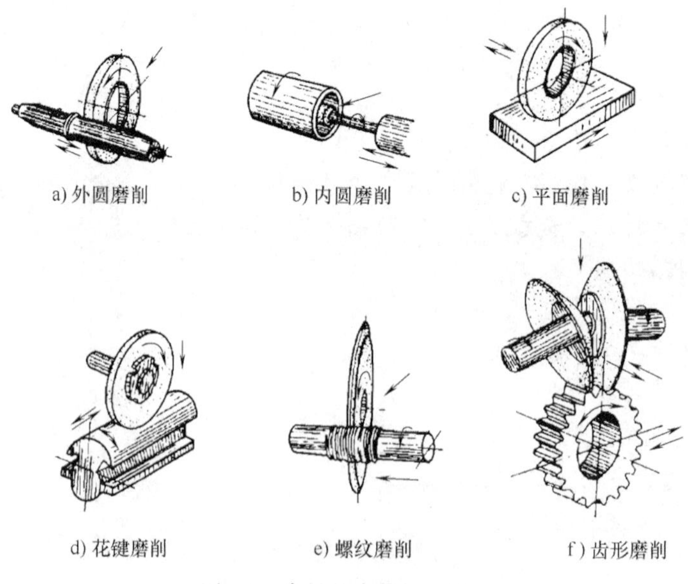

a) 外圆磨削　b) 内圆磨削　c) 平面磨削

d) 花键磨削　e) 螺纹磨削　f) 齿形磨削

图6-1　常见的磨削加工形式

6.1.2　磨削加工的特点

1）磨削加工余量少，加工精度高。一般磨削的加工精度可达到IT5～IT7，表面粗糙度可达 $Ra0.2\sim1.6\mu m$。

2）磨削加工范围广。磨削不仅可以加工各种表面，如内外圆柱面、圆锥面、齿面、螺旋面等，还可以加工各种材料，如普通塑性材料、铸件等脆性材料、宝石等高硬度难切削材料。

3）磨削速度高，耗能多，加工效率低。磨削加工时由于速度高，因此会产生很大的热量，工件表面易产生烧伤、残余应力等缺陷，在加工时应使用切削液。

4）磨削加工中使用的砂轮有一定的自锐性。

6.2 砂轮

砂轮是磨削用的切削工具。它是用结合剂把磨粒粘结在一起经焙烧而成的具有一定几何形状的多孔体，如图6-2所示。砂轮的网状空隙起容纳磨屑和散热的作用。磨粒、结合剂、网状空隙构成砂轮的三要素。

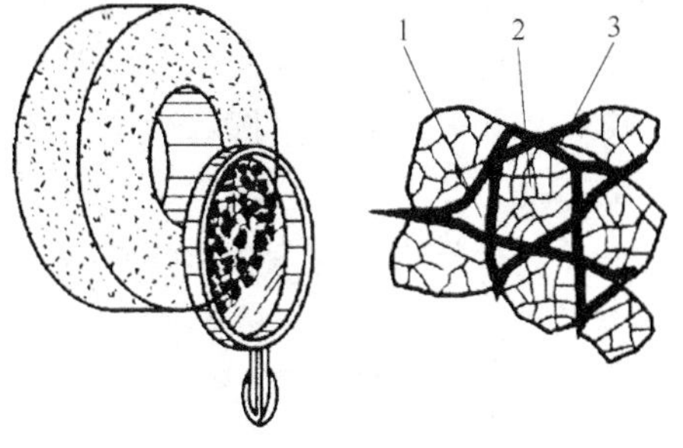

图6-2　砂轮的组成
1—空隙　2—磨粒　3—结合剂

6.2.1　砂轮的特性

砂轮的特性由以下几个要素衡量：磨料、粒度、硬度、结合剂、组织、形状和尺寸、强度等。

1. 磨料

磨料是指砂轮中磨粒的材料，它是砂轮的主要成分，是砂轮产生切削作用的根本要素。砂轮磨料有人造磨料和天然磨料两种。常用的磨料是人造磨料，人造磨料有刚玉类、碳化硅类和人造金刚石类。砂轮磨料的性能及适用范围见表6-1。

表6-1　砂轮磨料的性能及适用范围

系别	名称	代号	砂轮颜色	性　　能	适用范围
刚玉类	棕刚玉	A	棕褐色	硬度高，韧性好，抗破碎能力强	高强度金属材料：碳素钢，合金钢，可锻铸铁、青铜
	白刚玉	WA	白色	较A硬而脆，磨粒锋利，切削性能好，粗磨时磨粒易脱落	精磨各种淬硬钢和易变形件：高碳钢、合金钢、高速钢、薄壁件
	铬刚玉	PA	玫瑰红	硬度与WA相近，韧性较WA好。砂轮使用寿命高，磨削表面质量好	精磨各种高强度淬硬钢和表面质量要求高的量具、仪表零件

（续）

系别	名称	代号	砂轮颜色	性　能	适用范围
碳化硅类	黑碳化硅	C	黑色带光泽	比刚玉类硬度高，磨料棱角锋利，但韧性低而脆	磨削抗拉强度低的材料：铸铁，黄铜，耐火材料及其他非金属材料
	绿碳化硅	GC	绿色带光泽	较 C 硬度高，韧性更差	磨削硬质合金、宝石、光学玻璃等硬而脆的材料
超硬磨料	人造金刚石	D	白，淡绿，黑色	硬度最高，磨料棱角锋利，磨削性能优良；耐热性较差	磨削硬质合金，花岗岩、大理石、宝石、光学玻璃，陶瓷等高硬度材料
	立方氮化硼	CBN	棕黑色	硬度仅次于 D，韧性较 D 好	磨削高性能高速钢，不锈钢，耐热钢及其他难加工材料

2. 粒度

粒度表示磨粒的大小。粒度分为磨粒和微粉两类。对于颗粒尺寸>40μm 的磨料，称为磨粒。对于颗粒尺寸<40μm 的磨料，称为微粉。

砂轮的粒度对磨削表面的粗糙度和磨削效率有很大影响。粒度号小则磨削深度大，故磨削效率高，但表面粗糙度值大。所以粗磨时，一般选粗粒度，精磨时选细粒度。磨软金属时，多选用粗的磨粒，磨脆和硬的金属时，则选用较细的磨粒。

3. 硬度

砂轮硬度是指结合剂粘结磨粒的牢固程度，也表示磨粒在磨削力的作用下，从砂轮表面上脱落的难易程度。磨粒不易脱落的砂轮，称为硬砂轮；反之则称为软砂轮。砂轮硬度影响砂轮的自锐性。砂轮的硬度等级见表 6-2。

表 6-2　砂轮的硬度等级

等级	超软				很软			软			中硬			硬				很硬	超硬
代号	A	B	C	D	E	F	G	H	J	K	L	M	N	P	Q	R	S	T	Y

砂轮硬度的选用原则是：工件材料硬，砂轮硬度应选用软一些的，以便砂轮磨钝磨粒及时脱落，露出锋利的新磨粒继续正常磨削；工件材料软，因易于磨削，磨粒不易磨钝，砂轮应选硬一些的。但在磨削有色金属、橡胶、树脂等软材料时，由于切屑容易堵塞砂轮，粗磨时，应选用较软砂轮；而精磨、成形磨削时，应选用硬一些的砂轮，以保持砂轮的必要形状精度。

4. 结合剂

结合剂是用来将分散的磨料颗粒粘结成具有一定形状和足够强度磨具的材料。砂轮的强度、抗冲击性、耐热性及耐蚀性，主要取决于结合剂的种类和性质。常用结合剂的种类、性能及适用范围见表 6-3。

5. 组织

砂轮的组织是指组成砂轮的磨粒、结合剂、气孔三部分体积的比例关系。通常以磨粒所占砂轮体积的百分比来分级。砂轮有三种组织状态：紧密、中等、疏松，分成 0～14 号，共 15 级。组织号越小，磨粒所占比例越大，砂轮越紧密；反之，组织号越大，磨粒比例越小，砂轮越疏松。较松组织的磨具在使用时不易钝化，发热少，能减少工件由于高温而变形和烧伤。较紧组织的磨具磨粒不易脱落，有利于保持磨具的几何形状。

表 6-3　常用结合剂的种类、性能及适用范围

结合剂	代号	性　　能	适 用 范 围
陶瓷	V	耐热，耐蚀，气孔率大，易保持廓形，弹性差	最常用，适用于各类磨削加工
树脂	B	强度较 V 高，弹性好，耐热性差	最常用，适用于各类磨削加工
橡胶	R	强度较 B 高，更富有弹性，气孔率小，耐热性差	适用于切断，开槽及作无心磨的导轮
青铜	J	强度最高，导电性好，磨耗少，自锐性差	适用于金刚石砂轮

6. 形状和尺寸

在不同类型的磨床上磨削各种形状和尺寸的工件，砂轮需制成各种形状和尺寸。形状有平形、双斜边、杯形、碟形等 40 余种。砂轮的主要尺寸为大径×厚度×内孔，如 400×40×127 即表示砂轮的大径、厚度、内孔尺寸分别为 400mm、40mm、127mm。

7. 强度

砂轮高速旋转时，砂轮上任一部分都有很大的离心力，砂轮如果没有足够的回转强度就会爆裂而引起严重事故。因此砂轮的最大工作线速度一般规定为 35m/s（除了高速磨削需要的特殊高速砂轮），使用时必须注意检验砂轮实际圆周速度是否超过了砂轮的工作速度。

6.2.2　砂轮的安装、平衡与修整

1. 砂轮的安装

由于砂轮在高速旋转下工作，安装前必须经过外观检查，不允许有裂纹。

安装砂轮时，要求将砂轮不松不紧地套在轴上。在砂轮和法兰盘之间垫上 1~2mm 厚的弹性垫板（由皮革或橡胶制成），如图 6-3 所示。

2. 砂轮的平衡

砂轮的平衡一般采取静平衡方式，在平衡架上进行，如图 6-4 所示。砂轮使用前必须进行静平衡。

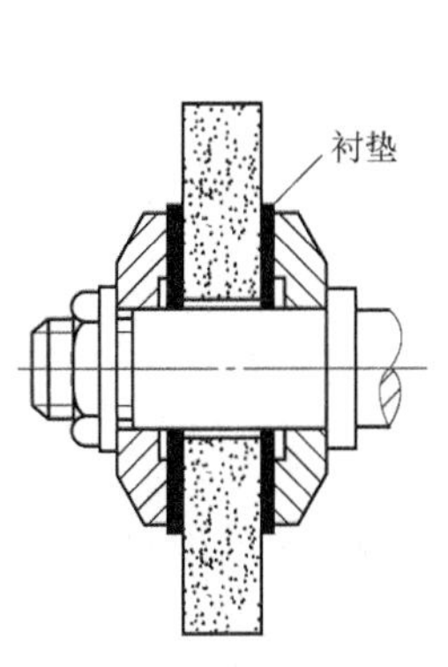

图 6-3　砂轮的安装

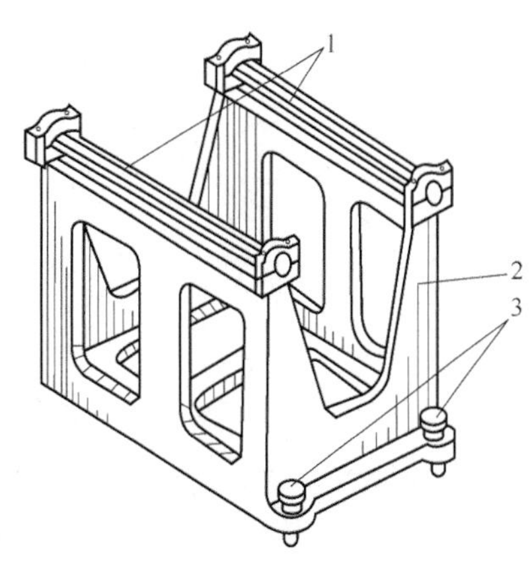

图 6-4　圆棒导柱式平衡架

1—导柱　2—支架　3—螺钉

平衡砂轮的方法是在砂轮两侧法兰盘的环形槽内装入几块平衡块，如图 6-5 所示，反复调整平衡块的位置，直到砂轮在平衡架的平衡轨道上任意位置都能静止，就说明砂轮各部分质量均匀了。

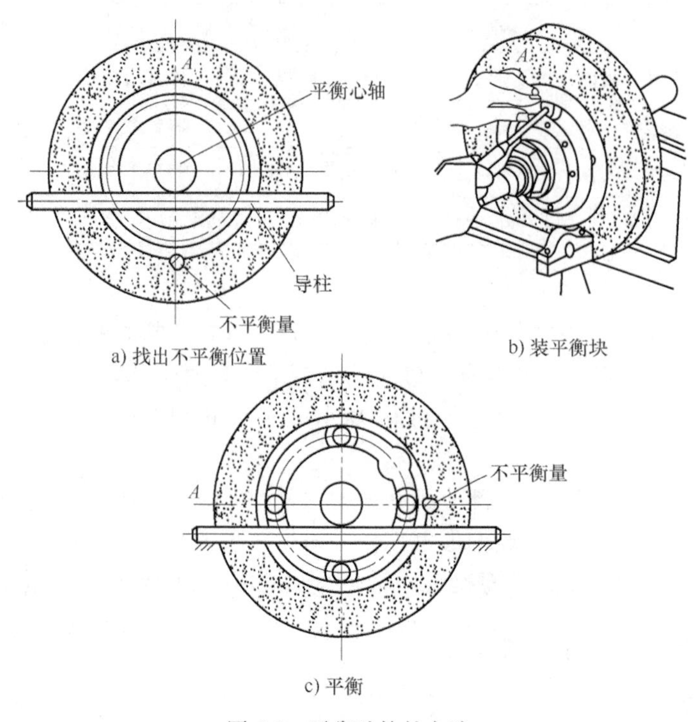

图 6-5　平衡砂轮的方法

3. 砂轮的修整

砂轮在工作一段时间以后，其工作表面会钝化。若继续磨削，由于砂轮已丧失切削能力，砂轮与工件间的摩擦将加剧，工件表面会产生烧伤退火现象或振动波纹，使工件表面的粗糙度值增大，磨削效率降低。因此，应在适当的时间及时修整砂轮。

砂轮常用金刚石进行修整，如图 6-6 所示。金刚石具有很高的硬度和耐磨性，是修整砂轮的主要工具。修整时要使用充足的冷却液，以免温升过高而损坏修整器。

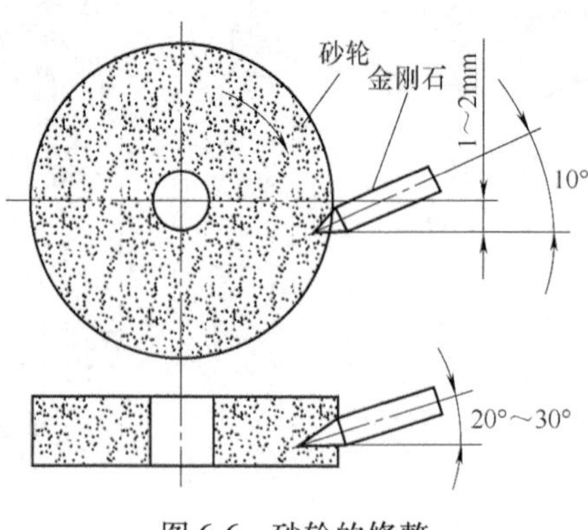

图 6-6　砂轮的修整

6.3 外圆磨床及磨削加工

6.3.1　M1432B 万能外圆磨床

外圆磨床用于磨削外圆柱面、外圆锥面和轴肩端面等，分为普通外圆磨床和万能外圆磨床。如图 6-7 所示为 M1432B 万能外圆磨床。在编号 M1432B 中，“M”表示磨床类；“1”表示外圆磨床；“4”表示万能外圆磨床；“32”表示最大磨削直径的 1/10，即最大磨削直径为 320mm，“B”表示在性能和结构上做过两次重大改进。M1432B 万能外圆磨床主要由床身、工作台、头架、尾座、砂轮架、内圆磨具等组成。

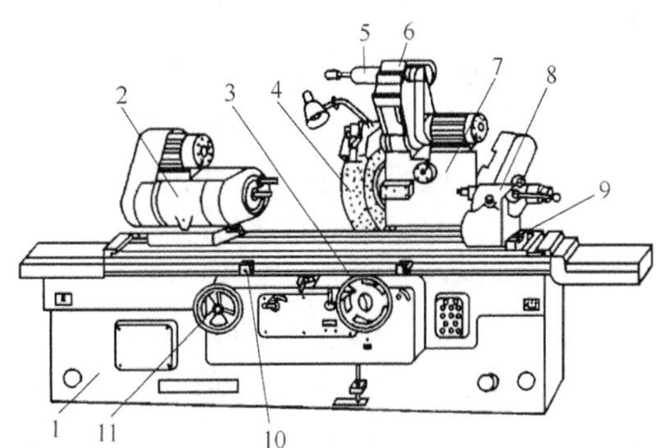

图 6-7　M1432B 万能外圆磨床

1—床身　2—头架　3—横向进给手轮　4—砂轮　5—内圆磨具　6—内圆磨头　7—砂轮架　8—尾座　9—工作台　10—挡块　11—纵向进给手轮

（1）头架　头架内有主轴和带变速机构。在主轴前端安装顶尖，利用它来支承工件，并使工件形成精确的回转中心。调节变速机构，可以使拨盘获得多种不同的转速，拨盘再通过拨杆带动工件作圆周进给运动。

（2）尾座　在尾座套筒前端安装顶尖，用来支承工件的另一端。尾座套筒的后端装有弹簧，可以调节顶尖对工件的轴向压力。

（3）工作台　工作台分上下两层，上层称上工作台，可相对于下工作台旋转一定角度，以便磨削圆锥面。下层称下工作台，由机械或液压传动，可沿着床身的纵向导轨作纵向进给运动。工作台往复运动的位置可由行程挡块控制。

（4）砂轮架　砂轮架安装在床身的横向导轨上。操作横向进给手轮，可以实现砂轮的横向进给运动，从而控制工件的磨削尺寸。砂轮架还可以由液压传动实现行程为 50mm 的快速进退运动。砂轮装在砂轮主轴端，由电动机带动作旋转运动。在砂轮上方有切削液喷嘴，可以用来浇注切削液。

（5）内圆磨具　内圆磨具用来磨削内孔，在它的主轴端可以安装内圆砂轮，由电动机带动砂轮作磨削运动。内圆磨具装在可绕铰链回转的支架上，使用时可向下翻转至工作位置。

（6）床身　床身是一个箱体铸件，其纵向导轨上装有工作台，横向导轨上装有砂轮架。床身内还装有液压装置、横向进给机构和纵向进给机构等。

6.3.2　外圆磨削

1. 工件装夹

磨削外圆时，最常见的安装方法是用两个顶尖将工件支承起来，如图 6-8 所示，或者用卡盘装夹工件。磨床上使用的顶尖都是固定顶尖，以减少安装误差，保证加工精度。顶尖安装适用于有中心孔的轴类零件。无中心孔的圆柱零件多采用三爪自定心卡盘装夹，不对称的或形状不规则的工件则采用单动卡盘或花盘装夹。此外，空心工件常装在心轴上磨削外圆。

图 6-8 两顶尖装夹

2. 外圆磨削方法

常用的外圆磨削方法有纵向磨削法、横向磨削法、分段磨削法和深度磨削法四种，磨削时可根据工件的形状、尺寸、磨削余量和加工要求来选择磨削方法。

(1) 纵向磨削法 磨削过程中，砂轮高速旋转为主运动，工件旋转和随工作台的往复直线运动为进给运动。每单次行程或每往复行程终了时，砂轮作周期性的横向进给，从而逐渐磨去工件径向的全部磨削余量，如图 6-9a 所示。

采用纵向磨削法每次的横向进给量少，磨削力小，散热条件好，并且能以光磨的次数来提高工件的磨削精度和表面质量，因而加工精度高、表面质量好、适应性好，但生产率低，适用于精磨和单件、小批量生产，特别适用于细长轴的磨削。

(2) 横向磨削法 砂轮宽度比工件的磨削表面宽度大，工件不需作纵向进给运动，砂轮以缓慢的速度连续或断续地沿工件径向作横向进给运动，如图 6-9b 所示。

横向磨削法生产率高，适用于批量生产加工表面不太宽、刚度较好，精度要求相对较低的工件。横磨时，工件与砂轮的接触面积大，磨削力、发热量大，磨削温度高，工件易烧伤和变形。

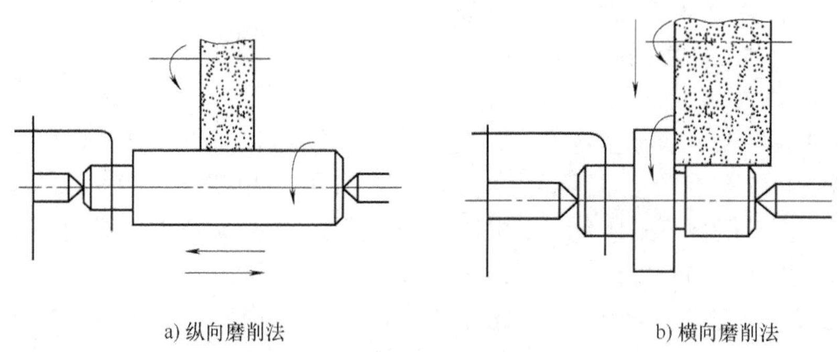

a) 纵向磨削法　　b) 横向磨削法

图 6-9 外圆磨削方法

(3) 分段磨削法 分段磨削法又称综合磨削法。它是横向磨削法和纵向磨削法的综合应用，即先用横向磨削法将工件分段进行粗磨，留 0.03~0.04mm 的余量，最后用纵向磨削法精磨至尺寸。这种磨削方法既利用了横向磨削法生产效率高的优点，又有纵向磨削法加工精度高的优点。

(4) 深度磨削法 深度磨削法是一种用得较多的磨削方法。采用较大的背吃刀量，在一次纵向进给中磨去工件的全部磨削余量。由于磨削基本时间缩短，故劳动生产率高。

3. 外圆锥面的磨削方法

外圆锥一般在外圆磨床或者万能外圆磨床上磨削。根据工件形状不同和锥角大小可以用以下三种磨削方法。

(1) 转动工作台法 将工件装夹在前、后两顶尖之间，圆锥大端在前顶尖侧、小端在后顶尖侧，将上工作台相对下工作台逆时针转动一个角度（等于圆锥半角 $\alpha/2$），如图 6-10a

所示。磨削时，采用纵向磨削法或综合磨削法，从圆锥小端开始试磨。转动工作台法适用于锥度不大的长工件，如图 6-10a 所示。

（2）转动头架法　适用于磨削锥度较大而长度较短的工件。将工件装夹在头架的卡盘中，头架逆时针转动 $\alpha/2$ 角度，磨削方法同转动工作台法，如图 6-10b 所示。

（3）转动砂轮架法　当工件较长且工件的锥度较大时，只能用转动砂轮架法来磨削外圆锥面。将砂轮架偏转 $\alpha/2$ 角度，用砂轮的横向进给进行圆锥面磨削（工作台不允许纵向进给），如果锥面素线长度大于砂轮厚度，则需用分段接刀的方法进行磨削，如图 6-10c 所示。

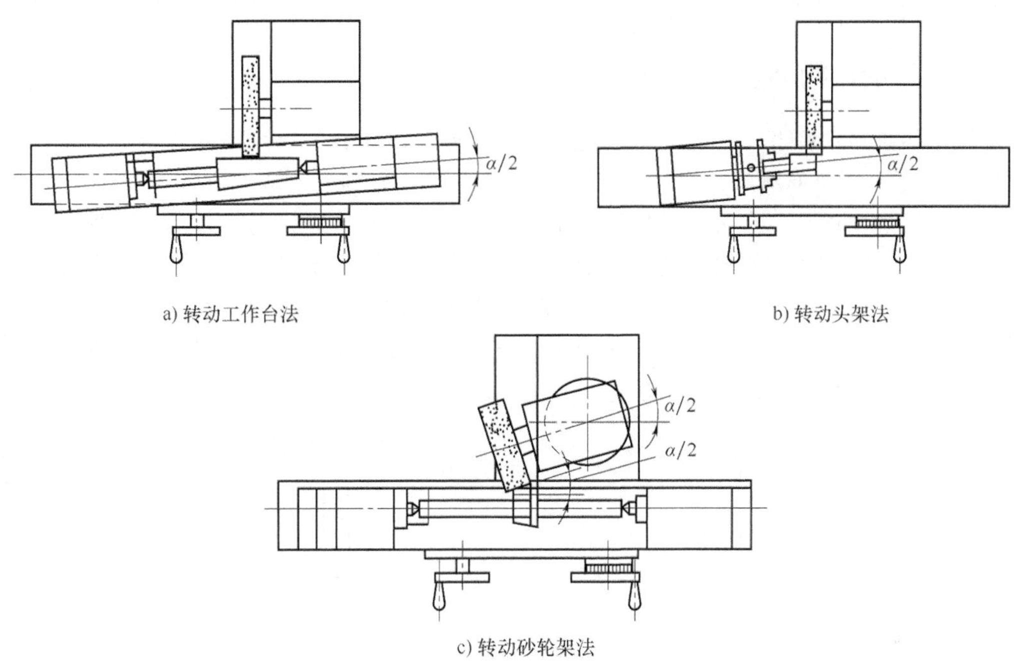

a) 转动工作台法　b) 转动头架法

c) 转动砂轮架法

图 6-10　外圆锥面的磨削方法

6.3.3　内圆磨削

利用外圆磨床的内圆磨具可磨削工件的内圆。磨削内圆时，工件大多数是以外圆或端面作为定位基准，装夹在卡盘上进行磨削，如图 6-11 所示。磨内圆锥面时，只需将内圆磨具偏转一个圆周角即可。

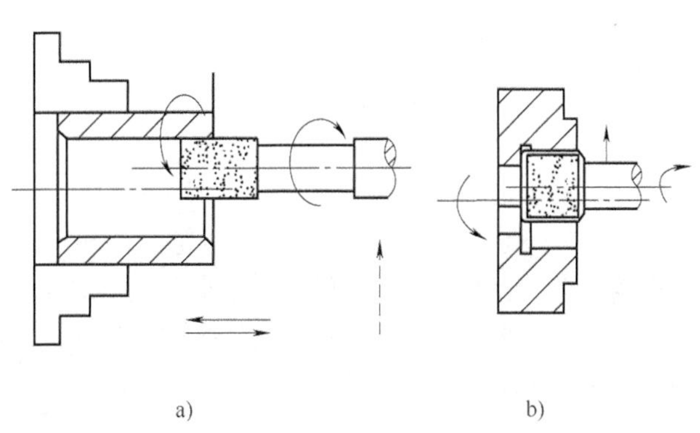
a)　b)

图 6-11　内圆磨削

与外圆磨削相比，内圆磨削所用的砂轮和砂轮轴的直径都比较小，为了获得所要求的砂轮线速度，就必须提高砂轮主轴的转速，故容易发生振动，影响工件的表面质量。此外，内圆磨削时发热量集中，冷却条件差，工件热变形大，特别是砂轮主轴刚度差，易弯曲变形，所以内圆磨削不如外圆磨削的加工精度高。

6.4 平面磨床及磨削加工

6.4.1 平面磨床的种类

按照平面磨床磨头和工作台的结构特点，可将平面磨床分为以下四种类型：

1. 卧轴矩台式平面磨床

工件由矩形电磁工作台吸住，砂轮作旋转主运动，工作台作纵向往复运动，砂轮架作间歇的垂直切入运动和横向进给运动，矩形工作台电磁吸盘作往复直线运动。砂轮主轴除高速旋转外，每当工作台往复一次或换向以后瞬间，都要横向移动一小段距离，这段距离要比砂轮宽度小。当砂轮横向间断地移动到超出工件宽度时，砂轮反向移动，同时向工件作一次垂直进给，直至将工件磨到所需要的尺寸为止，如图 6-12a 所示。

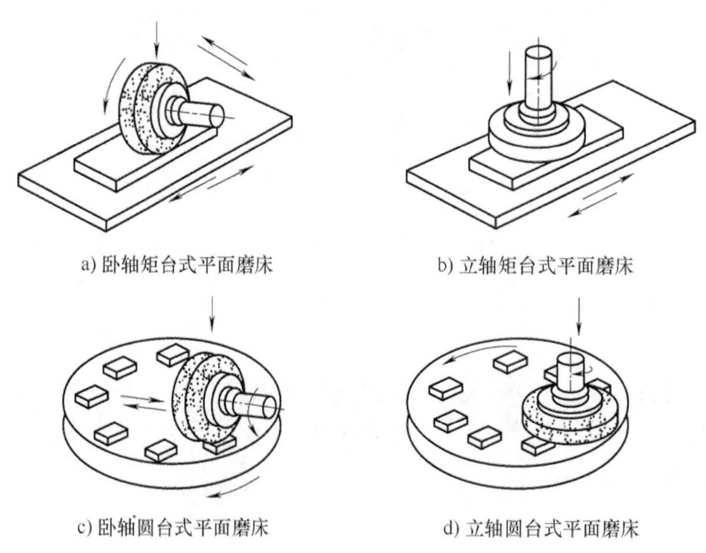

a) 卧轴矩台式平面磨床　b) 立轴矩台式平面磨床

c) 卧轴圆台式平面磨床　d) 立轴圆台式平面磨床

图 6-12　平面磨床工作台和砂轮工作形式

2. 立轴矩台式平面磨床

砂轮作旋转主运动，矩形工作台作纵向往复运动，砂轮架作间歇的垂直切入运动，矩形工作台电磁吸盘作往复直线运动。砂轮主轴除高速旋转外，还定时进行一定量的垂直进给，直至将工件磨到尺寸为止。因为立轴平面磨床使用的砂轮直径比矩形工作台宽度要大，故砂轮不需要作横向进给，如图 6-12b 所示。

3. 卧轴圆台式平面磨床

卧轴圆台式平面磨床工作时，砂轮作旋转运动，圆工作台旋转作圆周进给运动，砂轮架作连续的径向进给运动和垂直的切入运动。圆台式平面磨床与矩台式平面磨床相比较，圆台式的生产率稍高些，这是由于圆台式是连续进给，而矩台式有换向时间损失。但是，圆台式只适用于磨削小零件和大直径的环形零件端面，不能磨削长零件。而矩台式可方便地磨削各种常用零件，包括直径小于矩形工作台宽度的环形零件，如图6-12c所示。

4. 立轴圆台式平面磨床

砂轮作旋转主运动，圆工作台旋转作圆周进给运动，砂轮架作间歇的垂直切入运动。机床的砂轮主轴是立式的，工作台是圆形转台。机床工作时，圆工作台作匀速转动，砂轮主轴除高速旋转外，还定时进行一定量的垂直进给，直至将工件磨到尺寸为止，如图6-12d所示。

6.4.2 M7120A平面磨床

图6-13所示为M7120A平面磨床。在编号M7120A中，“M”表示磨床类；“7”表示平面及端面磨床；“1”表示卧轴矩台式平面磨床；“20”表示工作台宽度的1/10，即工作台宽度为200mm；“A”表示在性能和结构上做过一次重大改进。M7120A平面磨床主要由床身、工作台、立柱、磨头、砂轮修整器和电器操纵板等部分组成。

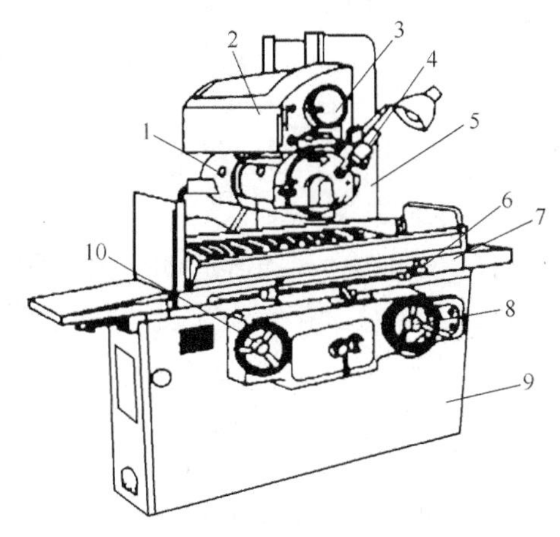

图6-13 M7120A平面磨床

1—磨头 2—床鞍 3—横向手轮 4—砂轮架 5—立柱 6—撞块 7—工作台 8—升降手轮 9—床身 10—纵向手轮

砂轮装在磨头上，砂轮的旋转为主运动，由电动机驱动。电动机轴就是主轴，电动机的定子就装在砂轮架4的壳体内。砂轮架4可沿床鞍2的燕尾导轨作间歇性的横向进给运动（手动或液压传动）。床鞍2和砂轮架4一起沿立柱5的导轨作间歇的竖直切入运动（手动）。工作台7沿床身9的导轨作纵向往复运动（液压传动）。

6.4.3 平面磨削

1. 平面装夹方法

平面磨床工件的装夹方法由尺寸和材料而定。电磁吸盘为常用的夹具之一，凡是由钢、铸铁等磁性材料制成的平面零件，都可由电磁吸盘装夹。电磁吸盘的工作原理如图6-14所示，在钢制吸盘体的中部凸起的芯体上绕有线圈，钢制盖板被绝磁层隔成一些小块。当在线圈中通直流电时，芯体被磁化，磁力线经过芯体→盖板→工件→盖板→吸盘体→芯体而闭合，如图6-14中所示双点画线，工件被吸住。绝缘层由铅、铜或巴氏合金等磁性材料制成，其作用是使绝大部分磁力线都能通过工件再回到吸盘体，而不能通过盖板直接回去，从而保证工件被牢固地吸在工作台上。对于陶瓷、铜合金、铝合金等非磁性材料，则可采用精密机用虎钳、精密角铁等导磁性夹具进行装夹，连同夹具一起置于电磁吸盘上。

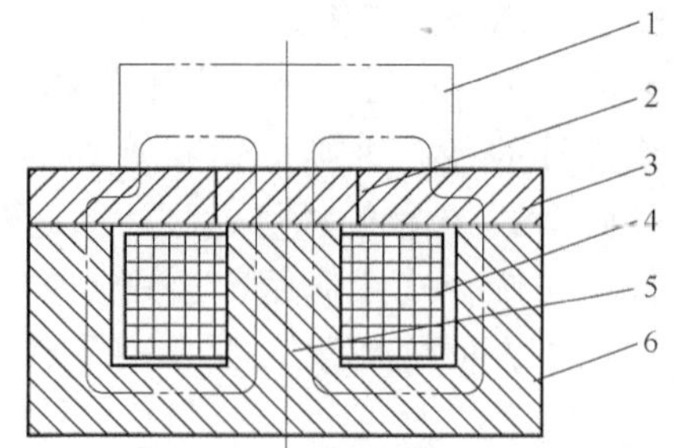

图 6-14　电磁吸盘的工作原理

1—工件　2—绝磁层　3—盖板　4—线圈　5—芯体　6—吸盘体

2. 平面磨削方法

按照砂轮的工作面不同，平面磨削可分为端磨和周磨。

（1）端磨　端磨是利用砂轮的端面进行磨削，如图 6-12b、d 所示。这种磨削方法砂轮轴立式安装，刚度好，可采用较大的切削用量，而且砂轮与工件的接触面积大，故生产率高。但精度较周磨差，磨削热较大，切削液进入磨削区较困难，易使工件受热变形，且砂轮磨损不均匀，影响加工精度。

（2）周磨　周磨是利用砂轮的圆周面进行磨削，如图 6-12a、c 所示。这种磨削方法工件与砂轮的接触面积小，发热少，排屑与冷却条件好，因此加工精度高，但生产率低，在单件小批量生产中应用较广。

在实际生产当中，周磨法又可分为横向、深度、阶梯磨削三种方法进行平面磨削，以适应不同生产率的要求。

1）横向磨削法。每当工作台纵向行程终了时，砂轮主轴作一次横向进给，待工件表面上第一层金属磨去后，砂轮再按预选磨削深度作一次垂直进给，以后按上述过程逐层磨削，直至切除全部磨削余量，如图 6-15a 所示。

横向磨削法是最常用的磨削方法，适用于磨削长而宽的平面，也适用于相同小件按序排列，作集中磨削。

2）深度磨削法。先粗磨将余量一次磨去，粗磨时的纵向移动速度很慢，横向进给量很大，为 $3/4 \sim 4/5T$（T 为砂轮厚度），再用横向磨削法精磨。此法垂直进给次数少，生产效率高，但磨削抗力大，仅适用于在刚度好、动力大的磨床上磨削较大的工件，如图 6-15b 所示。

3）阶梯磨削法。将砂轮厚度的前一半修成几个台阶，粗磨余量由这些台阶分别磨除，砂轮厚度的后一半用于精磨，如图 6-15c 所示。这种磨削方法生产效率高，但磨削时横向进给量不能过大。磨削负荷及磨损由各段圆周表面分担，故能充分发挥砂轮的磨削性能。由于砂轮修整麻烦，其应用受到一定限制。

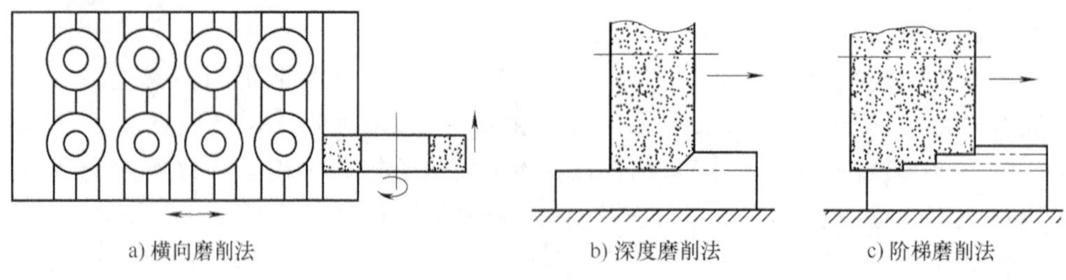

图 6-15　平面磨削方法

思考题

1. 砂轮的特性有哪些？
2. 什么是砂轮的硬度？应如何选择？
3. 磨削加工有哪些特点？
4. 简述外圆磨削的方法及每种方法的适用范围。
5. 简述在万能外圆磨床上磨削圆锥面的方法。

第7章 铸造

将金属熔炼成符合一定要求的液体并浇入铸型里，经冷却凝固、清理、修整后得到有预定形状、尺寸和性能的铸件的工艺过程称之为铸造。铸造生产经济性能较好，特别适合于形状复杂，具有复杂内腔的零件，如汽车发动机的缸体、管道接头、电机外壳、船舶螺旋桨等。铸造是制造的基础工艺之一，主要分砂型铸造和特种铸造两大类。

7.1 砂型铸造基础知识

砂型铸造是使用砂型生产铸件的一种铸造方法。钢、铁和大多数有色合金铸件都可用砂型铸造方法获得。由于砂型铸造所用的造型材料价廉易得，铸型制造简便，对铸件的单件生产、成批生产和大量生产均能适应，长期以来，一直是铸造生产中的基本工艺。

7.1.1 砂型铸造工艺流程

砂型铸造的适用范围很广，许多大型部件常用到砂型铸造，如机床床身、箱体等。可铸的材料也广，如灰铸铁、球墨铸铁、不锈钢和其他类型钢材以及合金等。砂型铸造主要步骤包括设计图样，设计模具，制芯，造型，熔炼金属及浇注，落砂清理和检验。图7-1所示是套筒铸件的生产流程。

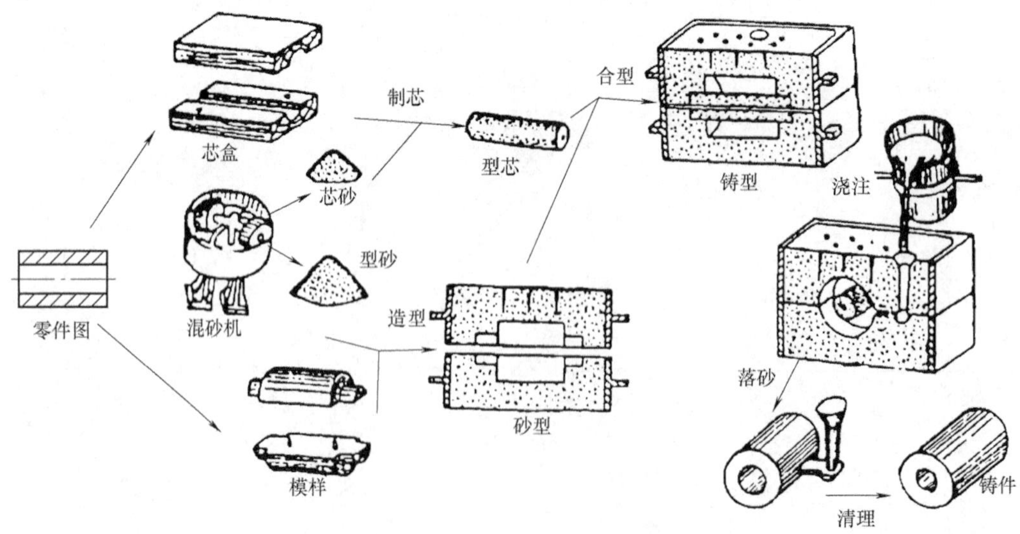

图7-1 套筒铸件的生产流程

7.1.2 铸件工艺图设计

为了保证铸件质量，在设计和制造模样和芯盒时，必须先设计出铸造工艺图，然后根据工艺图的形状和大小，制造模样和芯盒。设计工艺图时应考虑以下问题。

1. 分型面的选择

制造铸型时，为方便取出模样，将铸型做成几部分，其接合面称为分型面。选择时尽量做到既保证铸件质量，又简化操作工艺。分型面的选择原则如下：

1）分型面应选在模样的最大截面处，如图 7-2 所示，以便于取模，挖砂造型时尤其要注意。

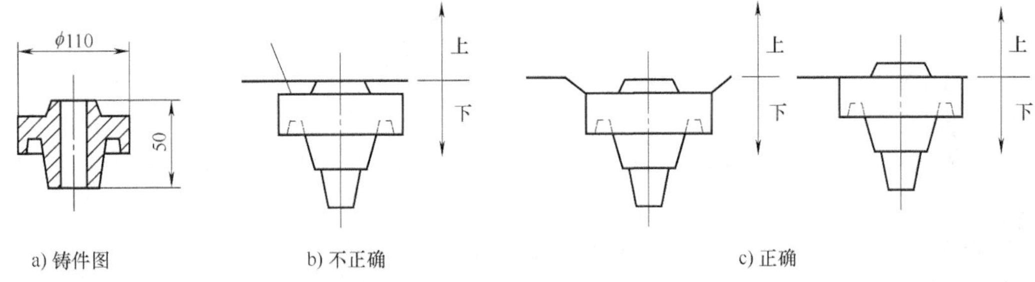

图 7-2 分型面应选在模样的最大截面处

2）应尽量减少分型面数目，成批量生产时应避免采用三箱造型。图 7-3 所示是铸造绳轮时利用型芯三箱造型改两箱造型。

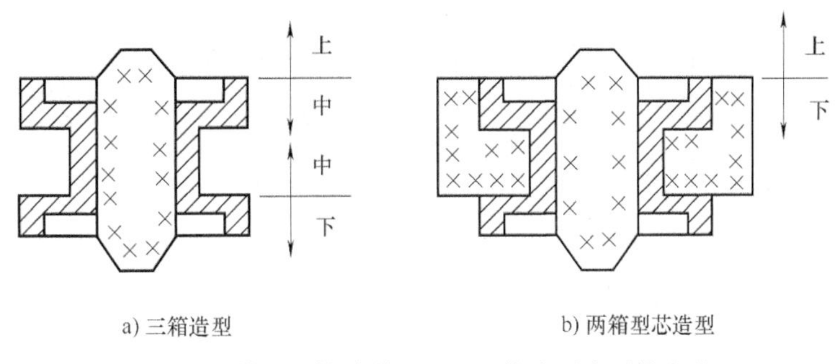

图 7-3 铸造绳轮时利用型芯三箱造型改两箱造型

3）应使铸件全部或大部分在同一砂型内，以减少错箱、飞边和毛刺，提高铸件的精度，如图 7-4 所示。

4）应尽量减少型芯和活块的数量，可以简化造型、制芯工艺，提高生产率。

2. 起模斜度

在铸造时，为了易于把模样从砂型中取出，通常在铸件起模方向的内、外壁上均制有约 1∶20 的斜度，称为起模斜度。起模斜度通常较小，木模样常为 1°~3°，金属模样为 0.5°~2°。

3. 铸件壁厚

为了保证铸件的制造质量，铸件各部分的壁厚应尽量一致，特别要避免突然转变壁厚和局部肥大的现象。这样可以防止铸件在冷却时，由于各部分冷却速度不同，而在壁较厚处形

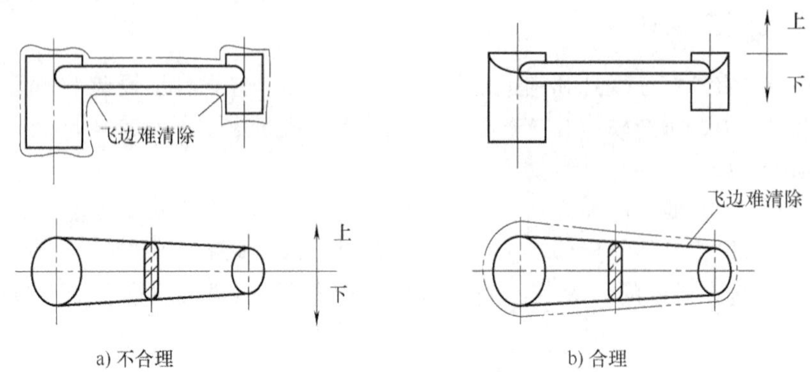

图 7-4 摇臂分型面的选择

成缩孔，或在较厚壁与较薄壁的交界处产生裂纹。

4. 收缩量

铸件冷却时要收缩，模样的尺寸应考虑铸件收缩的影响。通常铸铁件要加大 1%；铸钢件加大 1.5%~2%；铝合金件加大 1%~1.5%。

5. 铸造圆角

在浇注铸件时，为了避免在金属液冷却时产生裂纹，同时也为了防止在取模时损坏砂型，在铸件各表面相交处均以圆角过渡，这种圆角称为铸造圆角。铸造圆角的半径应与铸件的壁厚相适应，其半径值一般为 3~5mm。在零件图上，铸造圆角必须画出，也可在技术要求中进行统一说明。

6. 芯头

芯头是指型芯在模样上的突出部分，在砂型内形成芯座以放置芯头，或指型芯的外伸部分，不形成铸件轮廓，只是落入芯座内，用以定位和支撑型芯。有内腔的零件都需要设计芯头。

7. 加工余量

铸件需要加工的表面，需留出适当的加工余量，为后续的切削加工做好准备。

7.1.3 浇冒口系统的工艺安排

1. 浇注系统

浇注系统是为了将金属液体充满型腔而开设的一系列通道。它的作用是：平稳、迅速地将金属液体充满型腔；阻止熔渣、砂粒等进入型腔；调节型腔中各部分金属液体的温度，为型腔中金属液体在冷却凝固的过程中补缩。

浇注系统设置是否合理，对保证铸件质量、降低金属消耗量有着重要的意义。如果浇注系统设置不合理，生产的铸件就容易产生冲砂、砂眼、渣孔、浇不到、气孔和缩孔等缺陷。一般常用的浇注系统主要由外浇口、直浇道、横浇道和内浇道四部分组成，如图 7-5 所示。对于一些形状简单的小型铸件在设置浇道时可以省略横浇道。

（1）外浇口　小型铸件称为浇口杯，形状似漏斗。较大型铸件称为浇口盆，形状似盆。它的作用是存储注入的金属液体，并缓解流动的金属液体对型腔的冲击。

（2）直浇道　它是一个垂直通道，上连外浇口，下连横浇道或内浇道。直浇道设置的高度不同，会影响金属液体的静压力大小以及金属液体的流动速度，从而影响金属液体的充型能力。直浇道的形状一般为上大下小的圆锥形，主要是为了方便取出浇口棒。

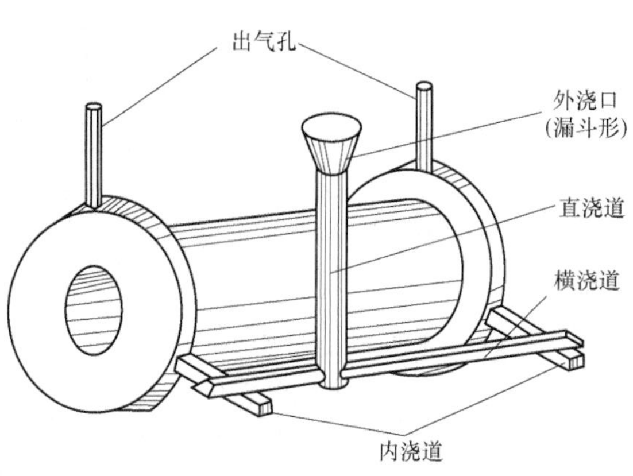

图 7-5 典型的浇注系统

（3）横浇道 它是一个水平通道，连通直浇道和内浇道。一般设置于砂型的分型面上，其截面形状一般做成高梯形，并位于内浇道的上面。其作用是将直浇道流入的金属液体分配进入内浇道，同时起到挡渣的作用。

（4）内浇道 直接与型腔相连，其截面形状一般做成扁梯形或月牙形，有时也做成三角形。它的作用主要是控制金属液体注入型腔的方向及速度，同时调节型腔内不同位置金属液体冷却、凝固的速度。

2. 冒口

冒口是指为避免铸件出现缩孔、缩松等缺陷而附加在铸件上方或侧面的补充部分。在铸型中，冒口的型腔是存贮金属液体的空腔，其中的金属液体在铸件凝固过程中可以及时补充铸件的收缩，有防止缩孔、缩松、排气和集渣的作用。功能不同的冒口，其形式、大小和开设位置均不相同。冒口是多余部分，清理时要去除掉。

在不方便安置冒口的位置为避免出现缩孔、缩松等缺陷，还可采用冷铁，使其快速凝固。

7.1.4 铸件浇注位置的工艺安排

铸件的浇注位置是指浇注时铸件在砂型内所处的状态和位置。确定浇注位置是铸造工艺设计中重要的一环，关系到铸件的内在质量、尺寸精度及造型工艺过程的难易。浇注位置选择应注意以下原则。

1）铸件的重要部分应尽量置于下部或侧面。铸件下部金属在上部金属的静压力作用下凝固并得到补缩，组织致密。当重要加工面朝下有困难时，则应尽量使其处在侧面位置，如图 7-6 所示。

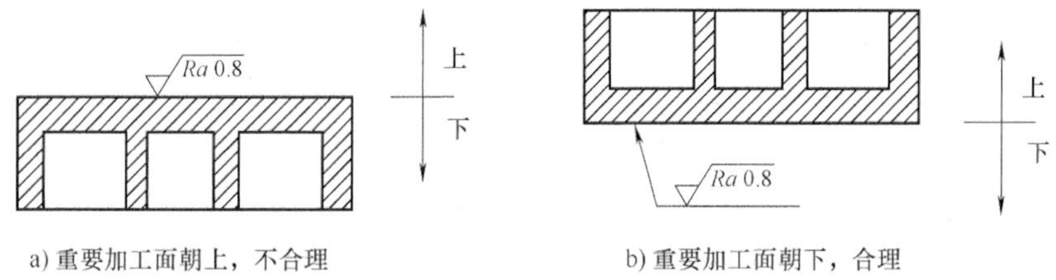

a) 重要加工面朝上，不合理　　b) 重要加工面朝下，合理

图 7-6 铸件浇注位置的确定

2）使铸件的大平面朝下，避免夹砂、结疤类缺陷。对于大的平板类铸件，可采用倾斜浇注，以便增大金属液面的上升速度，防止夹砂、结疤类缺陷，如图 7-7 所示。

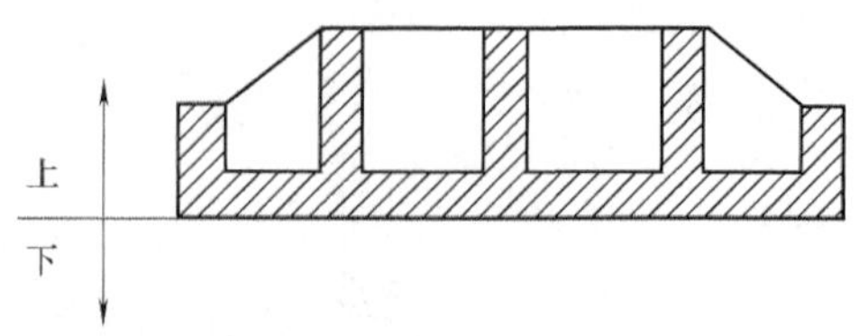

图 7-7 大平面铸件的浇注位置

3）为保证铸件能充满，对具有薄壁部分的铸件，应把薄壁部分放在下半部或置于内浇道以下，以免出现浇不到、冷隔等缺陷，如图 7-8 所示。

4）应有利于铸件的补缩。对于因合金体收缩率大或铸件结构上厚薄不均匀而易于出现缩孔、缩松的铸件，浇注位置的选择应优先考虑实现顺序凝固的条件。将厚度大的部分置于铸件的最上方或分型面附近，以利于安放冒口，实现顺序凝固，如图 7-9 所示。

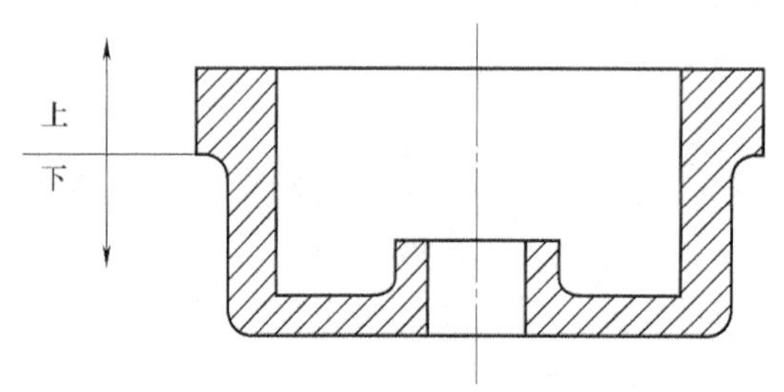

图 7-8 箱盖类薄壁件浇注位置确定

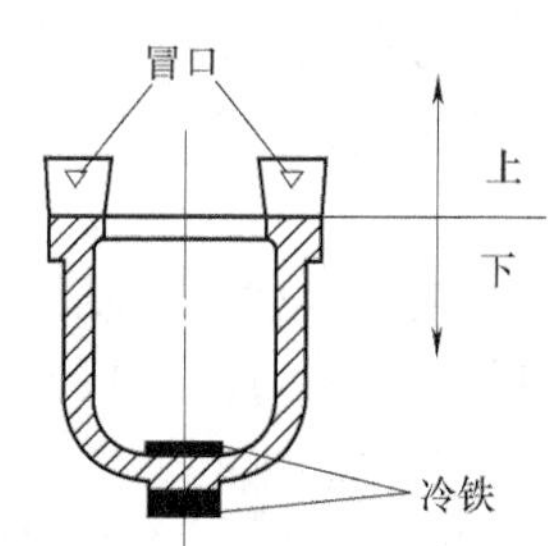

图 7-9 厚大部位的正确浇注位置

5）应使合型位置、浇注位置和铸件冷却位置相一致。这样可避免在合型后，或于浇注后再次翻转铸型。翻转铸型不仅劳动量大，而且易引起型芯移动、掉砂甚至跑火等缺陷。

此外，应注意浇注位置、冷却位置与生产批量密切相关。同一个铸件，例如，球墨铸铁曲轴，在单件小批量生产的条件下，采用横浇竖冷是合理的。而当大批大量生产时，则应采用造型、合型、浇注和冷却位置相一致的卧浇卧冷方案。

7.2 型（芯）砂

砂型铸造用的造型材料主要是型砂和芯砂。型（芯）砂在铸造生产中的作用极为重要，型（芯）砂的质量不好直接影响铸件的成品率，因型砂质量造成的铸件废品约占铸件总废品的 30%~50%。在砂型铸造中一般中、小型铸件采用湿砂型，大型铸件则采用干砂型。

7.2.1 型砂的组成

型砂一般由铸造用原砂、型砂黏结剂和辅助材料等造型材料按一定的比例混合而成。图 7-10 所示为紧实后的型砂结构。

1. 原砂

原砂是型（芯）砂中最基本的材料，其中应用最广泛的是铸造用硅砂，俗称石英砂。

除硅砂以外的原砂统称为特种砂，如锆砂、烧结镁砂、铬铁矿砂、镁橄榄石砂、蓝晶石砂、石灰石砂、石墨砂、人造宝珠砂等。

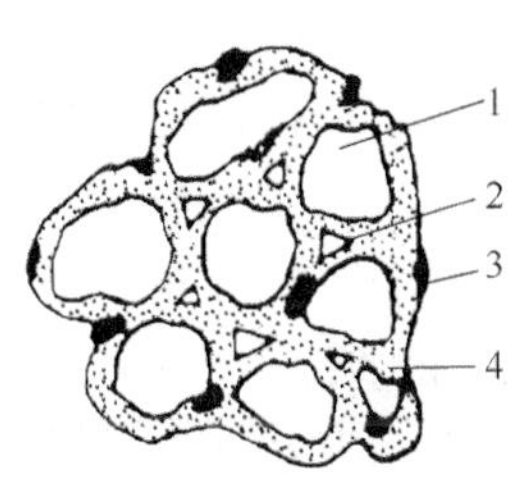

图 7-10 型砂结构示意图
1—砂粒 2—空隙
3—附加物 4—黏土膜

2. 型砂黏结剂

型砂黏结剂是将铸造用砂粘结在一起成为型砂或芯砂的造型材料。其按化学组成可分为无机黏结剂和有机黏结剂两大类。无机黏结剂主要有黏土、水玻璃、水泥、磷酸盐等，其中以黏土、水玻璃应用较多。有机黏结剂主要有植物油、糖浆、糊精、羧甲基纤维素、松香、合脂、减压渣油、沥青、纸浆废液、合成树脂等，以植物油、合成树脂应用较多。

黏土是使用最广、用量最大的型砂黏结剂，主要分为普通黏土和膨润土两类。普通黏土多用于干砂型。膨润土的湿态黏结力比普通黏土高，一般用于湿砂型。

3. 辅助材料

在型（芯）砂中，除了原砂、黏结剂外，为了改善型（芯）砂性能通常需要加入一些辅助材料。常见的辅助材料有煤粉、重油、石墨粉、锯木屑、淀粉等。常用辅助材料及其用途见表 7-1。

表 7-1 常用辅助材料及其用途

名 称	用 途
煤粉	湿型砂中防止黏砂和夹砂
重油	改善型砂造型性能，防止黏砂
鳞片石墨粉	作为抗黏砂材料，用于砂型和型芯的涂料、敷料
无定型石墨粉	作为抗黏砂材料，用于砂型和型芯的涂料、敷料
氧化铁粉	用于热芯盒树脂砂，作为防止铸件针孔的添加剂
滑石粉	作为抗黏砂材料，用于有色合金铸件或小型铸铁件砂型、型芯的涂料
淀粉（α 淀粉、糊精）	湿型砂中提高表面强度、热湿拉强度、韧性和可塑性；油砂中提高湿强度

型砂按所用黏结剂不同，可分为黏土砂、水玻璃砂、水泥砂、树脂砂等。其中黏土砂中的湿型砂在造型中使用率较高，所以下面主要介绍湿型砂。

7.2.2 湿型砂的性能

湿型砂主要由原砂、膨润土、附加物（煤粉、淀粉等）和水组成。湿型砂质量差会使铸件产生气孔、砂眼、黏砂、夹砂等缺陷，良好的湿型砂应具备下列性能。

1. 透气性

型砂能排出在浇注过程中产生的气体的性能称为透气性。透气性差会使铸件产生气孔、浇不到等缺陷，透气性太高则会使铸件产生表面粗糙、黏砂等缺陷。

2. 强度

型砂抵抗外力破坏的能力称为强度。型砂的强度必须达到一定值才能在铸造过程中不引起砂型塌陷、胀大，浇注时不破坏铸型表面。但过高的强度会导致透气性、退让性的下降，使铸件产生缺陷。

3. 耐火性

高温的金属液体浇注后对铸型产生强烈的热作用，因此型砂具有的抵抗高温热作用的能力称为耐火性。型砂中二氧化硅含量越多，型砂颗粒越大，其耐火性就越好。型砂的耐火性越差，铸件就越容易产生粘砂缺陷。

4. 可塑性

可塑性是指型砂在外力作用下变形，去除外力后仍能保持已有形状的能力。可塑性好的型砂柔软易变形，起模和修型时不易破碎和掉落。

5. 退让性

铸件在冷却凝固时，体积发生收缩，型砂具有一定的被压缩的能力，称为退让性。型砂的退让性不好，铸件就容易产生内应力或开裂。型砂越紧实，退让性越差。在型砂中适当加入木屑等物可以提高退让性。

在单件小批量生产的铸造车间里，常用手捏法来粗略判断型砂的使用性能。如用手抓起一把型砂，用力捏紧时感到柔软易变形；放开后砂团不松散、不粘手，并且手纹清晰可见；将其折断后，断面平整均匀且没有碎裂现象，同时具有一定强度，就认为型砂具有了合适的性能要求，如图 7-11 所示。

a) 型砂湿度适当时，可用手捏成砂团

b) 手放开可看出，有清晰的手纹

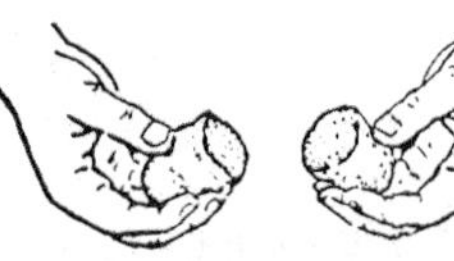

c) 折断时断面没有碎裂状，同时又具有足够的强度

图 7-11 手捏法检验型砂

7.2.3 型（芯）砂的制备

铸造时，根据合金种类、铸件大小、形状等不同，选择不同的型（芯）砂配比。如铸钢件浇注温度高，有较高的耐火度要求，所以选用较粗且二氧化硅含量较高的硅砂。铸造铝合金、铜合金时，可以选用颗粒较细的普通原砂。对于芯砂，为了保证足够的强度和透气性，其黏土、新砂加入量要比型砂高。

通常型砂是由原砂（山砂或河砂）、黏土和水按一定比例混合而成，其中黏土约为 9%，水约为 6%，其余为原砂。有时还加入少量煤粉、植物油、木屑等附加物以提高型砂和芯砂的性能。铸铁件常用的湿型砂配比和性能见表 7-2。

表 7-2 铸铁件常用的湿型砂配比和性能

型砂种类	型砂成分（质量分数,%）				型 砂 性 能			
	新砂	旧砂	膨润土	煤粉	水（%）	紧实率（%）	透气性	湿压强度/Pa
手工造型	40~50	50~60	4~5	4~5	4.5~5.5	45~55	>50	7~10
机器造型单一砂	10~20	80~90	1.0~1.5	2~3	4~5	40~50	>80	8~12

芯砂由于需求量少，一般为手工配制。由于型芯所处的环境恶劣，所以芯砂性能要求比型砂高，同时应具有一些特殊的性能，如吸湿性要低、发气量要少、出砂性要好等。

7.3 砂型铸造基本操作

7.3.1　造型（芯）

用型砂及模样等工艺装备制造铸型的过程称为造型。造型的方法可分为手工造型和机器造型。铸型由上砂型、下砂型、型芯、浇注系统和型腔等组成。铸型的组成及各部分名称如图 7-12 所示。

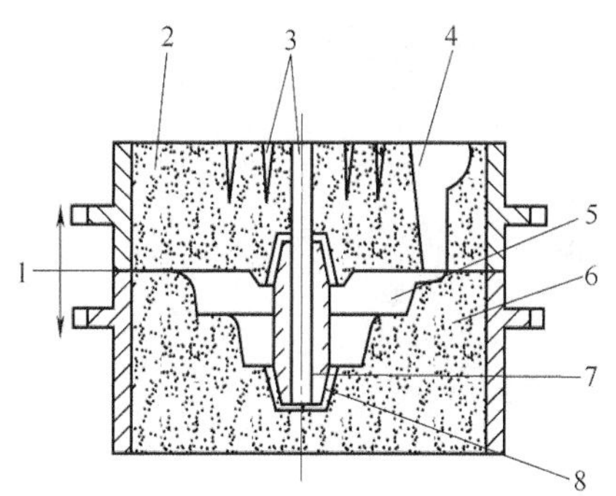

图 7-12　铸型装配图

1—分型面　2—上砂型　3—出气孔　4—浇注系统　5—型腔　6—下砂型　7—型芯　8—芯头、芯座

1. 手工造型

手工造型操作灵活，工艺装备简单，但生产效率低，劳动强度大，仅适用于单件、小批量生产。手工造型的方法很多，按砂箱特征可分为两箱造型、三箱造型、脱箱造型、地坑造型等。按模样特征可分为整模造型、分模造型、挖砂造型、活块造型、假箱造型、刮板造型等。实际生产中应根据铸件的形状、大小和生产批量选择合适的造型方法，常用的手工造型工具如图 7-13 所示。

（1）整模造型　整模造型操作简单，其模样为整体结构，最大截面在模样的一端，一般为平面，分型面多为该平面。整模造型适用于形状简单的铸件，如盘、盖类。整模造型过程如图 7-14 所示。

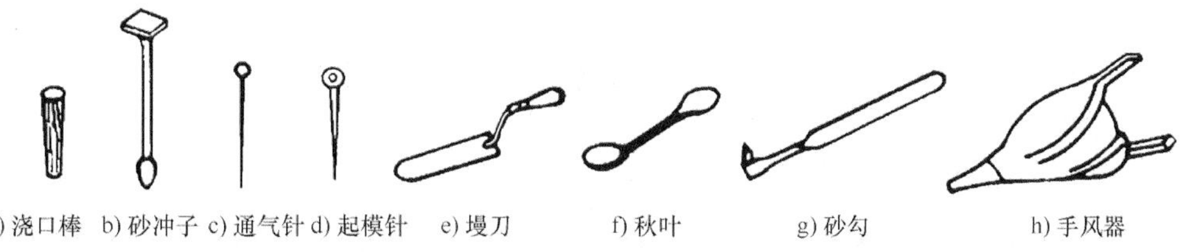

a) 浇口棒　b) 砂冲子　c) 通气针　d) 起模针　e) 墁刀　f) 秋叶　g) 砂勾　h) 手风器

图 7-13　常用的手工造型工具

（2）分模造型　分模造型的模样是分开的，模样的分开面（称为分模面）必须是模样的最大截面，以利于起模。分模造型过程与整模造型基本相似，不同的是造上型时增加放上模样和取上模样两个操作。分模造型适用于形状复杂的铸件，如套筒、管子和阀体等。套筒的分模造型过程如图 7-15 所示。

（3）挖砂造型　挖砂造型是铸件按结构特点需要采用分模造型时，但由于条件限制（如模样太薄，制模困难）仍做成整模，这种情况下为便于起模，下型分型面需挖成曲面或有高低变化的阶梯形状（称不平分型面），这种造型方法称为挖砂造型。手轮的挖砂造型过程如图 7-16 所示。

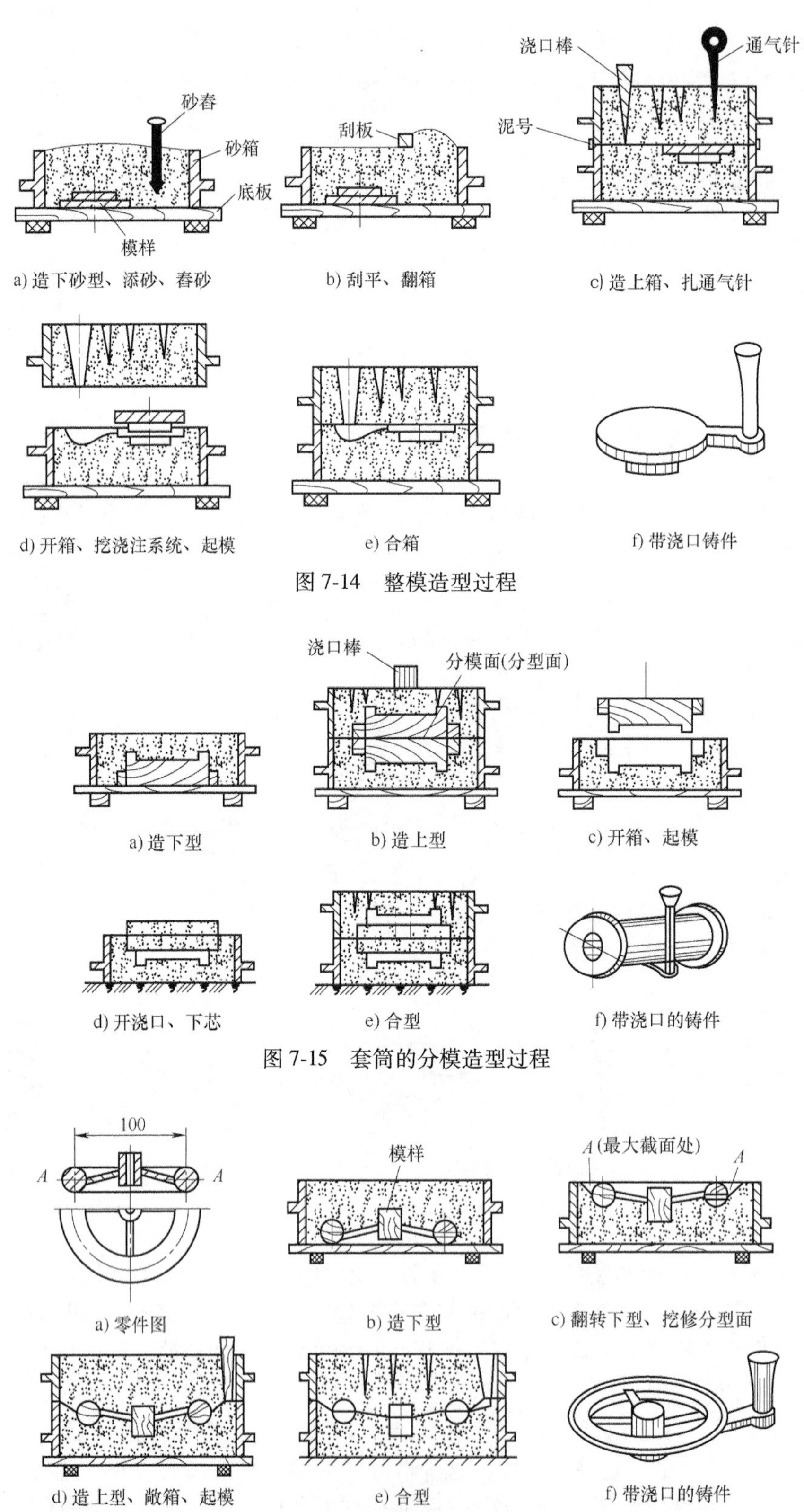

图 7-14 整模造型过程

图 7-15 套筒的分模造型过程

图 7-16 手轮的挖砂造型过程

（4）假箱造型　假箱造型是利用预制的成形底板或假箱来代替挖砂造型中挖砂的过程，假箱只参与造型过程，不参与组成铸型。与一般造型的最大区别是先制作假箱（没有浇注系统的上箱）如图 7-17a 所示，再利用假箱或成形底板造好下箱如图 7-17b 所示，然后翻箱，造上箱。

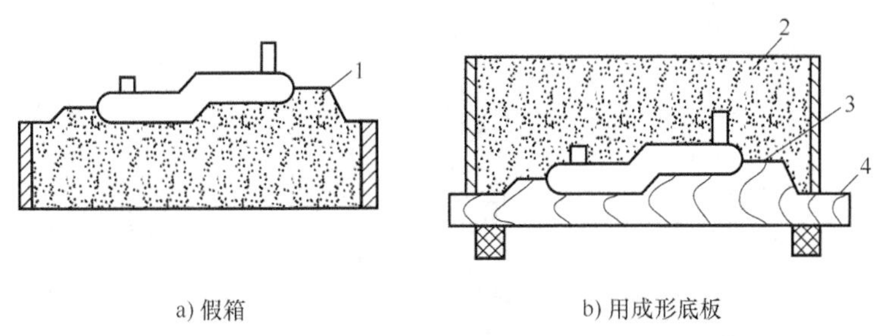

图 7-17　假箱造型

1—假箱　2—下砂型　3—最大分型面　4—成形底板

（5）活块造型　活块造型是当模样上如果有妨碍起模的伸出部分（如小凸台）时，将该部分做成可拆卸、能活动的单独部件，该部件就称之为活块。一般用销钉或燕尾槽与模样固定。活块造型过程如图 7-18 所示。

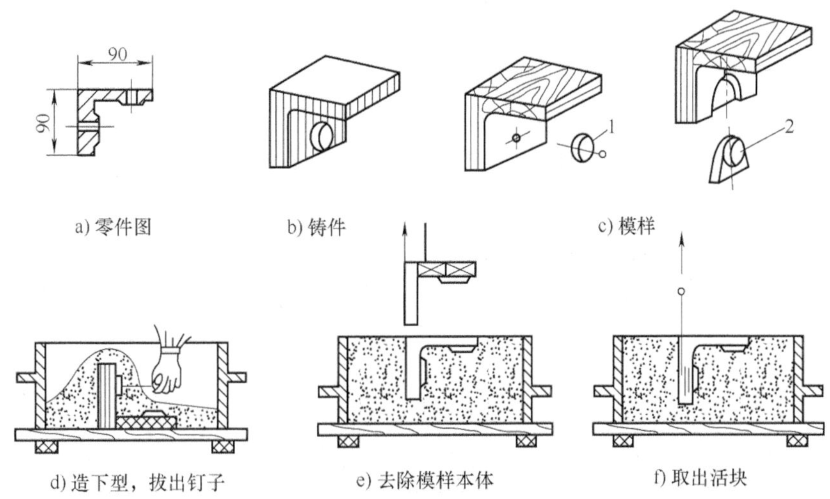

图 7-18　活块造型过程

1—用钉子连接的活块　2—用燕尾榫连接的活块

（6）三箱造型　对一些形状复杂的铸件，只用两箱造型难以正常取出砂型中的模样，必须采用三箱或多箱造型的方法。三箱造型有两个分型面，带轮的三箱造型过程如图 7-19 所示。

2. 机器造型

机器造型的实质是用机器代替手工紧砂和起模。手工造型生产效率低，铸件表面质量差，劳动强度大，要求工人技术水平高，因此在批量生产中，一般均采用机器造型。造型机

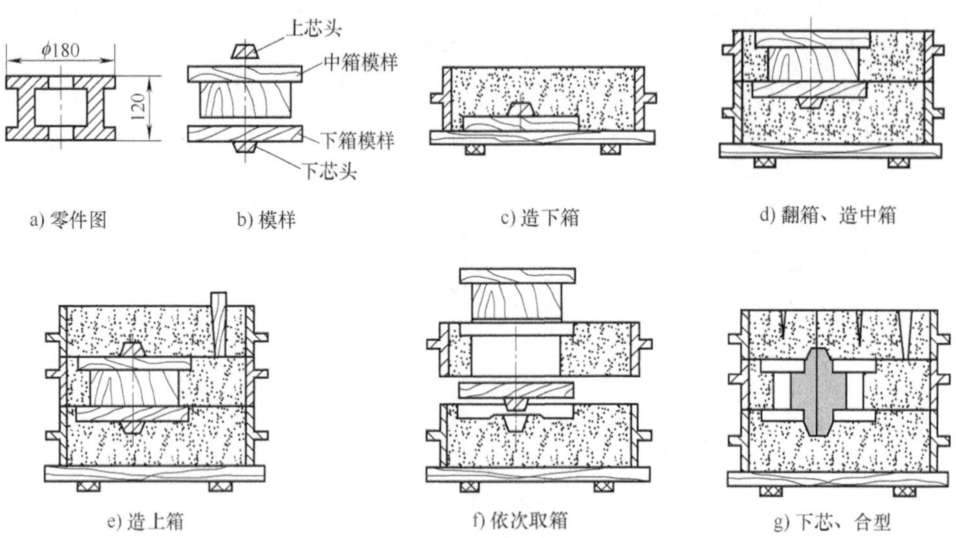

图 7-19 带轮的三箱造型过程

的种类很多，目前常用震压实造型机。

根据紧砂和起模方式不同，可分为：气动微震压实造型、高压造型、抛砂造型等。

（1）气动微震压实造型 气动微震压实造型的过程：先填砂，如图 7-20a 所示；后震击，如图 7-20b 所示；压实、微震紧实型砂，如图 7-20c 所示；最后进行起模，如图 7-20d 所示。这种造型机噪声较小，型砂紧实度均匀，生产率高。

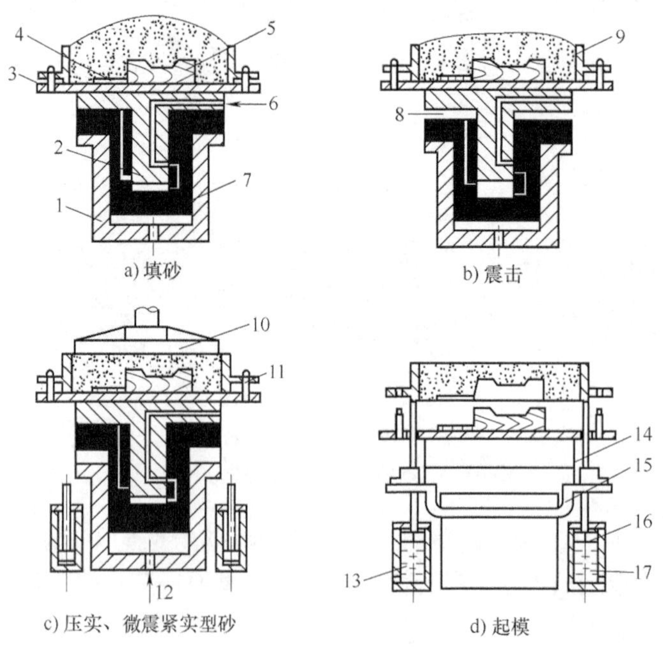

图 7-20 气动微震压实造型过程

1—压实气缸 2—震击活塞 3—模底板 4—内浇道 5—模样 6—进气门 7—震击气缸 8—排气口 9—砂箱 10—压头 11—定位销 12—进气口 13、17—压力油 14—起模顶杆 15—同步连杆 16—起模液压缸

（2）高压造型　高压造型是利用液压系统产生很高的压力来压实砂型。其特点是铸件尺寸精确、表面粗糙度好、生产率高。高压造型适用于形状较复杂的中、小型铸件，多品种、中等批量以上的生产。高压造型机工作原理如图7-21所示。

（3）抛砂造型　抛砂造型是利用高速旋转的叶片将输送带输送过来的型砂高速抛下来紧实砂型。抛砂造型适应性强，不需要专用砂箱和模板，适用于大型铸件的单件小批生产。抛砂造型原理如图7-22所示。

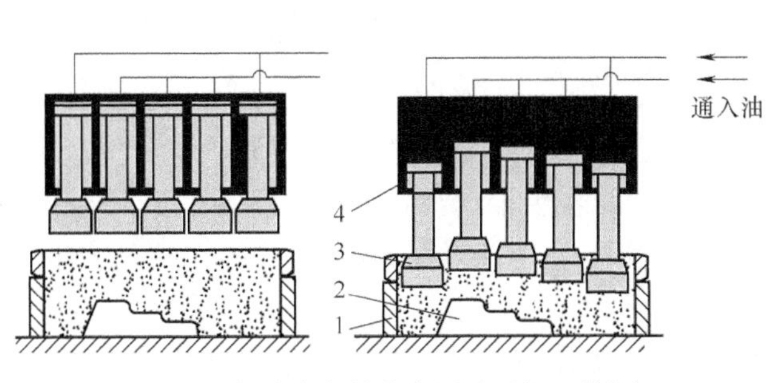

图7-21　主动式多触头高压造型机工作原理

1—砂箱　2—模样　3—触头　4—液压缸

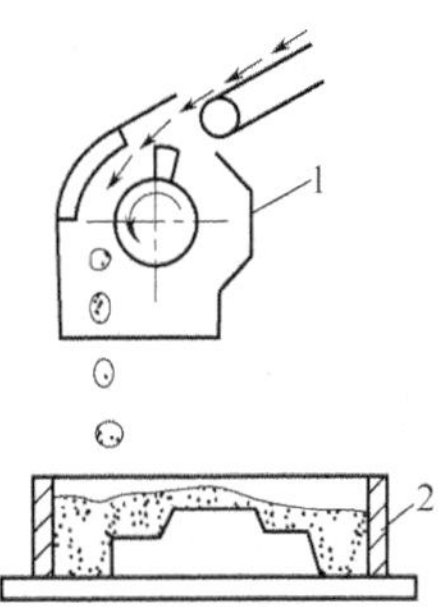

图7-22　抛砂造型原理

1—抛砂头　2—砂箱

机器造型的工艺特点：用模板造型（将固定有模样与浇冒口的模底板称为模板），模板上有定位销与专用砂箱的定位孔配合，由于定位准确，因此可同时使用两台造型机分别造出上下型提高效率；只适用于两箱造型，当需要三箱造型的铸件改用机器造型时，工艺上要采取相应措施，使之变为两箱造型；不宜使用活块，取活块会明显降低造型机的效率，可采用外型芯来消除活块。

随着铸造技术的不断革新，目前我国的大部分中、小铸造工厂已实现铸件的自动线生产，大大降低了工人的劳动强度。

3. 制芯

型芯是用芯砂或其他材料制成的、安放在型腔内部的铸型组元，主要为获得铸件的内腔或局部外形。绝大部分型芯是用芯砂制成的，型芯的质量主要依靠配制合格的芯砂及采用正确的制芯工艺来保证。

型芯在浇注时会受到高温金属液体的冲击和包围，因此除要求型芯具有与铸件内腔相应的形状外，还应具有较好的透气性、耐火性、退让性、强度等性能。

型芯一般是用芯盒制成的，按芯盒的结构、手工制芯的方法可分为对开式芯盒制芯、整体式芯盒制芯、可拆式芯盒制芯。图7-23所示是对开式芯盒制芯的过程。

现今大批量生产时型芯都由机器制成，一般黏土型芯可用震击式造芯机制芯，水玻璃型芯和树脂型芯可用射芯机制芯。机器制芯不仅提高了生产效率，同时型芯质量也得到了保证。

7.3.2　合金的熔炼

合金的熔炼是为了获得符合要求的金属熔液，此过程对铸件的质量影响很大，控制不当会使铸件的化学成分及力学性能不合格，同时还会产生气孔、夹渣、缩孔等缺陷。不同类型

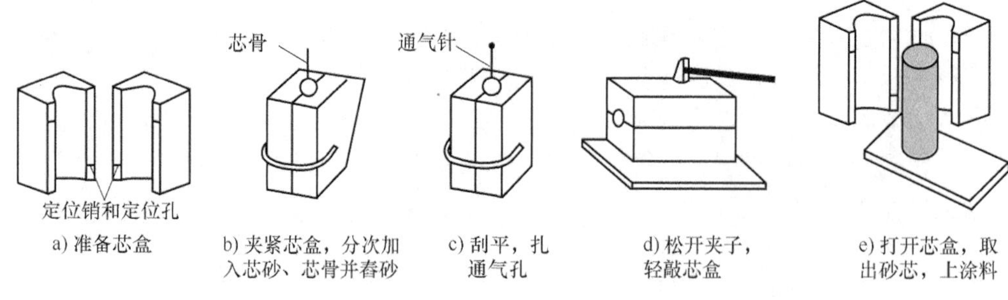

图 7-23　对开式芯盒制芯的过程

的金属，要使用不同的熔炼方法及熔炼设备。例如，钢使用转炉、平炉、电弧炉、感应电炉等进行熔炼，铸铁多采用冲天炉进行熔炼，而有色金属如铝、铜合金等，则用坩埚炉进行熔炼。

1. 铸造合金的种类

铸造合金包括铸铁、铸钢和铸造有色合金，是重要的工程材料，在工农业生产、国防建设及人们日常生活中都占有相当重要的地位，特别是在机器制造业中所占比例更大。下面介绍几种常用的铸造合金。

（1）铸铁　工业用铸铁一般为碳含量 2.5%~3.5%的铁碳合金。碳在铸铁中多以石墨形态存在，有时也以渗碳体形态存在。除碳外，铸铁中还含有 1%~3%的硅，以及锰、磷、硫等元素。合金铸铁还含有镍、铬、钼、铝、铜、硼、钒等元素。碳、硅是影响铸铁显微组织和性能的主要元素。常用铸铁的特点及用途见表 7-3。

表 7-3　常用铸铁的特点及用途

序号	种　类	特　点	用　途
1	灰铸铁	熔点较低，为 1145~1250℃，凝固时收缩量小，减振性与耐磨性好，铸造性能和切削加工性较好	用于制造机床床身、气缸、箱体等结构件
2	白口铸铁	断口呈银白色。凝固时收缩大，易产生缩孔、裂纹。硬度高，脆性大，不能承受冲击载荷	用作可锻铸铁的坯件和制作耐磨损的零部件
3	可锻铸铁	组织性能均匀，耐磨损，有良好的塑性和韧性	用于制造形状复杂、能承受强动载荷的零件
4	球墨铸铁	断口成银灰色。与普通灰铸铁相比有较高强度、较好韧性和塑性	用于制造内燃机、汽车零部件及农机具等
5	蠕墨铸铁	力学性能与球墨铸铁相近，铸造性能介于灰铸铁与球墨铸铁之间	用于制造汽车的零部件
6	合金铸铁	合金元素使铸铁的基体组织发生变化，从而具有相应的耐热、耐磨、耐蚀、耐低温或无磁等特性	用于制造矿山、化工机械和仪器、仪表等零部件

（2）碳素铸钢　常用于制造机器零件的铸钢，碳含量为 0.25%~0.45%。铸钢的浇注温度较高，约为 1500℃，流动性差，螺旋线长度为 100mm，收缩大，总体积收缩率达 1.5%~2.0%，在熔炼过程中易吸气和氧化，因此铸钢的铸造性能差，易产生粘砂、浇不到、冷隔、

缩孔、裂纹、气孔等缺陷。碳素铸钢广泛应用于矿山机械、冶金机械、机车车辆、船舶、水压机、水轮机等大型钢制零件和其他形状复杂的钢制零件。

（3）有色合金 铜合金熔点低，流动性好。锡青铜浇注温度为1040℃，螺旋线长度为420mm；硅黄铜浇注温度为1100℃，螺旋线长度为1000mm。铜合金熔炼时易氧化，某些铜合金（如铅青铜）还易产生密度偏析，熔炼时要注意防止合金氧化、烧损、偏析。

铝合金的浇注温度更低，一般在680℃，螺旋线长度为700~800mm。铝合金在高温下易吸气和氧化，影响其力学性能，故熔炼时要注意隔绝炉气与合金液体的接触，并采用一些净化措施。

2. 铝合金、铸铁的熔炼

（1）铝合金的熔炼 铸铝是工业生产中应用最广泛的铸造有色合金之一。由于铝合金的熔点低，熔炼时极易氧化、吸气，合金中的低沸点元素（如镁、锌等）极易蒸发烧损，故铝合金的熔炼应在与燃料及燃气隔离的状态下进行。

铝合金的熔炼一般使用坩埚炉，根据所用热源不同，有焦炭加热坩埚炉、电加热坩埚炉等不同形式，如图7-24所示。

通常用的坩埚有石墨坩埚和铁质坩埚两种。石墨坩埚是用耐火材料和石墨混合并烧制成型。铁质坩埚是由铸铁或铸钢铸造而成，常用于铝合金等低熔点合金的熔炼。

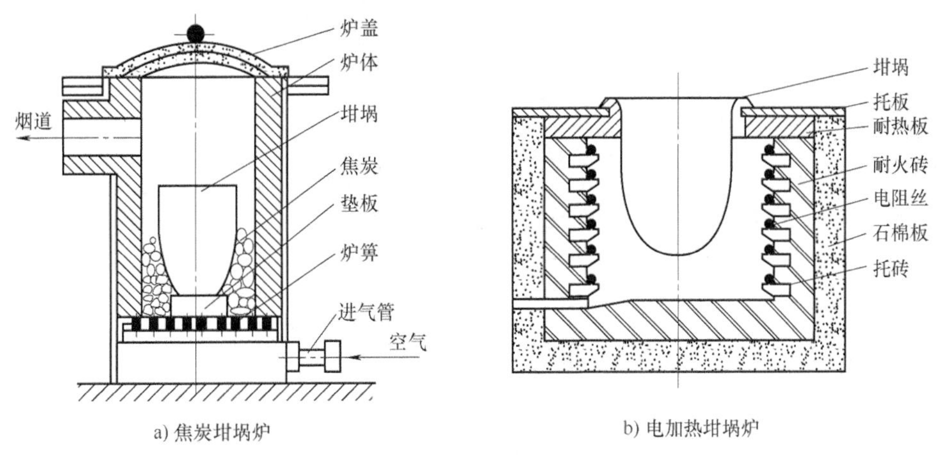

a) 焦炭坩埚炉　b) 电加热坩埚炉

图7-24 铝合金熔炼设备

（2）铸铁的熔炼 在铸造生产中，铸铁件占铸件总产量的70%~75%，其中绝大多数是灰铸铁。为获得高质量的铸铁件，首先要熔化出优质的铁液。熔炼铸铁常用的设备是冲天炉。

铸件的熔炼要求：①铁液温度要高；②铁液化学成分要稳定，在所要求的范围内；③提高生产率，降低成本。

冲天炉是熔炼铸铁的设备，如图7-25所示。炉身是用钢板弯成的圆筒形，内砌有耐火砖炉衬。炉身上部有加料口、烟囱、火花罩，中部有热风胆，下部有热风带，风带通过风口与炉内相通。从鼓风机送来的空气，通过热风胆加热后经风带进入炉内，供燃烧用。风口以下为炉缸，熔化的铁液及炉渣从炉缸底部流入前炉。在冲天炉熔炼过程中，炉料从加料口加入，自上而下运动，被上升的高温炉气预热，温度升高；鼓风机鼓入炉内的空气使底焦燃烧，产生大量的热。当炉料下落到底焦顶面时，开始熔化。铁液在下落过程中被高温炉气和灼热焦炭进一步加热（过热），过热的铁液温度可达 1600℃左右，然后经过过桥流入前炉。此后铁液温度稍有下降，最后出铁温度为 1380~1430℃。

冲天炉内铸铁熔炼的过程并不是金属炉料简单重熔的过程，而是包含一系列物理、化学变化的复杂过程。熔炼后的铁液成分与金属炉料相比较，碳含量有所增加；硅、锰等合金元素含量因烧损会降低；硫含量升高，这是焦炭中的硫进入铁液中所引起的。

冲天炉的大小是以每小时能熔炼出铁液的质量来表示的，常用的冲天炉大小为 1.5~10t/h。

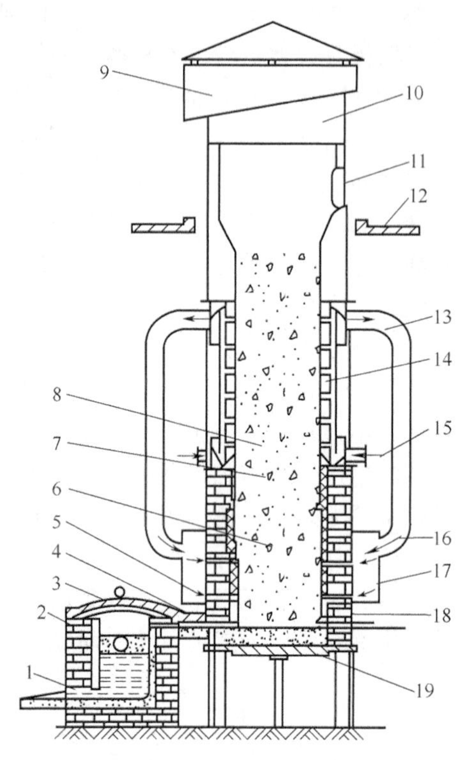

图 7-25 冲天炉

1—出铁口 2—出渣口 3—前炉 4—过桥 5—风口 6—底焦 7—金属料 8—层焦 9—火花罩 10—烟囱 11—加料口 12—加料台 13—热风管 14—热风胆 15—进风口 16—热风 17—风带 18—炉缸 19—炉底门

7.3.3 浇注

把液体合金浇入铸型的过程称为浇注。浇注是铸造生产中的一个重要环节，浇注工艺是否合理，不仅影响铸件质量，还涉及工人的安全。

浇注常用工具有浇包（图 7-26）、挡渣钩等。浇注前应根据铸件大小、批量选择合适的浇包，并对浇包和挡渣钩等工具进行烘干，以免降低金属液温度引起液体金属的飞溅。

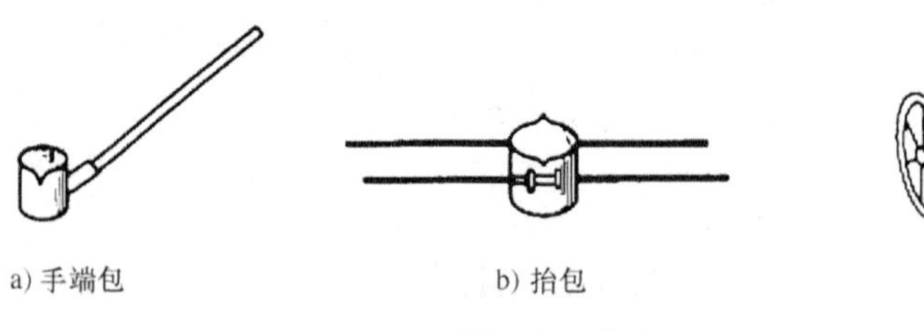

a) 手端包 b) 抬包 c) 吊包

图 7-26 浇包

1. 浇注工艺

（1）浇注温度 浇注温度过高，铁液在铸型中收缩量增大，易产生缩孔、裂纹及粘砂等缺陷；温度过低则铁液流动性差，又容易出现浇不到、冷隔和气孔等缺陷。合适的浇注温度应根据合金种类和铸件的大小、形状及壁厚来确定。对形状复杂的薄壁灰铸铁件，浇注温度为 1400℃左右；对形状较简单的厚壁灰铸铁件，浇注温度为 1300℃左右即可；铝合金的浇注温度一般在 700℃左右。

（2）浇注速度　浇注速度太慢，部分位置冷却快，易产生浇不到、冷隔以及夹渣等缺陷；浇注速度太快，则会使铸型中的气体来不及排出而产生气孔，同时易造成冲砂、抬箱和跑火等缺陷。如果是铝合金液浇注时不能断流，以防铝液氧化。

（3）浇注的操作　浇注前应估算好每个铸型需要的液量，安排好浇注路线，浇注时应注意挡渣。浇注过程中应保持外浇口始终充满，这样可防止熔渣和气体进入铸型。

浇注结束后，应将浇包中剩余的液体倾倒至指定地点。

2. 浇注的注意事项

1）浇注是高温操作，必须注意安全，必须穿着白帆布工作服和工作皮鞋。

2）浇注前，必须清理浇注时行走的通道，预防意外跌撞。

3）必须烘干、烘透浇包，检查铸型是否紧固。

4）浇包中金属液不能盛装太满，吊包液面应低于包口 100mm 左右，抬包和手端包液面应低于包口 60mm 左右。

7.3.4　铸件的检验

在实际生产中，常需要对铸件缺陷进行分析，其目的是找出产生缺陷的原因，以便采取措施加以防止。铸件的缺陷种类很多，常见的铸件缺陷名称、特征及产生的主要原因见表 7-4。分析铸件缺陷及其产生原因非常复杂，有时可见到在同一个铸件上出现多种不同原因引起的缺陷，或同一原因在生产条件不同时会引起多种缺陷。

具有缺陷的铸件是否定为废品，必须按铸件的用途和要求以及缺陷产生的部位和严重程度来决定。一般情况下，铸件如有轻微缺陷，可以直接使用；铸件如有中等缺陷，可允许修补后使用；铸件如有严重缺陷，则只能报废。

表 7-4　常见的铸件缺陷名称、特征及产生的主要原因

缺陷名称	图　例	特　征	产生的主要原因
气孔		在铸件内部或表面有大小不等的光滑孔洞	型砂含水过多，透气性差；起模和修型时刷水过多；型芯烘干不良或型芯通气孔堵塞；浇注温度过低或浇注速度太快等
缩孔		缩孔多分布在铸件厚断面处，形状不规则，孔内粗糙	铸件结构不合理，如壁厚相差过大，造成局部金属积聚；浇注系统和冒口的位置不对，或冒口过小；浇注温度太高，或金属化学成分不合格，收缩过大
砂眼		在铸件内部或表面有充塞砂粒的孔眼	型砂和芯砂的强度不够；砂型和型芯的紧实度不够；合型时铸型局部损坏，浇注系统不合理，冲坏了铸型
粘砂		铸件表面粗糙，粘有砂粒	型砂和芯砂的耐火性不够；浇注温度太高；未刷涂料或涂料太薄

（续）

缺陷名称	图　例	特　征	产生的主要原因
错型		铸件在分型面有错移	模样的上半模和下半模未对好；合型时，上、下砂箱未对准
裂缝		铸件开裂，开裂处金属表面氧化	铸件的结构不合理，壁厚相差太大；砂型和型芯的退让性差；落砂过早
冷隔		铸件上有未完全融合的缝隙或洼坑，其交接处是圆滑的	浇注温度太低；浇注速度太慢或浇注过程有中断；浇注系统位置开设不当或浇道太小
浇不到		铸件不完整	浇注时金属液量不够；浇注时液体金属从分型面流出；铸件太薄；浇注温度太低；浇注速度太慢

7.4 特种铸造简介

特种铸造方法通常是指区别于普通砂型铸造的一些方法。其在提高铸件精度和表面质量，改善合金性能，提高生产率，改善劳动条件和降低铸造成本等方面，各有优越之处。

7.4.1 熔模铸造

熔模铸造又称失蜡铸造，包括压蜡、修蜡、组树、沾浆、熔蜡、浇注金属液及后处理等工序。熔模铸造的工艺过程是用蜡制作零件的蜡模，然后蜡模在表面涂挂数层耐火材料，待硬化干燥后，放入热水中将内部蜡模熔出制成型壳，再经高温焙烧硬化，一般制蜡模时就留下了浇注口，从浇注口灌入金属熔液，冷却后，所需的零件就制成了。熔模铸造工艺过程如图 7-27 所示。

熔模铸造的主要特点：

1）铸件的精度和表面质量高。

2）可制造形状较复杂的铸件。

3）适用于各种合金铸件，尤其是高熔点和难以加工的高合金钢，如耐热合金、不锈钢、磁钢等。

4）工艺过程较复杂，生产周期长，成本高，多用于小型零件。

熔模铸造适用于制造形状复杂，难以加工的高熔点合金及有特殊要求的精密铸件，主要用于汽轮机、燃气轮机叶片、切削刀具、仪表元件、汽车零件及机床零件等的生产。

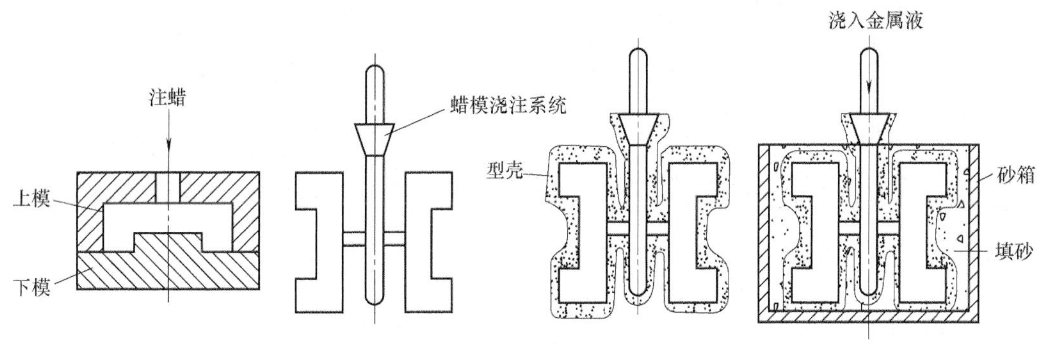

图 7-27　熔模铸造工艺过程

7.4.2　消失模铸造

消失模铸造又称实型铸造，是将与铸件尺寸形状相似的石蜡或泡沫模型粘结组合成模型簇，刷涂耐火涂料并烘干后，埋在干硅砂中震动造型，在负压下浇注，使模型气化，液体金属占据模型位置，凝固冷却后形成铸件的新型铸造方法。消失模铸造工艺过程如图 7-28 所示。

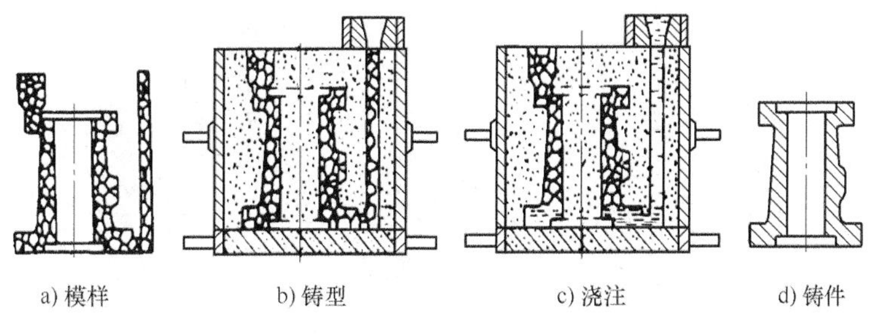

图 7-28　消失模铸造工艺过程

消失模铸造的主要特点：

1）工序简单、生产周期短、效率高，劳动强度低。

2）铸件尺寸精度高，尺寸公差 CT4 ~ CT7，表面粗糙度可达 $Ra6.3 \sim 1.6\mu m$。

3）可采用无黏结剂型砂，铸件清理方便。

4）零件设计自由度大，即结构工艺性好。

消失模铸造适用范围较广，几乎不受铸件结构、尺寸、质量、材料和批量的限制，特别适用于生产形状复杂的铸件。

7.4.3　金属型铸造

金属型铸造又称硬模铸造，它是将液体金属浇入金属铸型，以获得铸件的一种铸造方法。铸型是用金属制成，可以反复使用多次（几百次到几千次），图 7-29 所示为垂直分型的金属型。金属型铸造目前所能生产的铸件，在质量和形状方面还有一定的限制，如对黑色金属只能是形状简单的铸件；铸件的质量不可太大；壁厚也有限制，较小的铸件壁厚无法铸出。

金属型铸造的主要特点：

1）可承受多次浇注，便于实现机械化生产。

2）铸件精度和表面质量高（铝合金铸件的尺寸公差等级可达 CT6～CT9，表面粗糙度可达 $Ra3.2 \sim 12.5\mu m$）。

3）铸件的结晶组织致密，力学性能高。

4）金属型成本高，生产周期长。

5）易出现浇不到、冷隔、裂纹。

6）铸件的形状和尺寸受一定的限制。

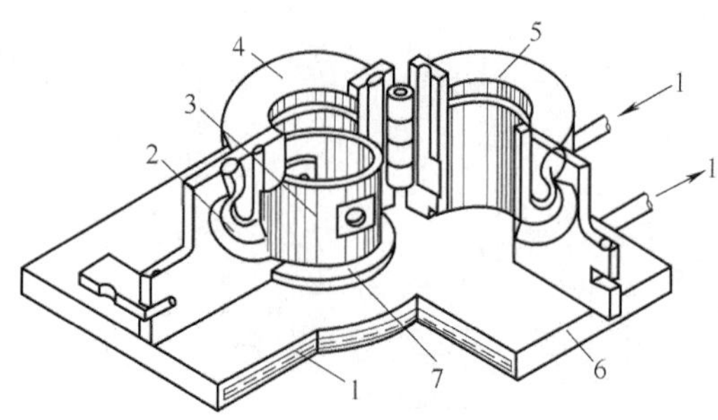

图 7-29　垂直分型的金属型

1—冷却水　2—浇道　3—铸件　4—左半型　5—右半型　6—底板　7—底型

7.4.4　压力铸造

压力铸造简称压铸，是在高压作用下，使液态或半液态金属以较高的速度充填压型（压铸模具）型腔，并在压力下成型和凝固从而获得铸件的方法，压铸机工作过程如图 7-30 所示。

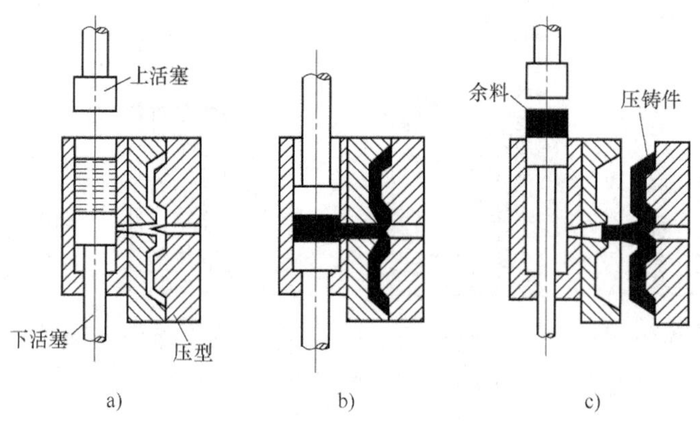

图 7-30　压铸机工作过程

压力铸造的主要特点：

1）铸件的精度和表面质量都较其他铸造方法高（尺寸公差等级可达 CT4～CT7，表面粗糙度一般可达 $Ra1.6 \sim 12.5\mu m$）。

2）可压铸出形状复杂的薄壁件和镶嵌件（铸件最小壁厚：锌合金为 0.3mm，铝合金为 0.5mm）。

3）铸件强度和硬度高（抗拉强度可比砂型铸件提高 25%～30%，但伸长率有所降低）。

4）生产率高（一般冷压式压铸机平均每小时压铸 600～700 次）。

5）投资大，生产周期长。

6）压铸合金的种类受限制，压铸高熔点合金（铸铁、铸钢）时，压型使用寿命低。

7）铸件内部常有气孔和缩松。

8）常规压铸生产的零件不能用热处理的方法提高性能。

7.4.5　离心铸造

离心铸造是指将液体金属注入高速旋转的铸型内，使金属液作离心运动充满铸型并形成铸件的技术和方法，原理如图 7-31 所示。由于离心运动使液体金属在径向能很好地充满铸型并形成铸件的自由表面，不用型芯就能获得圆柱形的内孔。同时有助于液体金属中气体和夹杂物的排除，减少其对金属结晶过程的影响，从而改善铸件的力学性能和物理性能。

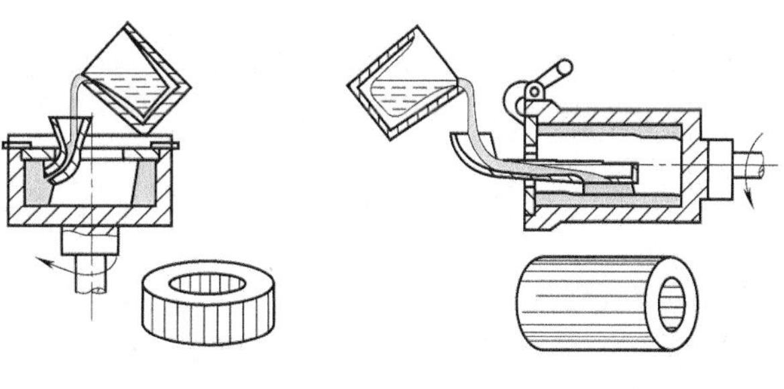

图 7-31　离心铸造原理

离心铸造的主要特点：

1）利用回转表面生产圆筒形铸件，省去型芯和浇注系统，大大简化了生产过程，节约了金属。

2）由于离心力的作用，铸件由外向内的顺序凝固，气体和熔渣因密度小向内表面移动而排除，铸件组织致密，极少有缩孔、气孔、夹渣等缺陷。

3）合金的充型能力强，便于流动性差的合金及薄件的生产。

4）便于制造双金属铸件。

5）铸件易产生偏析，铸件内表面较粗糙。

6）内表面尺寸不易控制。

7.4.6　铸造智能化发展

随着科学技术的进步，传统的铸造工艺正在发生深刻的变革，数字化、智能化正在改变传统铸造业的高耗能、高污染、重体力及生产周期长等缺点。

3D 打印技术在制作模样及型芯生产中应用较为广泛。在砂型铸造及金属型铸造中使用 3D 打印技术打印砂型及型芯，减少了制模的时间，降低了费用，图 7-32 所示为打印完成的气缸盖。在熔模铸造和消失模铸造中使用 3D 打印直接打印出模样，以减少制作压蜡模具的制造时间及费用，如图 7-33 所示的叶轮。常用的模型材料一般有光敏树脂、打印铸造用 PS 粉、打印铸造用 PLA 等。3D 打印技术在制造结构复杂的铸件中起到了至关重要的作用，减少了小批量铸件的生产周期及费用，同时也为精密铸造提供了有利的条件。未来 3D 打印技术在铸造中的应用将会越来越成熟、越来越广泛。

图 7-32　气缸盖

图 7-33　叶轮

7.5 砂型铸造实践

本节以铸造零件手轮为例（图 7-34）介绍砂型铸造（手工造型）方法，步骤如下。

1. 分析模样类型

手轮模样属于整体结构，是最大截面在一端且为平面的盘类零件。

图 7-34 手轮

2. 确定造型方式

依据模样类型，需使用挖砂造型的造型方式。

3. 准备造型工具及材料

1）模样：一个手轮形状模样。

2）工具：一对模箱、砂舂、刮砂板、浇口棒、修模工具等。

3）材料：混制好的专用型砂、分型砂。

4. 挖砂造型步骤

挖砂造型步骤见表 7-5。

表 7-5 挖砂造型步骤

序号	步 骤	内 容	工 具
1	安放模样	安放下砂箱，将手轮模样安置在下砂箱的中间位置	工作台、下砂箱
2	填砂和舂砂	先用面砂完全覆盖模样，然后在面砂上分次填入背砂，每次加砂厚度为 50~70mm。第一次加砂时须用手将模样周围的型砂按紧，每次填砂后用砂舂顺时针从外向里舂砂，最后用刮砂板将超出下砂箱的型砂刮去	铲子、砂舂、刮砂板
3	翻箱	清理干净砂箱附近的散砂，将下箱翻转 180°	刮砂板、毛刷
4	挖砂及修正分型面	首先将分型面挖到模样最大截面处，然后把挖好的分型面修整压平	墁刀、秋叶
5	撒分型砂	在造上砂型之前，在分型面上撒一层分型砂，然后将模样上的分型砂吹掉	手风器
6	造上砂型	将上砂箱与下砂箱合好后，将浇口棒安置在离模样不超过 20mm 的合理位置，用锤子敲击浇口棒，在分型面表面锤出定位。浇口棒安置时小端朝下。同造下砂型类似，先填面砂，再填背砂，舂砂，刮砂	上砂箱、浇口棒、铲子、砂舂
7	扎通气孔	在已刮平的上砂型上，用通气针扎出通气孔，通气孔要垂直且均匀分布	通气针
8	取浇口棒	用锤子前后左右敲击裸露的浇口棒，当松动后旋转取出	锤子
9	开外浇口	挖 60° 的锥形外浇口，修光浇口面，与直浇道连接处修成圆弧形	墁刀、秋叶等

（续）

序号	步 骤	内 容	工 具
10	做合型线及开型	合型时，若砂箱上没有定位装置，则应在上、下箱打开之前，在砂箱上划出合型线。用粉笔或砂泥涂敷在砂箱的前、左、右三个侧面上，用划针或墁刀划出细而直的线条。做好后，抬起上型并将上型翻转 180°后平放一旁	划针、墁刀等
11	起模、修型	起模前要用水笔沾水，刷在模样周围的型砂上，将起模针插入模样固定，然后用小锤轻轻敲打起模针的下部，使模样松动，便于起模。起模时，慢慢将模样垂直提起，待模样即将全部起出时，快速取出。起模时若损坏型腔，则需修型	水笔、起模针、锤子、墁刀等
12	设置内浇道、横浇道	在直浇道对应的下砂型位置用墁刀挖出内浇道和横浇道，与型腔连通	墁刀
13	合型	仔细检查砂型的各个部分是否有损坏的地方，并将型腔中散落的灰、砂吹掉。合型时应注意使上砂型保持水平下降，并对准合型线	手风器

5. 金属熔炼、浇注及取件

使用石墨坩锅炉熔化铸铝，使其熔化后达到 700℃的浇注温度即可浇注。浇注时注意浇注速度，防止铸件出现缺陷。

浇注后保温一段时间就可清砂取件，取出的铸件需去除浇冒口才是所需的零件。

注意事项：

1）混制型砂时要特别注意型砂的湿度，为避免一次性加水过多，应当采用少量多次的加水方法，并且在混制的过程中不断用手感法检验型砂的湿度。

2）造型过程中不可用嘴吹清理型腔，避免型砂吹入眼中。

3）起模时敲击模样要注意力度，不可过度敲击，避免毁坏型腔。

4）搬动翻转上、下箱要做好准备，避免受伤或砸伤他人。

5）熔炼金属和浇注时严格按照其安全规范操作，避免出现烫伤。

思考题

1. 铸造的优缺点各有哪些？
2. 简述砂型铸造的工艺流程。
3. 冒口的设置原则有哪些？
4. 用手捏法如何判断型砂的性能？
5. 手工造型的造型方法有哪些？
6. 浇注温度对铸件有哪些影响？
7. 铸件的常见缺陷有哪些？产生原因是什么？

第 8 章 锻压

利用金属在外力作用下产生的塑性变形来获得具有一定形状、尺寸和力学性能的原材料，毛坯或零件的生产方法，称为金属压力加工，又称金属塑性加工。一般常用的金属及其合金都具有一定的塑性，因此都可以在热态和冷态下进行压力加工。金属压力加工的基本生产方式有轧制、拉拔、挤压、锻造、板料冲压。

一般常用的金属型材大都是通过压力加工制成的，重要的机械零件，通常都用锻造毛坯。板料冲压则广泛运用于汽车、电器、仪表零件等。锻压是锻造与板料冲压的总称，本章主要介绍锻造和板料冲压。

8.1 锻造

锻造是指利用锻压机械的锤头、砧块、冲头或通过模具对坯料施加压力，使之产生塑性变形，从而获得所需形状和尺寸制件的成形加工方法。锻造分为自由锻和模锻。

8.1.1 锻造的基础知识

锻造前金属的加热是一个重要工序，其目的是为了提高金属的塑性，降低变形抗力。一般情况下，金属材料在允许的加热温度范围内随着加热温度的升高，塑性增加，变形抗力降低，可锻性提高。因此当塑性、变形抗力合适时锻造生产中可省力，同时当锻造过程中出现较大的塑性变形时不致破裂，并且有利于金属变形和获得良好的锻后组织。金属坯料的加热方法，根据所采用的热源不同，可分为火焰加热和电加热。

1. 锻造的加热设备

按所用能源和形式的不同，锻造加热炉有多种分类。以前常用的是以烟煤为燃料的简易锻造炉，它结构简单，操作容易，但生产率低，加热质量不高，不易达到正规生产的要求。目前常用的工业锻造加热炉有：

（1）电阻炉　电阻炉是利用电流通过电阻元件产生的热量加热坯料，结构如图 8-1 所示。

（2）感应加热炉　感应加热是利用电磁感应原理，把坯料放在交变磁场中，使其内部产生感应电流，从而产生焦耳热来加热坯料，如图 8-2、图 8-3 所示。

2. 金属加热时产生的缺陷

（1）氧化　钢在加热过程中，尤其在高温时，钢表面层中的铁与加热炉中氧化性气体如 O_2、CO_2、H_2O 和 SO_2 等会发生剧烈的化学反应，促使钢表面层金属被氧化，从而形成氧化皮，该现象称之为氧化。

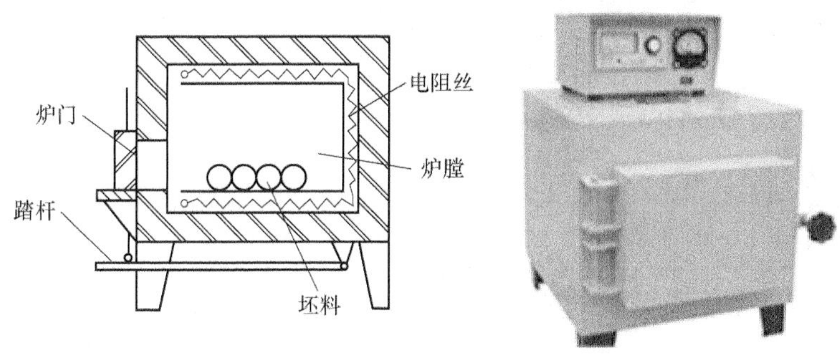

图 8-1　电阻炉

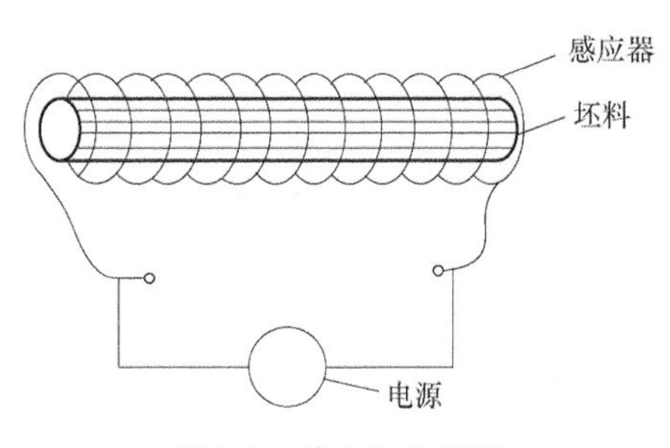

图 8-2　感应加热原理

图 8-3　高频电磁感应加热炉

（2）脱碳　由于高温加热时，钢表面层中的碳和炉气中的氧化性气体及某些还原性气体发生化学反应，即造成钢表面的碳含量减少，此现象称为脱碳。

（3）过热和过烧

1）过热。钢加热超过一定温度时，并在此温度停留时间过长，引起金属晶粒急剧长大的现象称为过热。

2）过烧。当金属加热温度接近熔点时，金属晶粒间的低熔点物质首先开始熔化，同时，由于炉气中的氧及氧化性气体渗入，使晶粒间的物质被氧化，并在晶粒周围形成硬壳，破坏了晶粒间的联系，此现象称为过烧。

（4）内部裂纹　在加热时，由于钢锭或钢坯等金属表里有温度差，从而形成温度应力。温差越大，所产生的温度应力也越大。同时，被加热的金属内部组织状态在进行转变时，使金属体积发生变化，会形成组织应力。温度应力和组织应力的大小同时受加热速度的影响。当采用超过金属允许的加热速度加热时，两种应力的作用便可能超过金属的抗拉强度，使金属内部产生裂纹，导致产品报废。

因此，为防止加热裂纹的产生，根据不同钢号的材料和截面尺寸，应正确合理地制订加热规范，并严格执行低温区缓慢加热，高温区快速加热的加热方法。

3. 金属加热及其锻造温度范围

金属在锻造前需要将其加热到一定的温度，在加热时从装炉开始到出炉前的整个过程中，规定炉温和料温随时间变化的关系，称为加热规范。

加热规范的主要内容有：装炉温度，加热温度，加热速度，炉温和料温之间最大差值，各阶段的保温时间和加热过程的总时间，此外还有装炉量，装炉方式及其他操作说明。正确的加热规范可保证在加热过程中不产生裂纹、过热、过烧，并且温度均匀、氧化脱碳少、加热时间短和节省燃料等。

金属的锻造温度范围是指始锻温度和终锻温度之间的一段温度区间。常用金属材料的锻造温度范围见表 8-1。

表 8-1 常用金属材料的锻造温度范围 （单位：℃）

材 料	始 锻	终 锻
低碳钢	1200~1250	750
中碳钢	1150~1200	800
高碳钢	1150	850
合金钢	1100~1180	900
弹簧钢	1200	830
铝合金	450~500	350~380
铜合金	800~900	650~700

始锻温度是对锻件开始锻造时的初始温度，即锻造时允许加热的最高温度。始锻温度的高低与所锻造材质的临界温度有关，一般锻件在达到始锻温度时要有一定的保温时间，为的是使金属温度均匀和给予组织转变充分时间，借以提高塑性，降低高温变形抗力，这对提高生产效率，提高锻件内部质量具有重要作用。

终锻温度是锻件停止锻造时的温度。终锻温度的高低与所锻造的材料有关，不同的材料其终锻温度是不一样的。另外终锻温度跟锻造工艺也有关，不同的锻造工艺和锻造要求对终锻温度的要求也不一样。在终锻温度以下锻造时，容易产生加工硬化，使坯料表面的硬度增大，如果继续锻造会引起裂纹甚至断裂。一些复杂的锻造工艺如果锻造温度过低，不但影响锻件质量，还会增加生产的不安全性。

确定锻造温度范围的基本原则是：

1）须使锻造金属的内部和力学性能合乎技术要求。

2）在锻造温度范围内使金属具有良好的塑性和较低的变形抗力。

3）有利于锻造过程中减少加热次数，提高生产效率。

4）始锻温度的确定，首先必须保证钢无过烧等现象。确定终锻温度时，既要保证锻件在停锻前有足够的塑性，又要使锻件能获得良好的组织性能，以及没有加工硬化现象。

因此，锻件的终锻温度应高于再结晶温度，便于保证锻后金属组织完成再结晶，使锻件能够得到细晶粒组织。

实际生产中，随温度的不同，钢材对外表现出不同的颜色，锻造时可以根据钢材的颜色大致估计其温度，称为“看火色”，钢材火色和温度的关系见表 8-2。

表 8-2 钢材火色和温度的关系

温度/℃	1300	1200	1100	900	800	700	<600
火色	白色	亮黄	黄色	樱红	赤红	暗红	黑色

4. 锻件的冷却

锻件的冷却也是保证锻件质量的重要环节。如果冷却方法不当锻件会产生裂纹、网状碳化物、石状断口和白点等缺陷。锻件常用的冷却方式见表 8-3。

表 8-3 锻件常用的冷却方式

方式	特 点	适用场合
空冷	锻后在无风，干燥的空气中冷却，冷速快、晶粒细化	低碳、低合金中小件，锻后不可直接切削加工
坑冷	锻后在填充干砂、石棉灰或炉灰的坑内或箱内冷却，冷速较慢	一般锻件，锻后可直接切削
炉冷	锻后在 500～700℃ 的加热炉或保温炉内冷却，冷速极慢	碳含量高或含合金成分较高的中、大件，锻后可直接切削

5. 锻件的热处理

锻件在机械加工前的热处理称为锻件热处理。锻件热处理的目的是：调整锻件硬度，以利于切削加工；消除锻件的残余应力，以免机械加工时变形；改善内部组织，细化晶粒，消除白点，为最终热处理做好组织准备。

锻件最常用的热处理方法有退火、正火、正火加高温回火、高温回火、调质和等温退火等。

8.1.2 自由锻

自由锻是只用简单的通用性工具，将锻造设备上、下型砧之间的坯料直接变形而获得所需的几何形状及内部质量锻件的锻造方法。同铸造毛坯相比，自由锻消除了缩孔、缩松、气孔等缺陷，使毛坯具有更高的力学性能。由于自由锻造主要靠人工操作来控制锻件的形状和尺寸，所以锻件精度低，加工余量大，劳动强度大，生产率低，因此主要应用于单件、小批量生产。

自由锻的工序根据其变形性质和变形程序不同可以分为基本工序、辅助工序和修整工序。改变坯料的形状和尺寸以获得锻件的工序称为基本工序，如镦粗、拔长、冲孔、芯轴扩孔，弯曲错移、扭转、切割等。为了完成基本工序而使坯料预先产生某一变形的工序称为辅助工序，如钢锭倒棱、预压钳把、分段压痕等。用来精整锻件尺寸和形状，消除锻件表面不平、歪扭等使锻件完全达到锻件图样要求的工序称为修整工序，如鼓形滚圆、端面平整、弯曲校直等。

1. 自由锻造设备

自由锻的设备有空气锤、蒸汽-空气自由锻锤和自由锻水压机等。

空气锤是一种以压缩空气为动力，并自身携带动力装置的锻造设备。坯料质量 100kg 以下的小型自由锻锻件，通常都在空气锤上锻造。

空气锤的结构如图 8-4a 所示。空气锤由锤身、压缩气缸、工作缸、传动机构、操纵机构、落下部分及砧座等几个部分组成。锤身和压缩气缸及工作缸铸成一体。传动机构包括电动机、减速机构及曲柄、连杆等。操纵机构包括手柄（或踏杆）、旋阀及其连接杠杆。落下部分包括工作活塞、锤杆、上型砧等，落下部分的质量也是锻锤的主要规格参数。例如，65kg 空气锤，就是指落下部分为 65kg 的空气锤，是一种小型的空气锤。

空气锤的工作原理如图 8-4b 所示。电动机通过传动机构带动压缩气缸内的压缩活塞作上下往复运动，将空气压缩，并经上旋阀或下旋阀进入工作缸的上部或下部，推动工作活塞向下或向上运动。通过手柄或踏杆操纵上、下旋阀旋转到一定位置，可使锻锤实现空转、锤头上悬、锤头下压、连续打击、单次打击、断续打击等一系列动作。

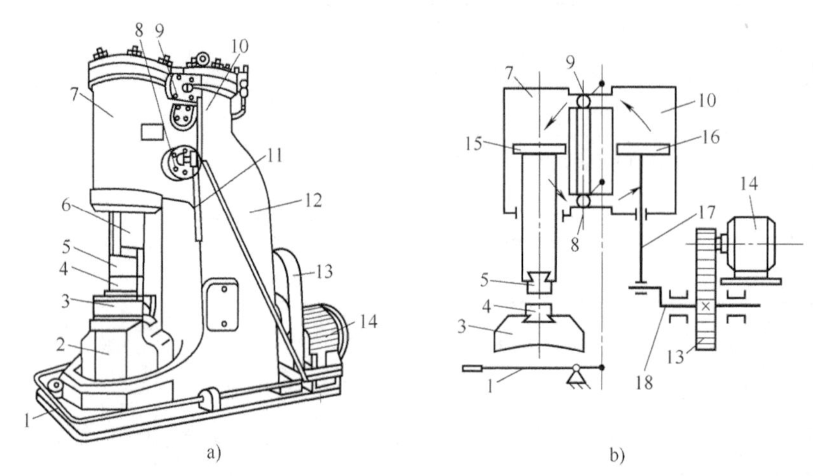

图 8-4 空气锤的结构及工作原理

1—踏杆 2—砧座 3—砧垫 4—下型砧 5—上型砧 6—锤杆 7—工作缸 8—下旋阀 9—上旋阀 10—压缩气缸 11—手柄 12—锤身 13—减速机构 14—电动机 15—工作活塞 16—压缩活塞 17—连杆 18—曲柄

2. 自由锻造基本操作

（1）镦粗 镦粗是指使坯料截面增大，高度减小的锻造工序，有完全镦粗和局部镦粗两种，如图 8-5 所示。完全镦粗是将坯料直立在下型砧上进行锻打，使其沿整个高度产生高度减小。局部镦粗分为端部镦粗和中间镦粗，需要借助工具如胎模或漏盘（或称垫环）来进行。

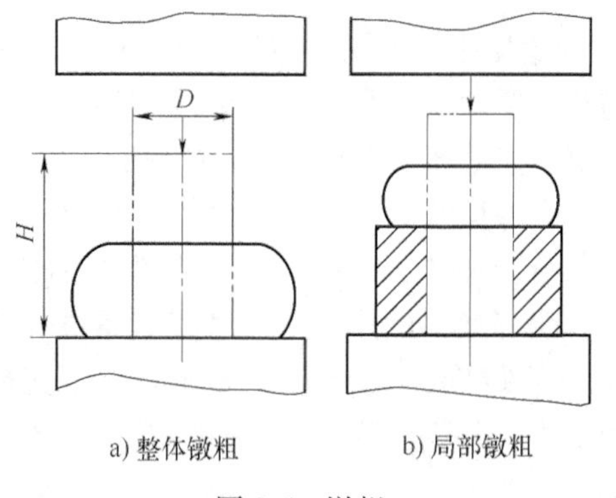

a) 整体镦粗　　b) 局部镦粗

图 8-5 镦粗

镦粗操作时，坯料的高径比，即高度 H 和直径 D 之比，应不大于 2.5～3。高径比过大的坯料容易镦弯或造成双鼓形，甚至发生折叠现象而使锻件报废。为防止镦歪，坯料的端面应平整并与坯料的中心线垂直，端面不平整或不与中心线垂直的坯料，镦粗时要用钳子夹住，使坯料中心与锤杆中心线一致。镦粗过程中如发现镦歪、镦弯或出现双鼓形应及时校正。局部镦粗时要采用相应尺寸的漏盘或胎模等工具。

（2）拔长 拔长是指使坯料长度增加、横截面减少的锻造工序，如图 8-6 所示。操作中还可以进行局部拔长、芯轴拔长等。

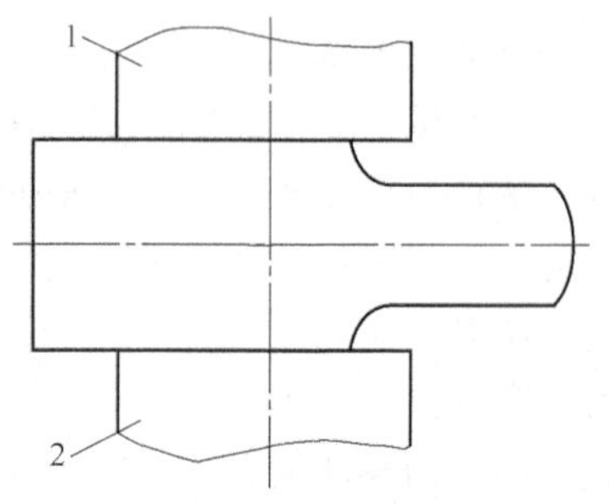

图 8-6 拔长

1—上型砧 2—下型砧

在送进锻打的过程中，坯料沿砥铁宽度方向

（横向）送进，每次送进量以砥铁宽度的 0.3~0.7 倍为宜。送进量过大，金属主要沿坯料宽度方向流动，反而降低延伸效率。送进量太小，又容易产生夹层。

拔长过程中应不断翻转坯料，如图 8-7 所示，有反复翻转拔长、螺旋式翻转拔长和单面顺序拔长三种方式。为便于翻转后继续拔长，压下量要适当，应使坯料横截面的宽度与厚度之比不超过 2.5，否则易产生折叠。

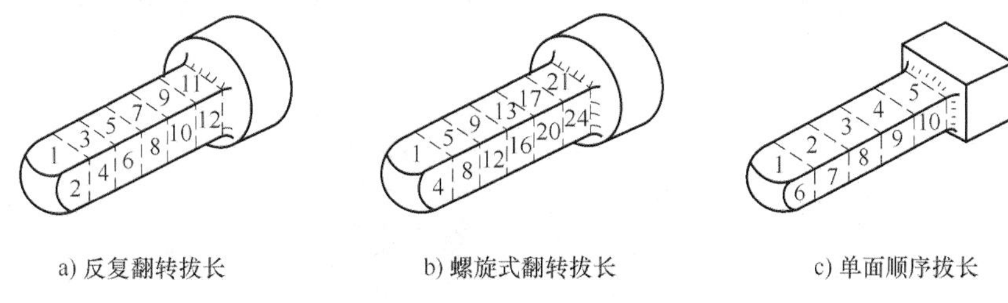

a) 反复翻转拔长　b) 螺旋式翻转拔长　c) 单面顺序拔长

图 8-7　拔长时坯料的翻转方式

圆截面的坯料锻打拔长成直径较小的圆截面时，必须先把坯料锻成方形截面，在拔长到边长接近锻件的直径时，再锻成八角形，最后锻打成圆形，如图 8-8 所示。

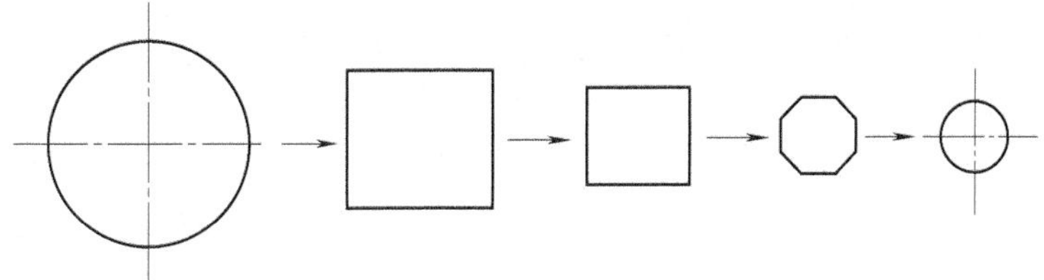

图 8-8　拔长圆形坯料过程中的截面形状变化

（3）冲孔　在坯料上冲出通孔或盲孔的工序称为冲孔。方法主要有实心冲子冲孔，如图 8-9 所示，空心冲子冲孔，垫环冲孔，如图 8-10 所示。其中垫环冲孔主要适用于坯料较薄的场合。

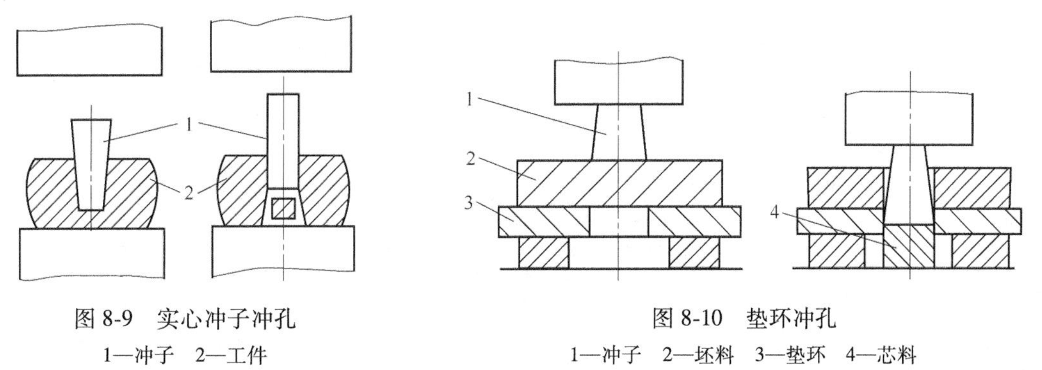

图 8-9　实心冲子冲孔

1—冲子　2—工件

图 8-10　垫环冲孔

1—冲子　2—坯料　3—垫环　4—芯料

实心冲子冲孔时，坯料应先锻粗，以尽量减小冲孔深度。为保证孔位正确，应先试冲。一般锻件的通孔采用双面冲孔法冲出，即先从一面将孔冲至坯料厚度 3/4~2/3 的深度，再取出冲子，翻转坯料，从反面将孔冲透。为防止冲孔过程中坯料开裂，一般冲孔孔径要小于坯料直径的 1/3。大于坯料直径 1/3 的孔，要先冲出较小的孔，然后采用扩孔的方法达到所要求的孔径尺寸。

常用的扩孔方法有冲头扩孔和芯轴扩孔。冲头扩孔利用扩孔冲子锥面产生的径向分力将孔扩大，芯轴扩孔实际上是将带孔坯料沿切向拔长，内外径同时增大，扩孔量几乎不受什么限制，最适合锻制大直径的薄壁圆环件。

（4）弯曲　将坯料弯成一定角度或弧度的工序称为弯曲，弯曲时一般是将坯料需要弯曲的部分加热。弯曲的方法很多，常见的有角度弯曲、成形弯曲等，如图 8-11 所示。

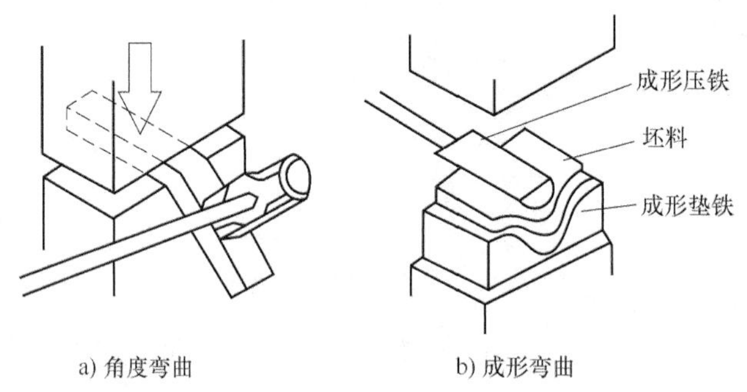

a) 角度弯曲　　b) 成形弯曲

图 8-11　弯曲方法

（5）切割　将锻件从坯料上分割下来或切除锻件的工序称为切割，如图 8-12 所示。

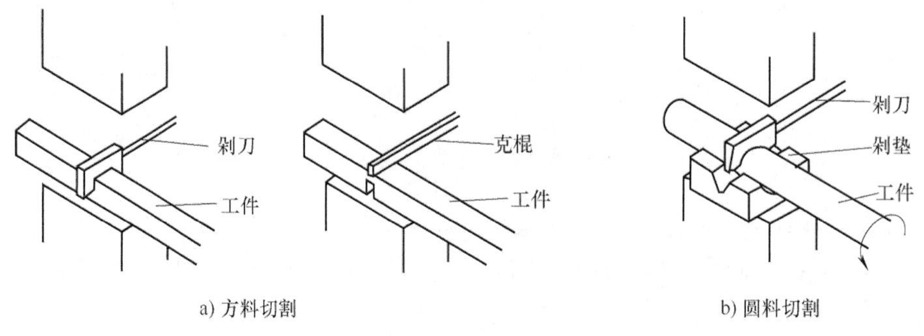

a) 方料切割　　b) 圆料切割

图 8-12　切割方法

自由锻造的基本工序还有扭转、错移等。

自由锻造工艺方案的选定，主要是制定锻造工序安排的顺序。常见锻件类型及工序见表 8-4。

表 8-4　常见锻件类型及工序

零件类别	图　例	锻 造 工 序
盘类零件		镦粗（或拔长及镦粗），冲孔等
轴类零件		拔长（或镦粗及拔长），切肩，锻台阶等

（续）

零件类别	图　例	锻造工序
筒类零件		镦粗（或拔长及镦粗），冲孔，在芯轴上拔长等
环类零件		镦粗（或拔长及镦粗），冲孔，在芯轴上扩孔等
曲轴类零件		拔长（或镦粗及拔长），错移，锻台阶，扭转等
弯曲类零件		拔长，弯曲等

8.1.3 模型锻造

模型锻造（简称模锻）是成批大量生产锻件的锻造方法。在锻压机械的作用下，毛坯在锻模模膛中被迫塑性流动成形，从而获得所需形状、尺寸并有一定力学性能的模锻件。按所用设备不同，模锻可分为锤上模锻、压力机模锻、液压机模锻等。

模锻与自由锻相比有下列特点：①能锻出形状比较复杂的锻件；②模锻件尺寸精确、表面粗糙度值小、加工余量小；③生产率较高；④模锻件节省金属材料、减少切削加工工时，因此在批量足够条件下可降低零件成本；⑤劳动条件得到一定改善。但是，模锻生产受到设备吨位的限制，模锻件的尺寸、质量不能太大。此外，锻模制造周期长、成本高，所以模锻适合中小型锻件的大批生产。

1. 模型锻造设备

模锻设备种类较多，例如，蒸汽-空气模锻锤、热模锻压力机、摩擦压力机、平锻机、模锻液压机等，还有一些特殊设备，如高速锤、辊锻等，以及一些专用设备，如扩孔机、径向模锻、液压模锻等。

（1）蒸汽-空气模锻锤　该设备具有结构简单、操作方便、造价低、使用灵活、生产效率高等特点，适用于多模膛锻造，被广泛用来锻造发动机连杆、曲轴、汽车配件、柴油机零件和齿轮锻件等。蒸汽-空气模锻锤由五部分组成，如图8-13所示。

1）砧座部分。由砧座和模座等组成，大吨位模锻锤的砧座可做成2~3块，用来固定下模的机架。

2）机架部分。由左右立柱、气缸底板、导轨等组成。立柱与砧座之间采用燕尾定位，用带有弹簧的八个螺栓固定，固定螺栓分别向左右倾斜10°~12°。锻打时立柱与砧座所产生的间隙，可以靠弹簧所产生的侧向分力将立柱压紧在砧座的配合面上，从而防止左右立柱卡住锤头。立柱上的导轨可通过楔铁来调整与锤头之间的间隙。

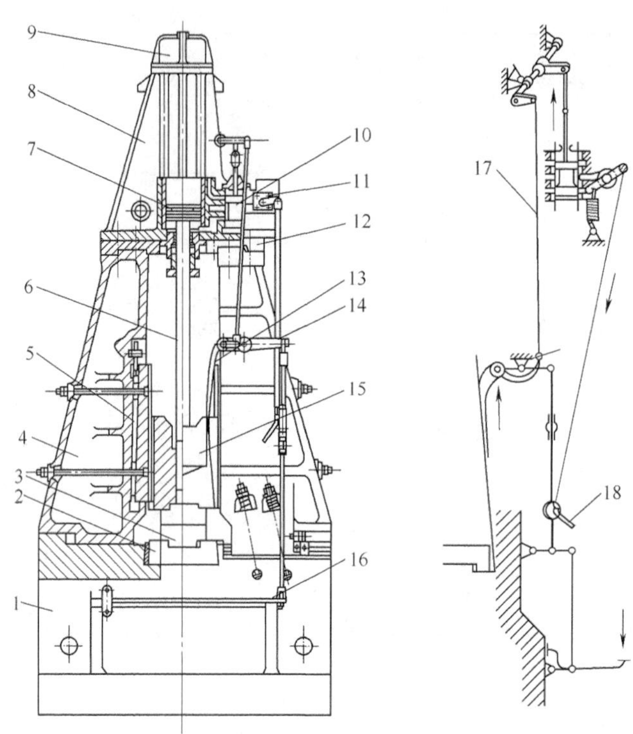

图 8-13　蒸汽-空气模锻锤

1—砧座　2—模座　3—下模　4—立柱　5—导轨　6—锤杆　7—活塞　8—工作气缸　9—保险气缸　10—滑阀　11—节气阀　12—气缸底板　13—曲杆　14—悬臂杠杆　15—锤头　16—脚踏板　17—拉杆　18—调节手柄

3）落下部分。由活塞、锤杆、锤头等组成。锤杆的工作条件差，受力情况复杂，是典型的易损件。锤杆与活塞采用热配合，与锤头采用锥度配合。

4）气缸部分。由工作气缸、保险气缸、滑阀、节气阀等组成。由于模锻锤在工作中常常产生偏心打击，气缸壁受到撞击，所以对气缸有一定的强度和刚度要求。为此模锻锤的气缸体均采用铸钢件，气缸体内镶有铸铁的缸套以备磨损后更换。

5）操作系统。由曲杆（月牙板）、调节手柄、拉杆、悬臂杠杆、脚踏板等组成。为了使锤头的快速打击能与模锻操作准确地配合，锻造过程应由一人进行，即操作者双手进行工艺操作，用脚踏板单脚控制锤头的工作循环。

（2）热模锻压力机　在模锻生产中，热模锻压力机简称锻压机，是一种比较先进的模锻设备，如图 8-14 所示。由于锻件锻造精度高（与其他模锻设备相比），加工余量小，模锻斜度小，从而大大节约了金属材料，并且操作简单，便于实现机械化和自动化，适用于大批量流水线生产，如汽车制造业等。

2. 模型锻造基本操作

（1）锤上模锻　锤上模锻是常用的模锻方法。通常将锻模做成上模和下模，分别固定在设备的上砧座和下砧座上，锻模上有导柱、导套或定位块保证上下模对准。在单个模槽内锻造成形，称单模槽模锻；形状复杂的锻件制坯和终锻都在一副锻模的不同模槽内锻造成形，称多模槽锻模，如图 8-15 所示。

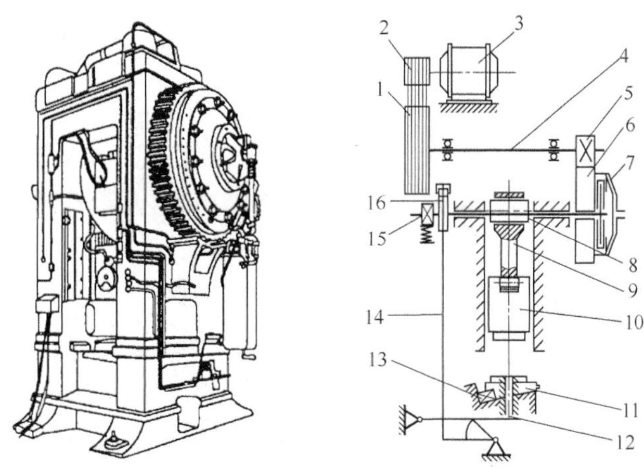

图 8-14 热模锻压力机

1—大带轮（飞轮） 2—小带轮 3—电动机 4—传动轴 5—小齿轮 6—大齿轮 7—离合器
8—偏心轴（曲轴） 9—连杆 10—滑块 11—楔形工作台 12—下顶杆 13—楔铁
14—顶出机构 15—制动器 16—凸轮

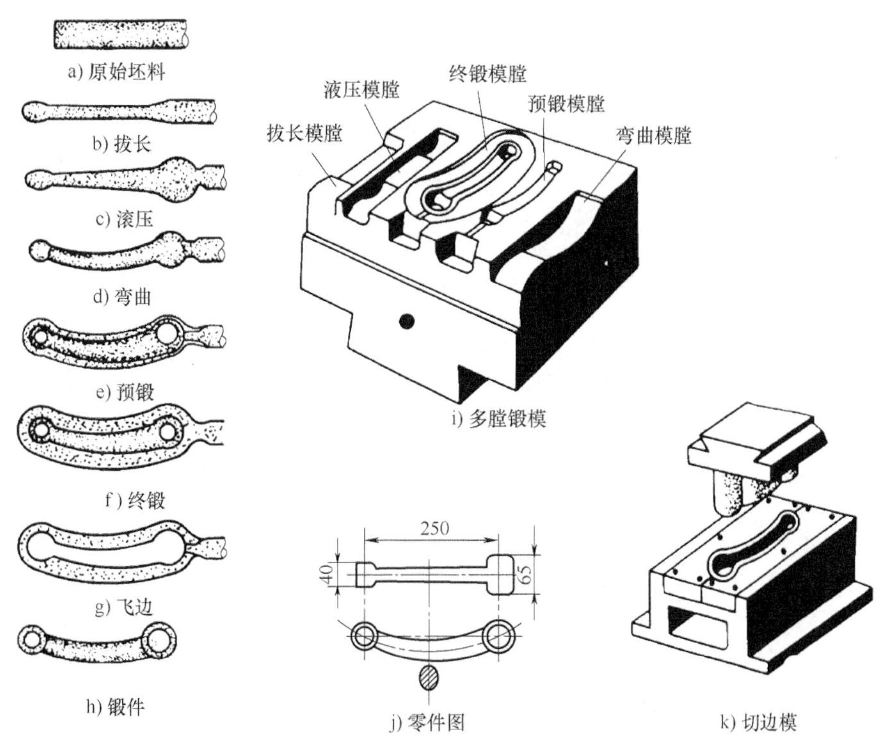

图 8-15 多模槽锻模——弯曲连杆的锻造

(2) 胎模锻 在自由锻造设备上使用简单的模具（胎模）来生产模锻件的方法，称为胎模锻。胎模锻是介于自由锻与模锻之间的一种锻造方法。胎模锻一般采用自由锻方法制坯，在胎模中终锻成形，如图 8-16 所示。胎模不固定在设备上，锻造时根据工艺过程可随时放上或取下。胎模锻生产比较灵活，适合于中小批量生产，在缺乏模锻设备的中小型工厂中应用较多。

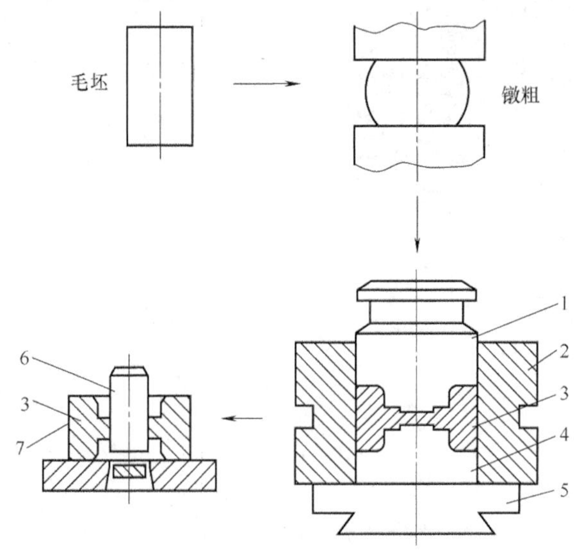

图 8-16　胎模锻过程

1—冲头　2—模桶　3—锻件　4—模垫　5—砧座　6—凸模　7—凹模

3. 模锻工序安排

模锻工序主要是依据零件的形状和尺寸来确定的，常见零件模锻工序确定见表 8-5。模锻工序确定以后，再根据已确定的工序选择相应的制坯模膛和模锻模膛。

表 8-5　常见零件模锻工序确定

零件类型	图　例	锤 击 方 向	模 锻 工 序
轴类		垂直于锻件轴向	拔长，滚压，预锻和终锻等
叉架类		垂直于锻件轴向	拔长，滚压，弯曲，预锻和终锻等
盘类		与坯料轴线相同	镦粗，预锻和终锻等

8.2 板料冲压

8.2.1 板料冲压基础知识

板料冲压是利用冲模，使板料产生分离或变形得到毛坯或零件的加工方法。板料冲压件的厚度在 1~2mm 时，冲压前一般不需要加热，因此也称薄板冲压或冷冲压，简称冷冲或冲压。当板料厚度超过 8~10mm 时，需采用热冲压。

冲压材料不仅要满足使用要求，也要满足冲压的工艺性能，如良好的塑性和表面质量、板材的厚度等。常用冲压板料种类和规格见表 8-6。

表 8-6　常用冲压板料种类和规格

种　类	名　称
黑色金属	碳素结构钢板，如 Q235
	优质碳素结构钢板，如 08F
	低合金结构钢板，如 Q355
	电工硅钢板，如 D12、D41
	不锈钢板，如 12Cr18Ni9Ti
有色金属	纯铜板，如 T1、T2
	黄铜板，如 H62、H68
	铝板，如 1050A（L3）、1035（L4）
	钛合金板
	镍铜合金板
非金属	绝缘胶木板
	纸板
	橡胶板
	有机玻璃层压板
	纤维板
	毛毡

板料冲压具有以下几个特点：

1）在常温下加工，金属板料必须具有足够的塑性和较低的变形抗力。

2）金属板料经冷变形强化，获得一定的几何形状后，结构轻巧，质量轻，强度和刚度较高。

3）冲压件尺寸精度高，质量稳定，互换性好，一般不需机械加工即可作零件使用，节省原材料。

4）冲压生产操作简单，生产率高，便于实现机械化和自动化。

5）可以冲压形状复杂的零件，废料少。

6）冲压模具结构复杂，精度要求高，制造费用高，只适用于大批量生产。

8.2.2 板料冲压设备

板料冲压主要设备是冲床。冲床也称开式压力机，如图 8-17 所示。冲床多为立式机身，呈 C 形，前、左、右三面敞开，结构简单、操作方便，机身可倾斜某一角度，以便冲好的工件滑下落入料斗，易于实现自动化。但开式机身刚度较差，影响制件精度和模具使用寿命。

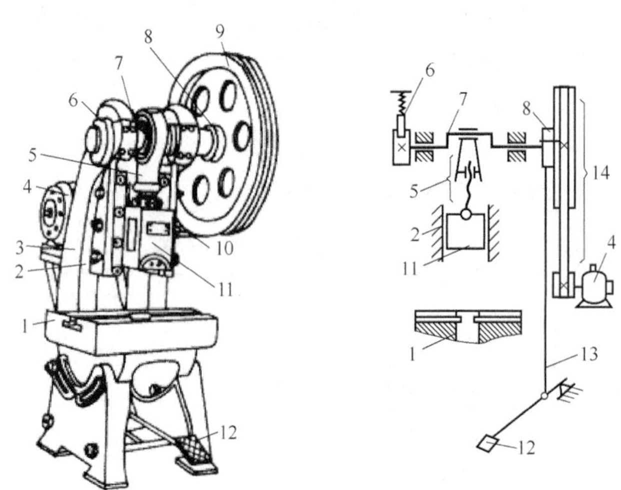

图 8-17 开式压力机

1—工作台 2—导轨 3—床身 4—电动机 5—连杆 6—制动器 7—曲轴 8—离合器 9—带轮 10—V 形带 11—滑块 12—踏板 13—拉杆 14—V 形带减速系统

8.2.3 板料冲压基本操作

板料冲压工艺，按板料在加工中是否分离，一般可分为分离工序和成形工序两大类。

分离工序是指板料受力后，冲压件与板料沿一定的轮廓线相互分离的加工工序，包括切断、冲裁、精密冲裁、切口等。常用板料冲压分离工序见表 8-7。

表 8-7 常用板料冲压分离工序

工　序	图　例	特点及应用范围
冲裁落料	废料　工件	用落料模具沿封闭线冲切板料，冲下的部分为工件，其余为废料
冲裁冲孔	工件　废料	用落料模具沿封闭线冲切板料，冲下的部分为废料，其余为工件

（续）

工　序	图　例	特点及应用范围
剪切	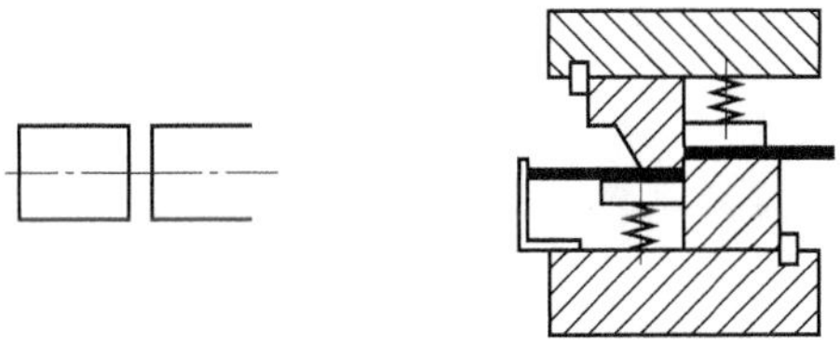	用剪刀或模具切断板材，切断线不封闭
切口		用切口模在坯料上将板材部分切开，但并不使坯料完全分离，切口部分发生弯曲

成形工序是指板料受力后，经过塑性变形之后，成为一定形状零件的加工工序，包括弯曲、整形、校平、压印、拉深、成形、翻边、收口等。常用板料冲压成形工序见表 8-8。

表 8-8　常用板料冲压成形工序

工　序	图　例	特点及应用范围
弯曲	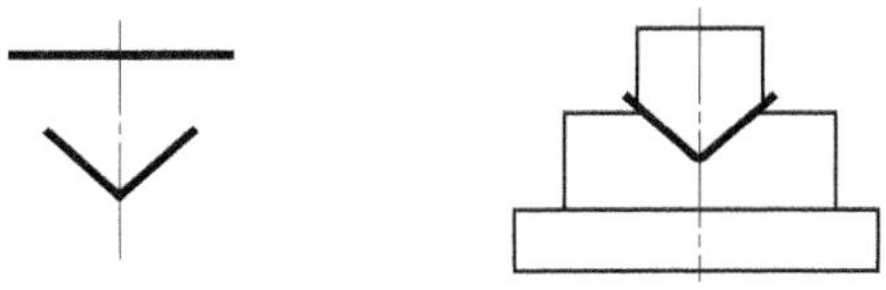	用弯曲模具使材料弯曲成一定尺寸和角度，或者对已经弯曲件作进一步弯曲
整形	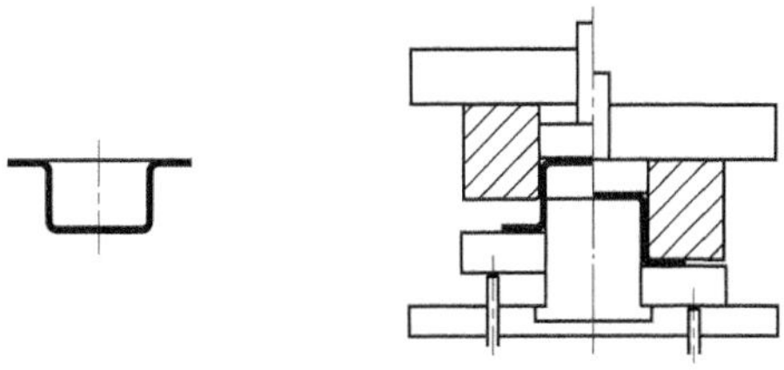	用整形模把形状不太准确的工件校正成形
校平	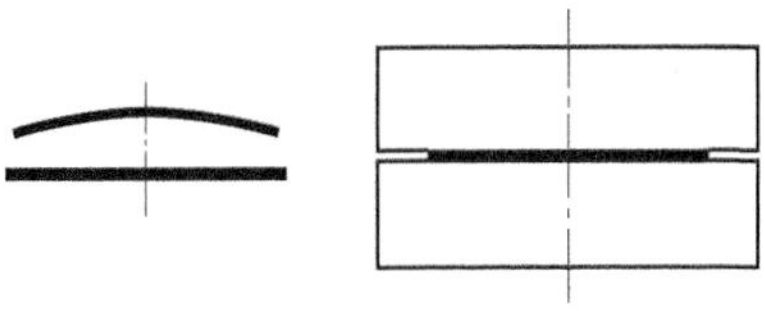	用校平模将毛坯或工件不平的面或弯曲予以压平
压印	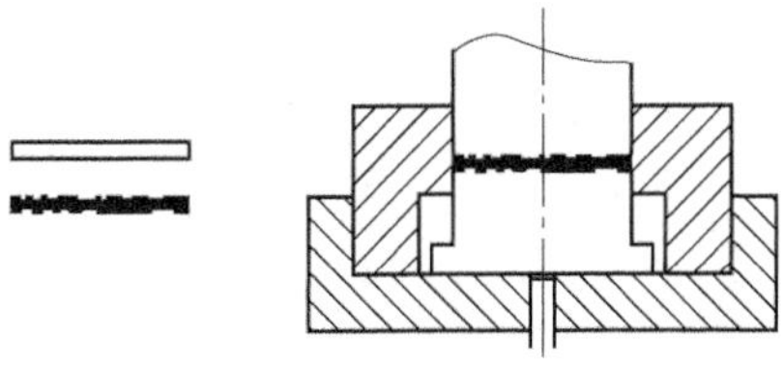	用压印模使材料局部产生流动，改变工件厚度，在表面上压出文字或花纹

思考题

1. 锻造材料加热的目的是什么？加热时可能会出现的缺陷有哪些？
2. 什么是始锻温度和终锻温度？
3. 锻件的冷却方式有哪些？
4. 自由锻造的基本工序有哪些？
5. 自由锻造和模型锻造的特点分别是什么？
6. 简述板料冲压的特点。
7. 板料冲压的基本工序有哪些？

第 9 章 焊接

焊接是指通过适当的物理化学过程如加热、加压或二者并用等方法，使两个或两个以上分离的物体产生原子（分子）间的结合力而连接成一体的连接方法，是金属加工的一种重要工艺方法。它被广泛地应用于现代工业的各个领域，如机械制造、石油化工、造船业、汽车制造、锅炉、桥梁、航空航天、核工业、电子电力、建筑等领域。焊接技术发展到今天，已经从一种传统的热加工工艺发展为集材料、冶金、结构、力学、电子多门类科学为一体的工程工艺学科。

9.1 焊接基础知识

9.1.1 焊接方法的分类

作为现代工业的基础工艺，焊接方法的种类很多。按焊接过程的工艺特点和母材金属所处的状态，通常将焊接方法分为熔化焊、压焊和钎焊三大类。常用焊接方法的分类如图 9-1 所示。

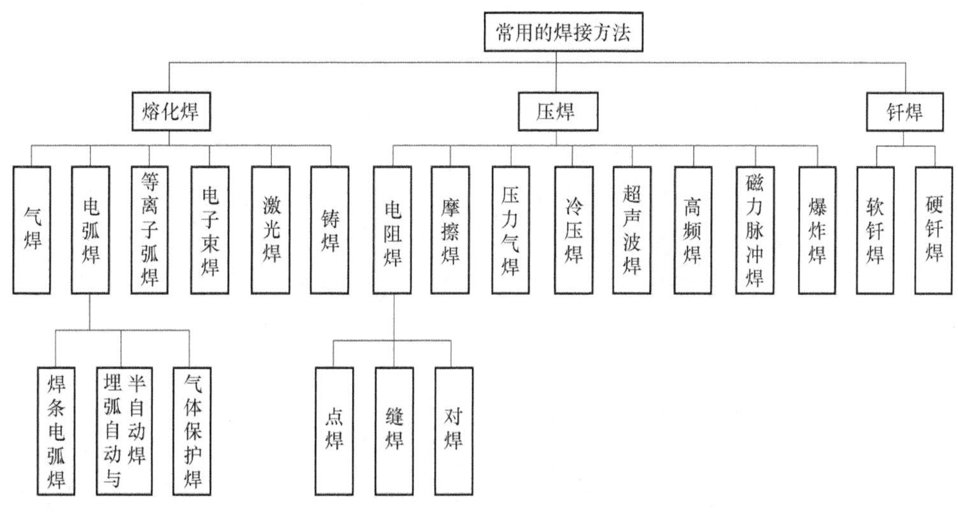

图 9-1　常用焊接方法的分类

1. 熔化焊

熔化焊是将焊件局部加热至熔化状态，冷凝后形成焊缝而使焊件连接在一起的加工方法。包括焊条电弧焊、气焊、电渣焊、电子束焊、激光焊、铝热焊等。熔化焊是广泛采用的焊接方法，大多数的低碳钢、合金钢都采用熔化焊方法焊接。特种熔化焊还可以焊接陶瓷、玻璃等非金属。

2. 压焊

压焊是在焊接过程中，对焊件施加压力（加热或不加热）完成焊接的方法。压焊时加热的主要目的是使金属软化，靠施加压力使金属塑变，让原子接近到相互稳定吸引的距离，这一点与熔化焊时加热有本质的不同。压焊包括电阻焊、摩擦焊、超声波焊、冷压焊、爆炸焊、扩散焊、高频焊、磁力脉冲焊等。

3. 钎焊

钎焊是指将熔点比母材低的钎料加热至熔化，但加热温度低于母材的熔点，用熔化的钎料填充焊缝、润湿母材并与母材相互扩散形成一体的焊接方法。钎焊分两大类：硬钎焊和软钎焊。硬钎焊的加热温度>450℃，焊件抗拉强度>200MPa，常用银基、铜基钎料，适用于工作应力大，环境温度高的场合，如硬质合金车刀、地质钻头的焊接。软钎焊的加热温度<450℃，焊件抗拉强度<70MPa，适用于应力小、工作温度低的场合。

9.1.2 焊接方法的特点

焊接是目前应用极为广泛的永久性连接方法之一，有着其他加工方法不可替代的优势。焊接的主要特点有：

（1）连接性能好　可将板材、型材或铸锻件等进行组合焊接，还可以将不同形状及尺寸甚至不同材质的材料（异种材料）连接起来。

（2）焊缝质量好　可以达到甚至超过母材的性能质量。同时，焊接结构刚度大、整体性好，具有很好的气密性及水密性，如压力容器、管道、锅炉等都采用焊接工艺。

（3）焊接方法多样　随着焊接技术的飞速发展，焊接的工艺方法已达到50余种。

（4）容易实现自动化　如计算机、微电子、数字控制、信息处理、工业机器人、激光技术等，已经被广泛地应用于焊接领域，又如，汽车制造业中广泛使用了点焊机械手等。在我国大型骨干企业，焊接机械化、自动化程度已达到60%~65%。

（5）缺点　焊接时易产生焊接应力，而削弱焊接结构的承载能力；易产生焊接变形，影响焊接结构的尺寸和精度；因工艺或操作不当，还会产生多种焊接缺陷，降低焊接结构的安全性能，产生有毒有害的物质等。但是，在生产中通过优化焊接接头设计、合理选材和施工以及严格管理等，可以克服这些不足之处，使焊缝质量达到很高的水平。

9.2 焊条电弧焊

电弧焊是利用电弧产生的热量使焊件结合处的金属成熔化状态，互相融合，冷凝后结合在一起的一种焊接方法。它包括焊条电弧焊（焊条弧焊）、埋弧焊和气体保护焊等。该方法的电源可以是直流电，也可以是交流电。它所需设备简单，操作灵活，因此是生产中使用最广泛的一种焊接方法。

焊条电弧焊使用设备简单，所需的焊条供应充足，且品种规格齐全，可焊接除活性金属和难熔金属以外的所有结构材料，且接头的质量可达到高标准的要求，并能灵活应用于空间位置不规则焊缝的焊接，工艺适用性强。由于手工操作，焊条电弧焊也存在缺点，如焊接生产率低，焊接电流的限制较大，难以大电流焊接；更换焊条，清除焊渣等辅助时间延长了焊接周期；焊条的熔深较浅，厚度>5mm 对接接头就需要开坡口及背面清根；焊接劳动条件差且对焊工的技术要求较高等。

9.2.1 焊条电弧焊原理与焊接过程

焊条电弧焊焊接连线图和焊接过程如图 9-2、图 9-3 所示。焊机电源两输出端通过电缆、焊钳和地线夹头分别与焊条和焊件相连。焊接过程中，产生在焊条和焊件之间的电弧将焊条和焊件局部熔化，受电弧力作用，焊条端部熔化后的熔滴过渡到母材，和熔化的母材融合在一起形成熔池，随着电弧向前移动，熔池金属液逐渐冷却结晶，形成焊缝，从而形成焊接接头。

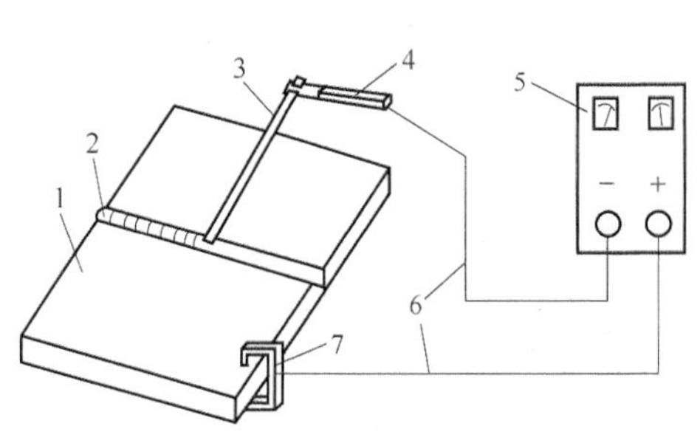

图 9-2　焊接连线图

1—焊件　2—焊缝　3—焊条　4—焊钳
5—焊接电源　6—电缆　7—地线夹头

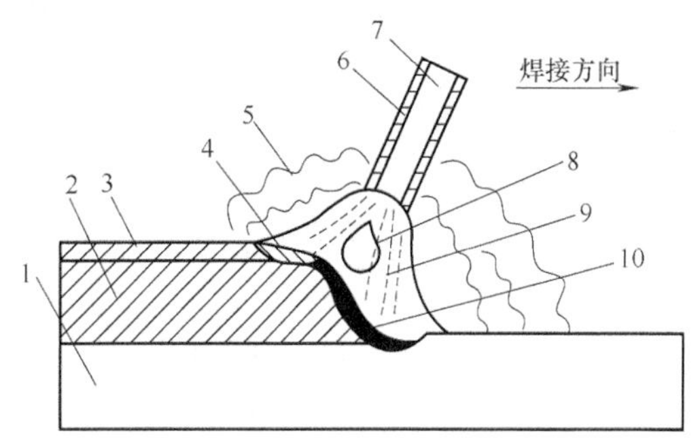

图 9-3　焊接过程

1—焊件　2—焊缝　3—渣壳　4—焊渣　5—气体　6—药皮
7—焊芯　8—熔滴　9—电弧　10—熔池

9.2.2 焊接电弧

焊接电弧是电极与工件间的气体介质长时间而且剧烈的放电现象。焊接电弧如图 9-4 所示，它由阴极区、弧柱区和阳极区三部分组成。阴极区在阴极端部，阳极区在阳极端部，弧柱区是处于阴极区和阳极区之间的区域。用钢焊条焊接钢材时，阴极区的温度可达 2400℃，产生的热量约占电弧总热量的 36%，阳极区的温度可达 2600℃，产生的热量占电弧总热量的 43%，弧柱区的中心温度最高，可达 6000~8000℃，热量约占总热量的 21%。

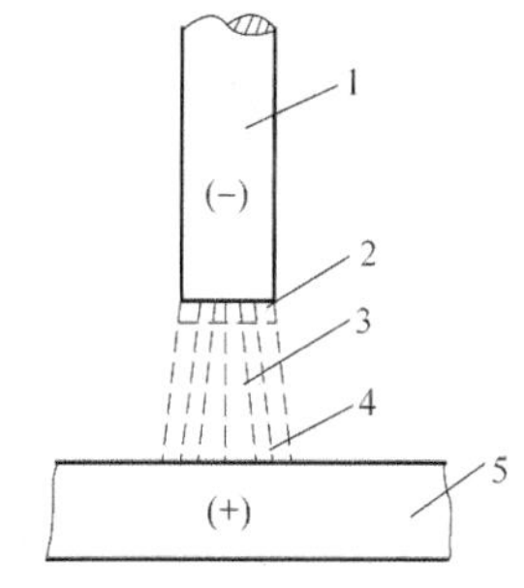

图 9-4　焊接电弧

1—焊条　2—阴极区　3—弧柱区
4—阳极区　5—工件

9.2.3 焊条电弧焊设备及工具

1. 交流弧焊机

交流弧焊机供给焊接电弧的电流是交流电，如图 9-5 所示。交流弧焊机是一种特殊的降压变压器，又称弧焊变压器，它将电网输入的交流电变成适宜于电弧焊的交流电。此类焊接电源通过增大主回路电感量来获得下降特性，其中有一种方式是增强变压器本身的漏磁，形成漏磁感抗。弧焊变压器中可调感抗除用以获得下降特性外，还有稳定焊接电弧和调节焊接电流的作用。

交流弧焊机结构简单，价格便宜，使用可靠，维修方便，工作噪声小，缺点是焊接时电弧不够稳定。

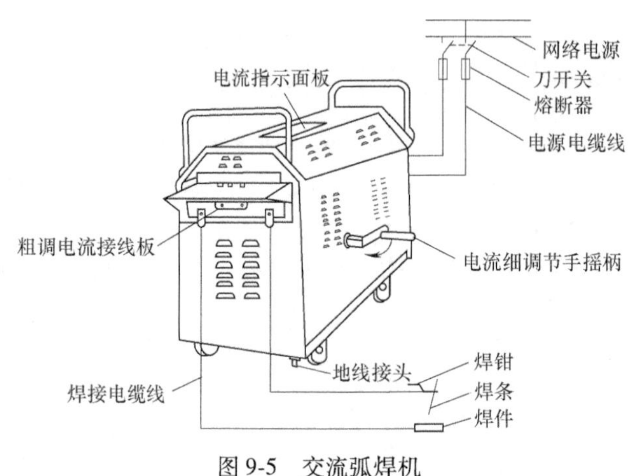

图 9-5　交流弧焊机

2. 直流弧焊机

直流弧焊机供给焊接电弧的电流是直流电。它分为整流式直流弧焊机和发电机式直流弧焊机。

（1）发电机式直流弧焊机　它是由一台具有特殊性能的、能满足焊接要求的直流发电机供给焊接电流，发电机由一台同轴的交流电动机带动，两者装在一起组成一台直流弧焊机，如图 9-6 所示。它结构比较复杂，价格高，使用噪声大，且维修困难。

（2）整流式直流弧焊机　整流式弧焊机是以弧焊整流器为核心的焊接设备，如图 9-7 所示。弧焊整流器将交流电经变压器降压并整流成直流电源供焊接使用。常用的直流弧焊机有硅整流式直流弧焊机和晶闸管式整流直流弧焊机。它既弥补了交流弧焊机电极稳定性不好的缺点，又比发电机式直流弧焊机结构简单，维修容易，噪声小。

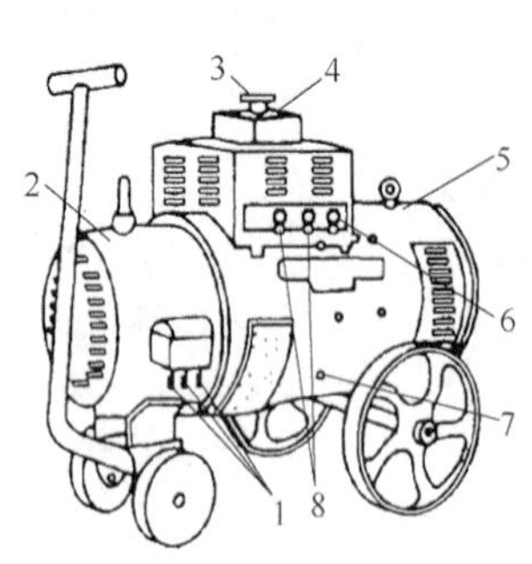

图 9-6　发电机式直流弧焊机

1—外接电源　2—交流电动机　3—调节手柄
4—电流指示盘　5—直流发电机　6—正极抽头
7—接地螺钉　8—焊接电源两极

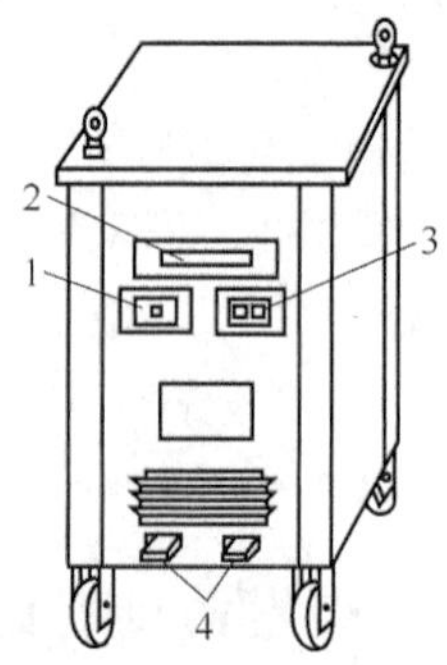

图 9-7　整流式直流弧焊机

1—电流调节器　2—电流指示盘
3—电源开关　4—焊接电源两级

3. 辅助工具

焊条电弧焊辅助设备和工具有：焊钳、接地钳、焊接电缆、面罩、焊条保温筒等。常用的焊接手工工具有清渣用的敲渣锤、錾子、钢丝刷、锤子、钢丝钳、夹持钳等，如图 9-8 所示。

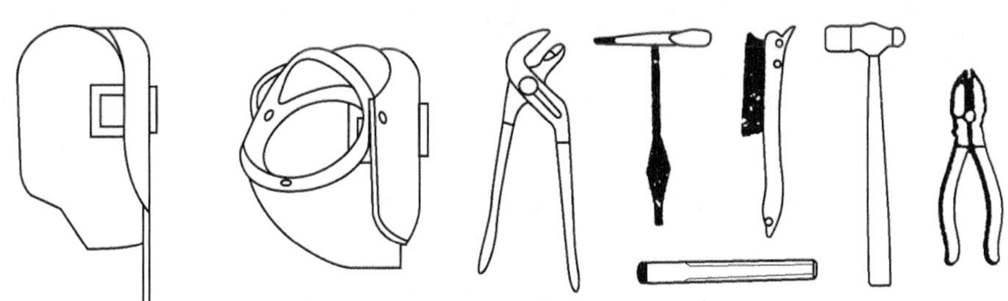

图 9-8　常用的焊接手工工具

9.2.4　焊条

焊条是电焊条的简称，由药皮和焊芯两部分组成。它实际就是涂有药皮的供焊条电弧焊用的熔化电极，焊条结构如图 9-9 所示。焊条规格用焊芯直径代表，焊条长度根据焊条种类和规格，有多种尺寸，焊条规格见表 9-1。

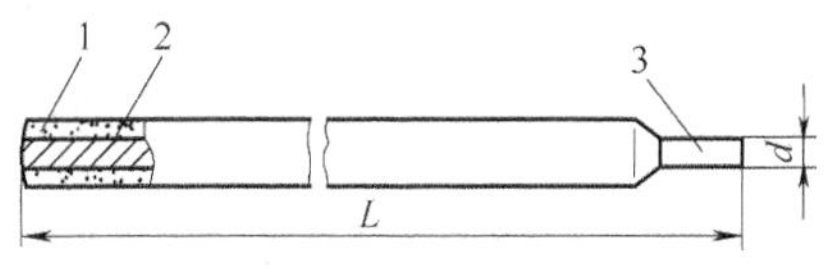

图 9-9　焊条结构

1—药皮　2—焊芯　3—焊条夹持部分

表 9-1　焊条规格

焊条直径 d/mm	焊条长度 L/mm		
2.0	250	300	—
2.5	250	300	—
3.2	350	400	450
4.0	350	400	450
5.0	400	450	700
5.8	400	450	700

1. 焊条的组成及各部分的作用

（1）焊芯　焊芯是指焊条中被药皮包覆的金属芯。其作用有：一是作为电极，传导电流，产生电弧；二是熔化后作为填充金属，与熔化的母材一起组成焊缝金属。焊芯的牌号用“H”即“焊”字汉语拼音的第一个字母表示；其后的牌号表示方法与钢号表示方法相同。例如：H08 MnA 表示高级优质，主要合金元素为 Mn，其含量为 1%左右，碳含量为 0.08%的焊接用钢丝。焊条电弧焊时，焊芯金属占整个焊缝金属的 50%~70%。焊芯的化学成分将直接影响焊缝质量。

（2）药皮　药皮是包裹在焊芯表面的涂料层，它含有稳弧剂、造气剂和造渣剂。因此，它有如下作用：

1）改善焊接工艺性能。药皮可使电弧容易引燃并保持电弧稳定燃烧，容易脱渣，焊缝成形良好，适用于全位置焊接。

2）保护熔池和焊缝金属。在电弧的高温作用下，药皮分解所产生的气体和熔渣对熔池和焊缝金属起保护作用，防止空气对金属的有害作用。

3）化学冶金作用。通过药皮在熔池中的化学冶金作用去除氧、氢、硫、磷等有害杂质，同时补充有益的合金元素，改善焊缝质量，提高焊缝的力学性能。

采用不同材料、按不同的配比设计药皮可适用于不同焊接需求。常用药皮类型有碳素钢药皮、低合金钢药皮、不锈钢焊条药皮和铬钼钢焊条药皮。根据药皮产生熔渣的酸碱性，又将药皮分为酸性药皮和碱性药皮，与之相应的焊条称为酸性焊条或碱性焊条。

2. 焊条的分类

焊条按用途可分为九大类：结构钢焊条、耐热钢焊条、不锈钢焊条、堆焊焊条、铸铁焊条、镍及镍合金焊条、铜及铜合金焊条、铝及铝合金焊条、特殊用途焊条，其中应用最广的是结构钢焊条。按药皮性质可分为酸性焊条和碱性焊条两大类。

9.2.5 焊接位置

根据焊缝在空间的位置不同，焊接位置可分为平焊、立焊、横焊和仰焊四种。

1. 平焊

焊条常选 ϕ3.2mm，焊接电流 100~110A，焊条与焊接方向夹角 30°~50°，与两侧工件夹角为 90°，引弧从间隙小一端定位焊处引弧，更换焊条或停焊时，焊条下压使熔孔稍大些，收弧过渡两滴金属，供背面焊缝饱满。收弧处理不当，易产生弧坑，其危害包括：①减少焊缝局部面积而削弱强度；②引起应力集中；③弧坑处氢含量较高，易产生裂纹。防止弧坑的措施有：进行收弧处理，保证焊缝的连续外形，维持正常的熔池温度，逐渐填满弧坑后熄弧。填充层、盖面层焊接，在离焊缝端头 10mm 左右引弧，压低电弧施焊，作锯齿形横向运条，在坡口两侧稍作停留，保持坡口两侧温度均衡，且能填满金属防止咬边。平焊如图 9-10a 所示。

2. 立焊

焊条向下倾斜 60°~80°，与两边成 90°，采用小直径焊条，电流比平焊小 10%~15%，短弧操作，常采用挑弧焊接来控制熔池温度。合理的运条方式也是保证立焊质量的手段，常用锯齿形，月牙形法。更换焊条要快，采用热接法。立焊如图 9-10b 所示。

3. 横焊

焊条与焊接方向夹角 75°~80°，焊条与下面母材夹角也为 75°~80°，应选小直径焊条和较小的电流，以短路过渡形式进行焊接。由于焊条的倾斜以及上下坡口角度影响，造成上下坡口的受热不均匀，上坡口受热较好，下坡口受热较差。同时金属因受重力作用下坠，极易造成下坡口熔合不良，甚至冷接。因此应先击穿小坡口面，使下坡口面击穿熔孔在前，上坡口面击穿熔孔在后。当熔渣超前时，要采用拨渣运条法。横焊如图 9-10c 所示。

4. 仰焊

焊接时一定要注意保持正确的操作姿势，焊接点不要处于人的正上方，应为上方偏前，且焊缝偏向操作人员的右侧，焊条夹角与立焊相同，采用小直径焊条，小电流焊接，短弧焊接。当熔池温度过高时，可以将电弧稍稍抬起，使熔池温度降低，起头和接头在预热过程中很容易出现熔渣和金属液在一起和熔渣越前现象，这时应将焊条与上板的夹角减小，以增大电弧吹力，千万不能灭弧。仰焊如图 9-10d 所示。

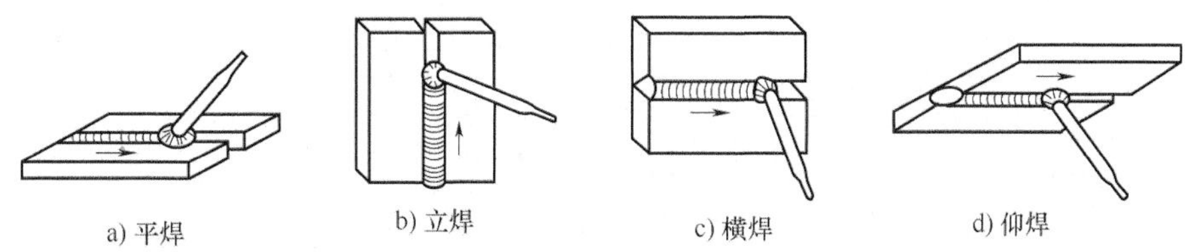

a) 平焊　b) 立焊　c) 横焊　d) 仰焊

图 9-10　根据焊缝的空间位置对焊接位置的分类

9.2.6　焊接接头与坡口形式

1. 接头形式

用焊接方法连接的接头称为焊接接头，它主要起连接和传递力的作用，焊接接头由焊缝、熔合区和热影响区三部分组成，如图 9-11 所示。接头形式有对接接头、T 形接头、十字接头、搭接接头、角接接头、端接接头、套管接头、斜对接接头、卷边接头和锁底接头 10 种，如图 9-12 所示。其中，对接接头和 T 形接头在焊接生产中应用最为普遍。

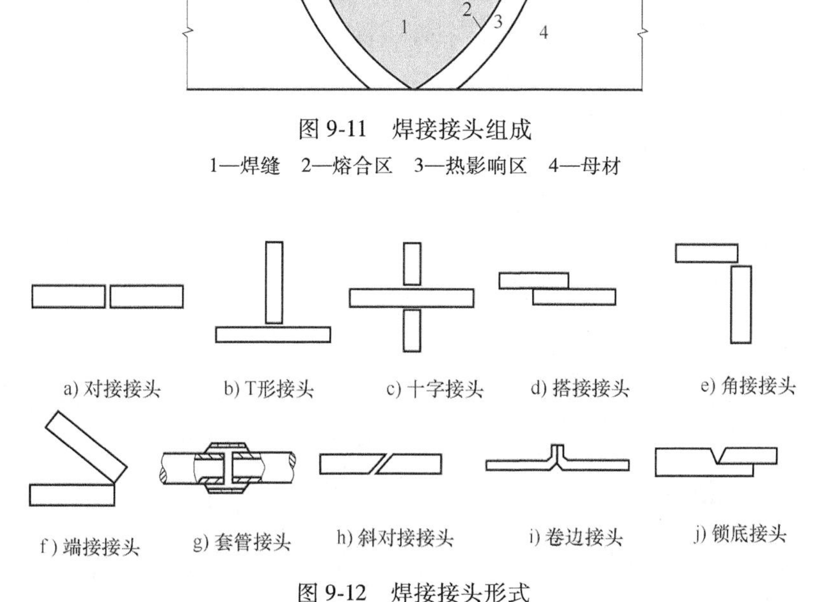

图 9-11　焊接接头组成

1—焊缝　2—熔合区　3—热影响区　4—母材

a) 对接接头　b) T形接头　c) 十字接头　d) 搭接接头　e) 角接接头

f) 端接接头　g) 套管接头　h) 斜对接接头　i) 卷边接头　j) 锁底接头

图 9-12　焊接接头形式

2. 坡口形式

根据设计和工艺需要，在焊件的待焊部位加工并装配成一定几何形状的沟槽称为坡口，加工坡口的过程称为开坡口。开坡口的目的是保证电弧能深入接头根部，使根部焊透，便于清渣，获得良好的焊缝成形。

焊接坡口形式有I形坡口、V形坡口、U形坡口、双V形坡口、双U形坡口等多种，坡口形式应根据工件的结构和厚度、焊接方法、焊接位置及焊接工艺等进行选择，同时，还应考虑保证焊缝能焊透，坡口容易加工，节省焊条，焊后变形较小及提高生产效率等问题。常见的对接接头的坡口形式及适用厚度如图9-13所示。

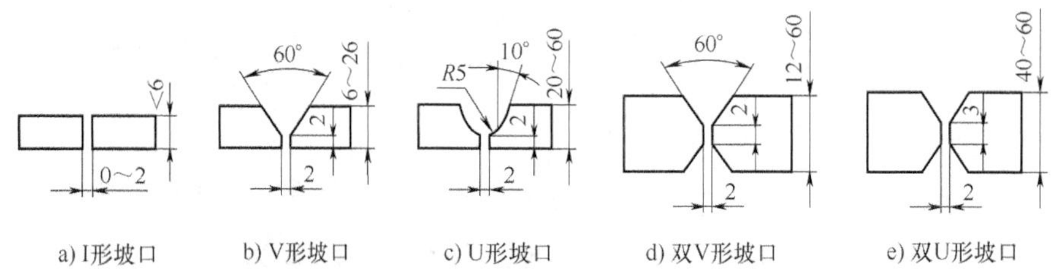

a) I形坡口　b) V形坡口　c) U形坡口　d) 双V形坡口　e) 双U形坡口

图9-13　常见的对接接头的坡口形式及适用厚度

9.2.7　焊接参数的选择

焊条电弧焊焊接参数包括焊条直径、焊接电流、电弧电压和焊接速度等，而主要的参数通常是焊条直径和焊接电流。至于电弧电压和焊接速度在焊条电弧焊中如无特别指明，均由焊工视具体情况掌握。

1. 焊条直径

焊条直径主要取决于焊件厚度、接头形式、焊缝位置、焊接层数等因素。若焊件较厚，则应选用较大直径的焊条。平焊时允许使用较大的电流进行焊接，焊条直径可大些，而立焊、横焊与仰焊应选用小直径焊条。多层焊的打底焊，为防止未焊透缺陷，选用小直径焊条；大直径焊条用于填坡口的盖面焊道。

2. 焊接电流

焊接电流主要根据焊条类型、焊条直径、焊件厚度、接头形式、焊缝位置及焊道层次等因素确定。

使用结构钢焊条进行平焊时，焊接电流可根据经验公式 $I=Kd$ 选用，其中，I 为焊接电流（A）；d 为焊条直径（mm）；K 为经验系数（A/mm）。

K 和 d 的关系为：d 在1~2mm时，K 为25~30A/mm；d 在2~4mm时，K 为30A/mm；d 在4~6mm时，K 为40~60A/mm。

立焊、横焊和仰焊时，焊接电流应比平焊时小10%~20%，对于合金钢和不锈钢焊条，由于焊芯电阻大，热膨胀系数高，若电流过大，则焊接过程中焊条容易发红而造成药皮脱落，因此焊接电流应适当减少。

3. 电弧电压

电弧两端的电压称为电弧电压，其大小取决于电弧长度。电弧长，电弧电压高；电弧短，电弧电压低。电弧过长时，电弧不稳定，焊缝容易产生气孔。一般情况下，尽量采用短弧操作，且弧长一般不超过焊条直径。

4. 焊接速度

焊接速度是指焊条沿焊接方向移动的速度。焊接速度低，则焊缝宽而高；焊接速度高，则焊缝窄而低。焊接速度要凭经验而定，施焊时应根据具体情况控制焊接速度，在外观上，达到焊缝表面几何形状均匀一致且符合尺寸要求。

5. 焊接层数

当工件厚度较大时，需要采用多层焊接，以保证焊缝的力学性能。一般每层厚度为焊条直径的 0. 8~1. 2 倍时，比较合适，生产率高且易控制。

9. 2. 8　焊条电弧焊基本操作

1. 接头清理

焊接前，接头处应除尽铁锈、油污，以便于引弧、稳弧和保证焊缝质量。

2. 引弧

使焊条与焊件间产生稳定电弧的操作即为引弧。一般情况下，焊接电弧的引燃采用两种方式：划擦法引弧和直击法引弧。

划擦法引弧是将焊条对准焊件，在其表面上轻微划擦形成短路，然后迅速将焊条向上提起 2~3mm 的距离，电弧即被引燃，如图 9-14a 所示。直击法引弧是将焊条对准焊件并在其表面上轻敲形成短路，然后迅速将焊条向上提起 2~3mm 的距离，电弧即被引燃，如图 9-14b 所示。

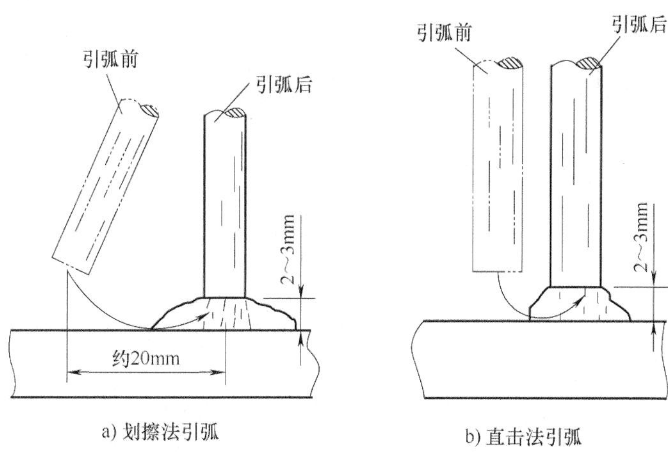

a) 划擦法引弧　　b) 直击法引弧

图 9-14　引弧方法

3. 运条

焊条电弧焊是依靠人手工操作焊条运动实现焊接的，此种操作也称运条。运条是在引弧以后为保证焊接的顺利进行而做的动作，包括控制焊条角度、焊条送进、焊条摆动和焊条前移，如图 9-15 所示。

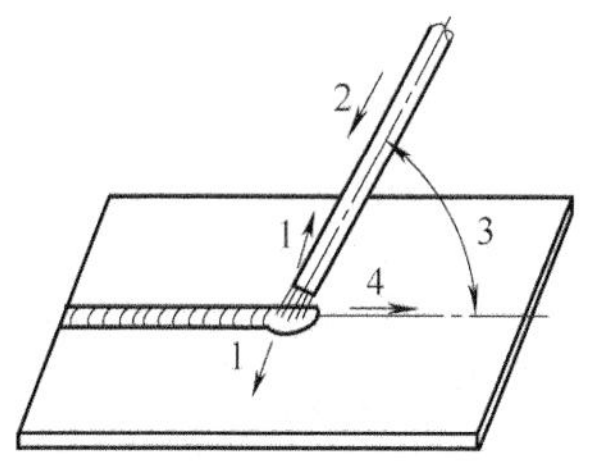

图 9-15　焊条运动和角度控制

1—横向摆动　2—送进　3—焊条与焊件夹角为 70°~80°　4—焊条前移

4. 收尾熄弧

焊缝收尾时要求尽量填满弧坑。收尾的方法有划圈法（在终点作圆圈运动，填满弧坑）、回焊法（到终点后再反方向往回焊一小段）和反复断弧法（在终点处多次熄弧、引弧、把弧坑填满)。回焊法适用于碱性焊条，反复断弧法适用于薄板或大电流焊接。熄弧操作不好会造成裂纹、气孔、夹渣等缺陷。

5. 焊条电弧焊安全操作要点

（1）防止触电　焊前检查焊机接地是否良好，焊钳和电缆的绝缘必须良好，不得赤手接触导电部分，焊接时应站在木垫板上。

（2）防止弧光伤害和烫伤　穿好工作服，焊接时戴手套和脚盖，并戴好面罩，隔离焊接场地，防止弧光伤害他人；不要用手去触摸刚焊过的工件；除渣时，注意防止焊渣烫伤脸和眼睛。

（3）防止中毒　焊接场地应通风良好或配置通风设备；焊接铝、黄铜、铅及锌时，应配戴口罩。

（4）防火，防爆　焊接时，周围不能有易燃、易爆物品。

（5）保证设备安全　线路各连接点必须紧密接触，防止因松动接触不良而发热；焊钳任何时候都不得放在工作台上，以免短路烧坏焊机；发现焊机或线路发热烫手时，应立即停止工作；操作完毕或检查焊机及电路系统时必须拉闸。

9.3 其他焊接方法简介

焊接在生产中应用较为广泛，除了常见焊条电弧焊外，还有多种其他焊接方法，如二氧化碳气体保护焊、氩弧焊、埋弧焊、电阻焊、真空电子束焊、钎焊、等离子弧焊、激光焊接等，由于篇幅有限不再一一详述。

9.3.1 二氧化碳气体保护焊

二氧化碳气体保护焊是采用 CO_2 气体作为保护介质，焊丝作为电极和填充金属的电弧焊方法。在应用方面操作简单，适合自动焊和全方位焊接。在焊接时不能有风，适合室内作业。二氧化碳气体保护焊成本低，生产率高，焊缝质量较好，主要用于低碳钢和低合金结构钢薄板的焊接。

二氧化碳气体保护焊主要由焊接电源、焊枪、供气系统、控制系统以及送丝机构、焊件、焊丝和电缆线等组成，其基本工作原理如图 9-16 所示。

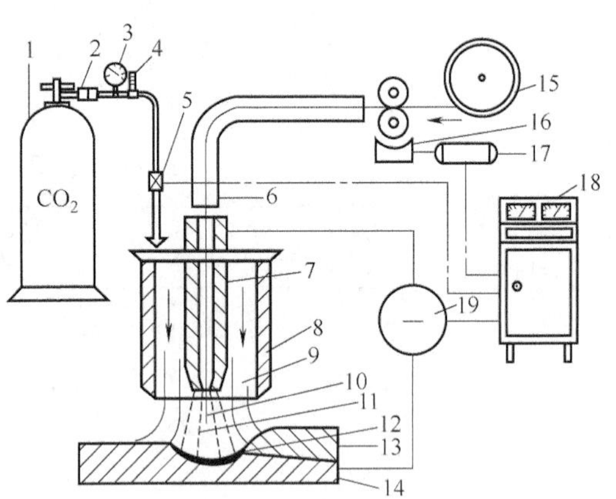

图 9-16　CO_2气体保护焊基本工作原理示意图
1—CO_2 气瓶　2—干燥预热器　3—压力表　4—流量计　5—电磁气阀　6—软管　7—导电嘴　8—喷嘴　9—CO_2 保护气体　10—焊丝　11—电弧　12—熔池　13—焊缝　14—焊件　15—焊丝盘　16—送丝机构　17—送丝电动机　18—控制箱　19—直流电源

9.3.2 氩弧焊

以惰性气体氩气作为保护气体的电弧焊，其方法有钨极氩弧焊和熔化极氩弧焊两种。

（1）钨极氩弧焊　简称 TIG 焊。它是在惰性气体的保护下，利用钨电极与焊件间产生的电弧热熔化母材和填充焊丝（如果使用填充焊丝）的一种方法。焊接时保护气体从焊枪的喷嘴中连续喷出，在电弧周围形成气体保护层隔绝空气，以防止其对钨极、熔池及邻近热影响区的有害影响，从而可获得优质的焊缝。保护气体可采用氩气、氦气或氩氦混合气体。用氩气作为保护气体的称钨极氩弧焊。其工作原理如图 9-17 所示。

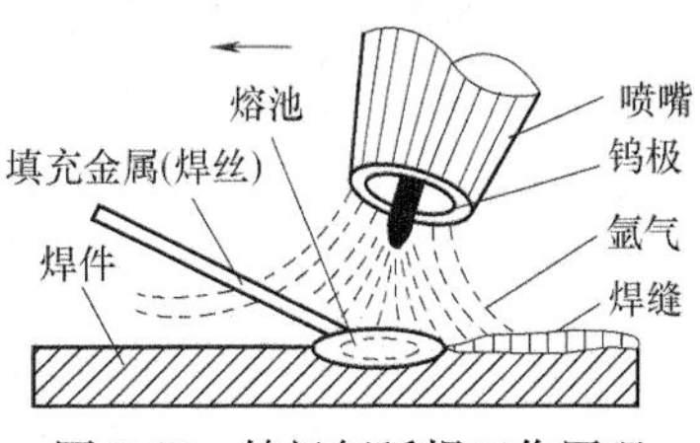

图 9-17　钨极氩弧焊工作原理

氩气是惰性气体，不与金属发生化学反应，不烧损被焊金属和合金元素，又不溶解于金属引起气孔，是一种理想的保护气体，能获得高质量的焊缝。氩气的热导率小，电弧热量损失小，电弧一旦引燃，非常稳定。钨极氩弧焊是明弧焊接，便于观察熔池，易于控制，可以进行全位置的焊接。但氩气价格贵，焊接成本高；熔深浅，生产率低，抗风、抗锈能力差，设备较复杂，维修较为困难，通常适用于易氧化的有色金属、高强度合金钢及某些特殊性能钢（如不锈钢、耐热钢）等材料薄板的焊接。

（2）熔化极氩弧焊　又称 MIG 焊，熔化极氩弧焊利用金属焊丝作为电极，焊接时，焊丝和焊件在氩气保护下产生电弧，焊丝自动送进并熔化，金属熔滴呈很细的颗粒喷射过渡进入熔池中。

9.3.3　电阻焊

电阻焊是利用电阻热为热源，并在压力下通过塑性变形和再结晶而实现焊接的。根据接头形式电阻焊可分成点焊、缝焊和对焊，如图 9-18 所示。

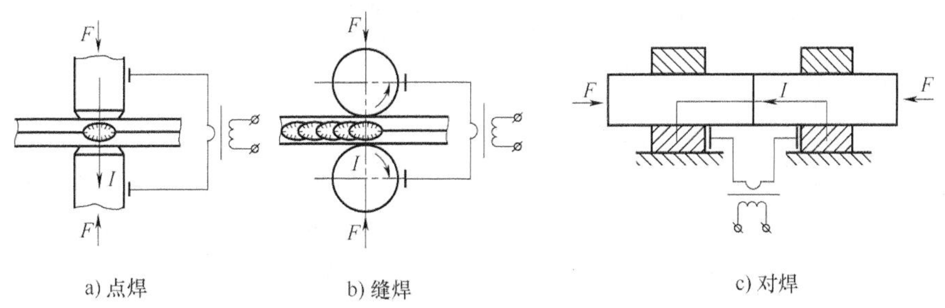

图 9-18　常用电阻焊种类

1. 点焊

点焊如图 9-18a 所示。点焊是指将焊件装配成搭接接头，并放置在上、下电极之间压紧，然后通电，产生电阻热熔化母材金属，形成焊点的电阻焊方法。主要用于焊接搭接接头。

点焊变形小，焊件表面光洁，适用于密封要求不高的薄板冲压件焊接及薄板、型钢构件的焊接，广泛用于汽车、航空航天、电子等工业。

2. 缝焊

缝焊（又称滚焊）是指将焊件装配成搭接或对接接头，并置于两滚轮电极之间，滚轮加压焊件并转动，连续或断续送电，形成一条连续焊缝的电阻焊方法，如图 9-18b 所示。缝焊一般应用在有密封性要求的接头制造上，适用材料板厚为 0.1～2mm，如汽车油箱、暖气片、罐头盒的生产。

3. 对焊

对焊是指先将焊件夹紧并加压，然后通电使接触面温度达到塑性温度（950～1000℃），在压力下塑变和再结晶形成固态焊接接头的电阻焊方法，如图 9-18c 所示。对焊要求对接处焊前严格清理，所焊截面积较小，一般用于钢筋的对接焊。对焊操作简单，接头比较光洁，但由于接头中有杂质，强度不高。

9.3.4 钎焊

利用熔点比被焊材料熔点低的金属作钎料，加热钎料熔化，由于毛细管作用将钎料吸入到接头接触面的间隙内，润湿金属表面，使固相和液相之间相互扩散而形成钎焊接头。钎焊材料包括钎料和钎剂。钎料是钎焊用的填充材料，在钎焊温度下具有良好的湿润性，能充分填充接头间隙，能与焊件材料发生一定的溶解、扩散作用，保证和焊件形成牢固的结合。根据钎料熔点的不同，钎焊可分为硬钎焊和软钎焊两大类。

1. 硬钎焊

硬钎焊是指使用熔点>450℃的钎料进行的钎焊。常用的硬钎焊钎料有铜基、银基、铝基合金。硬钎焊使用的钎剂主要有硼砂、硼酸、氟化物、氯化物等。硬钎焊接头强度较高（>200MPa），工作温度也较高，常用于焊接受力较大或工作温度较高的焊件，如车刀上硬质合金刀片与刀杆的焊接。

2. 软钎焊

软钎焊使用的钎料熔点<450℃，接头强度较低，一般不超过 70MPa，所以只用于钎焊受力不大、工作温度较低的工件。常用的钎料是锡铅合金，所以统称锡焊。

9.3.5 激光焊接

以聚集的激光束作为热源轰击焊件所产生的热量进行焊接的方法称为激光焊接。其特点是焊缝窄，热影响区和变形极小。激光束在大气中能远距离传射到焊件上，不像电子束那样需要真空室，但穿透能力不及电子束焊。激光焊可进行同种金属或异种金属间的焊接，其中包括铝、铜、银、钼、锆、铌以及难熔金属材料等，甚至还可以焊接玻璃钢等非金属材料。

9.4 焊接工艺实践

项目名称：焊条电弧焊焊接烧烤架

烧烤架由 12 块钢板拼接组成，采用平焊、立焊的方法进行焊接，焊接烧烤架所需材料见表 9-2，焊接工艺过程及步骤见表 9-3。

表 9-2 焊接烧烤架所需材料

300mm×300mm 钢板	4 块	用作烧烤架两侧面
300mm×200mm 钢板	3 块	用作烧烤架底面和一端面

（续）

300mm×100mm 钢板	4 块	打孔，用于制作置炭板
200mm×100mm 钢板	1 块	用作烧烤架另一端面

表 9-3　烧烤架焊接工艺过程及步骤

操作序号	加工简图	加工内容
1. 焊接烧烤架底座		将 4 块 300mm×300mm 钢板两两对接，运用平焊连弧操作手法，焊接成 2 块 600mm×300mm 钢板，用于两侧面。并在离底面高度 200mm 处，焊接支撑点用来支撑放置木炭的底板。将 2 块 200mm×300mm 钢板对接形成一块 200×600 钢板，用作工件底座
2. 焊接烧烤架一侧面		将 1 块 600mm×300mm 钢板与 1 块 600mm×200mm 钢板 90°角接，焊接烧烤架的一侧面
3. 焊接烧烤架一端面和另一侧面		将一块 200mm×300mm 钢板与侧面角接，将另一块 600mm×300mm 钢板与工件主体连接
4. 焊接烧烤架另一端面		将 200mm×100mm 钢板靠上部与主体工件连接，形成一个完整的框架结构，并在两板相对中心位置焊接两块角钢，当作把手使用
5. 焊接烧烤架置碳板		最后焊接放置木炭的底板。将 4 块钻孔后的 100mm×300mm 钢板，两两对接，做成两块底板，因焊接过程中会产生热变形，所以在对接时做成一定角度对接形式，这样底板就能放置在焊出的支撑点上，同时在实际使用中也能便于拆卸清洗
6. 清理焊渣	略	清除烧烤架焊缝上的焊渣

1. 按焊接过程的特点，焊接方法分为哪几类？各有什么特点？

2. 什么是焊接电弧？电弧区域如何划分？其温度和热量如何分布？
3. 焊条由几部分组成？各部分有何作用？
4. 焊接接头形式有哪些？各有何特点？坡口形式有哪些？如何选用？
5. 引弧方法有几种？运条动作有哪些？熄弧方法有哪些？
6. 焊条电弧焊安全操作应注意什么？
7. 点火时为什么要先开氧气，后开乙炔？而熄灭时为什么又与点火时相反？

第10章 数控车削

数控车床是在卧式车床的基础上加上数控系统并能按照加工程序完成加工的自动化机床，主要用来对回转体零件进行车削、镗削、钻削、铰削、攻螺纹等工序的加工。数控车削是在数控机床上通过数控方式完成车削加工的工艺过程，如自动完成内外圆柱面、内外圆锥面、球面、螺纹、槽及端面等工序的切削加工。

本章介绍数控机床基本知识以及与数控车削相关的数控车床、图样审核、加工工艺制定、程序编制、机床操作、零件加工等内容。

10.1 数控机床基础知识

数控即数字控制（Numerical Control，NC），是20世纪中期发展起来的一种自动控制技术，是用数字化信号进行控制的一种方法。

数控技术是利用数字化的信息对机械运动及加工过程进行控制的一种方法。用数控技术实施加工控制的机床，或者说装了数控系统的机床称为数控（NC）机床。

10.1.1 数控机床的组成

数控机床由控制介质、输入/输出装置、数控装置、伺服驱动装置、检测装置和机床主体组成。

1. 控制介质

控制介质是指将零件加工信息传送到数控装置去的程序载体。随数控装置类型的不同而不同，常用的有磁盘、移动硬盘、Flash（U盘）等。控制介质存储着加工零件所需要的全部操作信息，数控系统通过这些信息来控制机床动作和加工零件。

2. 输入/输出装置

输入/输出装置主要实现程序编制、程序和数据的输入以及显示、存储和打印。

3. 数控装置

数控装置包括计算机数控装置（CNC）和可编程序逻辑控制器（PLC）。

计算机数控装置由硬件和软件构成。硬件包括CPU、存储器、总线、键盘、显示器、接口电路及位置控制电路等。软件由管理软件和控制软件构成。管理软件主要包括输入、I/O处理、显示、诊断等程序；控制软件包括译码、刀具补偿（简称刀补）、速度处理、插补计算、位置控制等程序。其基本功能是根据输入的零件加工程序进行相应的处理（如运动轨迹处理、机床输入/输出处理等），然后输出控制命令到相应的执行部件（伺服单元、驱动装置和 PLC 等)。所有这些工作是由硬件和软件协调配合、共同完成的。

PLC 用来接收来自零件加工程序的开关功能信息（M、S、T 指令)、机床操作面板上的开关量信号以及机床侧的其他开关量信号，并进行逻辑处理，完成输出控制功能，实现各功能及操作方式的连锁。即按照预先规定的逻辑顺序对诸如机床电气设备的启停，主轴的转速、转向及暂停，刀具的更换，工件的加紧或松开、液压、气动、冷却、润滑系统的运行，以及倍率开关进行控制，并实现各种状态指示、故障报警以及通信、附加轴控制功能等。

4. 伺服驱动装置

机床的切削加工需要实现加工刀具的轨迹和速度控制，伺服驱动装置承担着轨迹和速度控制信号的功率放大任务。机床数控系统的伺服驱动装置包括主轴伺服驱动装置和进给伺服驱动装置两部分。伺服驱动装置由伺服驱动单元和伺服电动机组成。

5. 检测装置

位置检测装置将检测出机床移动的实际位置、速度参数，将其转换成电信号，并反馈到 CNC 装置中，使 CNC 装置能随时判断机床的实际位置、速度是否与指令一致，并发出指令，纠正所产生的误差。

6. 机床主体

机床主体主要指用于完成各种切削加工的机械部分，包括床身、立柱、主轴、进给机构等。

10. 1. 2　数控机床的工作原理

数控机床与普通机床相比较，其工作原理的不同之处就在于数控机床是按照以数字形式给出的指令进行加工的。数控机床加工零件，首先要将被加工零件的图样及工艺信息数字化，用规定的代码和程序格式编写加工程序，然后将所编的指令输入到机床的数控装置中，数控装置再将程序进行翻译、运算后，向机床各个坐标的伺服机构和辅助控制装置发出信号，驱动机床的各个运动部件完成所需的辅助运动，最后加工出合格零件。数控机床的工作原理如图 10-1 所示。

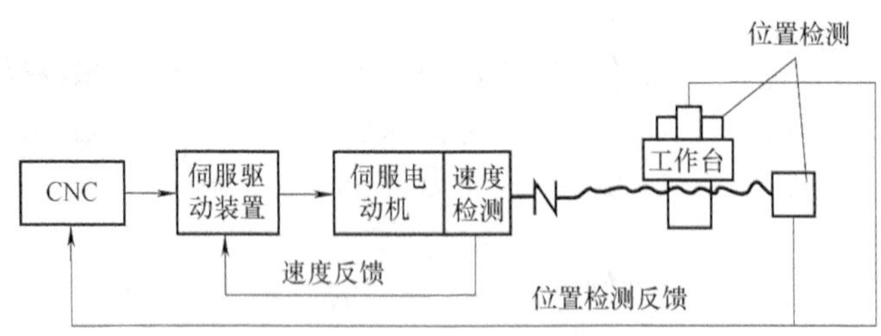

图 10-1　数控机床的工作原理

10. 1. 3　数控机床的分类

数控机床有多种分类方法，如按工艺用途、按控制运动的方式、按可控制坐标轴数、按伺服系统控制、按数控系统的功能水平分类等。具体的分类见表 10-1。

表 10-1　数控机床的分类

按工艺用途分	金属切削机床（数控车、铣、镗、钻、磨床等）、数控金属成形类（数控弯管机、数控压力机、数控折弯机、数控冲剪机、数控旋压机等）、特种加工类（数控线切割机床、数控电火花加工机床、数控激光加工机床等）、测量绘图类（数控绘图仪、数控坐标测量仪、数控对刀仪等）
按控制运动的方式分	点位控制数控机床、直线控制机床、轮廓控制机床
按可控制坐标轴数分	两轴联动、三轴联动、四轴联动、五轴联动等
按伺服系统控制分	开环控制系统、闭环控制系统、半闭环控制系统
按数控系统的功能水平分	经济型数控机床、普及型数控机床、高级型数控机床

10.2 数控车削加工基础

10.2.1　数控车床的构成

数控车床由数控装置、床身、主轴箱、刀架进给系统、尾座、液压系统、冷却系统、润滑系统等部分组成。普通卧式车床的进给运动是经过挂轮架、进给箱、溜板箱传到刀架实现纵向和横向进给运动的，而数控车床是采用伺服电动机经滚珠丝杠传到滑板和刀架，实现 Z 轴（纵向）和 X 轴（横向）进给运动的，其结构较普通卧式车床大为简化。其结构如图 10-2 所示。

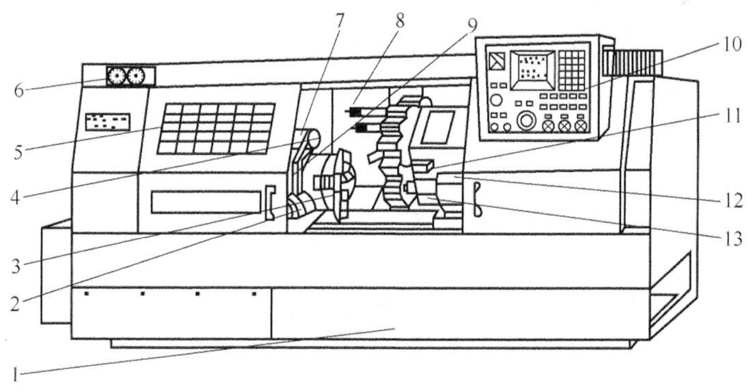

图 10-2　数控车床结构示意图

1—水平床身　2—对刀仪　3—液压卡盘　4—主轴箱　5—防护门　6—压力表　7—对刀仪防护罩　8—防护罩　9—对刀仪转臂　10—操作面板　11—回转刀架　12—尾座　13—刀架滑板

10.2.2　数控车床坐标系

1. 机床坐标系

（1）机床坐标系的作用　数控机床坐标系是为了确定工件在机床中的位置，机床运动部件特殊位置及运动范围，即描述机床运动，产生数据信息而建立的几何坐标系。通过机床坐标系的建立，可确定机床位置关系，获得所需的相关数据。

（2）机床坐标系确定原则　为方便数控加工程序的编制以及使程序具有通用性，目前国际上数控机床的坐标轴和运动方向均已标准化。我国也颁布了 GB/T 19660—2005《工业自动化系统与集成机床数值控制 坐标系和运动命名》标准。标准中规定，假定工件相对静止不动，而刀具在移动，并同时规定刀具远离工件的方向作为坐标轴的正方向。

机床坐标系采用右手直角笛卡儿坐标系，如图 10-3 所示。基本坐标轴 *X*、*Y*、*Z* 的关系及其正方向用右手直角定则判定。拇指为 *X* 轴，食指为 *Y* 轴，中指为 *Z* 轴，围绕 *X*、*Y*、*Z* 各轴的回转运动及其正方向+*A*、+*B*、+*C* 分别用右手螺旋定则判定，拇指为 *X*、*Y*、*Z* 的正向，四指弯曲的方向为对应的 *A*、*B*、*C* 的正向。

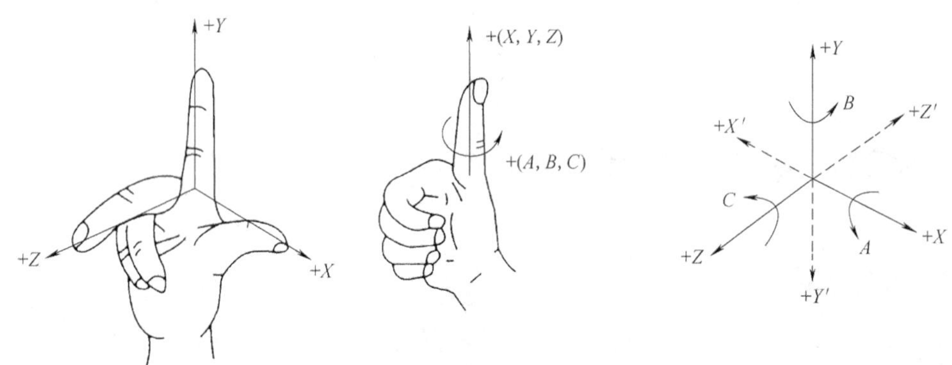

图 10-3　数控机床坐标系（右手直角笛卡儿坐标系统）

（3）坐标轴运动方向规定

1）*Z* 轴的确定。*Z* 坐标轴的运动由传递切削力的主轴决定，与主轴平行的标准坐标轴为 *Z* 坐标轴，其正方向为增加刀具和工件之间距离的方向。

2）*X* 轴的确定。坐标的方向在工件的径向上，并且平行与横滑板，刀具离开工件回转中心的方向为 *X* 坐标轴的正方向。

3）*Y* 轴的确定。根据 *X*、*Z* 坐标轴，按照右手直角笛卡儿坐标系确定。图 10-4 所示为数控卧式车床坐标系。

2. 机床坐标系与工件坐标系

（1）机床原点　现代数控机床都有一个基准位置，称为机床原点，是机床制造商设置在机床上的一个物理位置，其作用是使机床与控制系统同步，建立测量机床运动坐标的起始点。

机床坐标系原点是指在机床上设置的一个固定点，即机床原点。它在机床装配、调试时就已确定下来，是数控机床进行加工运动的基准参考点，一般取在机床运动方向的最远点。通常车床的机床零点多在主轴法兰盘接触面的中心，即主轴前端面的中心上。主轴即为 *Z* 轴，主轴法兰盘接触面的水平面则为 *X* 轴。+*X* 轴和+*Z* 轴的方向指向加工空间，如图 10-5 所示。

（2）机床参考点　机床参考点也是机床上的一个固定点，不同于机床原点，如图 10-5 所示。机床参考点对机床原点的坐标是已知值的，可以根据机床参考点在机床坐标系中的坐标值间接确定机床原点的位置（注：开机之后第一步就是进行数控机床的回零操作，其目的就是建立机床坐标系）。

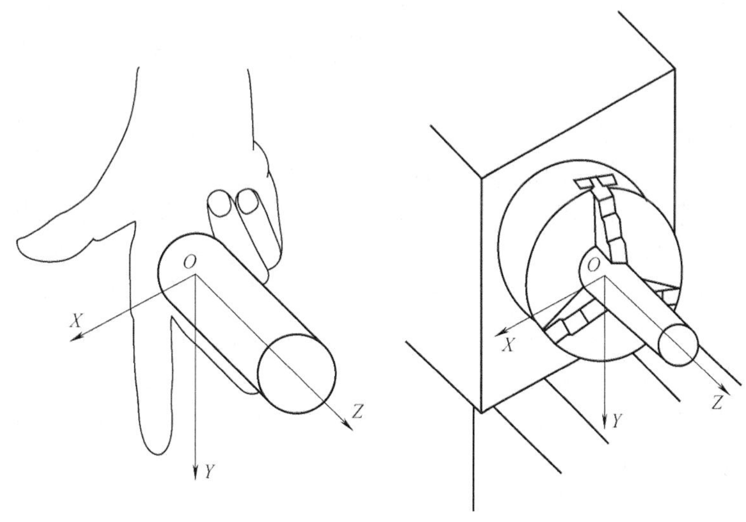

图 10-4 数控卧式车床坐标系

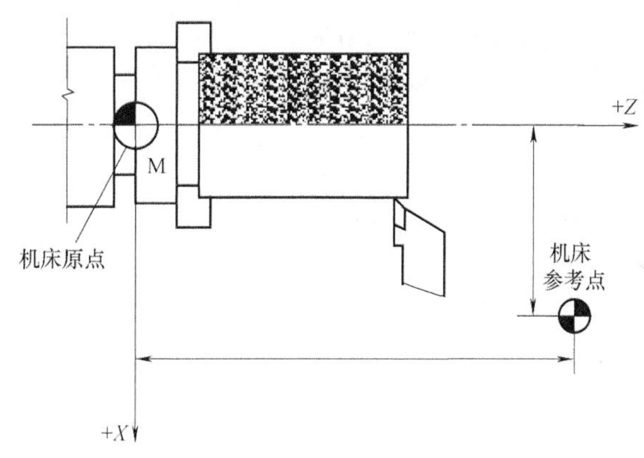

图 10-5 机床坐标系

（3）工件坐标系 工件坐标系是人为设定的，设定的依据是既要符合尺寸标注的习惯，又要便于坐标计算和编程。一般工件坐标系的原点最好选择在工件的定位基准、尺寸基准或夹具的适当位置上。工件坐标系是由编程人员在编程时设定的坐标系，其坐标轴的确定与机床坐标系坐标轴方向一致。

10.2.3 数控车削加工工艺分析

数控车床的加工工艺和普通卧式车床大致相同，普通卧式车床许多具体工艺问题，如工步的划分与安排、刀具的几何形状与尺寸、走刀路线、加工余量、切削用量等，在很大程度上由操作人员根据实际经验和习惯自行考虑和决定，一般无需工艺人员在设计工艺规程时进行过多的规定，零件的尺寸精度也可由试切保证。而数控车床中所有工艺问题必须事先设计和安排好，并编入加工程序中。数控工艺不仅包括详细的切削加工步骤，还包括刀具、夹具型号、规格、切削用量和其他特殊要求的内容，以及标有数控加工坐标位置的工序图等。在自动编程中更需要确定详细的各种工艺参数。

制定数控车床加工工艺的主要内容有：分析零件图样，确定工件坐标系原点位置，确定加工工艺路线，合理选择切削用量、刀具、夹具等（以 4 刀位经济型数控车床为例）。

1）分析零件图样，明确技术要求和加工内容。

2）确定工件坐标系原点的位置。一般情况下，Z 轴与工件的回转中心重合，X 轴确定在工件的右端面上，原点定在工件的右端面上。

3）确定加工工艺路线。首先确定刀具起始点位置，起始点一般也作为加工结束的终点，起始点应便于检查和安装工件。其次是确定粗、精车路线，在保证零件加工精度和表面粗糙度的前提下，尽可能以最短的加工路线完成零件的加工。最后确定换刀点的位置，换刀点是在加工过程中刀具进行自动换刀的位置，在换刀过程中应保证不发生干涉，它可以与起始点重合，也可以不重合。

4）合理选择切削用量。粗加工时，在允许的条件下，尽量一次切除该工序的全部余量，背吃刀量一般为 2~5mm；半精加工时，背吃刀量一般为 0.5~1mm；精加工时，背吃刀量为 0.1~0.4mm。

当工件的质量要求能够得到保证时，可选择较高（<2000mm/min）的进给速度。当切断、车削深孔或精车时，宜选择较低的进给速度。当刀具空行程时，可以设定尽量高的进给速度。进给速度应与背吃刀量和主轴转速相适应。

5）主轴转速 S 的范围一般为 30~2000r/min，根据工件材料和加工性质（粗、精加工）来选择。

6）根据零件的形状和精度要求选择合适的刀具。

7）加工程序可手工编程，也可自动编程；调试程序，完成零件加工。

10.3 数控车削编程

10.3.1 数控车削程序组成

数控车床的操作系统很多，不同的操作系统，指令代码有所区别，本节以常用的 FANUC-0i 系统为例进行介绍。

一个完整的加工程序由若干程序段组成，可分为程序号、程序内容和程序结束三部分。例如：

```
Oxxxx          （程序号）
N1…            （程序内容）
N2…
                   ⋮
N3…
…              （程序内容）
M30            （程序结束）
```

1. 程序号

不同数控系统的程序号略有不同，FANUC 系统程序号的格式为 Oxxxx。从 0000 到 9999，写在程序最前面，单独占一行。

2. 程序内容

程序内容由许多程序段组成，每个程序段中有若干个指令字，每个指令字表示一种功能，所以也称功能字。

程序段格式是指一个程序段中指令字的排列顺序和书写规则。目前数控系统广泛采用的是字地址程序段格式。字地址程序段格式由一系列指令字（或称功能字）组成，程序段的长短、指令字的数量都是可变的，指令字的排列顺序没有严格要求。各指令字可根据需要选用，不需要的指令字以及与上一程序段相同的续效指令字可以不写。这种格式的优点是程序简短、直观、可读性强，易于检验、修改。字地址程序段的一般格式为：

N_　G_　X_　Y_　Z_　…　F_　S_　T_　M_　;

其中：N 为程序段号字；G 为准备功能字；X、Y、Z 为坐标功能字；F 为进给功能字；S 为主轴转速功能字；T 为刀具功能字；M 为辅助功能字。

3. 程序结束

写在程序的最后，单独占一行，通常用 M02 或者 M30 指令。

10.3.2　数控车削常用编程指令

1. M、S、T、F 功能指令

（1）M（辅助功能）　M 指令用于指定数控机床的各种辅助功能的开关动作。常用的 M 代码指令功能见表 10-2。

表 10-2　常用的 M 代码指令功能

代　码	功　能	代　码	功　能
M00	程序停止	M09	切削液关
M01	选择性程序停止	M30	程序结束复位
M02	程序结束	M68	液压卡盘夹紧
M03	主轴正转	M69	液压卡盘松开
M04	主轴反转	M98	子程序调用
M05	主轴停	M99	子程序结束
M08	切削液开		

（2）S（主轴转速功能）　S 指令用于指定主轴的转速。在数控车床上加工时，只有在主轴起动之后，刀具才能进行切削加工。

（3）T（刀具功能）　T 指令用于选刀，其后的四位数字分别表示选择的刀具号和刀具补偿号。刀具的补偿包括刀具偏置补偿、刀具磨损补偿以及刀尖圆弧半径补偿。T 指令同时调入刀补寄存器中的补偿值，刀尖圆弧补偿号与刀具偏置补偿号对应。例如，T0101，前两位“01”表示刀具号，后两位“01”表示刀具补偿号。

（4）F（进给功能）　表示刀具切削加工时进给速度的大小，数控车床进给速度可以用两种方法表示，毫米/转（mm/r）、毫米/分钟（mm/min）。

2. 准备功能指令 G

G 指令是用来建立数控机床某种加工方式的指令。FANUC-0i 系统数控车床准备功能 G

代码指令见表 10-3。

表 10-3 G 代码指令

G 代码	组　别	功　能
G00	01	定位（快速移动）
G01		直线切削
G02		顺时针切圆弧（顺时针）
G03		逆时针切圆弧（逆时针）
G04	00	暂停
G09		停于精确的位置
G20	06	英制输入
G21		公制输入
G22	04	内部行程限位　有效
G23		内部行程限位　无效
G27	00	检查参考点返回
G28		参考点返回
G29		从参考点返回
G30		回到第二参考点
G32	01	车螺纹
G40	07	取消刀尖半径偏置
G41		刀尖半径偏置（左侧）
G42		刀尖半径偏置（右侧）
G50	00	修改工件坐标；设置主轴最大的 RPM
G52		设置局部坐标系
G53		选择机床坐标系
G70		精加工循环
G71		内外径粗切循环
G72		台阶粗切循环
G73		成形重复循环
G74		*Z* 向步进钻削
G75		*X* 向切槽
G76		车螺纹循环
G90	01	（内外直径）切削循环
G92		车螺纹循环
G94		（台阶）切削循环
G96	12	恒线速度控制
G97		恒线速度控制取消
G98	01	固定循环返回起始点

10.3.3　数控车削编程

1. 编程方式

（1）直径编程和半径编程　数控车床上主要加工轴类、盘类等回转体零件。所以在编制程序时，X 轴坐标可以有直径编程和半径编程两种。零件编程示意图如图 10-6 所示。

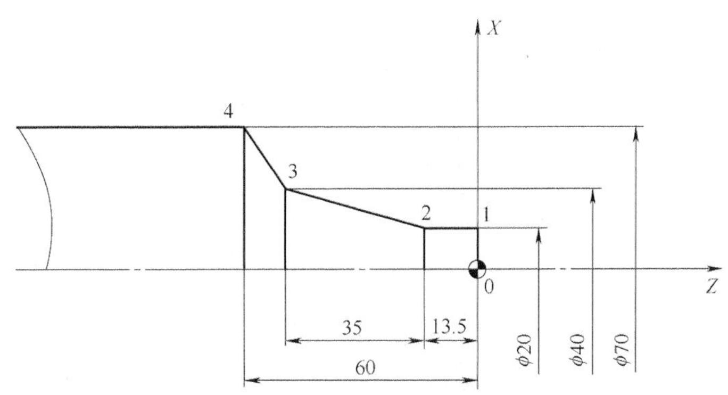

图 10-6　零件编程示意图

各点坐标如下：

直径编程：点 1（20，0）；点 2（20，-13.5）；点 3（40，-48.5）；点 4（70，-60）；

半径编程：点 1（10，0）；点 2（10，-13.5）；点 3（20，-48.5）；点 4（35 ，-60）；

（2）绝对编程和增量编程

绝对编程：刀具运动位置坐标值相对坐标系原点给出。

增量编程：刀具运动位置坐标值相对前一点给出。如图 10-6 中所示点 3 的坐标按照增量编程为（U20，W-35），其中 U、W 表示目标点相对前一点的增量坐标。

2. 插补指令

（1）快速定位 G00 和直线插补 G01　G00 是刀具以机床规定的速度（快速）从所在位置移动到目标点，移动速度由机床系统设定，无需在程序段中指定；G01 是刀具以直线方式和程序设定的速度移动到目标点，其中速度由 F 指定。

指令格式：G00　X(U)_Z(W)_;

　　　　　G01　X(U)_Z(W)_F_;

其中：X、Z 表示目标点绝对值坐标；U、W 表示目标点相对前一点的增量坐标；F 表示进给量，若在前面已经指定，可以省略。

图 10-7 所示为同时控制两轴移动车削锥面的情况，用 G01 编程为：

绝对坐标编程方式：G01　X80 Z-80 F0.25

增量坐标编程方式：G01　U20 W-80 F0.25

说明：

1）G01 指令后的坐标值取绝对值编程还是取增量值编程，由尺寸字地址决定，有的数控车床由数控系统当时的状态决定。

2）F 指令是模态指令，G01 程序中必须含有 F 指令。

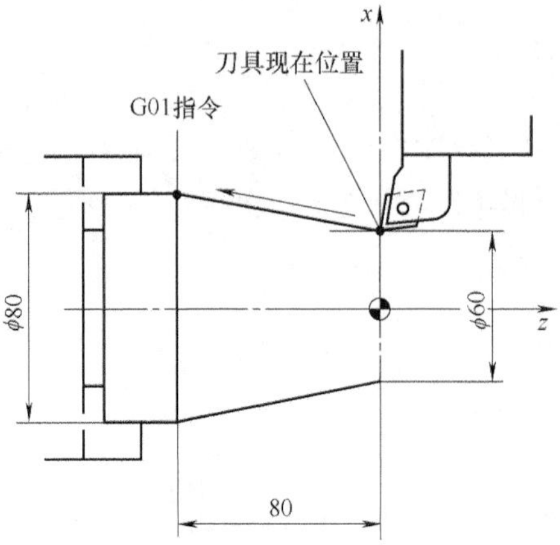

图 10-7 G01 编程零件图

（2）圆弧插补 G02 和 G03

指令格式：G02(G03) X(U)_Z(W)_I_K_F_;

或　　　　G02(G03) X(U)_Z(W)_R_F_;

其中：G02 为顺时针圆弧插补指令，G03 为逆时针圆弧插补指令。

采用绝对坐标编程，X、Z 为圆弧终点坐标值。采用增量坐标编程，U、W 为圆弧终点相对圆弧起点的坐标增量，R 是圆弧半径；当圆弧所对圆心角为 0°~180°时，R 取正值；当圆心角为 180°~360°时，R 取负值。I、K 为圆弧起点到圆心在 X、Z 轴方向上的增量（用半径值表示）。

说明：

圆弧的顺、逆方向判断如图 10-8 所示。朝着与圆弧所在平面相垂直的坐标轴的负方向看，顺时针为 G02，逆时针为 G03，图 10-9 分别表示了车床前置刀架和后置刀架对圆弧顺与逆方向的判断。

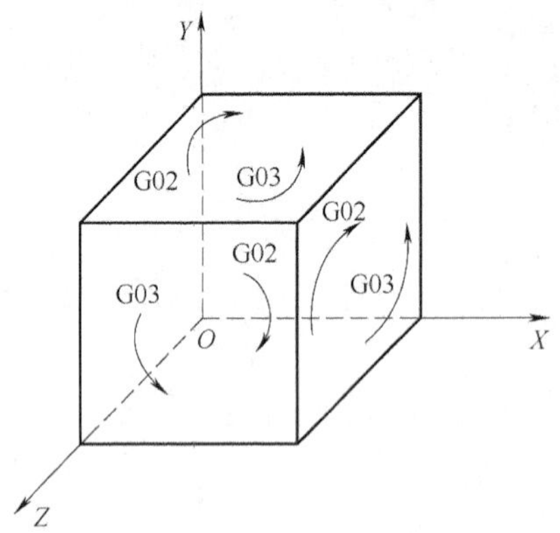

图 10-8 圆弧的顺、逆方向判断

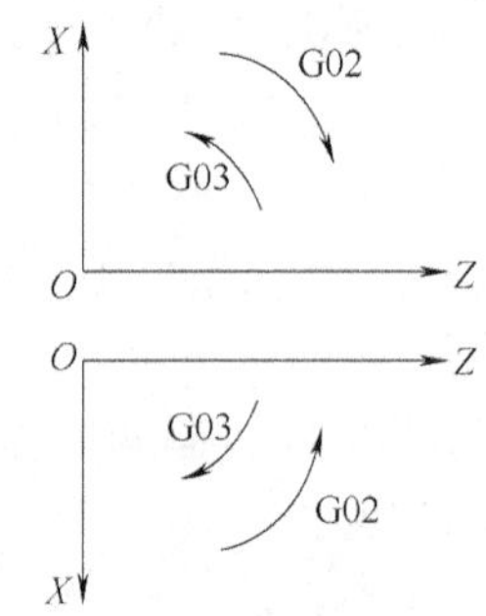

图 10-9 前、后置刀架顺、逆方向

圆弧插补编程如图 10-10 所示。

当采用绝对坐标，直径编程时为：

```
G02 X50.0 Z30.0 I25.0 F0.3;
G02 X50. Z30.0 R25.0 F0.3;
```

当采用增量坐标，直径编程时为：

```
G02 U20.0 W-20.0 I25.0 F0.3;
G02 U20.0 W-20.0 R25.0 F0.3;
```

```
G03 X87.98 Z50.0 I-30.0 K-40.0 F0.3
G03 X87.98 Z50.0 R50 F0.3
```

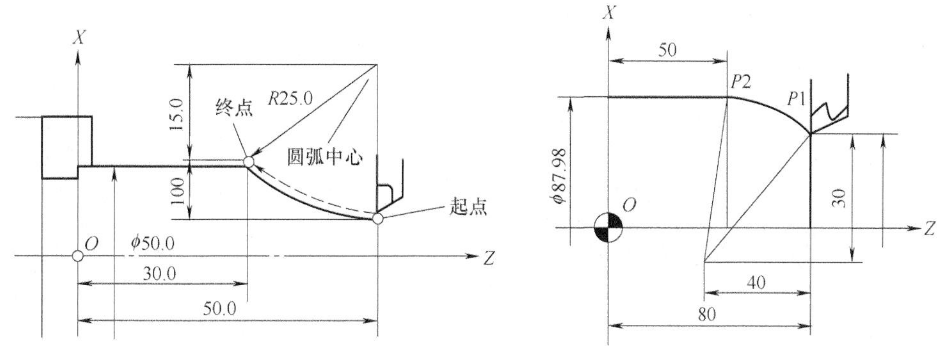

图 10-10 圆弧插补编程

3. 循环加工指令

循环加工指令用于加工余量大，需要多次走刀的加工。使用循环加工指令可以缩短编程时间，提高加工效率。循环指令可分为单一固定循环指令和多重复合循环指令。

（1）单一固定循环指令

1）外圆、锥面切削循环指令 G90。G90 循环指令主要用于轴类零件的外圆、锥面的加工，实现外圆切削循环和锥面切削循环。

指令格式：`G90 X(U)_Z(W)_R_F_;`

其中：X、Z 为切削终点坐标值；U、W 为切削终点相对循环起点的坐标增量；F 表示进给速度；R 表示切削始点与切削终点在 *X* 轴方向的坐标增量（半径值），外圆切削循环时 R 为零，可省略。

如图 10-11a 所示的外圆切削循环，刀具从循环起点开始按矩形 1R→2F→3F→4R 循环，最后又回到循环起点。图中虚线表示按 R 快速移动，实线表示按 F 指定的工件进给速度移动。

如图 10-11b 所示的锥面切削循环，刀具从循环起点开始按梯形 1R→2F→3F→4R 循环，最后又回到循环起点。图中虚线表示按 R 快速移动，实线表示按 F 指定的工件进给速度移动。

2）端面切削循环指令 G94。G94 指令用于一些短、加工面大的零件的垂直端面或锥形端面的加工，及毛坯余量较大或直接从棒料车削零件时进行的粗加工，以去除大部分毛坯余量。

车大端面循环切削指令格式：`G94 X(U)_Z(W)F_;`

其中：X、Z 为端面切削终点坐标值；U、W 为端面切削终点相对循环起点的坐标增量。

车大锥形端面循环切削指令格式：`G94 X(U)_Z(W)_R_F_;`

其中：R 为端面切削始点至终点位移在 *Z* 轴方向的坐标增量。

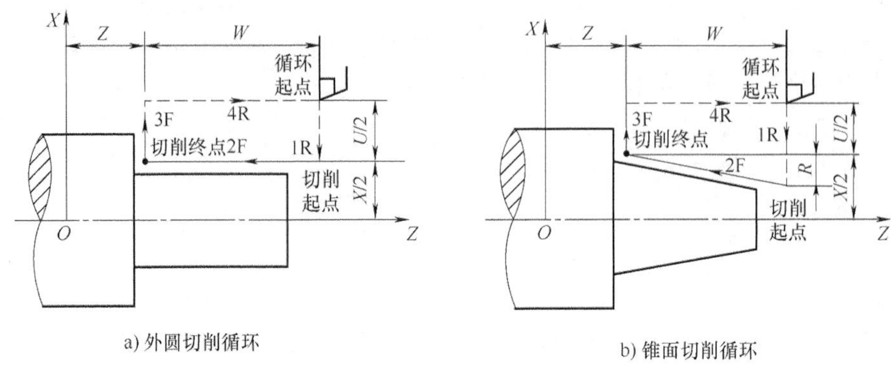

图 10-11 外圆、锥面切削循环

图 10-12a、b 所示分别为端面切削循环和带锥度的端面切削循环示意图。

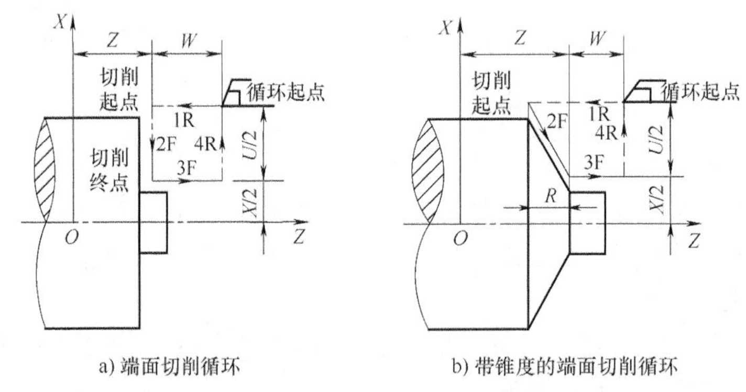

图 10-12 端面切削循环和带锥度的端面切削循环

（2）多重复合固定循环指令

1）内外径粗加工循环指令 G71。G71 指令用于粗车圆柱棒料，可以切除较多的加工余量。

指令格式：G71 U(Δd)R(e);

G71 P(ns)Q(nf)U(Δu)W(Δw)F_S_T_;

其中：Δd 为每次的背吃刀量（半径值，无正负值符号）；e 为每次切削的退刀量；ns 为精加工程序第一个程序段的序号；nf 为精加工程序最后一个程序段的序号；Δu 为 *X* 方向的精加工余量；Δw 为 *Z* 方向的精加工余量。

G71 循环指令的刀具切削路径如图 10-13a 所示。

2）端面粗加工循环指令 G72。G72 指令与 G71 指令类似，不同之处就是刀具路径是按径向方向循环的。

指令格式：G72 W(Δd)R(Δe);

G72 P(ns)Q(nf)U(Δu)W(Δw)F_S_T_;

G72 循环指令的刀具切削路径如图 10-13b 所示。

3）闭合车削循环指令 G73。G73 指令与 G71、G72 指令功能相同，只是刀具路径是按

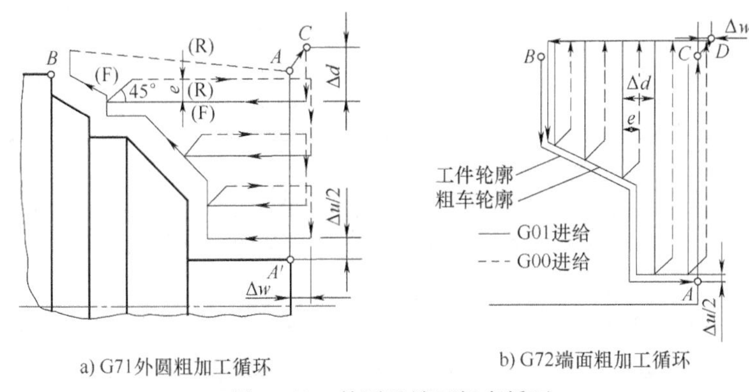

图 10-13 外圆及端面粗车循环

工件精加工轮廓进行的。G73 适用于毛坯轮廓形状与零件轮廓基本接近的毛坯粗加工。例如，一些锻件、铸件的粗车。

指令格式：`G73  U(Δi)W(Δk)R(Δd);`

`G73  P(ns)Q(nf)U(Δu)W(Δw)F_ S_T_;`

其中：ns 为精加工程序第一个程序段序号；nf 为精加工程序最后一个程序段序号；Δi 为 *X* 轴方向的退出距离和方向；Δk 为 *Z* 轴方向的退出距离和方向；Δu 为 *X* 轴方向的精加工余量；Δw 为 *Z* 轴方向的精加工余量；Δd 为粗加工次数。

4）精加工循环指令 G70。在采用 G71、G72、G73 指令进行粗车后，用 G70 指令进行精车循环切削。

指令格式：`G70  P(ns)Q(nf);`

其中：ns 为精加工程序第一个程序段序号；nf 为精加工程序最后一个程序段序号。

（3）螺纹切削 G32（33、34）及螺纹切削循环 G92

指令格式：`G32 X(U)_Z(W)_ F_;`

`G92 X(U)_Z(W)_ F_;`

其中：X、Z 为绝对编程时，有效螺纹终点在工件坐标系中的坐标；U、W 为增量编程时，有效螺纹终点相对于螺纹切削起点的位移量；F 为螺纹导程，即主轴每转一圈，刀具相对于工件的进给值。

10.4 数控车削基本操作

10.4.1 数控车削对刀

对刀是数控加工中工艺准备之一，对刀的好与差将直接影响到加工程序的编制和零件的尺寸精度。对刀的方法有很多，例如，试切对刀、机外对刀仪对刀、ATC 对刀、自动对刀。本节以试切对刀进行介绍。

1）*X* 轴对刀。用所选刀具试切工件外圆，测量试切后的工件直径，如记为 *a*，保持 *X* 轴方向不动，刀具退出。单击 MDI 键盘上<OFFSET>的键，进入形状补偿参数设定界面，将光标移到与刀位号相对应的位置，输入 *Xa*，按菜单软键<测量>，对应的刀具偏移量自动输入。

2）*Z* 轴对刀。试切工件端面，保持 *Z* 轴方向不动，刀具退出。进入形状补偿参数设定界面，将光标移到相应的位置，输入 *Z*0，按<测量>软键，对应的刀具偏移量自动输入。

3）按照第 1）、2）步对刀方法，对其余刀具进行对刀及设置。

10.4.2 数控车削机床操作

以 FANUC-Oi mate 数控系统为例，简要介绍数控车削机床操作。

1. 控制面板简介

FANUC-Oi mate 数控系统控制面板如图 10-14 所示。

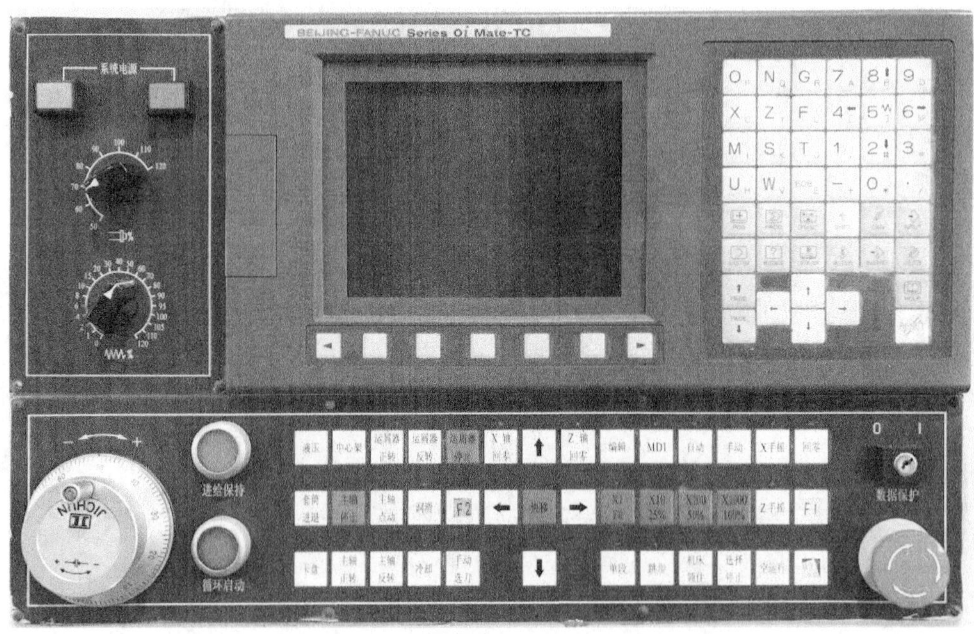

图 10-14　FANUC-Oi mate 数控系统控制面板

2. 开机和关机

1）开机时打开机床侧面的总电源，使开机旋钮置于 ON 档。

2）打开急停按钮。

3）打开机床操作面板上的系统电源，CRT 上出现界面。

4）关机时首先确认机床的运动全部停止后，再按下急停按钮。

5）关闭系统电源。

6）将机床总电源置于 OFF 档。

3. 手动操作方式

（1）手动返回参考点

1）按下机床操作面板上的“回零”按钮 。

2）分别使各轴回参考点。先按“+X”“+”按钮，再按“+Z”“+”按钮，当机床操作面板上“X 轴回零”和“Z 轴回零”指示灯亮时，表示已回到参考点。注意：多数机床（增量编码器）系统通电时，必须回到参考点，如果加工过程中发生意外而按下急停按钮后，必须重新回一次参考点。为了防止机床与刀架相撞，在回参考点时，应首先将 *X* 轴回零再将 *Z* 轴回零。

（2）手动进给操作 手动连续进给操作步骤如下：

1）按下机床操作面板上的“手动”按钮。

2）选择移动轴，按 *X* 轴“+”“-”或 *Z* 轴“+”“-”按钮，朝选择的轴方向移动。

3）当按下“快移”按钮时，各轴快速移动。

（3）手轮进给操作

1）按下机床操作面板上的“手摇”按钮，选择“X 手摇”或“Z 手摇”。

2）转动手摇脉冲发生器，实现手摇进给。

注意：进行手动连续进给、增量进给以手轮进给操作时，进给速度可通过拨动相应的倍率旋钮来调节。

4. 主轴旋转操作

1）按下机床操作面板上的“手动”按钮。

2）按下“主轴正转”按钮或“主轴反转”按钮或“停止”按钮，可实现机床主轴正、反转及停止。

3）按下“主轴点动”按钮，将使机床主轴旋转，松开后，则停止旋转。

4）在主轴旋转过程中，主轴的转速可通过“主轴倍率调节”旋钮来调节。主轴倍率调节挡位为 0%~120%，在加工程序执行过程中，也可对程序按指定转速进行调节。

注意：在开机后，主轴的旋转必须在 MDI 方式下起动。

5. MDI 操作方式

1）按下 MDI 按钮。

2）按<PROG>键，进入 MDI 输入界面。

3）在数据输入行输入一个程序段，按<EOB>键，再按<INSERT>键确定。

4）按“循环启动”按钮，执行输入的程序段。

6. 程序的编辑操作方式

按下机床操作面板上的“编辑”按钮。在 MDI 键盘上，按<PROG>键，系统处于程序编辑状态，可以修改程序，然后将程序保存在系统中。也可以通过系统软键的操作，对程序进行选样、复制、改名、删除、取消等操作。

（1）程序输入

1）进入编辑状态。

2）按<PROG>键，进入程序输入界面。

3）输入大写字母 O 及要存储的程序号。当输入的程序名重复时会覆盖原有程序。

4）先按<EOB>键，再按<INSERT>键，输入存储程序号，按<EOB>键，再按<INSERT>键进行存储。

（2）程序检索

1）进入编辑状态。

2）按<PROG>键，输入地址 O 和要检索的程序名，程序名输入时不能重复，然后在每个 N 的后面输入程序。

3）按<检索>键，检索结束后，在 CRT 界面上会显示已检索到的程序名。

（3）程序编辑

1）进入编辑状态。

2）按<PROG>键，输入地址 O 和程序号。

3）按<INSERT>与<PAGE>键，或使用光标移动键来检查程序。

（4）程序修改

1）进入编辑状态。

2）按<PROG>键，输入地址，选择要编辑的程序。

3）按<PAGE↑>按钮或<PAGE↓>按钮键，或者使用光标移动键来快进程序。

4）光标移动到要变更的字，进行 CAN、ALTER、REXLTE 操作。

（5）程序删除

1）进入编辑状态。

2）按<PROG>键，输入地址，选择要删除的程序。

3）按<PAGE↑>按钮或<PAGE↓>按钮键，或者使用光标移动键来快进程序。

4）光标移动到要删除的程序名上，按<DELETE>键删除。

10.5 数控车削加工实践

10.5.1 实践项目一：台阶轴加工

如图 10-15 所示，毛坯为 ϕ35mm×100mm 棒料，材料为铝棒，用数控车床加工。

1）分析零件图样要求、毛坯情况，确定工艺方案及加工路线。台阶轴机械加工工序卡片见表 10-4。

表 10-4 台阶轴机械加工工序卡片

<table>
<tr><td>郑州轻工业大学</td><td>机械加工工序卡片</td><td>生产类型</td><td>单件生产</td><td>工序号</td><td>1</td></tr>
<tr><td colspan="2" rowspan="8">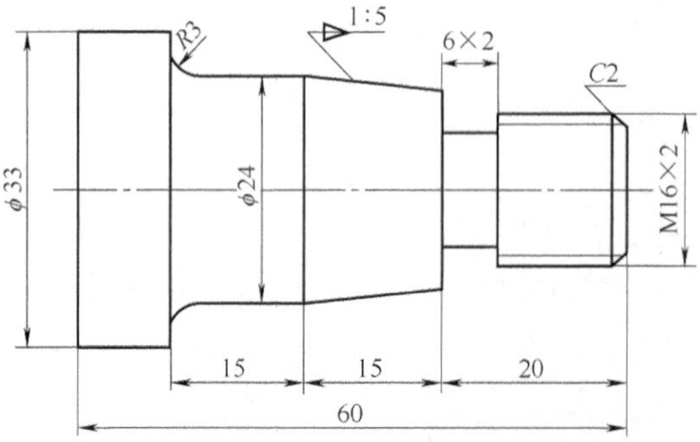
</td><td>零件名称</td><td>台阶轴</td><td>零件号</td><td>1</td></tr>
<tr><td>零件质量</td><td></td><td>同时加工零件数</td><td>1</td></tr>
<tr><td colspan="2">材料</td><td colspan="2">毛坯</td></tr>
<tr><td>牌号</td><td>硬度</td><td>形式</td><td>质量</td></tr>
<tr><td>6061 铝</td><td></td><td>铝棒</td><td></td></tr>
<tr><td colspan="2">设备</td><td colspan="2">夹具和辅助工具</td></tr>
<tr><td>名称</td><td>型号</td><td colspan="2" rowspan="2">通用夹具</td></tr>
<tr><td>FANUC-Oi mate 数控车床</td><td>CAK6136V/750</td></tr>
</table>

（续）

工序	工步	工步说明	刀具	量具	走刀长度/mm	走刀次数	切削深度/mm	进给量/(mm/r)	主轴转速/(r/min)	基本工时/min
1	1	粗车端面及外圆	90°外圆车刀	千分尺	60		1.5	0.2	500	
	2	精车端面及外圆	35°外圆车刀	千分尺	60		0.5	0.05	800	
	3	切槽	4mm 宽切槽刀	千分尺	6			0.08	300	
	4	车螺纹	60°螺纹刀	M16×2 通规、止规	15				300	
	5	切断	4mm 宽切槽刀						500	
2	1	检查								
	2	入库								

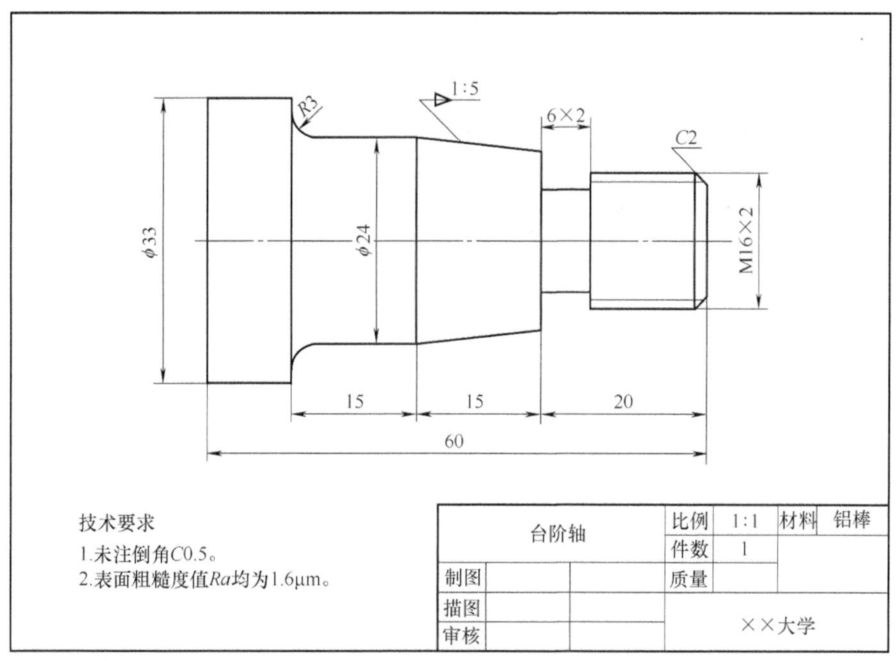

图 10-15 台阶轴

2）程序编写。按该机床规定的指令代码和程序段格式，把加工零件的全部工艺过程编写成程序。该工件的加工程序如下：

```
O0001
G0 G40 G97 G99 M03 S500 T0101 F0.2          粗车外轮廓
X37 Z2
```

```
G71 U1.5 R0.3
G71 P10 Q20 U0.5 W0
N10 G01 G42 X-1
Z0
X15.8 C2
Z-20
X21 C0.5
X24 Z-35
Z-47
G02 X30 Z-50 R3
G01 X33 C0.5
Z-60
N20 G01 G40 X37
G0 X100
Z100
M05
M00
G0 G40 G97 G99 M03 S800 T0202 F0.05          精车外轮廓
G42 X37 Z2
G70 P10 Q20
G0 G40 X100
Z100
M05
M00
G0 G40 G97 G99 S300 M03 T0303 F0.08          车 6×2 的退刀槽
X37 Z-20
G94 X12 Z-20
Z-18
G0 X100
Z100
M05
M00
G0 G40 G97 G99 M03 S300 T0404                车螺纹
X37 Z2
G92 X15.8 Z-15 F2
X15.3
X15.2
X14.7
X14.6
```

```
X14.2
X14.1
X13.8
X13.7
X13.5
X13.4
X13.4
G0 X100
Z100
M05
M30
```

10.5.2 实践项目二：轴套装配件加工

零件图如图 10-16 所示，毛坯为 ϕ35mm×120mm 棒料，材料为铝棒，用数控车床加工。

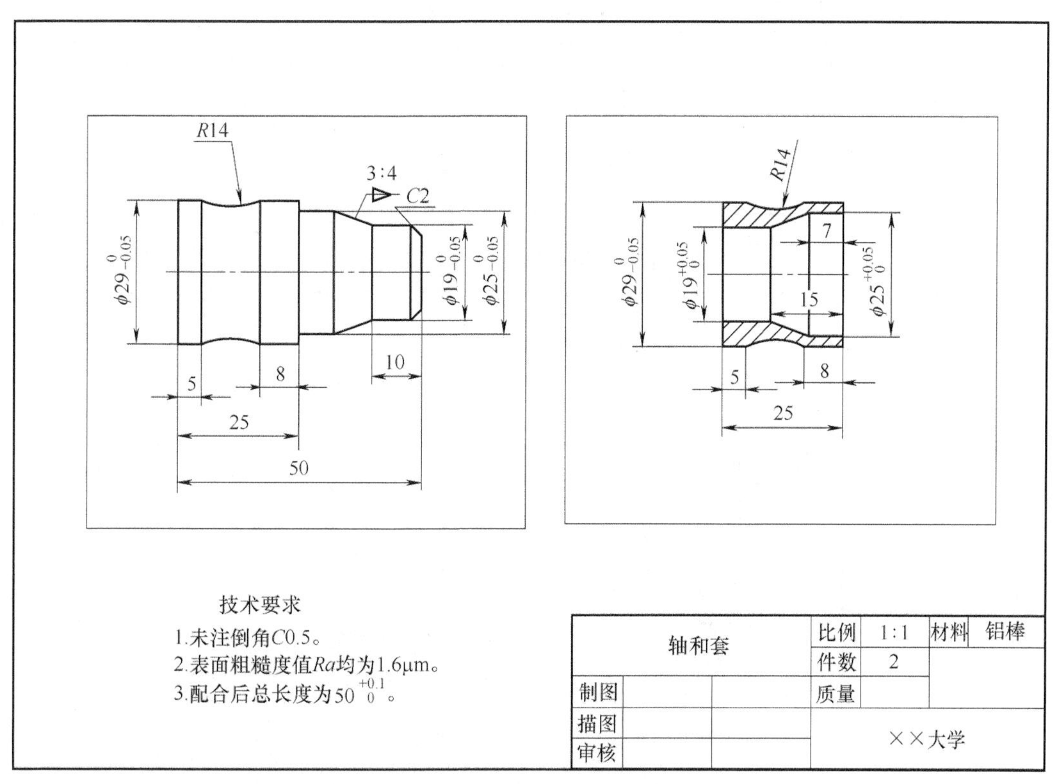

图 10-16 零件图

1）分析零件图样要求、毛坯情况，确定工艺方案及加工路线。轴和套的机械加工工序卡片见表 10-5、表 10-6。

表 10-5　轴的机械加工工序卡片

××大学	机械加工工序卡片	生产类型	单件生产	工序号	1
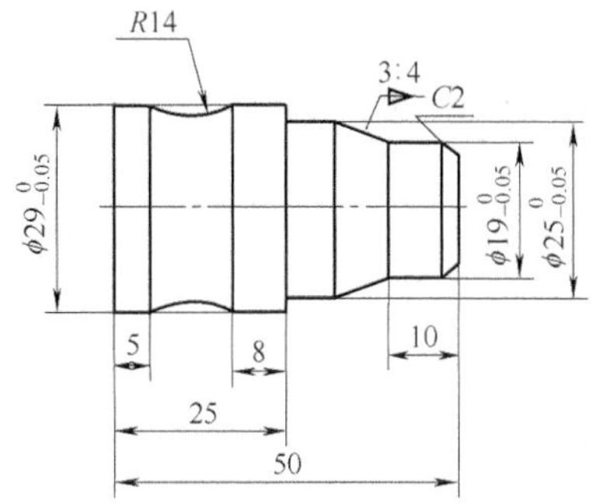		零件名称	轴	零件号	1
		零件质量		同时加工零件数	1
		材料		毛坯	
		牌号	硬度	形式	质量
		6061 铝		铝棒	
		设备		夹具和辅助工具	
		名称	型号	通用夹具	
		FANUC-Oi mate 数控车床	CAK6136V/750		

工序	工步	工步说明	刀具	量具	走刀长度 /mm	走刀次数	切削深度 /mm	进给量 /(mm/r)	主轴转速 /(r/min)	基本工时 /min
1	1	粗车端面及外圆	90°外圆车刀	千分尺	50		1.5	0.2	500	
	2	精车端面及外圆	35°外圆车刀	千分尺	50		0.5	0.05	800	
	3	切断	4mm 宽切槽刀						500	
2	1	检查								
	2	入库								

表 10-6　套的机械加工工序卡片

郑州轻工业大学	机械加工工序卡片	生产类型	单件生产	工序号	1
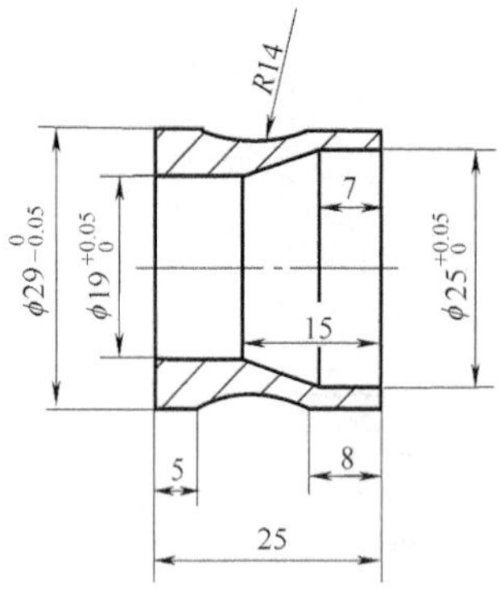		零件名称	套	零件号	2
		零件质量		同时加工零件数	1
		材料		毛坯	
		牌号	硬度	形式	质量
		6061 铝		铝棒	
		设备		夹具和辅助工具	
		名称	型号	通用夹具	
		FANUC-Oi mate 数控车床	CAK6136V/750		

工序	工步	工步说明	刀具	量具	走刀长度 /mm	走刀次数	切削深度 /mm	进给量 /(mm/r)	主轴转速 /(r/min)	基本工时 /min
1	1	钻孔	ϕ16mm 钻头		30				500	
	2	粗车端面及外圆	90°外圆车刀	千分尺	25		1.5	0.2	500	

（续）

工序	工步	工步说明	刀具	量具	走刀长度/mm	走刀次数	切削深度/mm	进给量/(mm/r)	主轴转速/(r/min)	基本工时/min
1	3	精车端面及外圆	35°外圆车刀	千分尺	25		0.5	0.05	800	
	4	粗车内圆	内圆车刀	千分尺	25		1	0.1	400	
	5	精车内圆	内圆车刀	千分尺	25		0.5	0.05	600	
	6	切断	4mm 宽切槽刀						500	
2	1	检查								
	2	入库								

2）程序编写。按该机床规定的指令代码和程序段格式，把加工零件的全部工艺过程编写成程序。该工件的加工程序如下：

```
O0001(轴)
G0 G40 G97 G99 M03 S500 T0101 F0.2          (粗车外轮廓)
X37 Z2
G71 U1.5 R0.3
G71 P10 Q20 U0.5 W0
N10 G01 G42 X-1
Z0
X19 C2
Z-10
X25 Z-18
Z-25
X29 C0.5
Z-33
G02 X29 Z-45 R14
G01
Z-50
N20 G01 G40 X37
G0 X100
Z100
M05
M00
G0 G40 G97 G99 M03 S800 T0202 F0.05         (精车外轮廓)
G42 X37 Z2
G70 P10 Q20
G0 G40 X100
Z100
```

```
M05
M30

O0002(套)
G0 G40 G97 G99 M03 S500 T0101 F0.2                 (粗车外轮廓)
X37 Z2
G71 U1.5 R0.3
G71 P10 Q20 U0.5 W0
N10 G01 G42 X-1
X29 C0.5
Z-8
G02 X29 Z-20 R14
G01 Z-25
N20 G01 G40 X37
G0 X100
Z100
M05
M00
G0 G40 G97 G99 M03 S800 T0202 F0.05                (精车外轮廓)
G42 X37 Z2
G70 P10 Q20
G0 G40 X100
Z100
M00
G0 G40 G97 G99 M03 S400 T0404 F0.1                 (粗车内圆轮廓)
X14 Z2
G71 U1 R0.3
G71 P10 Q20 U-0.5 W0
N10 G01 G42 X26
Z0
X25 Z-0.5
Z-7
X19 Z-15
Z-25
N20 G01 G40 X14
G0 Z100
X100
M05
M00
```

```
G0 G40 G97 G99 M03 S600 T0404 F0.05          (精车内圆轮廓)
G42 X14 Z2
G70 P10 Q20
G0 G40 Z100
X100
M05
M30
```

思考题

1. 数控机床有哪些类型？
2. 简述数控机床的加工原理。
3. 数控车床一般由哪几部分组成？
4. 简述数控车床坐标系的组成及定义。
5. 简述数控车床的加工工艺。

第11章 加工中心

加工中心是由机械设备与数控系统组成的用于加工复杂形状工件的高效率自动化机床，是在数控铣床（图 11-1、图 11-2）的基础上发展演变而来的，它可以在一次装夹下完成工件多个面以及多道工序的加工。加工中心配有自动刀具交换功能（ATC），部分配有自动工作台交换功能（APC），大大提高了自动化程度，同时也提升了生产加工效率。加工中心也具备各种辅助功能，例如刀具寿命管理、刀具负载监测与破损报警、间隙自动补偿及故障自动诊断等，使整个加工过程更加直观与智能。这些功能的加入对于加工形状比较复杂、精度要求较高、品种更换频繁的零件具有良好的经济效果。

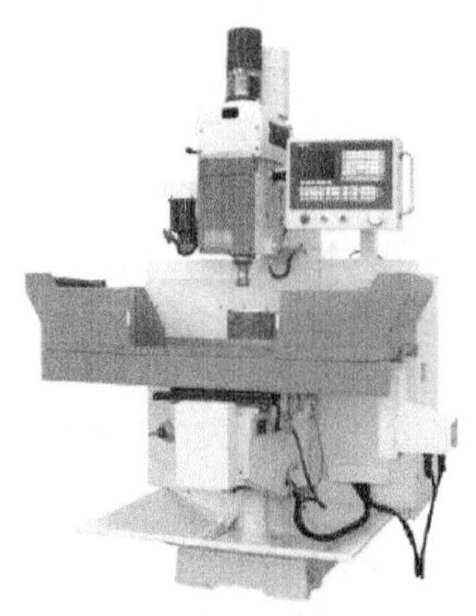

图 11-1　立式数控铣床

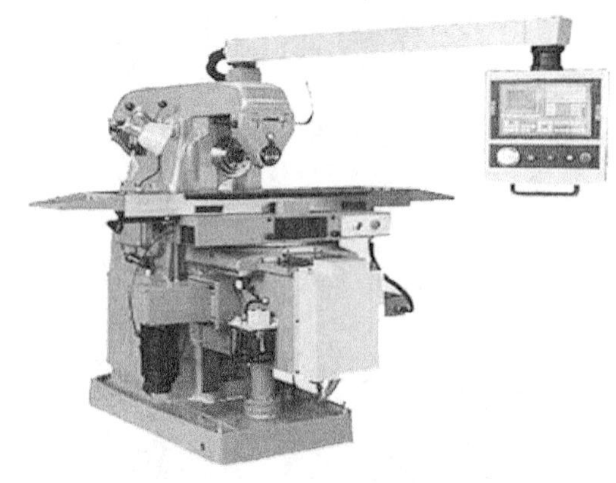

图 11-2　卧式数控铣床

11.1 加工中心基础知识

11.1.1　加工中心特点

加工中心作为一种高效多功能机床，具有以下特点。

（1）加工精度高　加工中心使用高精度滑轨和丝杠，预压紧的滚珠丝杠以及热检测和热变形补偿系统，所以加工精度相对于传统机床有很大的提升。同时，在加工中心上加工工件，其工序高度集中，一次装夹就可加工完成多面或多道工序，从而避免了工件多次装拆导致的装夹定位误差及几何误差。

（2）加工精度稳定　加工中心属于高度自动化数控机床，整个加工过程均由程序控制机床自动完成加工，机床本身具有补偿功能以及很高的定位精度和重复定位精度，所以加工完成的工件尺寸稳定性很好，一致性较高。

（3）加工效率高　加工中心工序比较集中，工件经一次装夹就可完成多面和多道工序，所以工件不必进行多次拆装及找正，节省了大量时间。由于机床主轴转速和切削速度在不断提升，自身加工效率也在不断提升。

（4）工件表面质量高　加工中心相对于传统机床来说，机床转速比较高，并且可以无级调速，所以能根据刀具及工件情况进行调节，使之在最佳参数下完成切削加工。同时也因为加工中心采用的都是预压紧的滚珠丝杠，机床间隙小，所以加工完成的工件表面质量比较高，很多高端机床可以直接完成镜面加工。

（5）适应性好　相对于传统机床，加工中心具有很多辅助类功能，这些功能使机床的自动化程度、加工精度和效率都有很大的提升。机床的高度柔性也使得产品如果发生小幅度改动，只需进行部分修改就可以重新开始生产，不必重新安排工艺，重新制作夹具等，对于产品试制及试验降低了难度，同时也节省了很多时间。

11.1.2　加工中心加工工艺分析

1. 零件图样的尺寸标注

因为加工程序主要根据零件各点坐标进行编写，而坐标主要依赖图样标注来进行计算，所以图样标注应准确可靠，各个几何要素的条件应直观充分，不然无法建立被加工零件的模型，也就无法进行程序编写。要注意不能出现互为矛盾的尺寸标注或多余标注，同时也不能出现影响加工的封闭尺寸。

2. 零件加工工艺性

1）工件内轮廓的加工会受到刀具半径的影响，在拐点会留有圆弧，所以被加工零件应尽量统一内轮廓圆弧的尺寸，这样可以减少刀具数量和换刀次数。同时应尽量选用大的圆弧角，圆弧角越大，所能使用的刀具直径也就越大，这样加工效率就比较高，同时工件的表面质量也会更好，如图 11-3 所示。

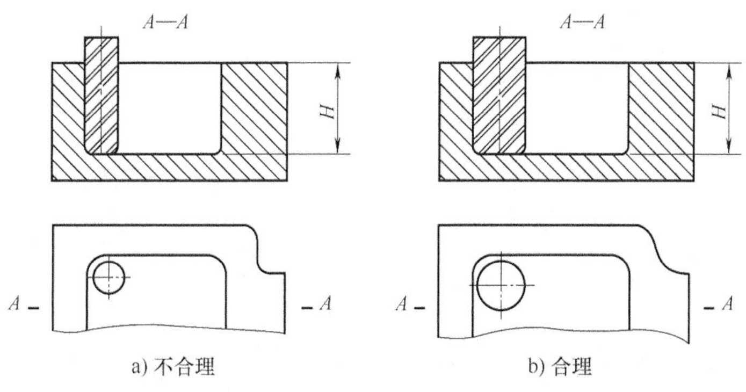

图 11-3　内轮廓结构工艺性

2）工件在加工过程中，有可能会出现单面加工完成后需要拆卸再加工其他面的情况，所以应尽量保证定位基准统一。如果没有统一的定位基准，会导致工件各个加工面之间尺寸不协调，甚至会产生很大的接刀痕。因此要尽量利用工件本身的轮廓或孔作为基准。

3）针对一些薄壁类工件或材料易变形的工件，要注意振刀的可能性以及加工过程导致的变形。如果是薄板或薄壁类工件，加工过程中因为切削力与工件的弹性会导致切削面振动，产生振刀情况，如不解决，工件的尺寸以及表面质量无法得到保证。如果加工过程中产生变形，不仅无法保证加工质量，严重情况还有可能会损伤刀具，所以需要采取一些预防措施，例如，钢材可以进行调质处理，铸铝可以进行退火处理，对于无法用热处理解决的，可以考虑采用分层加工或对称加工等方法。

3. 零件毛坯的工艺性

零件的毛坯尺寸与工件尺寸之间的差值称为加工余量。加工余量的大小不仅对工件的加工质量与加工效率有影响，也对零件的经济性有影响。如果加工余量过大，不仅浪费材料，还会增加刀具的损耗、能源的消耗以及时间的浪费。如果加工余量过小，又会导致加工过程中无法消除材料本身的缺陷或装夹误差，从而导致废品率的提高，所以应根据各项因素的影响合理选择加工余量。毛坯的加工余量应当充分考虑工件粗加工、半精加工以及精加工等工序，还包括切削变形以及热处理等工序的影响。同时应尽量保证余量均匀，避免分层加工导致的空走刀，从而节省时间。

11.1.3 加工中心加工路线安排

在加工中，刀具的刀位点相对于工件运动的轨迹称为加工路线。加工路线的确定要充分考虑以下几点：

1）保证工件的加工精度以及表面质量。

2）尽量避免空走刀与中间停刀，以节省时间，避免划伤零件。

3）加工路线要合理，以防止工件损伤或变形。

4）对于位置精度要求较高的孔系零件，应当注意机床反向间隙，防止造成位置精度误差。

5）对于复杂零件，应根据工件形状、精度要求和加工效率等方面综合考虑，以确定加工路线。

1. 铣削加工路线

（1）顺铣与逆铣　逆铣时，刀齿是由已加工表面切入的，即便工件表面有硬质层也不会造成影响。顺铣时，刀齿是由未加工表面切入的，如果工件表面有硬质层，就容易产生崩刀现象，使刀具的使用寿命大幅度降低。

综合情况分析：如果机床的进给机构存在间隙，工件毛坯存在表面硬化层或表面凹凸不平非常严重，应尽量选用逆铣，避免崩刀与工作台窜动。如果机床的进给机构没有间隙，工件毛坯没有表面硬化层且表面较为平整，应尽量选用顺铣，减少功率消耗，同时提高刀具寿命与工件表面质量。

目前，加工中心机床通常都具有间隙消除机构，能够有效消除工作台进给丝杠与丝杠螺母之间的间隙，以防止加工过程中产生窜动现象。所以在条件允许的情况下，加工中心应当尽量选用顺铣。

（2）外轮廓走刀路线　铣削外轮廓时，一般均使用立铣刀加工，为了减少刀具在切入切出时产生的接刀痕，保证工件的表面质量，要合理选择刀具的走刀路线。可以沿外轮廓某点的切线切入切出，如图 11-4 所示，或使用圆弧过渡的方法切入切出，如图 11-5 所示。

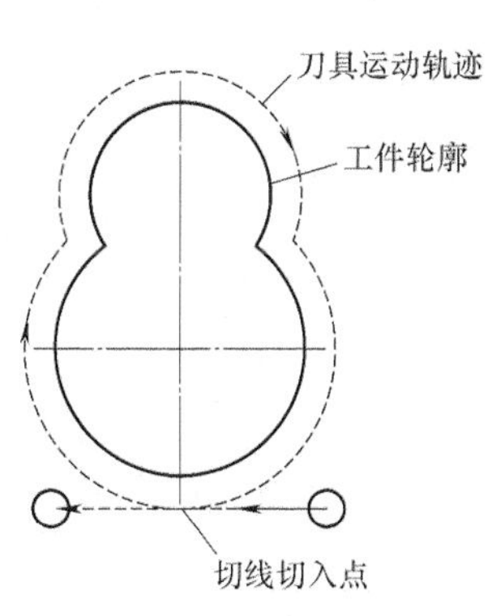

图 11-4 切线切入切出

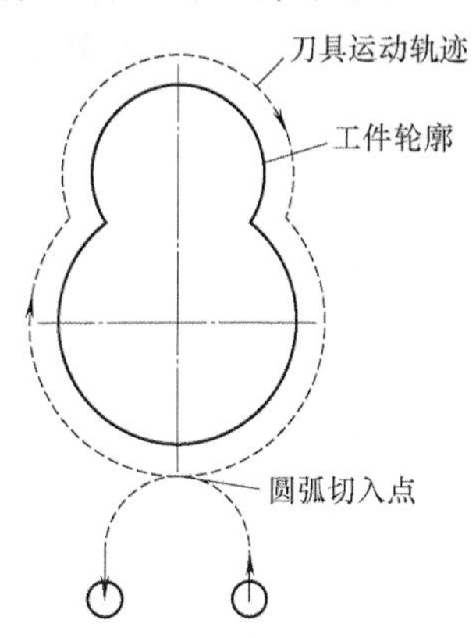

图 11-5 圆弧切入切出

（3）内轮廓走刀路线 铣削内轮廓时，切入点、切出点应尽量选择在两几何元素的交点处，避免出现接刀痕，如图 11-6 所示。如果没有交点，刀具的切入点、切出点应远离拐角，避免在轮廓拐角位置留下过切痕迹，如图 11-7 所示。

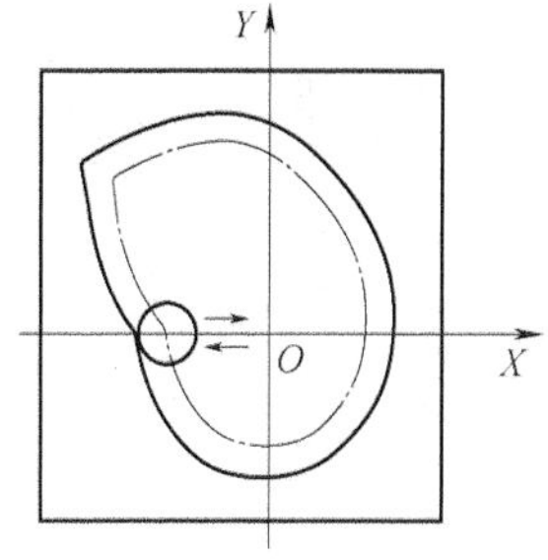

图 11-6 有交点切入切出

如果需要在实体上加工内凹槽，则要注意刀具的半径是否符合要求，同时也要注意走刀路线的选择，应当能够达到在切净内腔材料的同时不伤内表面，还要尽量减少重复走刀，节省加工时间。

常用的走刀路线有三种。第一种为行切法，如图 11-8 所示。这种方法编程比较简单，走刀路线比较短，切削效率高。但缺点是在刀路起点与终点处的侧壁处会有残留，不容易达到要求。

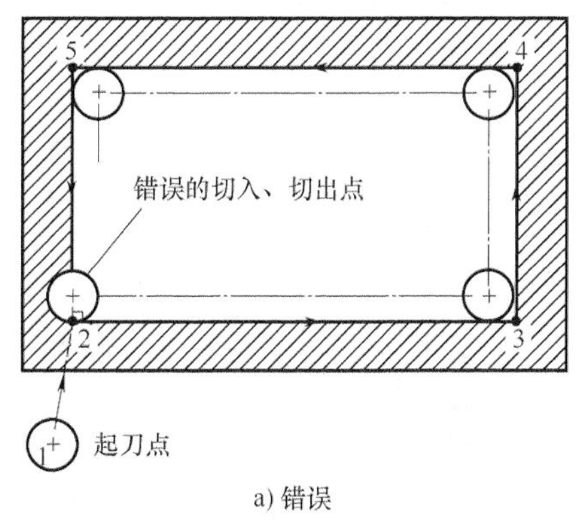

a) 错误

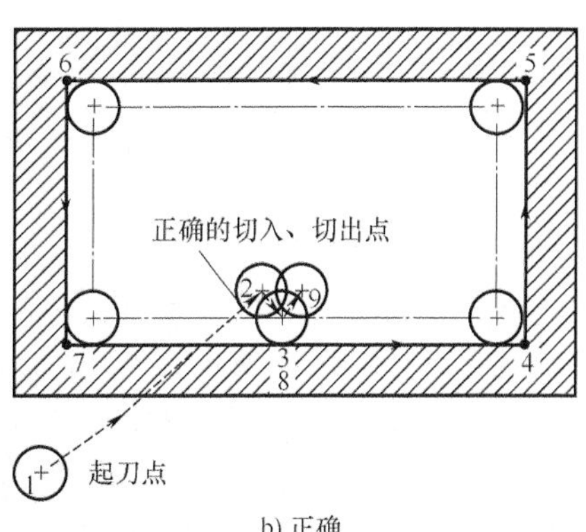

b) 正确

图 11-7 无交点切入切出

第二种为环切法，如图 11-9 所示。这种方法获得的加工质量比较高。但缺点是走刀路线比较长，并且因为环切路线是逐层向外扩展，所需要计算的坐标点比较多，编程相对其他方法较为复杂。

第三种为综合法，如图 11-10 所示。它综合了前两种方法的优点，开始先用行切法快速去除余量，再使用环切法，去除残留，这样既保证了编程效率与加工效率，也可以获得比较高的表面质量。

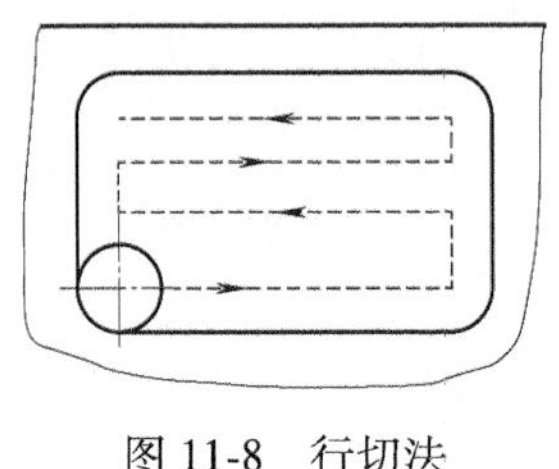

图 11-8　行切法

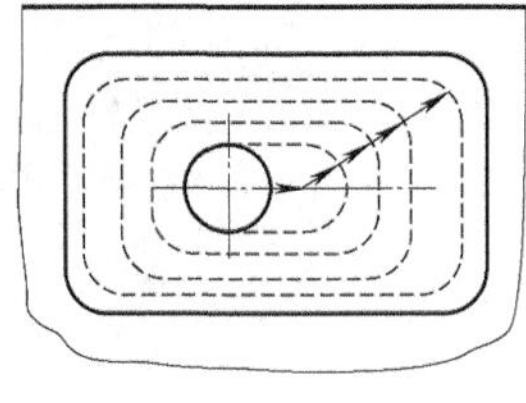

图 11-9　环切法

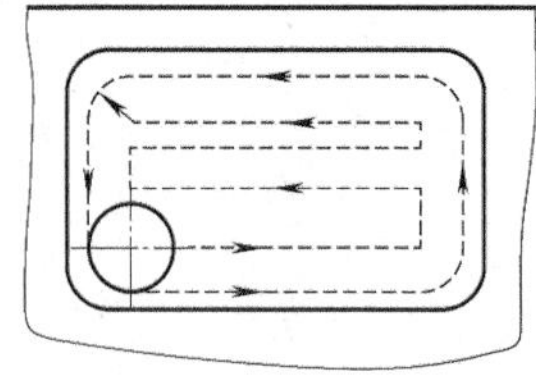

图 11-10　综合法

（4）曲面轮廓走刀路线　曲面轮廓的加工，一般先使用立铣刀进行粗加工，粗加工完成后的曲面会呈现阶梯形，然后再使用球头铣刀或圆弧铣刀进行半精加工，主要是去除阶梯形台阶，最后使用球头铣刀精加工，获得目标曲面轮廓。

如果曲面为封闭轮廓，那应尽量使用环切法，减少刀路变向，以获得较高的表面质量与曲面还原度。如果曲面为开放轮廓，那应尽量使用行切法，让刀具走出曲面轮廓后再变向，避免变向点留下刀痕。同时在编程时也应当合理安排路线，尽量减少变向，以减少冲击。曲面轮廓走刀路线如图 11-11 所示。

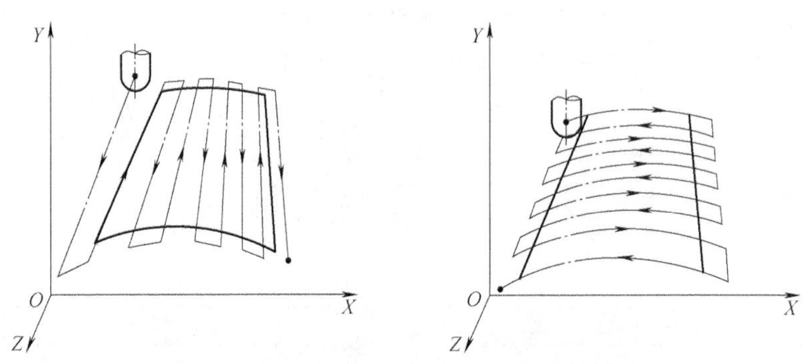

图 11-11　曲面轮廓走刀路线

2. 钻削加工路线

（1）孔的加工顺序　如果工件有多个同尺寸孔需要加工，就需要关注定位精度要求的高低。如果要求不高，直接按顺序编写程序即可，尽量减少往复空走刀，节省时间，如图 11-12所示。如果定位精度要求很高，那就需要注意走刀路线的安排，保证各孔的定位方向要一致，避免进给机构反向间隙的影响，如图 11-13 所示。

（2）起刀点、退回点及钻深距离的确定　在使用麻花钻对实体进行钻孔时，要先确定起刀点与退回点的位置。如果是已加工过的平整面，那此点应当尽量接近工件表面，以节省时间，但要注意在开始钻孔前不能接触工件。如果是毛坯面，那此点的位置应当稍远些，避免发生碰撞。另外还要注意麻花钻钻尖的长度，在编程中的加工深度应当额外再深一些，约为 0. 3 倍刀具的直径，否则孔的有效深度将达不到要求，钻削参数的确定如图 11-14 所示。

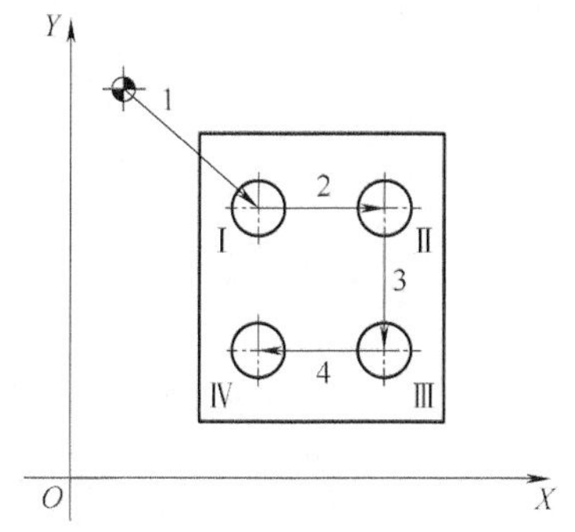

图 11-12　定位要求低时孔的加工顺序

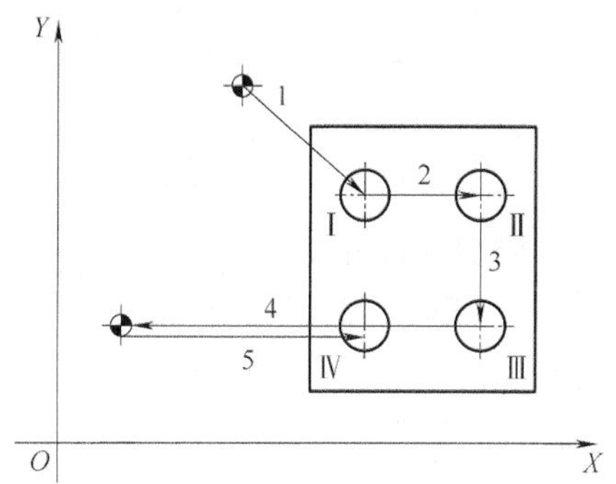

图 11-13　定位要求高时孔的加工顺序

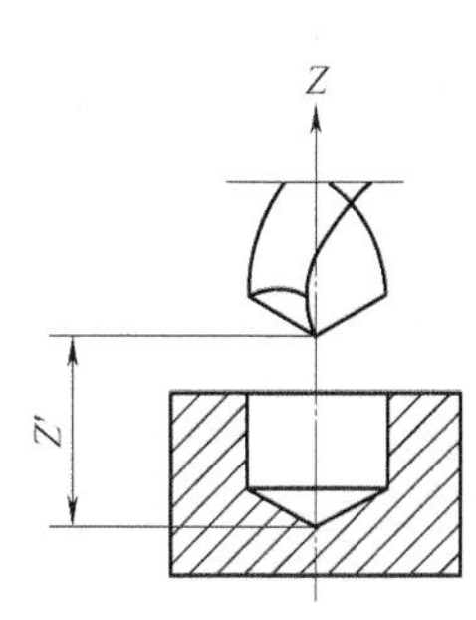

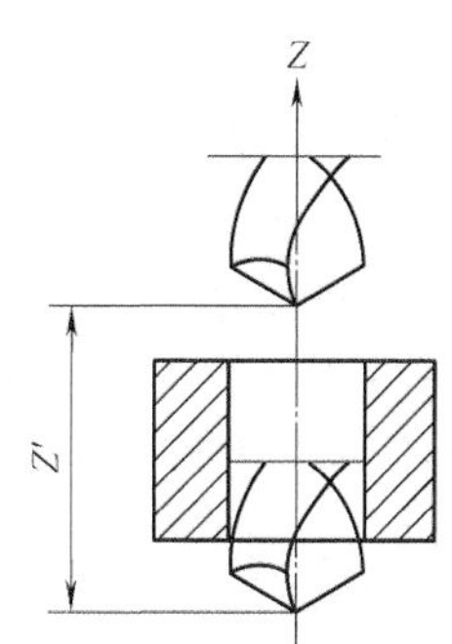

图 11-14　钻削参数的确定

11.2 加工中心及主要附件

11.2.1　加工中心的分类

1. 根据加工工序分类

主要分为镗铣加工中心和车铣加工中心。

（1）镗铣加工中心　是指将铣削、镗削、钻削、攻螺纹和切削螺纹等功能集中在一台设备上，使其具有多种工艺加工手段。它是从数控铣床的基础上发展演变而来的，与数控铣床最大的区别就是加工中心拥有刀库以及刀具更换系统，可以在加工过程中根据程序需要，自动更换刀具并连续完成多工序的加工。下面主要对镗铣加工中心进行介绍。

（2）车铣加工中心　也称为车铣复合加工中心，是在数控车床的基础上，复合加入铣床的功能，使它也可以完成铣床的工序。伴随着时代发展，现在也有加入磨床功能的车铣磨复合加工中心。

2. 根据主轴与工作台相对位置分类

主要分为立式加工中心、卧式加工中心与万能加工中心。

（1）立式加工中心　是指主轴轴线与机床工作台相垂直的加工中心。常用于加工板类、盘类或小型复杂零件，主要加工工件上面以及侧面。下面主要对立式加工中心进行介绍。

（2）卧式加工中心　是指主轴轴线与机床工作台平行的加工中心。因排屑效果好，所以主要适用于加工箱体类零件或深腔型零件。

（3）万能加工中心　也称为多轴联动加工中心，机床的主轴或工作台都可以进行移动和转动，适用于加工有复杂空间曲面的零件。

3. 根据控制轴数分类

主要分为三轴加工中心、四轴加工中心、五轴加工中心等。

不同的轴数代表机床的自由度不同，基础自由度有 X、Y、Z 三个方向的移动，除此之外还有分别沿三个方向的轴线进行旋转的 A、B、C 三个旋转轴。轴数越多，机床的加工范围也就越广，同时机床的造价也就更高。

（1）三轴加工中心　常用的加工中心为三轴，指机床可以在 X、Y、Z 三个方向进行移动，配合完成工件加工。

（2）四轴加工中心　指在三轴加工中心的基础上加入一个旋转轴，一般情况下都是加入 A 轴或者 B 轴，A 轴相对普遍。

（3）五轴加工中心　指在三轴加工中心的基础上加入两个旋转轴，一般情况下都是加入 A 轴和 C 轴，也有部分机床是加入 B 轴和 C 轴。

相对于单纯的轴数来说，还有更加重要的那就是联动。联动是指机床的各个轴之间能够相互配合，同时移动或者转动，使刀具能够沿着一定的轨迹从工件的某个点到达另外一个点的能力。联动轴数越多，机床所能加工的零件也就越复杂，相对应机床的成本也会大幅度提升。

11.2.2　加工中心的构成

一般来说，一台三轴立式加工中心的结构主要可以分为以下六大部分。

（1）基础部件　主要由床身、工作台、立柱三大部分构成（图 11-15），是加工中心中体积与质量占有比最大的一个部分。主要作用是承受载荷，所以必须要有足够的刚度和强度。

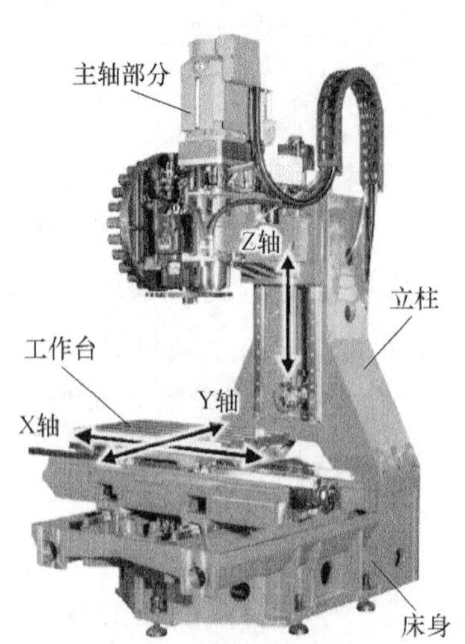

图 11-15　加工中心的构成

（2）主轴部件　主要由主轴箱、主轴电动机、主轴、主轴轴承等零件构成，如图11-15所示。该部分是切削加工的功率输出部分，它的旋转精度和定位准确性是影响加工中心加工精度的重要因素。

（3）进给机构　主要由进给伺服电动机、机械传动装置等构成。它可以驱动工作台或者主轴部分移动，形成加工过程中的进给运动。

（4）数控系统　主要由CNC装置、可编程控制器、伺服驱动系统、面板操作系统等构成。是执行顺序控制动作和加工过程中的控制中心。

（5）自动换刀系统　主要由刀库、换刀机构等部件组成，是实现机床在加工过程中根据程序需要自动完成刀具更换动作的部分，主要分为固定地址刀库与随机地址刀库。固定地址刀库的刀具号码与刀库的刀位编号相一致，即无论经过多少次换刀动作，该刀具永远保持在此刀位。而随机地址刀库则正好相反，因为换刀动作采用就近原则，所以刀库的刀位编号与刀具号码是不对应的，其优点就是换刀效率较高，缺点则是刀具号码不直观。比较常见的固定地址刀库形式有夹臂式刀库（图11-16）、斗笠式刀库（图11-17）、直排式刀库等，比较常见的随机地址刀库形式有圆盘式刀库（图11-18）、链式刀库（图11-19）等。

图11-16　夹臂式刀库

图11-17　斗笠式刀库

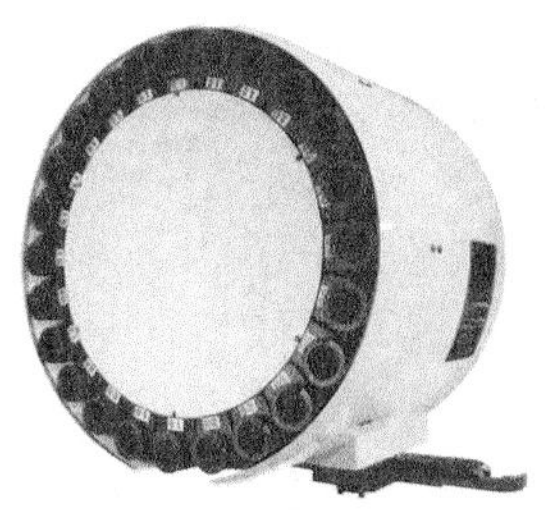

图11-18　圆盘式刀库

图11-19　链式刀库

（6）辅助装置　主要包括润滑系统、冷却系统、排屑系统、防护系统、液压系统、气动系统、照明系统等。这些装置虽然不直接参与切削运动，但也是加工中心当中不可缺少的部分，对加工中心的工作效率、加工精度和可靠性起着保障作用。

11.2.3　加工中心夹具类别及使用

毛坯安装在机床工作台预定位置上，然后将其自由度逐步限制，这个过程称之为“定位”。毛坯定位后，为了防止在加工过程中发生移动或转动，还应当对其施加一定力量，使其位置固定可靠，这个过程称之为“夹紧”。以上从安装到夹紧的整个过程称为“装夹”，整个装夹过程方案必须合理，结果必须正确可靠，它将直接关系到工件的加工精度与表面质量，如果出现错误，就会对后续的加工产生巨大的影响，严重情况下还将危及人身安全和机床安全。

毛坯的装夹过程要使用到夹具，夹具的种类有很多，应当根据工件的形状、数量、加工需求等选择合适的夹具。夹具的类型可以大致分为三种，分别是通用夹具、组合夹具和专用夹具。

1. 通用夹具

比较常见的通用夹具有以下几种：

（1）压板　一般直接利用机床工作台自带的 T 形槽，使用螺钉或螺栓直接把压板压紧在工件上，达到将工件固定在机床工作台上的目的。压板适用于板类零件，或者工件已有工艺台阶的情况。其优点是简单可靠且灵活，故使用较为广泛，缺点是效率较低，并且定位精度一般，如图 11-20 所示。

（2）机用虎钳　它有两个钳口，一个是固定钳口，另一个是活动钳口。固定钳口不能移动，活动钳口可以进行靠近或远离固定钳口的移动。机用虎钳需要提前安装在机床工作台上，并进行打表校正，使钳口与机床的 X 轴或 Y 轴平行，以保证加工精度。此种夹具操作简便灵活，精度可靠，适用性广，比较适合规则类零件的装夹，在加工中心上使用非常广泛。

机用虎钳主要有机械式虎钳（图 11-21）、液压式虎钳（图 11-22）、气动式虎钳以及精密型虎钳（图 11-23）。机械式与部分液压式都是使用扳手，转动虎钳的丝杠，完成夹紧或放松。部分液压式和气动式需要配合液压站或压缩空气站，自动完成工件的夹紧与放松。精密型虎钳的精度较高，并且多个面都具备几何精度，如果工件多面都需要高精度加工，单面做完后不必拆卸工件，可直接翻转虎钳，这种虎钳在加工中心上使用较少，精密平面磨床使用较多。

图 11-20　压板

图 11-21　机械式虎钳

图 11-22　液压式虎钳

图 11-23　精密型虎钳

（3）卡盘　卡盘从爪数可分为自定心卡盘和单动卡盘，卡盘卡爪可沿中心方向进行靠近或远离运动，对应工件夹紧或放松。自定心卡盘有三个爪，如图 11-24 所示，一般为三爪联动，同时向中心靠近或远离，具有自定心能力，适合装夹标准圆形回转体工件。单动卡盘有四个爪，如图 11-25 所示，一般为单动，每个卡爪可单独移动，适合装夹不标准或不规则弧形类零件，有时也用它装夹方体类工件。

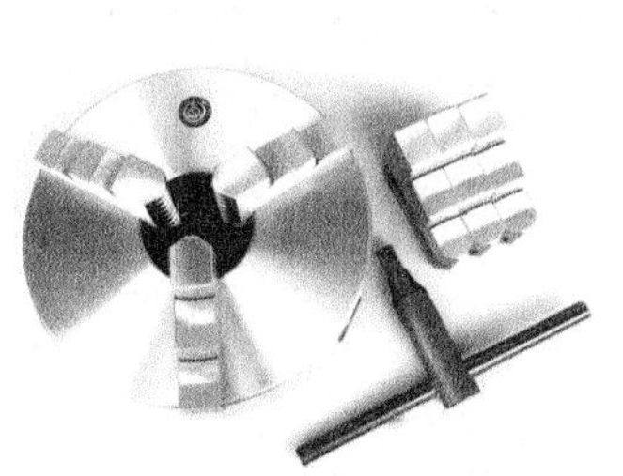

图 11-24　自定心卡盘

图 11-25　单动卡盘

卡盘也可分为机械式卡盘、液压式卡盘和气动式卡盘。机械式卡盘操作简便，结构简单，成本低，所以使用比较广泛。液压式卡盘需要配备液压站来提供液压力，相对机械式卡盘成本比较高，调节直径相对麻烦，但优点是自动化程度高，精度高，夹紧力大且可靠。气动式卡盘的使用需要依赖压缩空气站，相对于液压式卡盘夹紧、放松效率高且无污染，缺点是夹紧力相对较小。

（4）吸盘　吸盘可分为电磁吸盘与真空吸盘。电磁吸盘是一种利用电磁原理的夹具，如图 11-26 所示。通过使内部线圈通电产生磁力，将接触面板表面的工件吸住，从而实现工件夹紧，通过线圈断电，磁力消失并退磁，实现工件放松。电磁吸盘的优点是夹紧力大且可靠，缺点是要求接触面平整，并且对工件的导磁性与接触面积有一定要求。真空吸盘是利用气压原理的一种夹具，如图 11-27 所示。通过负气压将接触吸盘表面的工件吸住，从而实现夹紧。相对于电磁吸盘，其优点是对铝材、塑料等材料也可以进行装夹，缺点是夹紧力相对小一些。

图 11-26　电磁吸盘

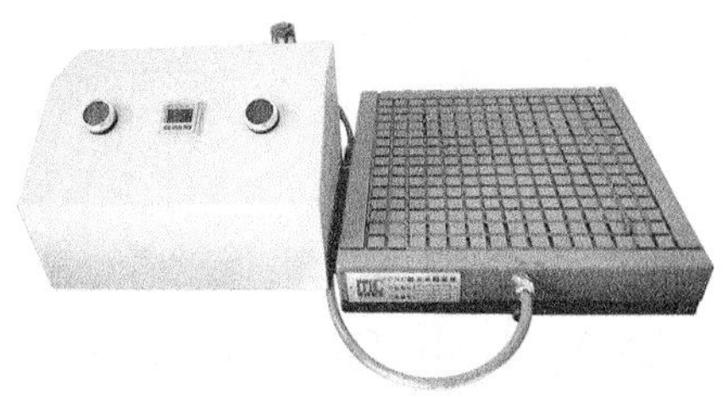

图 11-27　真空吸盘

（5）分度头和回转工作台　在加工过程中，部分零件需要对不同角度的多个面进行加工，这种情况下就需要分度头或回转工作台类型夹具配合完成。这种类型的夹具主要分为机械式与数控式两种，机械式需要手动进行操作，操作相对复杂，但成本较低，如图 11-28 和图 11-29 所示。数控式由液压站或压缩空气进行驱动，操作相对简单，但成本较高，相当于在机床上加入了一个或者两个轴，数控四轴分度盘和数控五轴旋转工作台如图 11-30 和图 11-31所示。

图 11-28　机械式分度头

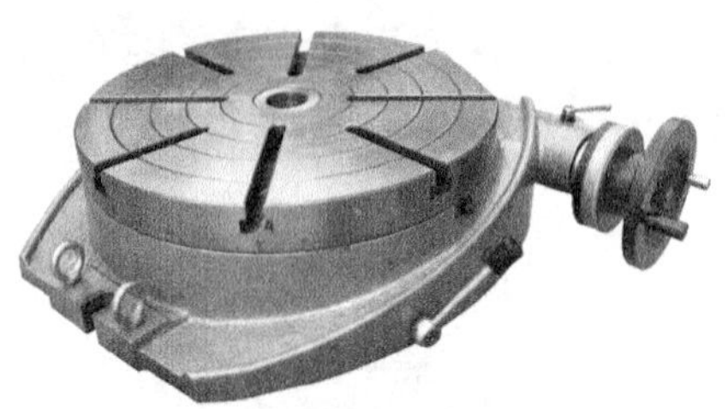

图 11-29　机械式回转工作台

图 11-30　数控四轴分度盘

图 11-31　数控五轴旋转工作台

2. 组合夹具

组合夹具也称柔性组合夹具，是一套由各种不同形状、规格和用途的标准化元件和部件组成的机床夹具系统。使用时，根据工件的加工要求可从中选择适用的元件和部件，通过装配组装成所需要的专用夹具，使用完毕后再拆卸回原样，以供下次使用。

3. 专用夹具

专用夹具是专为加工某个零件或零件的关键工序而设计制造的夹具，适用于大批量且工艺相对稳定的零件。使用专用夹具能有效地降低劳动强度，提高生产效率，并且可以获得较高的加工精度。但专用夹具的灵活性较低，一旦生产零件发生变动，此套夹具大概率将被废弃，所以此种夹具成本较高。

11.3 加工中心刀具及刀柄

11.3.1　加工中心刀具

工件加工过程中，非常重要的一个部分就是加工刀具。应当根据机床性能以及工件的形状、材料、工序综合考虑，选择合适的刀具，在达到安全、适用的基础上，尽量降低成本。

1. 加工中心刀具从结构上分类

（1）整体式　由一个坯料经过精磨制成，应用广泛。

（2）镶嵌式　根据镶嵌方式可分为焊接式与机夹式。焊接式是直接将刀头与刀体通过焊接的方法连接，机夹式是将刀片通过夹紧元件固定在刀体上。机夹式又可分为可转位式与不可转位式。可转位式刀片一般不止一端可用，当用钝后将刀片转位后就可继续使用。

（3）抗振式　在加工所需刀具的长径比大的情况下，切削过程中会产生振动，影响加工表面质量与加工精度，这种情况下一般会采用此种类型刀具，以保证加工质量。

（4）内冷式　在刀体内部有过水孔，专门用于切削液流通。某些内轮廓在加工时，切削产生的铁屑不易排出，切削液也不易进入，会导致加工质量与刀具寿命的降低，一般在这种情况下会使用内冷式刀具。

2. 加工中心刀具从材料上分类

（1）高速钢刀具　具有较高的硬度与耐磨性，应用比较广泛。

（2）硬质合金刀具　比高速钢刀具拥有更高的硬度与耐磨性，同时热硬性也比较好，应用场合非常广泛。

（3）陶瓷刀具　使用精密陶瓷高压研制而成，耐磨性非常高，可加工高硬材料。

（4）金刚石刀具　除了拥有极高的硬度和耐磨性外，还具有摩擦系数低、热膨胀系数低、与有色金属亲和力小等特点，适用于加工有色金属。

（5）立方氮化硼刀具　与金刚石刀具同属于超硬材料刀具，由于其对于黑色金属有极为稳定的化学性能，所以非常适合加工黑色金属材料。

（6）涂层刀具　是在刀具基体上涂覆一层耐磨性较好的难熔金属或非金属化合物，对于刀具寿命、加工效率以及加工精度等均有一定的提升。

3. 加工中心刀具从功能上分类

（1）铣削刀具　铣削刀具是加工中心最常用的一种类型，常用的有以下几种：

1）面铣刀。面铣刀在加工中心上主要用来铣削平面和台阶面，可转位式面铣刀如图 11-32所示。其圆周表面和端面都有切削刃，可转位机夹式面铣刀应用比较广泛，刀体材料多为 40Cr，也有铝合金材质。在使用面铣刀铣削平面时，应选择合适的刀具直径和走刀宽度。如果加工余量大或不均匀时，应尽量选用小直径刀具加工，精加工时，刀具应尽量大，最好能够大于平面宽度，一次走刀完成铣削。

2）立铣刀。立铣刀是加工中心上最常用的一种刀具，主要用来加工小平面、内外轮廓及凹槽等，整体式立铣刀如图 11-33 所示。其圆柱表面和端面都有切削刃，圆柱表面的切削刃为主切削刃，主要加工侧壁面，一般为螺旋形，这样可以提高平稳性与加工精度。端面切削刃为副切削刃，一般用来加工台阶底面。立铣刀的端面刃有不过中心与过中心两种。不过中心的立铣刀端面中心处无切削刃，无法进行切削，应避免垂直进刀，如无法避免则需要提前做预制孔，或者采用斜向进刀或螺旋进刀，即便刀具端面刃过中心，也应当尽量避免垂直进刀。

3）模具铣刀。模具铣刀是在立铣刀的基础上经过改变发展得到的，主要用来加工模具型腔和三维曲面，主要可分为圆锥形立铣刀（图 11-34）、圆柱形球头铣刀（图 11-35）和圆锥形球头铣刀（图 11-36）。其结构是端面或球头有切削刃，可作径向和轴向进给，有可转位式（图 11-37）与整体式（图 11-38）两种。需要注意的是，球头铣刀的吃刀量不宜过大，所以需要提前使用立铣刀进行粗加工，并且因为球头铣刀球心处切削速度很低，所以在加工时应适当提高转速，避免垂直进刀，否则会导致切出的表面质量很差。

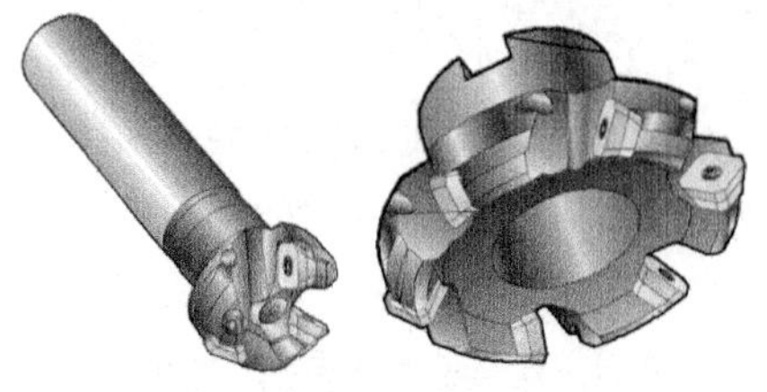

图 11-32　可转位式面铣刀

图 11-33　整体式立铣刀

4）键槽铣刀。键槽铣刀与立铣刀形状非常相似，圆柱表面和端面同样都有切削刃，不过键槽铣刀一般为两刃，并且端面切削刃过中心，主要用来加工键槽等槽类，最常用来加工圆头封闭键槽，如图 11-39 所示。键槽铣刀可以直接垂直进刀，到达深度后沿方向铣出键槽全长即可。

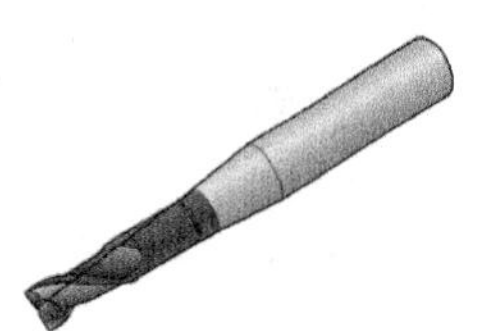

图 11-34　圆锥形立铣刀

图 11-35　圆柱形球头铣刀

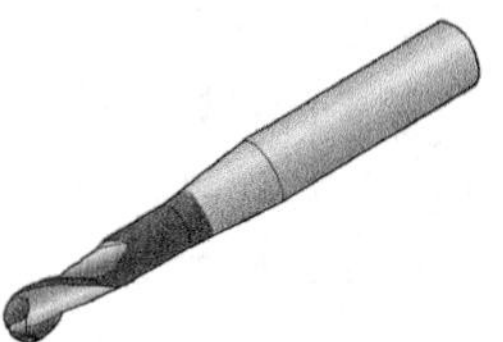

图 11-36　圆锥形球头铣刀

图 11-37　可转位式球头铣刀

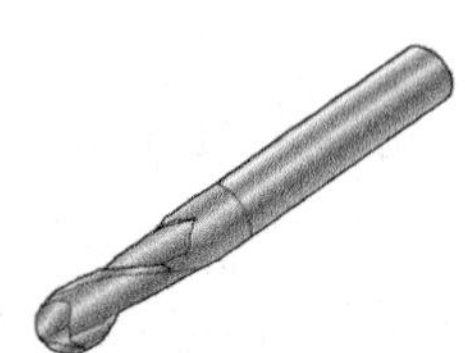

图 11-38　整体式球头铣刀

图 11-39　键槽铣刀

5）成形铣刀。成形铣刀即具有成形切削刃的铣刀，其刃形按工件廓形设计。使用成形铣刀能较容易地实现对复杂表面的加工，并能得到较高的加工精度和表面质量，但成形铣刀属于非标准铣刀，一般需要进行定制。

（2）钻削刀具　钻削刀具主要用来加工孔类，常用的刀具有麻花钻、扩孔刀、铰刀等。

麻花钻也称钻头，由钻尖、切削刃和排屑槽（螺旋槽或直槽）构成，如图 11-40 所示。主要对没有预制孔的工件进行孔加工，加工出的孔一般圆柱度和表面质量较差。

扩孔钻和麻花钻有些相似，由切削刃和排屑槽构成，主要用于扩孔以及提高孔的圆柱度和表面质量。

铰刀由切削刃和排屑槽构成（有直槽与螺旋槽两种），主要用于提高底孔的圆柱度和表面质量，使用铰刀进行铰孔可以获得很高的表面质量与圆柱度。直槽铰刀如图 11-41 所示。

图 11-40　麻花钻

图 11-41　直槽铰刀

（3）镗削刀具　镗削刀具其实也是孔类加工刀具，所使用的主要就是镗刀。在加工中心上进行镗削，通常是悬臂式加工，因此要求镗刀应有足够的刚度与较高的加工精度。比较常用的有精镗微调镗刀与可转位双刃镗刀，如图 11-42 与图 11-43 所示。

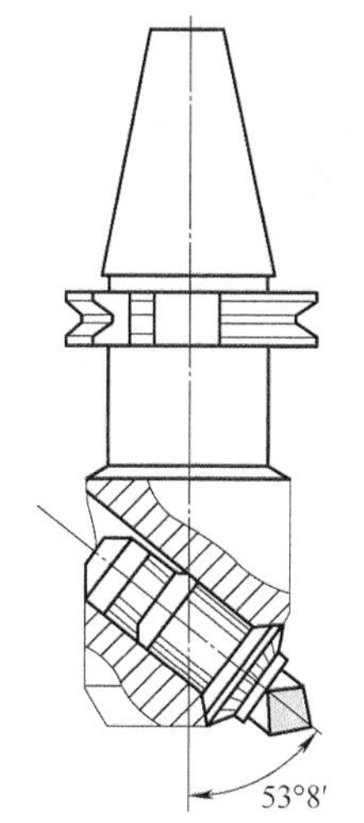

图 11-42　精镗微调镗刀

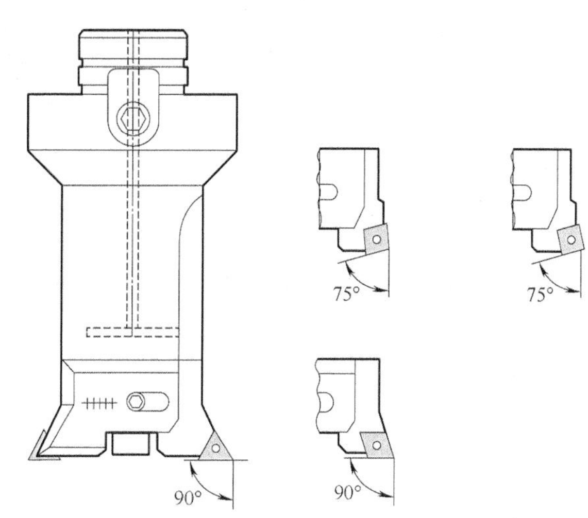

图 11-43　可转位双刃镗刀

镗孔过程一般是先移动工作台将工件移动至加工位置，然后由 Z 轴完成进给加工，从而获得较高的加工精度。工件上如有多个孔需要精镗，每个孔应当单独完成，即对第一个孔完成粗加工、半精加工、精加工的全部工序后，再对下一个孔开始加工，不能为了节省时间与换刀次数，将全部孔粗加工完成后再换刀进行半精加工，最后全部进行精加工。这是因为工作台的移动将会产生定位误差，影响工件的加工精度。

11.3.2　加工中心刀柄

加工中心所使用的切削工具主要由两部分组成，第一部分是刀具，第二部分就是为刀具夹持和换刀装置夹持所使用的夹套、刀柄及拉钉，如图 11-44 所示。

加工中心刀柄常用的主轴安装规格标准有 BT、BBT、HSK 三种。BT 为日本标准，如图 11-45所示，比较常用的有 BT-30、BT-40、BT-50。BBT 刀柄是在 BT 的基础上增加一个接触面，以过约束的方式提高精度与稳定性。HSK 为德国标准，是一种高速短锥型刀柄，如

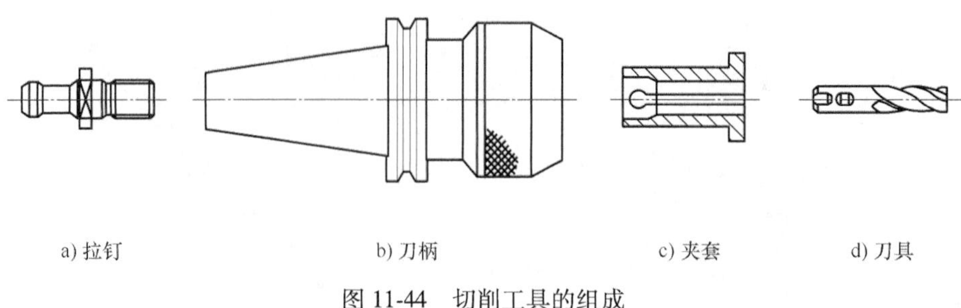

图 11-44 切削工具的组成

图 11-46 所示，常用的有 A、E、F 型，其极限转速、连接刚度与重合精度都比较高。

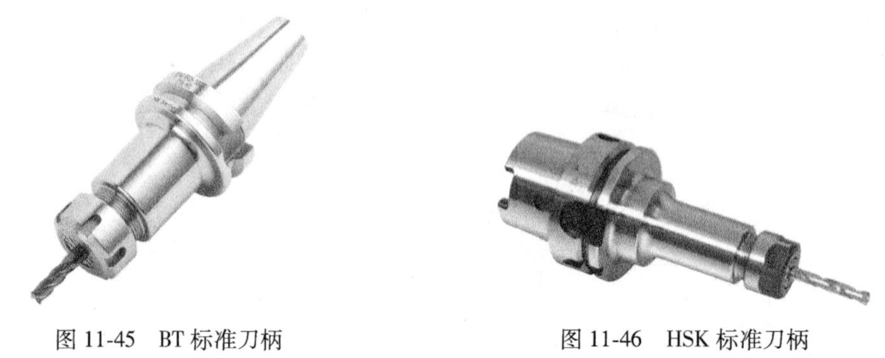

图 11-45 BT 标准刀柄

图 11-46 HSK 标准刀柄

加工中心刀柄按夹持刀具方式可分为 ER 型、强力型、侧固型、钻夹头、后拉式、液压式、热胀式等。

11.4 加工中心编程

编写程序时，首先应了解所用机床的规格、性能、数控系统所具备的功能以及编程的格式等，然后对图样规定的技术要求，零件的几何形状、尺寸及工艺要求进行分析，确定加工方法和加工路线，计算刀位数据，再按照数控机床的程序格式，将工件的尺寸、刀具运动轨迹、位移量、切削参数、换刀顺序、切削液启闭等编制成加工程序，输入至机床中，由机床根据所编写的程序自动完成工件加工。

数控系统是数控机床中最重要的部分之一，目前常用的系统有很多，例如，日本的 FANUC（发那科）、MITSUBISHI（三菱）；德国的 SIEMENS（西门子）、HEIDENHAIN（海德汉）；美国的 HAAS（哈斯）；西班牙的 FAGOR（法格）；中国的华中数控、广州数控、凯恩帝、沈阳 i5 等。

下面以 FANUC 0i-MF 系统为例进行介绍。

11.4.1 加工中心坐标系与编程方法

1. 加工中心坐标系

数控机床不同于普通机床，加工过程都是机床根据程序自主完成动作，所以要有坐标系来控制机床移动的距离和方向。机床坐标系的作用是为了能够准确描述机床运动，简化编程，并使程序具有互换性。关于加工过程中的运动，现已统一规定：永远假定刀具相对于静止的工件而运动。

数控机床上的坐标系均采用右手笛卡儿坐标系，大拇指方向为 X 轴正方向，食指方向为 Y 轴正方向，中指方向为 Z 轴正方向，如图 11-47 所示。

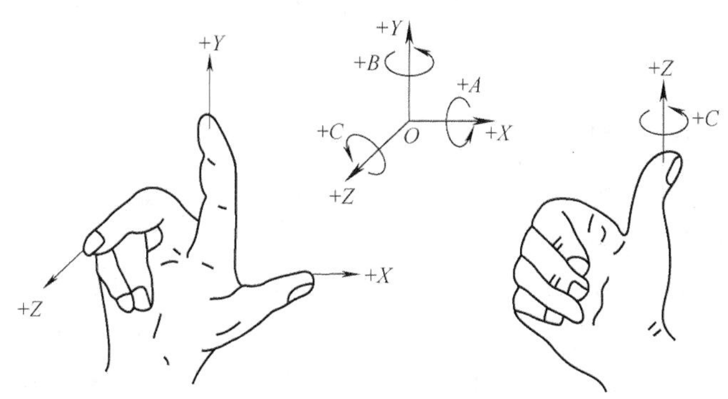

图 11-47　右手笛卡儿坐标系

加工中心坐标系可分为三种，分别是机床坐标系、工件坐标系与相对坐标系。

（1）机床坐标系　机床坐标系也称机械坐标系，是机床上固有的坐标系，也是数控机床进行加工运动的基准参考坐标系。机床坐标系的原点为机床原点或机床零点，是一个固定点，它在机床装配调试完成后就已确定下来，它的位置通常是在各坐标轴正向的最大极限处。

在机床中有统一的标准，规定平行于机床主轴的运动坐标轴为 Z 轴，取刀具远离工件的方向为正方向。X 轴为水平方向且垂直于 Z 轴，同样取刀具远离工件的方向为正方向。一般单立柱机床，从主轴向立柱看，以水平向右为正方向。Z 轴与 X 轴确定后，最后由笛卡儿坐标系确定 Y 轴即可。

（2）工件坐标系　工件坐标系也称编程坐标系，是编程和加工时使用的坐标系。是在零件图样上选定一个适当的基准点，并以该基准点作为工件的原点建立的坐标系。工件坐标系原点是人为设定的，设定依据是既要符合图样尺寸的标注习惯，又便于编程，编程时所有的刀具轨迹坐标点均是以工件坐标系为原点得到的。

（3）相对坐标系　在机床坐标系中选一任意点，以选定点为原点建立的坐标系称为相对坐标系。它的作用主要用来辅助完成一些工作，如测量或者对刀等。

2. 加工中心编程方法

数控程序编制方法主要有三种：手工编程、自动编程与 CAD/CAM 编程，这三种方法各有优劣，在实际生产中均有使用。

（1）手工编程　依靠一般计算工具，通过计算工件各点坐标，使用指令代码来进行程序的编制。这种方法是最基础的方法，相对比较简单，容易掌握，灵活性较大，适用于简单零件的程序编写。

（2）自动编程　依靠机床内置的编程软件，通过人机交互的方式将零件的形状与切削参数输入至机床中，机床自动运算并生成加工程序。这种方法操作简单、编程效率高、正确率高，但对于复杂形状零件的加工比较困难。比较常见的有海德汉系统、法格系统、沈阳 i5 系统等。

（3）CAD/CAM 编程　依靠第三方开发的软件，将图形导入至软件中，设置好参数后即可自动生成加工程序，并且附带模拟功能，可以模拟整个切削过程，避免错误造成事故。这种方法灵活性高、效率高、正确率高，并且对于复杂形状零件的加工也有很好的效果，缺点是需要购买编程软件，投资较高，且熟练掌握需要一定的时间。比较常见的编程软件有 Mastercam、Unigraphics NX、PowerMILL 等。

11.4.2　加工中心常用编程指令

数控程序的编制，需要按照一定的格式，将加工轨迹、加工参数、机床功能等通过字母和数字的形式编写成程序，这其中就要使用到机床代码指令。

代码指令可分为两种，第一种是用来实现程序的执行控制、主轴转向控制、刀具调换控制、辅助设备控制等，这些功能都由字母 M 及多位数字组成，称为辅助功能 M 指令，也称为 M 代码。第二种是用来实现机床坐标系转换、刀具移动路线、切削方式等的控制，即机床各轴的运动方向与方式，这些功能都由字母 G 及多位数字组成，称为准备功能 G 指令，也称为 G 代码。

1. 辅助功能 M 指令

辅助功能 M 指令可分为前指令和后指令两类。前指令是指该指令如果在程序段中出现，不管该指令是写在程序段首还是写在程序段尾，都会被首先执行，然后再执行其他指令；后指令则相反，不管该指令是写在程序段首还是写在程序段尾，都会先执行其他指令，最后再执行该指令。常用辅助功能 M 指令见表 11-1。

表 11-1　常用辅助功能 M 指令

M 指令	功　能	执行类别	M 指令	功　能	执行类别
M00	程序暂停	后指令	M09	切削液关闭	后指令
M01	程序选择性停止		M19	主轴定向	单独程序段
M02	程序结束		M29	刚性攻螺纹	
M03	主轴正转	前指令	M30	程序结束并返回	后指令
M04	主轴反转		M98	调用子程序	
M05	主轴停止	后指令	M99	子程序结束并返回	
M06	刀具自动交换	前指令			
M08	切削液开启				

注：编程时，M 后面的第一个 0 可以省略，如 M00、M01、M02 可简写为 M0、M1、M2。

1）M00：程序暂停。当程序运行至含有 M00 代码的程序段时，机床进给运动将会停止，程序运行也进入暂停状态，等待再次按下循环启动按键后，机床继续运行后续程序。

2）M01：程序选择性停止。此代码需搭配机床的选择停止功能使用。打开选择停止功能后，当程序运行至含有 M01 代码的程序段时，就会进入程序暂停状态，再次按下循环启动按键后，机床继续运行，此种情况下与 M00 代码功能一致。关闭选择停止功能后，当程序运行至含有M01代码的程序段时，机床则会忽略此代码，直接继续运行程序。

3）M02：程序结束。一般写在程序尾，当程序运行至M02代码时，机床认为此程序已经结束，会停止所有动作，并将光标停止在此位置。

4）M03：主轴正转。此代码需搭配S代码使用，S后面跟随指定的主轴转速，用于使机床主轴以正转方向开启旋转，如M03 S1000，指机床主轴开始正转旋转，转速为1000r/min。

5）M04：主轴反转。此代码需搭配S代码使用，S后面跟随指定的主轴转速，用于使机床主轴以反转方向开启旋转，如M04 S1000，指机床主轴开始反转旋转，转速为1000r/min。

6）M05：主轴停止。一般在加工结束后使用，当程序运行至M05代码时，机床主轴将停止旋转。

7）M06：刀具自动交换。此代码需搭配T代码使用，用于机床进行刀具自动交换。如代码M06 T1，指机床将1号刀具调换至主轴上。

8）M08：切削液开启。此代码需搭配机床切削液控制旋钮使用。当切削液控制旋钮处在自动档位时，程序运行至此代码，机床的切削液电动机将会通电起动，切削液功能随之开启。

9）M09：切削液关闭。此代码需搭配机床切削液控制旋钮使用。当切削液控制旋钮处在自动档位时，如果切削液功能处于开启状态，程序运行至此代码，机床的切削液电动机将会断电停止运转，切削液功能也随之关闭，如果切削液功能处于关闭状态，机床将会忽略此代码，直接运行下一段程序。

10）M19：主轴定向。机床运行至此代码会将主轴角度旋转至设定角度，主要用于镗刀的安装及镗孔、攻螺纹等功能。

11）M29：刚性攻螺纹。主要用于机床攻螺纹功能。运行此代码后，机床的主轴转速与进给速度将会保持同步锁定，同时也会附带将主轴定向，避免需要多次攻螺纹时导致螺纹乱牙。

12）M30：程序结束并返回。此代码与M02类似，一般写在程序尾。当程序运行至M30代码时，机床认为此程序已经结束，会停止所有动作，同时将光标返回至程序开头位置，方便下次加工。

13）M98：调用子程序。某些情况下，工件加工有很多需要重复的程序段，这种情况可使用此代码。程序运行至此代码时，就会从主程序跳入提前设定好的子程序中运行加工，后面P __代表子程序程序号，L __代表重复调用次数。

14）M99：子程序结束并返回。某些情况下，子程序需要调用多次，这种情况下可使用此代码。M99一般写在子程序尾，机床运行至此代码时，就会从子程序跳回至主程序中，方便重复调用。

2. 准备功能G指令

准备功能G指令有模态和非模态两种。模态G指令是指该代码不止在当前程序段有效，在其之后的程序段也一直有效，直到被同一组的其他G指令所替代；非模态G指令只在其本身的程序段中有效，其他段无效。常用准备功能G指令见表11-2。

表 11-2　常用准备功能 G 指令

G 指令	组号	功　能	G 指令	组号	功　能
G00①	01	快速移动定位	G54	14	选择工件坐标系 1
G01		直线插补	G55		选择工件坐标系 2
G02		顺时针圆弧插补	G56		选择工件坐标系 3
G03		逆时针圆弧插补	G57		选择工件坐标系 4
G04	00	暂停指令	G58		选择工件坐标系 5
G15①	17	极坐标指令取消	G59		选择工件坐标系 6
G16		极坐标指令	G68	16	坐标系旋转
G17①	02	选择 *XY* 平面	G69①		坐标系旋转取消
G18		选择 *XZ* 平面	G73	09	啄削钻孔循环
G19		选择 *YZ* 平面	G74		左旋攻螺纹循环
G20	06	英制单位设定	G76		精镗循环
G21		公制单位设定	G80①		取消固定循环
G28	00	返回参考点	G81		钻孔循环
G29		从参考点返回	G83		排屑钻孔循环
G40①	07	刀具半径补偿取消	G84		右旋攻螺纹循环
G41		刀具半径左补偿	G90①	03	绝对坐标编程
G42		刀具半径右补偿	G91		增量坐标编程
G43	08	刀具长度正补偿	G94①	05	每分钟进给
G44		刀具长度负补偿	G95		每转进给
G49①		取消刀具长度补偿	G98	10	固定循环返回到起始点
G50	11	比例缩放取消	G99		固定循环返回到 R 点
G51		比例缩放指令			

① 为无指定时默认状态。

11.4.3　加工中心编程模式定义

1. 平面选择（G17/G18/G19）**与坐标格式**（G90/G91）

三轴加工中心有三个移动轴，对应则有三个坐标平面，也称为工作平面。三个平面分别为 G17 工作平面，即 *XY* 平面，G18 工作平面，即 *XZ* 平面，G19 工作平面，即 *YZ* 平面，如图 11-48 所示。

加工中心编程中，所用的坐标表达方式有两种，分别是绝对坐标编程 G90 与增量坐标编程 G91。在绝对坐标编程 G90 模态下，程序中出现的关于 X、Y、Z 的地址值，均为终点的坐标值；在增量坐标编程 G91 模态下，程序中出现的关于 X、Y、Z 的地址值，均为终点相对于起点的坐标增量值。如图 11-49 所示线段，分别使用两种模态进行编程，程序如下：

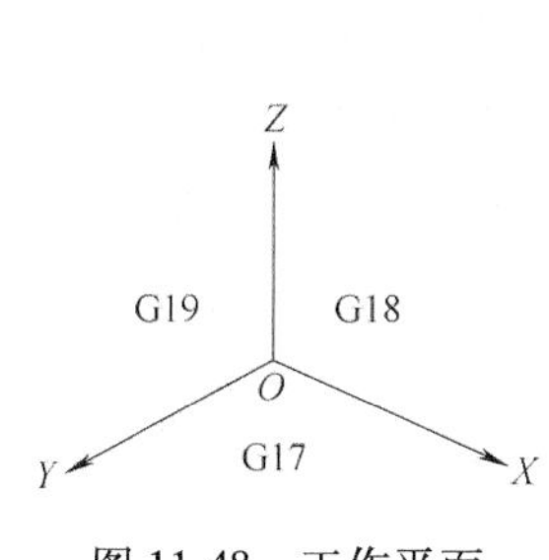

图 11-48　工作平面

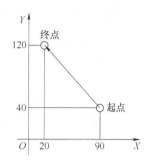

图 11-49　坐标格式

绝对坐标编程：G90 X20. Y120. ;

增量坐标编程：G91 X-70. Y80. ;

2. 选择工件坐标系（G54～G59）

工件加工时，要选择合理位置进行装夹，装夹后工件加工原点的位置很少会与机床坐标系原点重合。为了方便编程或多工件加工，在机床中有六个坐标系地址预设，分别是 G54～G59。将工件加工原点与机床原点的相对偏移量输入至相对应的工件坐标系中，在进行编程时，就可以使用 G54～G59 来指定工件坐标系的位置，不必再考虑加工原点与机床原点的相对偏移量。指定工件坐标系后，程序的所有坐标都是以指定工件坐标系为原点进行计算的。

例 11-1：程序内容与工件坐标系、机床坐标系的关系如下：

G54 工件坐标系内容：X-100. Y-100. Z-100.

G55 工件坐标系内容：X-200. Y-200. Z-200.

程 序 内 容	终点在工件坐标系显示	终点在机床坐标系显示
G90 G54 G00 X50. Y50. Z50. ;	X50. Y50. Z50.	X-50. Y-50. Z-50.
G90 G55 G00 X50. Y50. Z50. ;	X50. Y50. Z50.	X-150. Y-150. Z-150.

3. 尺寸单位（G20/G21）

加工中心预设的尺寸单位有两种，分别是 G20 英制单位与 G21 公制单位，均为模态指令。G20 英制单位设定使用的单位为英寸，G21 公制单位设定使用的单位为毫米。目前国内大部分情况使用的都是公制单位，机床默认也为公制单位。如有特殊情况需要使用英制单位，则应当在程序前端先指定 G20 设定为英制单位，且程序运行中不能更换。

4. 进给方式（G94/G95）

加工中心的进给方式有两种，分别是 G94 每分钟进给与 G95 每转进给，均为模态指令。G94 每分钟进给模态下，程序中 F 值的单位依据 G20 或 G21 设定为 in/min 或 mm/min。G95 每转进给模态下，程序中 F 值的单位依据 G20 或 G21 设定为 in/r 或 mm/r。加工中心默认使用 G94 每分钟进给，如有特殊情况需要使用 G95 每转进给，则应提前指定。

11.4.4　加工中心刀具补偿

1. 刀具长度补偿（G43/G44/G49）

格式：G43/G44 H_;

加工中心有刀库，可在加工过程中自动根据程序进行刀具调换，所以加工前会将所需刀具全部安装至机床中，加工过程不需要再安装刀具。因为每把刀柄的形状长度不一定相同，安装刀具的伸出长度也不一定一致，所以采用刀具长度补偿来解决这一问题。

刀具长度补偿的作用是将程序中 Z 轴运动的终点坐标统一向正方向或负方向偏移一定距离，偏移距离由与 H 后面数字相对应的机床地址序号控制，它对应的就是每把刀具的长度补偿值。加入刀具长度补偿功能后，编写程序时就不必考虑每把刀具的长度，即便加工过程中刀具磨损或损坏，更换刀具后只需要修改对应刀具长度补偿，不需要再对加工程序进行更改。

G43 为刀具长度正补偿，指 Z 轴到达的实际坐标为程序值与补偿值相加所得坐标。G44 为刀具长度负补偿，指 Z 轴到达的实际坐标为程序值与补偿值相减所得坐标。G49 为取消刀具长度补偿，执行后立刻取消补偿并使 Z 轴移动至无补偿值坐标点。因为地址栏中长度补偿的数值可以为正值也可以为负值，所以在实际工作中，绝大多数情况下都是使用 G43 指令。

2. 刀具半径补偿（G40/G41/G42）

格式：G41/G42 D_;

加工中心在实际加工过程中，是通过控制刀具中心移动路线来实现切削加工的。在编程过程中，为了减少复杂数值的计算，一般按工件的实际轮廓来编写加工程序。但铣刀自身具有一定的半径尺寸，如果不考虑刀具半径尺寸，那么加工完成工件的实际轮廓与图样要求轮廓单边将会相差一个刀具半径值，所以采用刀具半径补偿来解决这一问题。

刀具半径补偿的作用是将程序中各轴的运动统一向指定方向偏移一定距离，偏移距离由与 D 后面数字相对应的机床地址序号控制，它对应的就是每把刀具的半径补偿值。刀具半径补偿功能不仅可以确保工件不会过切，同时也可以通过此功能来消除刀具的制作误差与安装误差，即便加工过程中更换刀具，只需修改对应刀具的半径补偿参数即可，不需要再对加工程序进行更改，如图 11-50 所示。

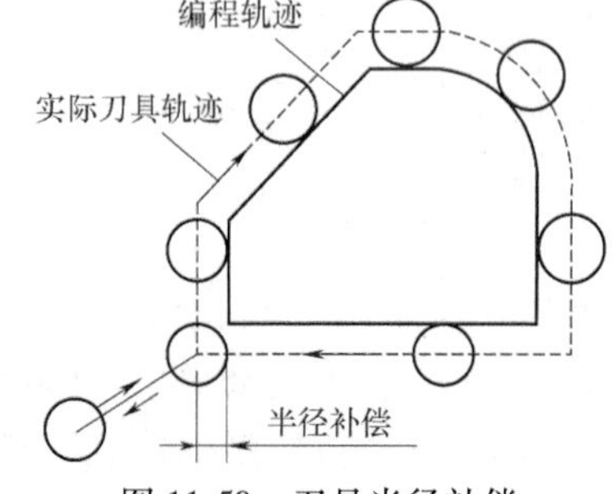

图 11-50　刀具半径补偿

G41 为刀具半径左补偿。假设工件不动刀具运动，沿着刀具运动前进方向看，刀具位于工件左侧的刀具半径补偿称为刀具半径左补偿。G42 为刀具半径右补偿。假设工件不动刀具运动，沿着刀具运动前进方向看，刀具位于工件右侧的刀具半径补偿称为刀具半径右补偿。刀具半径补偿方向如图 11-51 所示。G40 为取消刀具半径补偿，执行该程序段后，刀具半径补偿值将被取消。

刀具半径补偿的运动路线分三个部分，建立半径补偿、半径补偿保持和取消半径补偿。半径补偿保持阶段就是切削工件的阶段，这时半径补偿值已经加入完毕，机床会自动计算补偿，安排切削路线。建立和取消半径补偿是补偿值从零均匀变化至半径值或从半径值均匀变化至零的过程，所以此阶段不允许出现圆弧插补，也不能切削工件，以避免产生过切现象。

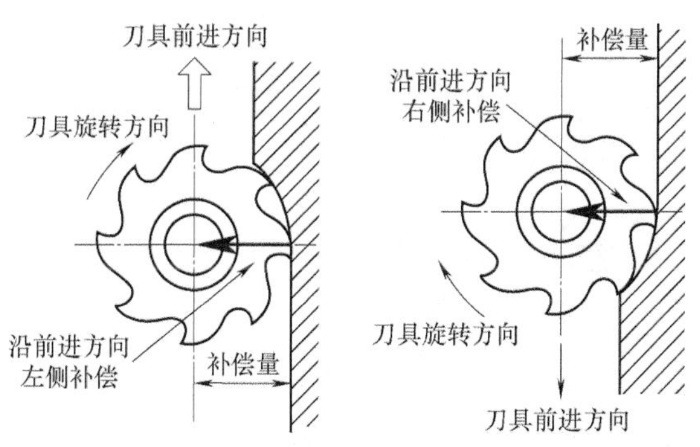

图 11-51　刀具半径补偿方向

11.4.5　加工中心编程

1. 插补指令

（1）快速移动定位（G00）　快速移动定位的作用，就是使刀具从当前的任意位置，以机床设定的最高速度移动至指定位置。

格式：G00 X_Y_Z_;

根据机床参数设定可分为非直线插补定位与直线插补定位，快速移动定位路线如图 11-52所示。非直线插补定位各轴以最高速度移动，其运动是相互独立的，移动路线不一定为一条直线。直线插补定位各轴在不超过最高移动速度的情况下，以最短距离移动至指定位置。

（2）直线插补（G01）　直线插补的作用，就是使刀具从当前位置，以直线的方式移动至指定位置。

格式：G01 X_Y_Z_F_;

使用 G01 指令，必须指定 F 值，即进给速度，单位为 mm/min（X、Y、Z 轴移动）。F 值是模态指令，除第一次必须给定外，如后续没有改变，可以不重复编写。

例 11-2：当前刀具在（X-50，Y-75），根据下面程序，刀具的移动路线如图 11-53 所示。

```
N1 G01 X150. Y25. F300. ;
N2 X50. Y75. ;
```

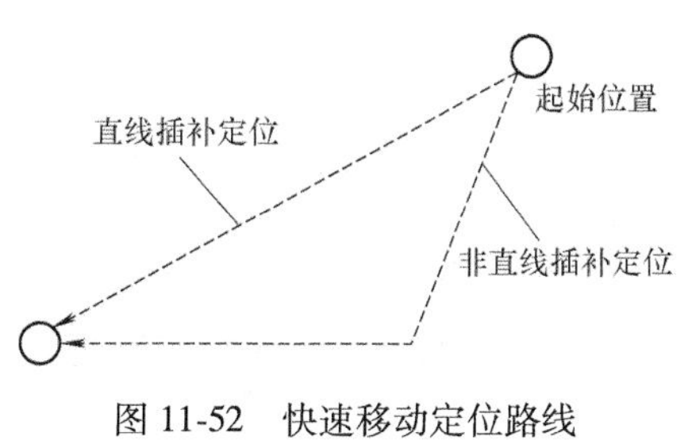

图 11-52　快速移动定位路线

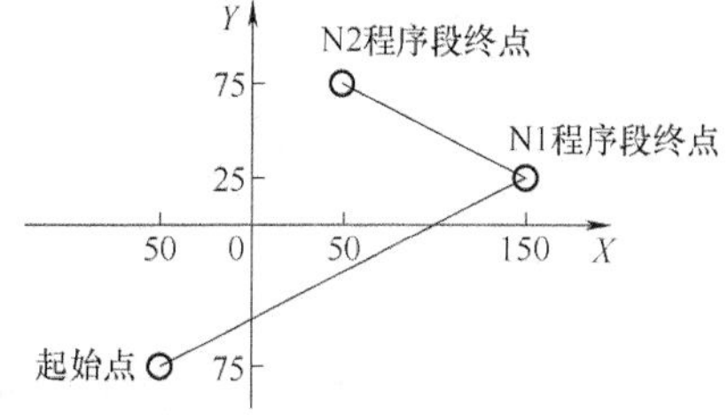

图 11-53　直线插补移动路线

（3）圆弧插补（G02/G03）　圆弧插补的作用，就是让刀具以当前位置为圆弧起点，按照指定的速度，指定的方向，指定的半径，以圆弧的形式移动到指定位置，即圆弧终点。

格式：

$$\begin{Bmatrix} \mathrm{G17} \\ \mathrm{G18} \\ \mathrm{G19} \end{Bmatrix}\begin{Bmatrix} \mathrm{G02} \\ \\ \mathrm{G03} \end{Bmatrix}\begin{Bmatrix} \mathrm{X\_Y\_} \\ \mathrm{X\_Z\_} \\ \mathrm{Y\_Z\_} \end{Bmatrix}\mathrm{R\_F\_};$$

$$\begin{Bmatrix} \mathrm{G17} \\ \mathrm{G18} \\ \mathrm{G19} \end{Bmatrix}\begin{Bmatrix} \mathrm{G02} \\ \\ \mathrm{G03} \end{Bmatrix}\begin{Bmatrix} \mathrm{X\_Y\_} \\ \mathrm{X\_Z\_} \\ \mathrm{Y\_Z\_} \end{Bmatrix}\begin{Bmatrix} \mathrm{I\_J\_} \\ \mathrm{I\_K\_} \\ \mathrm{J\_K\_} \end{Bmatrix}\mathrm{F\_};$$

在加工中心中，圆弧运动方向有两个，分别是顺时针方向和逆时针方向。

对于每个加工平面来说，它的顺时针、逆时针方向都是不同的，判断方法为：沿着加工平面的垂直第三轴，从正方向往负方向看，圆弧行进方向与时钟指针的旋转方向相同，则定义为顺时针，使用 G02 顺时针圆弧插补；圆弧行进方向与时钟指针的旋转方向相反，则定义为逆时针，使用 G03 逆时针圆弧插补，如图 11-54 所示。

圆弧插补有两种编写方式，一种是半径法即 R 编程，另一种是圆心法即 I、J、K 编程。

半径法编写圆弧插补时，需要使用 R 值进行编程，程序中地址 R 代表的是本段圆弧的半径值。如果本段圆弧圆心角≤180°，半径值 R 应使用正值；如果本段圆弧圆心角≥180°且<360°，半径值 R 应使用负值。

因为起点与终点重合，半径为 *R* 的圆在平面内有无数个，如图 11-55 所示，所以半径法无法编写整圆程序。如果需要编写整圆程序，应当使用圆心法编写，如必须使用半径法编写，则应将整圆打断成多段圆弧分段编写。

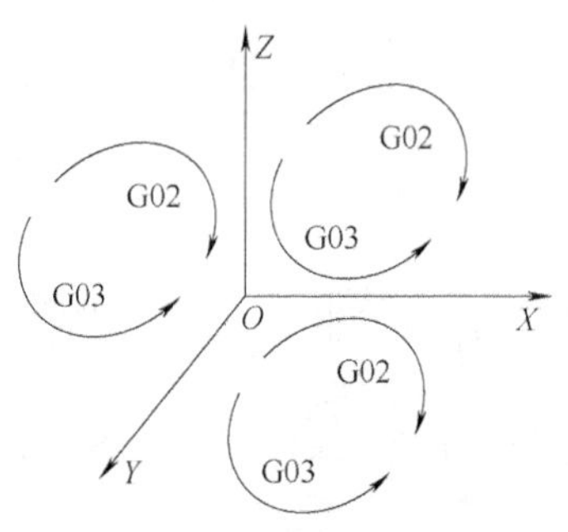

图 11-54　圆弧插补方向

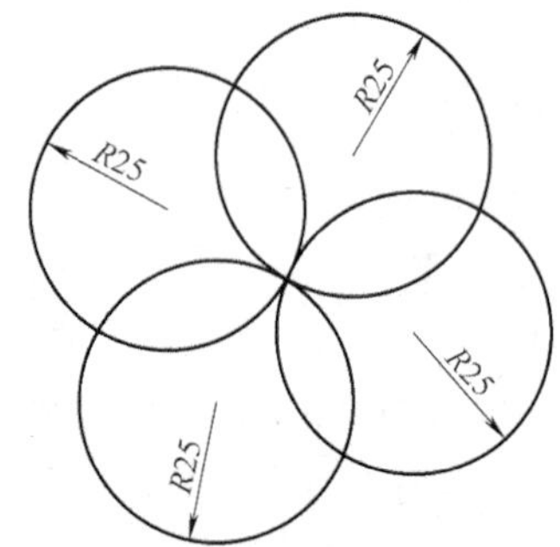

图 11-55　同半径整圆

圆心法编写圆弧插补时，需要使用 I、J、K 值进行编程，程序中地址 I、J、K 分别代表的是 *X*、*Y*、*Z* 各轴从起点到圆心方向的矢量分量。

在编程中，无论使用的是绝对坐标编程 G90 模态还是增量坐标编程 G91 模态，I、J、K 的值永远为增量值。其计算方法为：各轴圆心坐标减去圆弧起点坐标，所得数值为编程所用的分量值，如图 11-56 所示。

圆心法编程相对于半径法编程最大的优点就是可以编写整圆程序，不必打断圆弧分段编写，同时圆心法编程加工圆度比较高。

例 11-3：针对图 11-57 所示两段圆弧，分别使用两种方法进行编程，程序如下：

a 弧（圆心角<180°）

```
G90 G17 G02 X0 Y30. R30. F300. ;
```

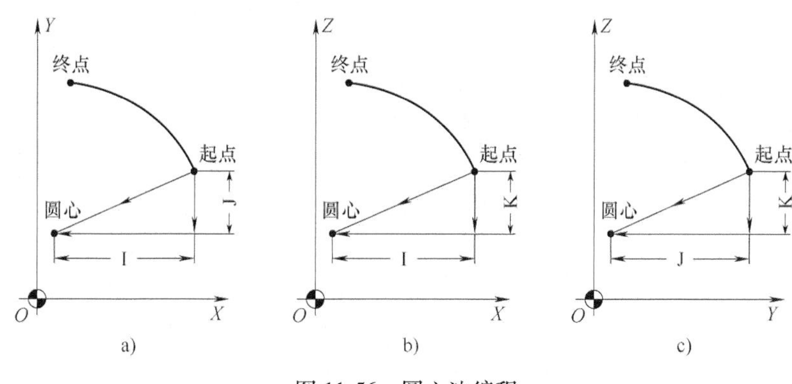

图 11-56　圆心法编程

```
G90 G17 G02 X0 Y30. I30. J0. F300. ;
```

b 弧（圆心角>180°且<360°）

```
G90 G17 G02 X0 Y30. R-30. F300. ;
G90 G17 G02 X0 Y30. I0 J30. F300. ;
```

2. 固定循环

固定循环指令的作用主要用来加工孔，使得本应该通过多个程序段完成的功能在一个程序段内完成，同时对于多个孔的加工，编程也简化了许多，如图 11-58 所示。

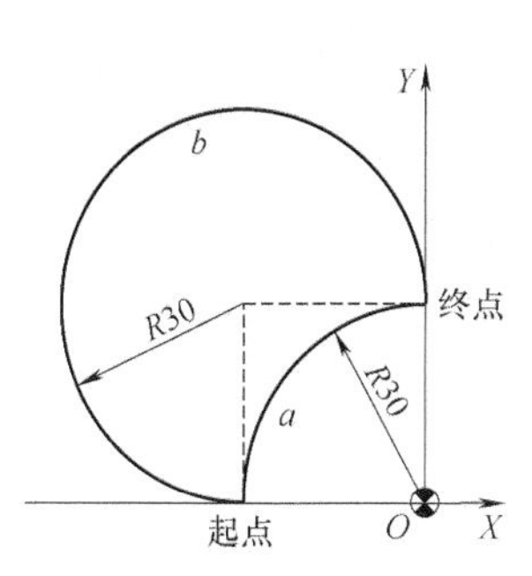

图 11-57　圆弧编程例图

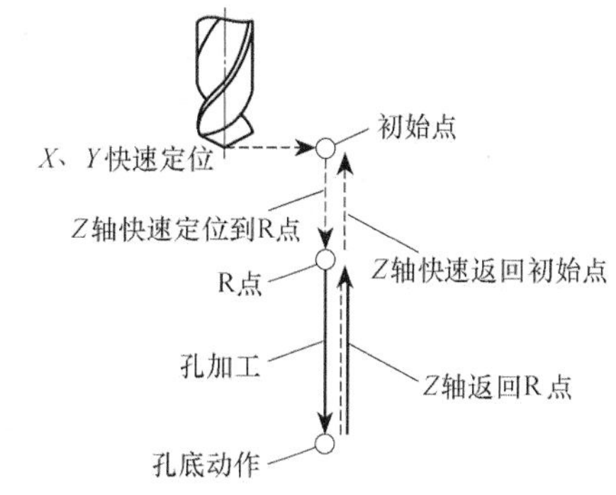

图 11-58　固定循环动作

（1）固定循环返回点（G98/G99）　使用固定循环指令加工时，对第一个对象加工完毕后，刀具要离开工件，返回至安全高度，再移动至下一个加工对象位置，进行加工，重复这一过程。该过程中刀具离开工件的高度有两种设定，分别是 G98 固定循环返回到初始点与 G99 固定循环返回到 R 点，如图 11-59 所示。

如果工件的表面是已加工的平整表面，没有凸台或筋板，可以使用 G99 指令。因为 G99 模态下刀具会返回到 R 点，在编程中 R 点一般会设置为距离工件表面非常近的位置，这样就会减少空走刀的距离，节省加工时间。

但如果工件表面凹凸不平或者有凸台、筋板类的凸出平面的部分，这种情况下再使用 G99 就会导致刀具与工件发生碰撞，导致刀具损坏或工件损坏。所以这种情况下使用 G98 固定循环返回到起始点更为合适，刀具在返回至初始点后再移动至下一位置，保证了加工的安全。

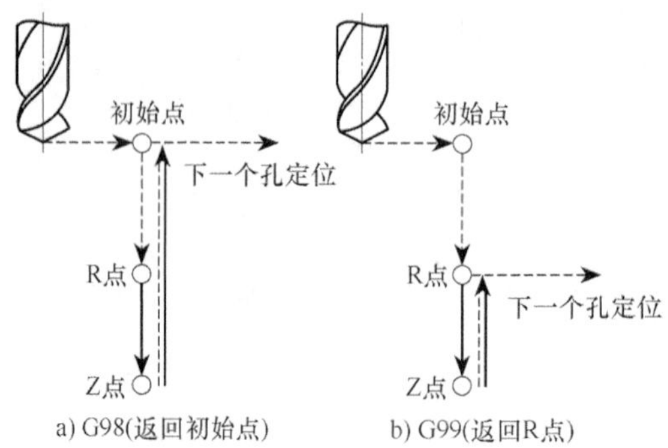

图 11-59　G98/G99 指令动作

（2）钻孔循环（G81/G73/G83）　钻孔循环主要是用于使用钻头进行钻孔加工以及使用铰刀进行铰孔加工的场合。主要有三种，分别是 G81 钻削循环，G73 啄削钻孔循环和 G83 排屑钻孔循环。

G81 钻削循环是最简单的固定循环。执行过程中，机床将先对 X、Y 方向进行快速移动定位，然后 Z 轴快速移动至 R 点，以切削速度 F 进给至 Z 点，完成后快速返回初始点（G98）或 R 点（G99），再对下一个孔进行定位加工，如图 11-60 所示。

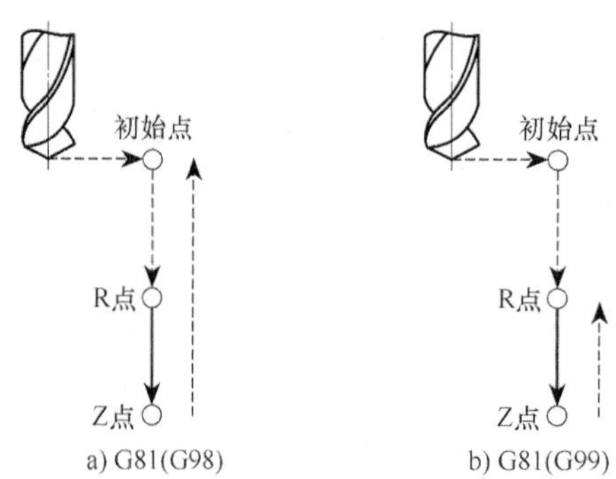

图 11-60　G81 钻削循环指令

G73 啄削钻孔循环适用于深孔加工且不容易断屑的情况。在 G73 啄削钻孔循环中，从 R 点到 Z 点的进给是分段完成的，每段进给距离为 Q，每段进给运动完成后，Z 轴向上以快速进给速度抬起一段距离 d，然后以切削速度加工下一段距离，该孔加工完成后快速返回初始点（G98）或 R 点（G99），再对下一个孔进行定位加工，如图 11-61 所示。

G83 排屑钻孔循环适用于机床没有刀具中心内冷系统情况下的深孔加工。在 G83 排屑钻孔循环中，从 R 点到 Z 点的进给是分段完成的，每段进给距离为 Q，每段进给运动完成后，Z 轴返回 R 点，然后以快速进给速度运动到距离下次进给运动起点上方 d 的位置，继续以切削进给速度加工下一段距离，该孔加工完成后，快速返回初始点（G98）或 R 点（G99），再对下一个孔进行定位加工，如图 11-62 所示。

（3）攻螺纹循环（G74/G84）　攻螺纹循环用于在加工中心上攻螺纹，有 G74 左旋攻螺纹循环和 G84 右旋攻螺纹循环两种。使用前必须先给定主轴旋转方向，并且程序中 F 值应当为主轴转速与螺纹螺距的乘积。使用攻螺纹循环时，机床主轴转速调整旋钮与切削进给率

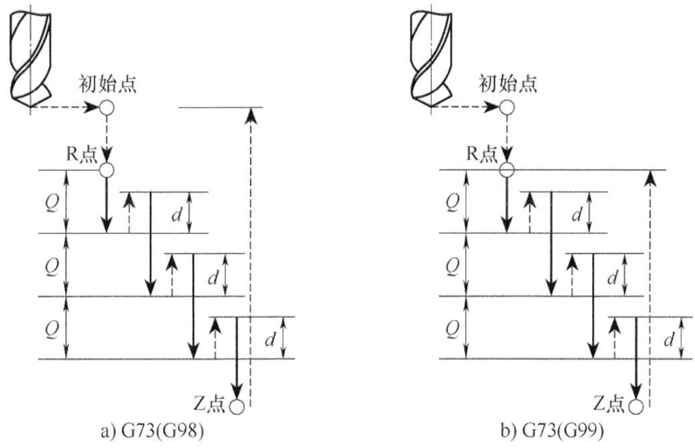

图 11-61　G73 啄削钻孔循环指令

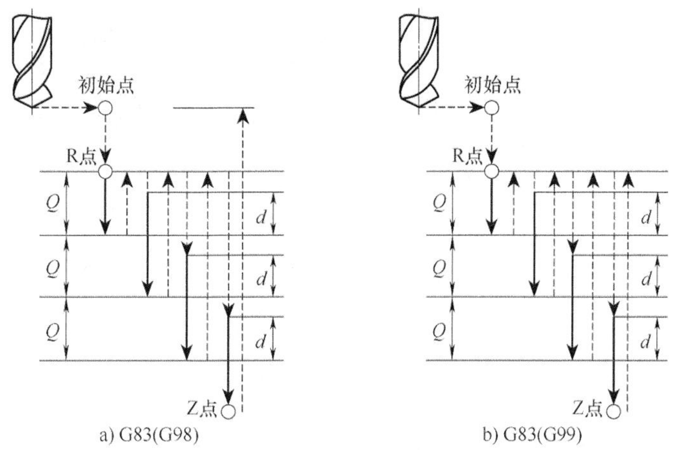

图 11-62　G83 排屑钻孔循环指令

调整旋钮均失效。

G74 左旋攻螺纹循环适用于加工左旋螺纹孔，机床快速移动到达指定加工位置后，*Z* 轴快速移动至 R 点，开启主轴反转，然后以切削速度移动至 Z 点，暂停后开启主轴正转，再以切削速度返回至 R 点，如图 11-63 所示。

G84 右旋攻螺纹循环适用于加工右旋螺纹孔。机床快速移动到达指定加工位置后，*Z* 轴快速移动至 R 点，开启主轴正转，然后以切削速度移动至 Z 点，暂停后开启主轴反转，再以切削速度返回至 R 点，如图 11-64 所示。

（4）精镗循环（G76）　G76 精镗循环主要适用于较大孔径、较高精度的孔加工。机床快速移动至指定位置后，*Z* 轴快速移动至 R 点，以进给速度移动至 Z 点，然后主轴定向并向指定方向退刀一小段距离，退刀距离由 Q 值指定，最后再快速返回初始点（G98）或 R 点（G99），如图 11-65 所示。

在使用 G76 精镗循环时，一定要注意程序中 Q 值必须为正值，刀具必须为单刃镗刀，并且要检查刀具安装方向是否正确，不然会损坏刀具、工件甚至机床。

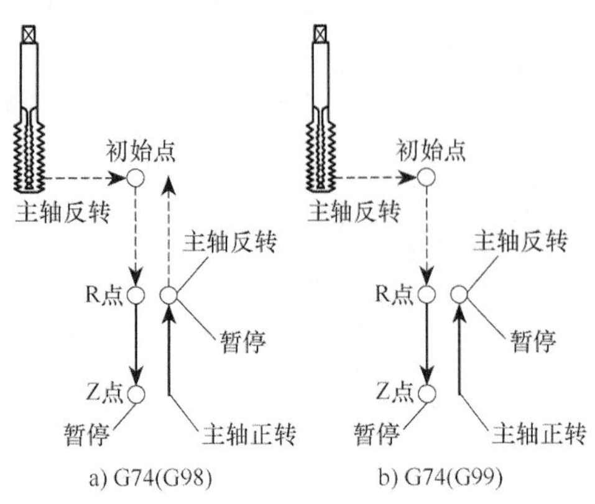

图 11-63　G74 左旋攻螺纹循环指令

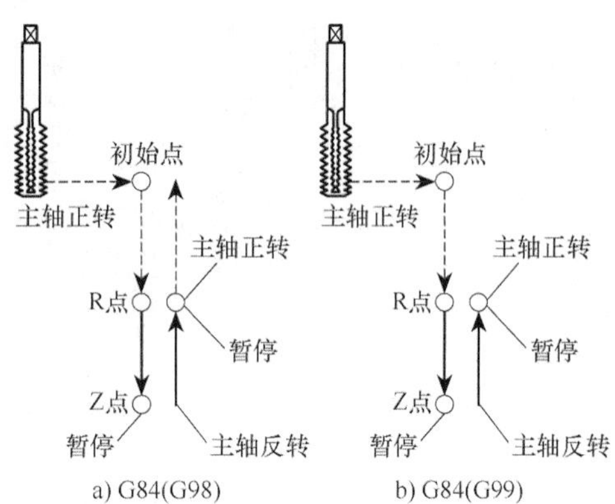

图 11-64　G84 右旋攻螺纹循环指令

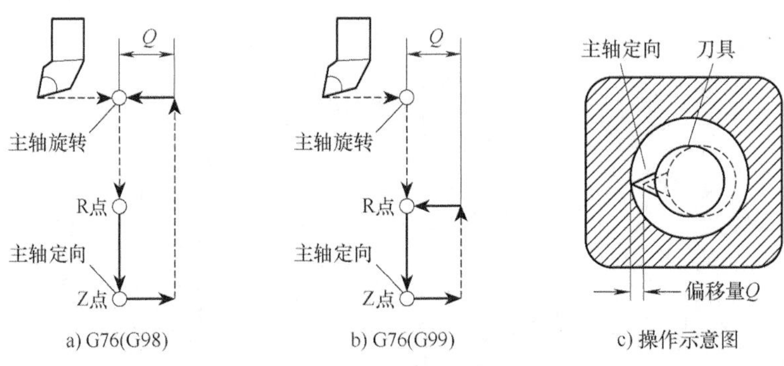

图 11-65　G76 精镗循环指令

（5）取消固定循环（G80）　在执行 G80 取消固定循环指令后，将退出固定循环模式，程序中所有数据与参数将被清除，从下一段程序开始将执行一般 G 指令。

11.5 加工中心基本操作

本节所使用的机床为三轴立式加工中心，型号为东台精机 VP-8，此机床使用的数控系统为 FANUC Series 0i-MF，如图 11-66 所示。

11. 5. 1　加工中心操作面板

在加工中心上完成工件加工，首先要掌握操作面板上每个按键的功能。加工中心操作面板按键区域可分为数控系统面板区、透明按键区、旋钮区、手轮和其他功能区。

1. 数控系统面板区

数控系统面板区主要由屏幕、软键与键盘组成，其中软键与键盘如图 11-67 所示。

软键与键盘各功能详细说明见表 11-3。

图 11-66　东台精机 VP-8

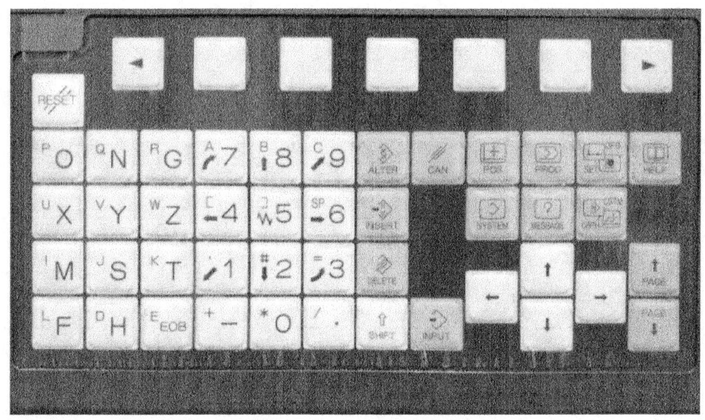

图 11-67　软键与键盘

表 11-3　软键与键盘各功能详细说明

名　　称	详 细 说 明
软键	根据不同的界面，软键有不同的功能。软键的功能显示在屏幕的底端，如需要使用此功能，按下功能下方相对应空白按键即可。左箭头按键为返回上一级菜单，右箭头按键为打开下一页软键功能
地址与数字键	按下这些键可以输入字母，数字或者其他符号至缓存区，<EOB>键功能为程序段换行码“;”
<SHIFT>	切换键。有些按键具有两个功能，如需要另一个功能，则需要按下<SHIFT>进行功能切换后再按相对应按键，输入所需代码即可
<RESET>	复位键。按下该键可以使 CNC 复位或者取消报警等
<↑><↓><←><→>	光标移动键，使光标以小单位上下左右移动
<PAGE↑>/<PAGE↓>	翻页键。用于将屏幕显示的页面向上翻页或向下翻页

（续）

名　称	详细说明
<POS>	位置显示键。按下该键进入各轴坐标值显示界面，然后通过软键进入绝对坐标、相对坐标、全部坐标等界面
<PROG>	程序键。按下该键进入程序显示界面，然后通过软键进入当前程序、程序目录、程序检查等界面
<OFS>/<SET>	补正、设置键。按下该键进入刀具补偿界面、工件坐标系界面以及系统设置界面
<SYSTEM>	系统键。按下该键进入数控系统参数设置界面，然后通过软键切换各项功能设置
<MESSAGE>	信息键。按下该键进入信息显示界面，可以查看机床信息、报警信息等
<CSTM>/<GRPH>	图形键。按下该键进入图形显示界面，可以对当前程序进行刀具路线的模拟
<ALTER>	替换键。按下该键将当前程序中光标选定的内容替换为在缓存区编写的内容
<INSTER>	插入键。按下该键将在当前程序光标后方插入在缓存区编写的内容
<DELETE>	删除键。按下该键将当前缓存区内容清空，如果缓存区无内容，将会删除当前程序光标选定的内容
<INPUT>	输入键。按下该键将缓冲区的数据输入至机床内存区中
<CAN>	取消键。按下该键将删除缓冲区中最后一个字符或符号
<HELP>	帮助键。按下该键将进入系统帮助界面

2. 透明按键区

透明按键区主要用来控制程序运行以及实现机床功能，如图 11-68 所示。

图 11-68　透明按键区

透明按键各功能详细说明见表 11-4。

表 11-4　透明按键各功能详细说明

名　称	详细说明
面板背光	按下该按键将会启动机床操作面板照明灯，在照明条件不好的情况下使用
F1	该按键为功能预留按键，用于机床后期加装其他功能

（续）

名　　称	详细说明
机械锁定	开启后，机床所有移动均进入锁定状态
选择停止	开启后，程序中的 M01 指令生效，执行到 M01 时将会暂停，关闭后，程序中的 M01 指令将被忽略
单节删除	开启后，程序执行时，将跳过以“/”开头的程序段，当同一个程序在不同情况下使用时启用
DNC	开启后，机床一边传输程序，一边进行加工。多用于加工程序较大，机床内存不足的情况下
刀库旋转	按下该按键刀库将以顺时针方向旋转一个刀套
ARM 原位置	如果机床换刀动作中因其他操作导致异常停止，可在手轮模式下按下该按键使换刀系统复位至正常状态
单节执行	开启后，每次按下循环启动按键，机床执行一个程序段后将进入暂停状态，等待用户下一步操作。多用于调试程序
程序预演	开启后，程序正常运行，但执行过程中将忽略程序内指定的 F 值，按切削进给率旋钮外圈的数字进给
轴正寸动	寸动或快速进给模式下，按下该按键，选定轴将会向该轴正方向移动。多用于需要手动操作移动机床三轴的情况
轴负寸动	寸动或快速进给模式下，按下该按键，选定轴将会向该轴负方向移动。多用于需要手动操作移动机床三轴的情况
机内卷屑机	开启后，机床内卷屑机电动机将会开始工作，带动机床卷屑螺杆旋转，将卷屑槽内铁屑向指定方向推出
主轴定位	按下该按键将对主轴角度进行定位。用于在自动换刀和安装某些特殊刀具前将主轴定向
自动断电	开启后，执行到 M30 指令或机械异常时，如无人操作，1min 后机床将自动切断电源
程序再启动	如果机床运行程序时因为异常停止或者手动将程序停止，配合此按键可以将中途停止的程序从停止处继续运行
底床切削液	开启后，底床切削液电动机将会开始工作，切削液从机床两侧冲出，用于清理机床内铁屑
自动门开	按下该按键将自动打开防护门
自动门关	按下该按键将自动关闭防护门
锁定解除	按下该按键将解除防护门锁定，之后可手动打开防护门
主轴正转	手动模式下，按下该按键主轴将以正转方向开始旋转，此时的主轴正转为手动起动模式
主轴停止	手动模式下，按下该按键主轴转动停止
主轴逆转	手动模式下，按下该按键主轴将以反转方向开始旋转，此时的主轴反转为手动起动模式
自动归零	原点复归模式下，按下该按键机床会按照 Z、Y、X 的顺序依次将机床三轴返回机床坐标原点

3. 旋钮区

旋钮区主要用来控制机床动作，如图 11-69 所示。

图 11-69　旋钮区

旋钮各功能详细说明见表 11-5。

表 11-5　旋钮各功能详细说明

名　　称	详 细 说 明
选择模式	也称为模式旋钮，其中“程式编辑”“程式记忆”和“手动输入”属于自动模式；“手轮”“寸动”“快速进给”和“原点复归”属于手动模式 ● 程式编辑：此模式下，对程序进行添加、编辑和删除操作 ● 程式记忆：此模式下，可以运行程序，加工工件 ● 手动输入：此模式下，输入一次性程序并运行，也称 MDI 模式 ● 手轮：此模式下，配合手轮对机床三轴进行精确微小的移动 ● 寸动：此模式下，配合旋钮和按键对机床三轴进行慢速移动 ● 快速进给：此模式下，配合旋钮和按键对机床三轴进行快速移动 ● 原点复归：此模式下，配合按键可以对机床进行归零操作
寸动轴选择	通过此旋钮对寸动和快速进给将要操作的轴向进行选择
切削进给率	通过此旋钮对移动速度进行控制，外圈数字为寸动模式下手动移动机床三轴的速度，内圈数字为程序运行过程中，对进给速度的百分比控制
快速进给率	通过此旋钮对快速进给模式下的手动操作和程序中的 G00 进行速度控制。有四个档位，分别为 F1 慢速和机床三轴最高移动速度的 25%、50%、100%，其中 F1 的速度为锁定的 500mm/min
主轴手动转速调整	手动模式下，对手动起动的主轴旋转进行转速调节
主轴转速超越率	自动模式下，对程序运行中设置的主轴转速进行百分比控制
切削液控制	“自动”档位下，由程序 M08 和 M09 代码控制切削液开启与关闭，“停止”档位为关闭，“手动”档位为开启

4. 手轮

手轮用来手动操作机床，进行细小且精确的移动，如图 11-70 所示。手轮各功能详细说明见表 11-6。

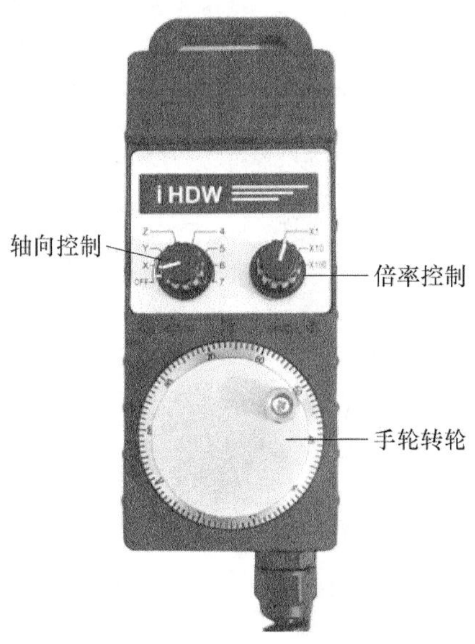

图 11-70　手轮

表 11-6　手轮各功能详细说明

名　　称	详 细 说 明
轴向控制	对手轮操作想要移动的轴向进行选择
倍率控制	控制手轮每小格移动的距离，×1 为每小格 0.001mm，×10 为每小格 0.01mm，×100 为每小格 0.1mm
手轮转轮	用来控制机床三轴移动，每转动一个小格，选定轴即向指定方向移动一个单位距离。沿顺时针方向转动为正方向移动，沿逆时针方向转动为负方向移动

5. 其他功能区

其他功能区包含了除前几个区域外剩余所有区域的功能，主要是功能类和指示类。

其他各功能详细说明见表 11-7。

表 11-7　其他各功能详细说明

功　　能	详 细 说 明
	NC 电源开/关：机床主机电源打开后，按下白色按键，启动系统，并使系统就位。关机时按下红色按键，系统关闭
	工作灯开/关：机床主机电源打开后，通过此拨杆控制机床内工作灯的开启与关闭。非特殊情况，保持工作灯常开，可以由此反映主机电源的关闭与开启状态

（续）

功 能	详细说明
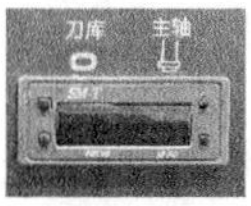	刀具号显示：左侧为刀库侧，显示准备换刀位的刀具号码。右侧为主轴侧，显示主轴上安装的刀具号码
	辅助开关：在特殊情况下，需要开防护门进行某些操作时，配合此按键进行手动操作或程序执行，程序执行将强制进入单节执行模式
	循环启动：按下该按键后，伴随按键灯亮起，程序开始运行。系统处于程式记忆或手动输入模式时按下有效，其余模式下使用无效
	进给停止：按下该按键后，伴随按键灯亮起，程序执行进入暂停状态。如果要继续执行程序，需要再次按下循环启动按键
	门连锁：控制机床运转时开防护门后的动作。门连锁开启后，开防护门后机床会停止动作并报警，如需在开防护门的情况下执行某些动作，需要配合其他按键才能实现
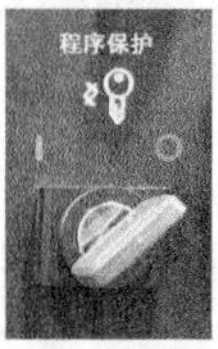	程序保护：当此功能开启时，只能在手动输入模式下输入程序以及刀具补正状态下输入数据，无法对程序进行添加、删除和修改。当功能关闭后，可以编辑和修改程序
	非常停止：此按键按下为进入急停状态，右旋自动弹出，为退出急停状态。此按键用于紧急状态下停止机床，保护操作者和机床

11.5.2 加工中心对刀

数控机床的加工过程都是由机床自主完成的，所以工件安装后要确定工件在机床坐标系中的位置，并输入至工件坐标系中，这样编程与加工时才能使用，确定这个坐标系的过程称为对刀，有时也称为找正。

1. 对刀工具

加工中心常用的对刀方法有试切法对刀与使用对刀工具对刀。毛坯料装夹时，一般使用试切法对刀，精加工工件装夹或工件二次装夹时，因为试切法会破坏已加工表面，所以一般使用对刀工具对刀。

对刀主要包括 *X*、*Y* 方向的对刀和 *Z* 方向的对刀。针对 *X*、*Y* 方向的对刀主要作用是获得工件坐标系的 *X*、*Y* 零点，常用的工具有偏心式寻边器（图 11-71）、光电式寻边器（图 11-72）和量块（图 11-73）。针对 *Z* 方向的对刀主要作用是获得刀具长度补偿，也是获得工件坐标系 *Z* 零点的过程，常用的工具有量块与 *Z* 轴设定器（图 11-74）。

Z 方向补偿常用的设定方法有两种。第一种是将刀具的真实长度输入至刀具长度补偿中，将工件的高度输入至工件坐标系 *Z* 轴中，特点是刀具更换机床后刀具长度补偿不变，有助于一把刀在多台机床使用。第二种是直接将工件坐标系 *Z* 轴设为 0，将刀具与工件刚接触的坐标定义为刀具长度补偿，优点是简单快捷，准确性高，缺点是无论刀具或者工件发生改变，都要重新对刀。

图 11-71　偏心式寻边器

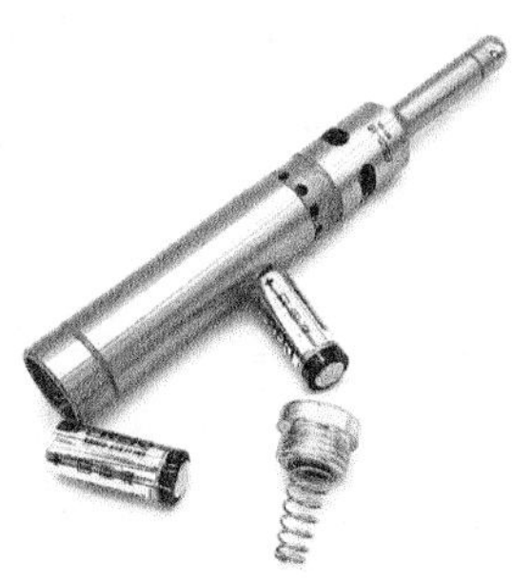

图 11-72　光电式寻边器

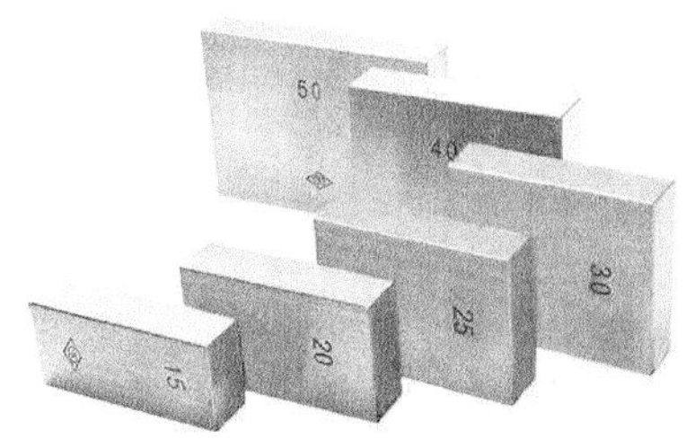

图 11-73　量块

图 11-74　*Z* 轴设定器

2. 对刀过程

根据工件不同的形状、不同的基准、不同的对刀工具，分别有不同的对刀方法，下面以方形毛坯，工件坐标系使用 G54，工件坐标系原点为工件上表面的中心点，对刀工具为 50mm 高的量块为例进行说明，其他方法就不再详述。

（1）*X* 方向

1）将刀具移至 *X* 方向工件一侧，*Z* 轴下降至合适高度。

2）将量块大面贴住工件，缓缓向刀具推进。

3）通过手轮调整 *X* 方向，直到量块可以推进但能明显感到阻力为准。

4）操作：<POS>（键盘）→<相对>（软键）→<操作>（软键）→<起源>（软键）→<X>（键盘）→<执行>（软键）。

5）抬升 *Z* 轴，确定刀具高于工件，然后移动 *X* 轴至工件另一侧，将 *Z* 轴下降至相同高度。

6）通过手轮调整 *X* 方向，直到量块可以推进但能明显感到阻力为准。

7）抬升 *Z* 轴，确定刀具高于工件，将屏幕显示的 *X* 数值除以 2，通过手轮将 *X* 轴移动至算出的数值。

8）操作：<POS>（键盘）→<全部>（软键）→记录“机械坐标”栏中的 *X* 数值。

9）操作：<OFS/SET>（键盘）→<工件坐标系>（软键）→将上一步记录的数值输入至 G54 的 X 位置。

10）*X* 轴对刀完成。

（2）*Y* 方向

1）将刀具移至 *Y* 方向工件一侧，*Z* 轴下降至合适高度。

2）将量块大面贴住工件，缓缓向刀具推进。

3）通过手轮调整 *Y* 方向，直到量块可以推进但能明显感到阻力为准。

4）操作：<POS>（键盘）→<相对>（软键）→<操作>（软键）→<起源>（软键）→<Y>（键盘）→<执行>（软键）。

5）抬升 *Z* 轴，确定刀具高于工件，然后移动 *Y* 轴至工件另一侧，将 *Z* 轴下降至相同高度。

6）通过手轮调整 *Y* 方向，直到量块可以推进但能明显感到阻力为准。

7）抬升 *Z* 轴，确定刀具高于工件，将屏幕显示的 *Y* 数值除以 2，通过手轮将 *Y* 轴移动至算出的数值。

8）操作：<POS>（键盘）→<全部>（软键）→记录“机械坐标”栏中的 *Y* 数值。

9）操作：<OFS/SET>（键盘）→<工件坐标系>（软键）→将上一步记录的数值输入至 G54 的 Y 位置。

10）*Y* 轴对刀完成。

（3）*Z* 方向

1）首先调出所需刀具，将主轴置于工件上方，使用手轮将 *Z* 轴缓缓下降。

2）将量块推入刀具下表面与工件上表面的区间中。

3）使用手轮调整 *Z* 轴，直到量块可以推进但能明显感到阻力为准。

4）操作：<POS>（键盘）→<全部>（软键）→记录“机械坐标”栏中的 *Z* 数值。

5）将所得数值加“-50（量块高度）”。

6）操作：<OFS/SET>（键盘）→<偏置>（软键）→将上一步得到的数值输入相对应刀具的“长度补偿”栏中。

7）*Z* 轴对刀完成。

（4）对刀注意事项

1）所有 *X*、*Y* 方向对刀过程应尽量使用立铣刀进行。

2）所有 *Z* 方向对刀应使用各自相对应刀具，不能遗漏。

3）对刀全部使用手轮操作，并依次降低手轮速度倍率。

4）对刀过程中不需要开启主轴旋转。

5）对刀时应将量块取出，轴移动后再推入，不允许将量块放入时直接移动各轴。

11.6 加工中心加工实践

11.6.1　实践项目一：凸台加工

加工工件凸台如图 11-75 所示。

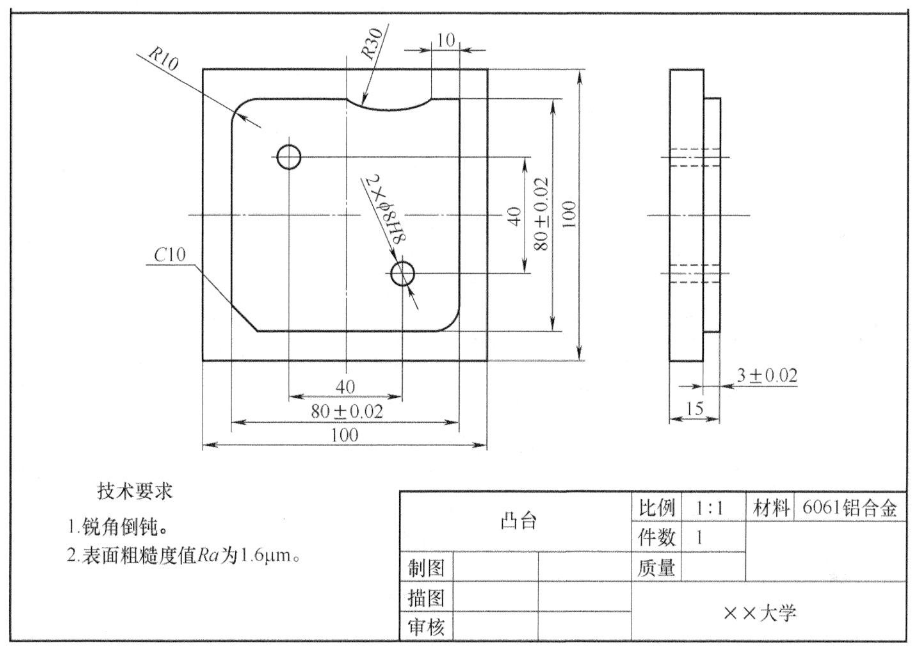

图 11-75　凸台

选用刀具及参数见表 11-8。

表 11-8　选用刀具及参数

刀号	刀具名称	直径/mm	粗加工			精加工		
			转速 S /(r/min)	轴向 F /(mm/min)	径向 F /(mm/min)	转速 S /(mm/min)	轴向 F /(mm/min)	径向 F /(mm/min)
T1	面铣刀	63	1000	150	300	1800	150	200
T2	立铣刀	12	1300	150	300	2500	150	250
T3	立铣刀	8	1500	120	300	2800	120	250
T4	中心钻	4	2500	100				
T5	麻花钻	7. 8	1300	180				
T6	铰刀	8				200	50	

装夹对刀：使用机用虎钳装夹工件，使用 50mm 量块对刀，将工件上表面中心点设为工件坐标系 G54 的零点，进行编程与加工。

加工路线：粗铣平面→精铣平面→粗铣外轮廓→精铣外轮廓→钻中心孔→钻孔→铰孔。

平面加工程序见表 11-9。外轮廓加工程序见表 11-10。孔加工程序见表 11-11。

表 11-9　平面加工程序

粗铣平面	精铣平面
%	%
O0001;	O0002;
G21 G17 G40 G80;	G21 G17 G40 G80;
T1 M06;	T1 M06;
G90 G54 G00 X0 Y0 S1000 M03;	G90 G54 G00 X0 Y0 S1800 M03;
G43 H1 Z100. ;	G43 H1 Z100. ;
X-85. Y24. ;	X-85. Y24. ;
Z5. M08;	Z5. M08;
G01 Z0 F150. ;	G01 Z0 F150. ;
X85. F300. ;	X85. F200. ;
G00 Z5. ;	G00 Z5. ;
X-85. Y-24. ;	X-85. Y-24. ;
G01 Z0 F150. ;	G01 Z0 F150. ;
X85. F300. ;	X85. F200. ;
G00 Z100. ;	G00 Z100. ;
M05 M09;	M05 M09;
M30;	M30;
%	%

注：粗铣平面后，通过修改工件坐标系 Z 值，改变工件坐标系 *Z* 方向零点进行精铣平面，确保精铣后的工件上表面为工件坐标系 *Z* 方向零点。

表 11-10　外轮廓加工程序

粗铣外轮廓	精铣外轮廓
%	%
O0003;	O0004;
G21 G17 G40 G80;	G21 G17 G40 G80;
T2 M06;	T3 M06;
G90 G54 G00 X0 Y0 S1300 M03;	G90 G54 G00 X0 Y0 S2800 M03;
G43 H2 Z100. ;	G43 H3 Z100. ;
X75. Y75. ;	X75. Y75. ;
Z5. M08;	Z5. M08;
G01 Z-2. 9 F150. ;	G01 Z-3. F120. ;
G01 G41 D2 X40. F300. ;	G01 G41 D3 X40. F250. ;
Y-30. ;	Y-30. ;
G02 X30. Y-40. R10. ;	G02 X30. Y-40. R10. ;
G01 X-30. ;	G01 X-30. ;
X-40. Y-30. ;	X-40. Y-30. ;
Y30. ;	Y30. ;
G02 X-30. Y40. R10. ;	G02 X-30. Y40. R10. ;
G01 X0;	G01 X0;
G03 X30. Y40. R30. ;	G03 X30. Y40. R30. ;
G01 X75. ;	G01 X75. ;
G01 G40 X75. Y75. ;	G01 G40 X75. Y75. ;
G00 Z100. ;	G00 Z100. ;
M05 M09;	M05 M09;
M30;	M30;
%	%

注：粗加工时，设置 2 号刀具半径补偿为 6. 2，为精加工留余量。精加工时，先设置 3 号刀具半径补偿为 4. 1 进行半精加工，然后根据实际尺寸修改 3 号刀具半径补偿值，确保尺寸在公差要求范围内。

表 11-11　孔加工程序

孔　加　工	孔　加　工
%	
O0005;	
G21 G17 G40 G80;	
T4 M06;	钻中心孔
G90 G54 G00 X0 Y0 S2500 M03;	
G43 H4 Z100. M08;	
G99 G81 X-20. Y20. Z-4. R5. F100. ;	
X20. Y-20. ;	
G80;	
G00 Z100. M08;	
M05 M09;	
T5 M06;	钻孔
G90 G54 G00 X0 Y0 S1300 M03;	
G43 H5 Z100. M08;	
G99 G73 X-20. Y20. Z-18. Q2. R5. F180. ;	
X20. Y-20. ;	
G80;	
G00 Z100. ;	
M05 M09;	
T6 M06;	铰孔
G90 G54 G00 X0 Y0 S200 M03;	
G43 H6 Z100. M08;	
G99 G81 X-20. Y20. Z-16. R5. F50. ;	
X20. Y-20. ;	
G80;	
G00 Z100. ;	
M05 M09;	
M30;	
%	

11.6.2　实践项目二：套方加工

加工工件如图 11-76 所示，名为套方或鬼工方。形状为三个独立的中空立方体依次嵌套，小一级的立方体无法从上一级大立方体中拿出，但又互相独立，没有连接。其加工图样如图 11-77 所示，此图样为单面示图，六面全部按图样制作后工件即加工完成。

毛坯材料与尺寸：硬铝，长 50mm，宽 50mm，高 50mm。

装夹对刀：使用机用虎钳装夹工件，保证毛坯第一次装夹后钳口上方露出高度超过 38mm，使用 50mm 量块对刀，将工件上表面中心点设为工件坐标系零点，进行编程与加工。

图 11-76　套方成品

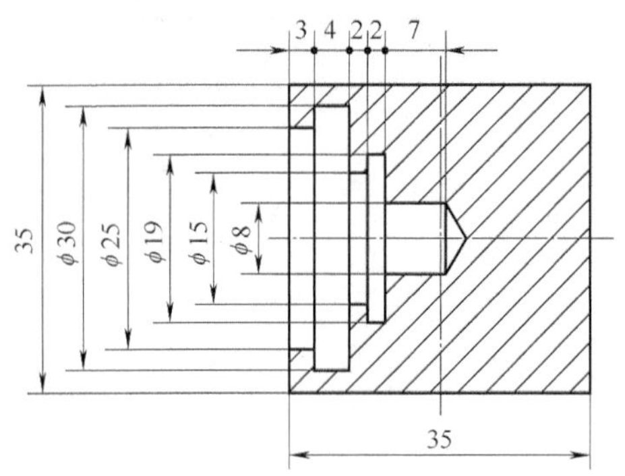

图 11-77　套方单面加工图样

加工过程：

1）任选一面为第一面进行加工。

2）选择第一面的对面为第二面进行加工。

3）在剩余四面中任选一面为第三面进行加工。

4）选择第三面的对面为第四面进行加工。

5）对工件已完成的四个面注入热熔胶进行固定。

6）待热熔胶冷却后，在剩余两面中任选一面为第五面进行加工。

7）对最后一面第六面进行加工。

8）六面全部加工完成后清理热熔胶。

套方加工工艺过程卡片见表 11-12，程序编写略。

表 11-12　套方加工工艺过程卡片

组名	机械加工工艺过程卡片	产品名称及型号			零件名称	套方	零件图号	图 11-77	
		材料	名称	铝合金	毛坯	种类	铝合金块	数量	第 1 页
			牌号	6061		尺寸	50mm×50mm×50mm	1 件	共 1 页
工序	工序名称	工序简图		工序内容		设备名称	机床夹具	量具	
1	加工第一面			粗、精铣平面；粗、精铣外轮廓；钻孔、铣内轮廓；铣内槽		立式加工中心	机用虎钳	游标卡尺	

（续）

<table>
<tr><td rowspan="3">组名</td><td rowspan="3">机械加工
工艺过程
卡片</td><td colspan="2">产品名称及型号</td><td></td><td>零件名称</td><td>套方</td><td>零件图号</td><td colspan="2">图 11-77</td></tr>
<tr><td rowspan="2">材料</td><td>名称</td><td>铝合金</td><td rowspan="2">毛坯</td><td>种类</td><td>铝合金块</td><td>数量</td><td>第 1 页</td></tr>
<tr><td>牌号</td><td>6061</td><td>尺寸</td><td>50mm×50mm×
50mm</td><td>1 件</td><td>共 1 页</td></tr>
<tr><td>工序</td><td>工序名称</td><td colspan="2">工序简图</td><td colspan="2">工序内容</td><td>设备名称</td><td>机床夹具</td><td colspan="2">量具</td></tr>
<tr><td>2</td><td>加工第二面</td><td colspan="2">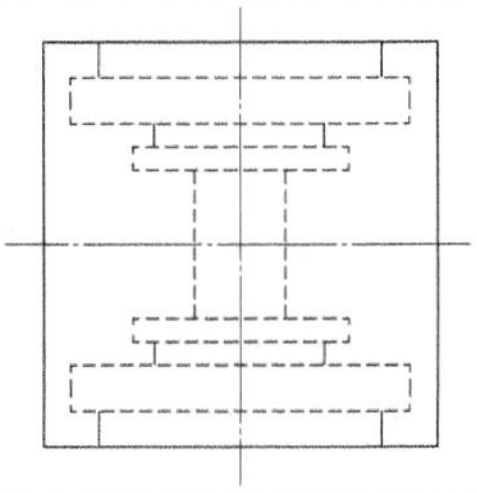</td><td colspan="2">去除余料；精铣平面；钻孔、铣内轮廓；铣内槽</td><td>立式加工中心</td><td>机用虎钳</td><td colspan="2">游标卡尺</td></tr>
<tr><td>3</td><td>加工第三面</td><td colspan="2">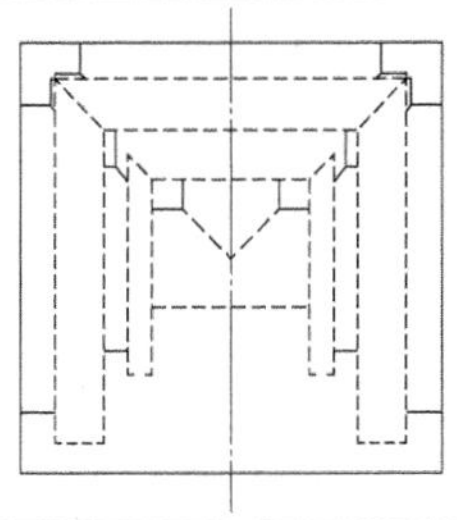</td><td colspan="2">钻孔、铣内轮廓；铣内槽</td><td>立式加工中心</td><td>机用虎钳</td><td colspan="2">游标卡尺</td></tr>
<tr><td>4</td><td>加工第四面</td><td colspan="2">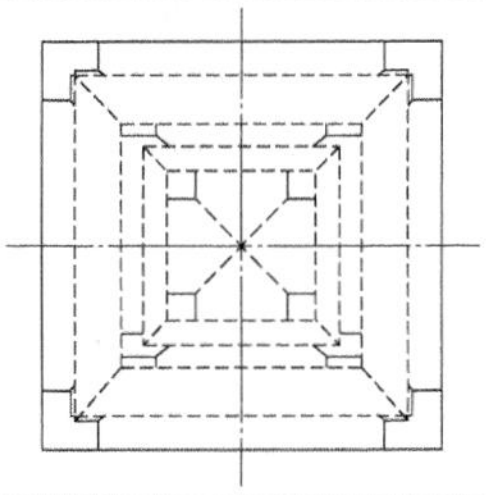</td><td colspan="2">同上</td><td>立式加工中心</td><td>机用虎钳</td><td colspan="2">游标卡尺</td></tr>
<tr><td>5</td><td>注胶修平</td><td colspan="2"></td><td colspan="2">注入热熔胶、冷却并去除多余热熔胶</td><td></td><td></td><td colspan="2"></td></tr>
<tr><td>6</td><td>加工第五面</td><td colspan="2">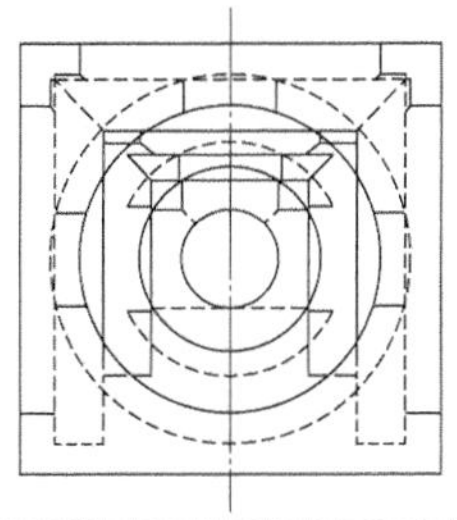</td><td colspan="2">同第 3 工序</td><td>立式加工中心</td><td>机用虎钳</td><td colspan="2">游标卡尺</td></tr>
<tr><td>7</td><td>加工第六面</td><td colspan="2">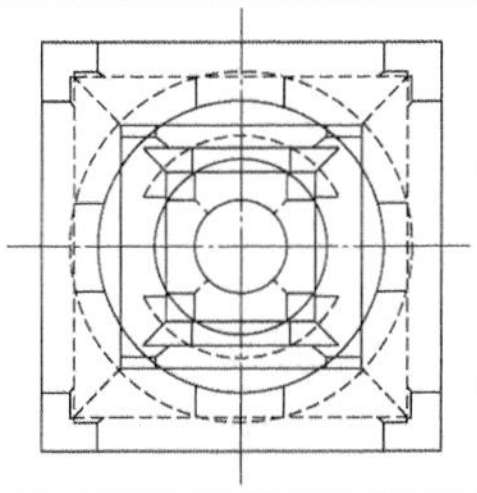</td><td colspan="2">同第 3 工序</td><td>立式加工中心</td><td>机用虎钳</td><td colspan="2">游标卡尺</td></tr>
</table>

（续）

组名	机械加工工艺过程卡片	产品名称及型号			零件名称	套方	零件图号	图 11-77	
		材料	名称	铝合金	毛坯	种类	铝合金块	数量	第 1 页
			牌号	6061		尺寸	50mm×50mm×50mm	1 件	共 1 页
工序	工序名称	工序简图		工序内容		设备名称	机床夹具	量具	
8	去胶			去除所有热熔胶					
9	检验			上交检验					
更改内容									
				编制（日期）		审核（日期）		会签（日期）	
更改文件号	标记处数	签字	日期						

加工注意事项：

1）铣平面时应当酌情将对刀 Z 值下降，确保精铣平面后获得的工件上表面为工件坐标系零点。

2）每次装夹前应对上一次加工完成的部分去除毛刺，避免因毛刺造成的测量、对刀误差过大。

3）装夹时应确保夹紧力度适中，不要过大，由于伴随加工，工件内部已被铣空，容易造成工件的夹持变形。

4）第四面加工完成后应当注入热熔胶，待冷却后将多余热熔胶去除，避免装夹不平造成对刀误差过大。

思考题

1. 加工中心与数控铣床有何区别？
2. 简述加工中心由哪几部分组成，每部分由什么构成。
3. 简述加工中心三个坐标系的作用分别是什么。
4. 在加工工艺安排中，为何要将粗加工与精加工分开？
5. 使用立铣刀加工时，顺铣与逆铣有何区别？对于加工中心应尽量采用哪种？
6. 加工中心与普通铣床相比有哪些优点？
7. 加工中心刀具补偿有哪几种？各自的作用是什么？

第12章 特种加工

特种加工也称“非传统加工”或“现代加工方法”，泛指用电能、热能、光能、电化学能、化学能、声能及特殊机械能等能量去除或增加材料的加工方法，从而实现材料被去除、变形、改变性能或镀覆等。特种加工是近几十年发展起来的新工艺，是对传统加工工艺方法的补充和发展，随着科学技术的进步，特种加工技术在不断完善和发展。本章主要介绍电火花成形加工、电火花线切割加工和激光加工等。

12.1 特种加工概述

12.1.1 特种加工的分类

特种加工一般按能量来源及形式以及加工机理进行分类，见表12-1。

表12-1 特种加工分类

特种加工方法		能量来源及形式	加工机理
电火花加工	电火花成形加工	电能、热能	熔化、气化
	电火花线切割加工	电能、热能	熔化、气化
	电火花高速穿孔加工	电能、热能	熔化、气化
	短电弧加工	电能、热能	熔化
	放电诱导烧蚀加工	电能、化学能、热能	燃烧、熔化、气化
电化学加工	电解加工	电化学能	金属离子阳极溶解
	电解磨削	电化学、机械能	阳极溶解、磨削
	电解研磨	电化学、机械能	阳极溶解、研磨
	电铸	电化学能	金属离子阴极沉积
	涂镀	电化学能	金属离子阴极沉积
高能束加工	激光束加工	光能、热能	熔化、气化
	电子束加工	电能、热能	熔化、气化
	离子束加工	电能、动能	原子撞击
	等离子弧加工	电能、热能	熔化、气化（涂覆）

（续）

特种加工方法		能量来源及形式	加工机理
物料切蚀加工	超声加工	声能、机械能	磨料高频撞击
	磨料流加工	机械能	切蚀
	液体喷射加工	机械能	切蚀
化学加工	化学铣削	化学能	腐蚀
	化学抛光	化学能	腐蚀
	光刻	光、化学能	光化学腐蚀
成形加工	粉末冶金	热能、机械能	热压成形
	超塑成形	机械能	超塑性
	快速成形	热能、机械能	热熔化成形
复合加工	电化学电弧加工	电化学能	熔化、气化腐蚀
	电解电火花机械磨削	电能、热能	离子转移、熔化、切削
	电化学腐蚀加工	电化学能、热能	熔化、气化腐蚀
	超声放电加工	声能、热能、电能	熔化、切蚀
	复合电解加工	电化学、机械能	切蚀
	复合切削加工	机械能、声能、磁能	切削

12.1.2 特种加工的工艺特点

1）切除工件上多余的材料不是利用机械能，而是用其他能量（如电能、化学能、光能、声能、热能等），不存在显著的机械切削力，对工具和被加工材料的硬度等没有严格要求，可加工性好，能加工任何高强度、高硬度、高韧性、耐热、软的、脆的或高熔点金属及其非金属材料，如金刚石、硬质合金、淬火钢、石英、玻璃、陶瓷等。

2）区别于传统的零件加工工艺路线，对零件的结构设计、新产品试制等带来很大的影响。

3）一般不会产生加工硬化现象。且工件加工部位变形小，发热少，或发热仅局限于工件表层加工部位很小区域内，工件热变形小，加工应力也小，易于获得好的加工质量。已经成为微细加工和纳米加工的主要手段。

4）各种方法可以有选择地复合成新的工艺方法，使生产效率成倍地增长，加工精度也相应提高。

12.2 电火花成形加工

12.2.1 基本原理

电火花成形加工基本原理图如图 12-1 所示，工件 1 和工具 4 分别与脉冲电源 2 的两输入端相连接。自动进给调节装置 3（此处为电动机及丝杠螺母机构）使工具和工件始终保持一个很小的放电间隙，当脉冲电压加到两极之间时，在间隙最小处或绝缘强度最低处击穿介质，产生火花放电，瞬时高温使工具和工件表面都蚀除掉一小部分金属，各自形成一个小凹坑，电极表面形式如图 12-2 所示。其中图 12-2a 所示是单个脉冲放电后的电蚀坑，图 12-2b 所示是多次脉冲放电后的电极表面。

脉冲放电结束后，经过一段间隔时间，使工作液恢复绝缘后第二个脉冲电压又加到两极上，又会在极间距离相对最近处或绝缘强度最弱处击穿放电，又电蚀出一个小凹坑。这样以相当高的频率，连续不断地重复放电，工具电极不断地向工件进给，就可以将工具的形状反向复制在工件上，加工出所需要的零件，整个加工表面是由无数个小凹坑所组成的。

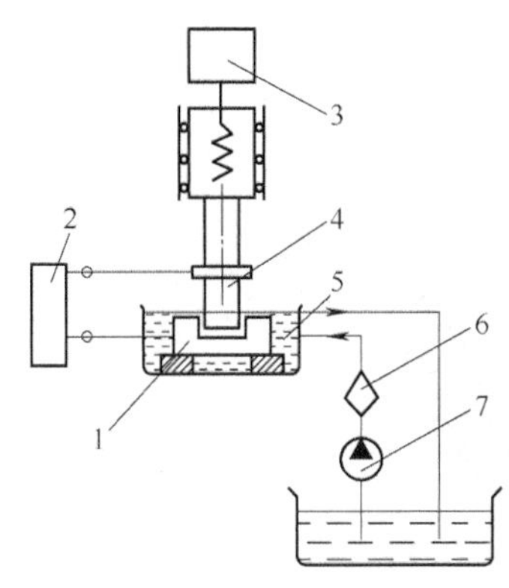

图 12-1　电火花成形加工基本原理图
1—工件　2—脉冲电源　3—自动进给调节装置
4—工具　5—工作液　6—过滤器　7—工作液泵

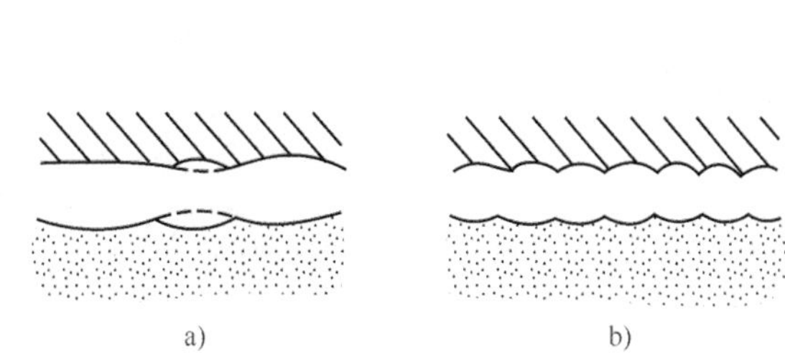

图 12-2　电极表面形式

12. 2. 2　加工特点及应用范围

1. 加工特点

1）能加工传统机械加工难易加工的高硬度、高强度、高熔点、脆、软及韧的各种导电材料，对工具电极材料的硬度没有过多要求，不需要比工件的硬度高，电极制作相对比较容易。

2）可加工特殊及复杂形状的零件，由于可以简单地将工具电极的形状复制到工件上，因此特别适合用于薄壁、弹性、低刚度、微细及复杂形状表面的加工。

3）加工过程中自动化程度高，电参数易于实现数字化、智能化控制和自适应控制等，可在设置好加工参数后方便地进行粗、半精、精加工。

4）主要用于加工导电的金属材料等，只有在特定条件下才能加工半导体和聚晶金刚石等非导体材料超硬材料。

5）加工速度较慢，加工效率低。

2. 应用范围

1）高硬脆材料。

2）各种导电材料的复杂表面。

3）微细结构和形状。

4）高精度加工。

5）高表面质量加工。

12.2.3 数控电火花成形加工机床

根据机床的结构形式、控制方式等，电火花成形机床有不同的类型，本节介绍固定立柱式普通数控电火花成形机床 EDM350（CNC），如图 12-3 所示。

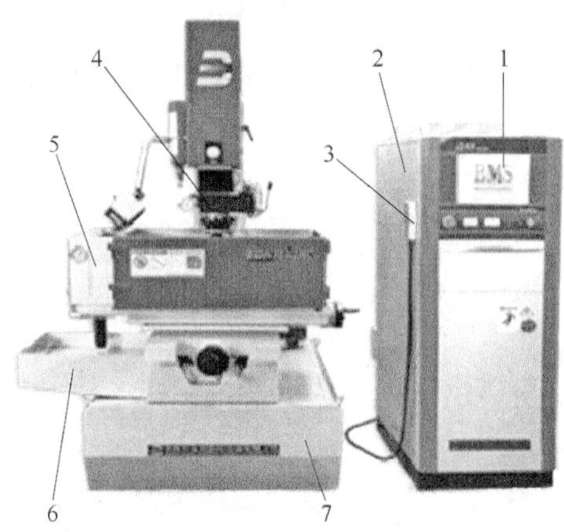

图 12-3 普通数控电火花成形机床 EDM350

1—操作面板 2—数控装置 3—手控盒 4—主轴头 5—工作台 6—伺服进给系统 7—工作液循环系统

机床主要由机械部分（包括床身、立柱、主轴箱等）、脉冲电源（内有脉冲电源、电极自动跟踪系统、操作系统）、主轴头、立柱、进给装置和工作液循环过滤装置等组成。

1. 机械部分

机床本体主要由床身、立柱、主轴头及附件、工作台等组成，床身和立柱为机床的基础部件，立柱与纵导轨安装在床身上，变速箱位于床身后部。床身和立柱具有足够的刚度，以防止主轴挂上具有一定质量的电极后引起立柱前倾和在放电加工时电极做频繁地抬起导致立柱发生强迫振动，尽量减少床身和立柱发生变形，保证电极和工件在加工过程中相对位置，确保加工精度。

2. 脉冲电源

其作用是把 50Hz 交流电转换成高频率的单向脉冲电流。加工时，工具电极接电源正极，工件电极接电源负极。

3. 主轴头

主轴头是电火花成形加工机床的一个关键部件，由伺服进给机构、导向和防扭机构、辅助机构三部分组成，控制工件与工具电极之间的放电间隙。要求：刚度好、进给速度高、灵敏度高、运动直线性好、足够承载能力。

4. 工作台

工作台主要用于支撑装夹工件，通过转动纵横向丝杠来改变电极和工件的相对位置。工作台下装有工作液箱。

5. 进给装置

电火花放电加工是一种无切削力不接触的加工手段，进给装置要保证电极不断地、及时地进给，以维持所需的放电间隙。间隙过大不能击穿放电介质，过小则容易短路。

6. 工作液循环过滤装置

电火花加工是在液体介质中进行的，工作液循环系统是电火花加工机床不可缺少的部分；工作液通过工作液循环系统能保持工作液的清洁和良好的绝缘性，使每次脉冲放电结束后迅速消除电离，恢复绝缘状态，避免电弧现象的发生。

12. 2. 4　工具电极

对工具电极的要求包括：导电性能良好、电腐蚀困难、电极损耗小，具有足够的机械强度，加工稳定、效率高，材料来源丰富、价格便宜等。

工具电极材料及性能特点

见表 12-2。

表 12-2　工具电极材料及性能特点

工具电极材料	电加工性能		机械加工性能	说　明
	稳定性	电极损耗		
钢	较差	中等	好	在选择电规准时注意加工稳定性
铸铁	一般	中等	好	加工冷冲模时常用的电极材料
黄铜	好	大	较好	电极损耗太大
纯铜	好	较大	较差	磨削困难
石墨	较好	小	较好	力学性能较差，易崩角
铜钨合金	好	小	较好	价格贵，在深孔、直壁孔、硬质合金模具加工中使用
银钨合金	好	小	较好	价格贵，一般少用

12. 2. 5　数控电火花成形加工实例

1. 实训题目

五角星凹模加工。

2. 实训目的

1）掌握数控电火花成形机床常规操作。

2）熟悉数控电火花成形机床加工流程。

3. 实训器材

电火花成型机床、工具（电极）、工件（电极）。

4. 实训内容

（1）工艺分析　加工凹模五角星所用工具电极可在电火花线切割机床上加工而成，工具电极头凸模五角星需要钳工加工 M8 的盲孔内螺纹，通过螺纹配合与工具电极柄进行连接。根据电极材料为纯铜，加工工件材料为 45 钢，五角星外接圆直径为 ϕ32mm，加工深度为 10mm 等要求，确定 Z 轴加工参数及加工方式。加工方式：粗加工→中加工（半精加工）→中加工（半精加工）→细加工（精加工）→细加工（精加工）完成，共分 5 段加工，定位采取绝对定位（ABS）方式。

（2）定位方法

1）将工具电极（凸模）用电极夹柄紧固，校正后固定在主轴头上。

2）工件电极的装夹与定位。工件电极的外形尺寸长为 60mm，宽为 60mm，厚为 30mm。工件电极上需要加工一个五角星凹模，五角星的外接圆直径为 ϕ32mm，深度为 10mm，加工五角星凹模工件，如图 12-4 所示。

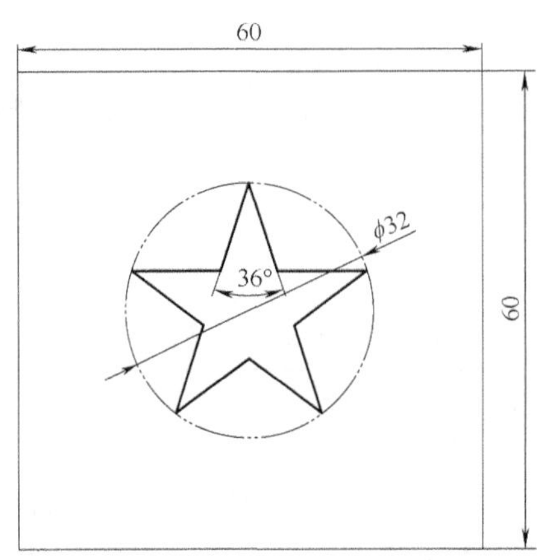

图 12-4　五角星凹模工件示意图

（3）对刀步骤

1）工件的装夹。将工件彻底清洁，使其电气传导性良好。再放在工作台上，并以夹具或磁盘，确实将工件锁紧。

2）工件的左下角为绝对坐标的原点。

3）按下手控盒中的<手动对刀>键，转动 X 轴方向手轮将工具电极移至工件左侧端面外，然后按手控盒中的<下降>键，将工具电极缓缓下降，使工具电极稍低于工件的上表面。再转动 X 轴方向的手轮，使工具电极轻轻接触工件的端面，此时蜂鸣器鸣叫，按电器控制柜上操作面板<X 归零>键；X 数字显示为零，再按下<X>和<ABS-0>键，此时在 X 轴方向上 ABS 方式（绝对方式）和 INC 方式（增量方式）的数值均为零。

4）参照步骤 3）的操作，可使工件在 Y 轴方向下端面上 ABS 方式和 INC 方式的数值均为零，这样，绝对坐标的坐标原点就设为了工件的左下角。

5）按下手控盒中的<手动对刀>键，电器控制柜上操作面板相应按键上红灯亮，再按住手控盒中的<下降>键，使 Z 轴缓缓下降，在工具电极即将碰到工件表面之前，应采用点动方式按手控盒中的<下降>键，直到工具电极与工件接触，机床蜂鸣器鸣叫。此时，按下电器控制柜上操作面板的<Z 轴归零>键，使 Z 轴数值归零，再按手控盒中的主轴<上升>键，将主轴稍向上抬。也可采用自动对刀，方法是按电器控制柜上操作面板的<AUTO>（自动对刀）键，主轴会自动下降至工件表面，蜂鸣器鸣叫，再按<Z 轴归零>键，使 Z 轴数值归零，再将 Z 轴上抬至某个高度。

6）转动 X 轴和 Y 轴方向手轮，观察电器控制柜操作面板上的 X、Y 的数值，即五角星中心的坐标值。

（4）编辑 Z 轴加工数据的方式

1）手动输入 Z 轴加工数据。

① 按<F1>键进入 Z 轴加工数据手动编辑界面，将先前设置的电规准全部清除。

② 段数表示所编辑之 Z 轴段数值，共有 10 段，编号为 0~9，此值已由计算机自动输入，不需要重新输入。

③ 根据工艺分析，加工方式设置为粗加工、中加工（半精加工）和细加工（精加工），共分 5 段加工。

手动编辑表格参数时，会出现一闪动光标，移动光标到相应参数位置输入数值，将 Z 轴加工数据逐一编辑，5 段加工相应参数见表 12-3。

表 12-3　加工参数

加工方式	段数	深度	电流	周率	效率	间隙	跳升	时间	高压	极性
粗加工	0	9.82	6	180	7	45	7	10	2	0
中加工（半精加工）	1	9.89	5	100	7	45	7	7	2	0
中加工（半精加工）	2	9.93	4	70	6	45	7	6	2	0
细加工（精加工）	3	9.97	3	50	5	45	7	5	2	0
细加工（精加工）	4	10.0	2	30	5	45	7	4	2	0

2）自动编辑 Z 轴加工数据。按<F8>键进入自动编辑界面。输入深度 10mm，电流 6A 及粗细度“3 超细”，计算机会自动将粗加工→细加工之间放电参数，如段数、深度、电流、周率、效率、间隙、跳升、时间、高压等数据分段排列。

（5）放电加工

1）转动 X、Y 轴方向的手轮，将机床的主轴移动至 60mm×60mm 工件中心点位置。

2）按手控盒上的<油泵>键，开启油泵，油管喷油，调节油管位置，使油喷向工件加工的部位。也可采用浸没式加工方法，将工件全部浸没在工作液槽中。用浸没式加工方法，可适当提高电流参数，从而提高加工效率。

3）按操作面板上的<F9>放电加工键，机床的脉冲电源启动，Z 轴会有节奏地升降，进行放电加工。当加工深度达到粗加工的深度后，机床将会自动改变电规准，进入中加工阶段进行放电加工。半精加工的深度加工完成后也会自动切换到精加工阶段，直到完成全部的加工深度后，主轴 Z 轴会自动上抬，同时切断电源，蜂鸣器也会鸣叫数秒。

4）按下手控盒上或电器控制柜操作面板上的<油泵>键，关闭油泵。

5）工件加工完成后，拆除工具电极和工件，清理工作台，并涂上机油。

12.3 电火花线切割加工

电火花线切割加工（Wire Electrical Discharge Machining，WEDM）简称线切割，是用线状电极（铜丝或钼丝）靠电火花放电对工件进行切割。线切割机是电加工机床的主要类型，应用广泛。电火花线切割机按走丝速度可分为高速走丝电火花线切割机（双向快走丝，8~10m/s）、慢走丝电火花线切割机（低速单向走丝，低于 0.2m/s）和中走丝电火花线切割机（先快后慢）三类。慢走丝可以获得较高的精度和较低的表面粗糙度值。

12.3.1 基本原理

高速走丝电火花线切割机床简图如图 12-5 所示。钼丝与脉冲电源负极相连，工件与脉冲电源正极相连，工件夹紧（固定）在工作台上，工作台下面是绝缘底板，钼丝挂在支架 4 个导轮上面（有的支架是 3 个导轮），储丝筒使钼丝作正反向交替移动。

因为工件与钼丝之间有脉冲电压，当工件和钼丝距离接近到一定程度时，两者之间会进行火花放电，对金属产生腐蚀。因为钼丝是接脉冲电源负极，而工件是接正极，故工件容易被腐蚀，而钼丝使用一段时间后，也会受损，磨损到一定程度就要更换钼丝。

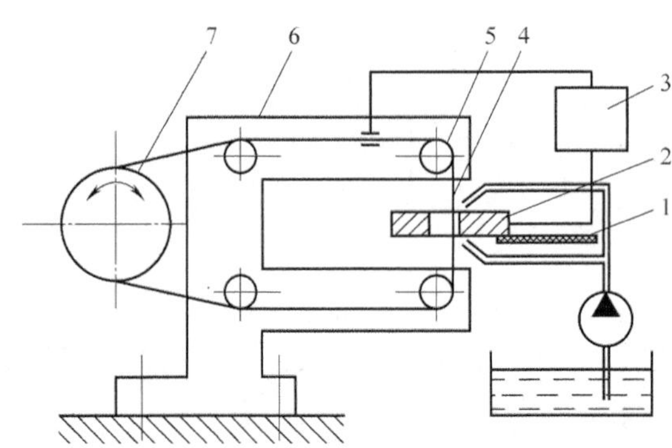

图 12-5　高速走丝电火花线切割机床简图

1—工作台　2—工件　3—脉冲电源　4—钼丝　5—导轮　6—支架　7—储丝筒

12.3.2 加工特点及应用范围

1. 加工特点

1）工具电极和工件不直接接触，加工过程中几乎没有切削力。

2）可以切割形状复杂且高硬度的各种导电材料，如各种淬火钢、磁性钢、石墨等。

3）由于线电极直径很小（最小可达 $\phi0.03$mm），可以方便地加工微细异形孔、窄缝和复杂截面的形柱、形孔。由于切缝很窄，实际金属去除量很少，材料的利用率很高。对加工、节约贵重金属有重要意义。

4）加工工件必须是通孔。

5）易实现微型计算机控制，自动化程度高，操作方便。

6）工作液一般采用水基乳化液或纯水，成本低，安全。

7）与切削加工相比，线切割加工的效率低，加工成本高，不适合大批量生产。

2. 应用范围

1）用于加工精密、细小，形状复杂或材料特殊的冲模，如凸模、凹模及卸料模等。还可以加工挤压模、粉末冶金模、弯曲模、塑料模等通常带锥度的模具。

2）加工成形工具，如带锥度型腔的电极、微细复杂形状的电极和各种样板、成形刀具等。

3）加工复杂形面、薄壁、窄缝、微细孔、槽、异形孔等特殊复杂的表面。

4）适用于二维、三维多品种零件的加工，减少模具制作费用，缩短生产周期。

12.3.3 数控电火花线切割加工设备

图12-6所示为高速走丝线切割机床DK7740，其型号含义为：D为机床类别代号（电加工机床）；K为机床特性代号（数控）；7为组别代号（电火花加工机床）；7为型号代号（7为快走丝，6为慢走丝）；40为基本参数代号（工作台横向行程400mm）。

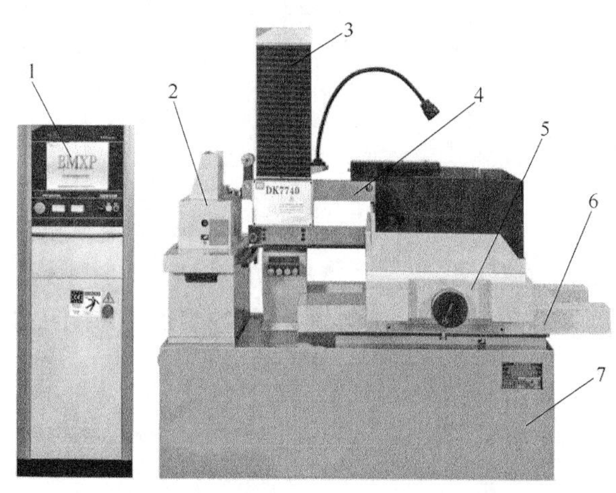

图12-6 高速走丝线切割机床DK7740

1—交流电源控制柜 2—储丝筒 3—立柱 4—丝架 5—上工作台 6—下工作台 7—床身

DK7740线切割机床主要由机械部分、电气电控柜、冷却系统三部分组成。

该机床机械部分主要由床身、工作台、丝架、锥度装置、运丝部件、工作液系统、夹具附件、防水罩等部件组成。DK7740机床采用精密镶钢导轨和精密级滚珠丝杠机构。

1. 床身

床身是采用高强度铸铁成型的基座，为机床的承重部件。床身上安装有上拖板、中拖板。上拖板、中拖板通过滚珠丝杠传动，实现工作台移动。

2. 工作台

工作台即上拖板，工作台台面上有T形槽，用来安装夹具夹紧工件。

3. 运丝部件与丝架

运丝部件的运丝筒采用变频器进行往复旋转，带动钼丝双向运动，钼丝整齐地排列在储丝筒上。电极丝架上的导轮、排丝轮保持电极丝运动轨迹的平稳。机床一般采用上、下导电块进电方式。有特殊要求的，也可以采用运丝筒进电方式。

4. 锥度装置

锥度装置安装在丝架上，通过驱动步进电动机使锥度装置在U、V轴方向上移动，与X、Y轴配合完成四轴联动功能，实现锥度切割。

5. 工作液系统

工作液系统，包括水箱、工作液、流量控制阀、进液管、回液管以及精细过滤装置，实现工作液的循环过滤使用。由于工作液的质量及清洁程度直接影响加工稳定性和工件表面质量，因此在机床运行中，要注意工作液的清洁程度，及时更换新的工作液和过滤纸芯。当压力表数值>0.2MPa出液困难时，需要更换过滤纸芯。

6. 夹具与附件

拆装组合器、紧丝轮组合、轴承拆卸工具、摇手柄组合。

12.3.4 数控线切割的程序编制

数控线切割编程与数控车床、数控铣床、加工中心的编程过程一样，先根据零件图样，经过分析和计算后，再进行程序编写。编程方法分为自动编程和手工编程两类。自动编程是根据 CAD 图形采用专用软件自动编制加工程序。手工编程有国际标准 ISO 代码格式和 3B、4B、G 代码格式等。

在数控线切割机床加工中，手工编程由于要输入很多指令，比较烦琐，容易出错，编程的过程需要花费较多时间，因此在实际加工的编程中应用较少。生产中，AutoCut 线切割编程系统应用较为普遍。AutoCut 线切割编程系统（以下简称 AutoCut 系统）基于 AutoCAD 绘图软件的应用模块，可以实现对 CAD 图形进行线切割工艺处理，生成二维或三维数据，并进行零件模拟加工。在加工过程中，该系统能够智能控制加工速度和加工参数，完成对不同加工要求的加工控制。

12.3.5 电火花线切割加工实例

1. 实训目的

掌握工具电极五角星的电火花线切割加工方法。

2. 实训项目

1）用 AutoCAD 软件绘制五角星。

2）用 AutoCut 将五角星生成轨迹图。

3）五角星的电火花线切割加工。

3. 实训器材

DK7740 线切割机床、AutoCut 软件、工件（纯铜）。

4. 实训内容

加工五角星工具电极，如图 12-7 所示，工件的厚度 20mm。该工件的线切割加工属于外轮廓加工，切割时应考虑钼丝补偿，补偿量为钼丝半径与放电间隙之和。该工件采取一次切割成形，也可多次切割，但应设置一定的支撑宽度。为了保证五角星的切割质量，切割速度可稍慢些，加工电流控制在 2A 左右。

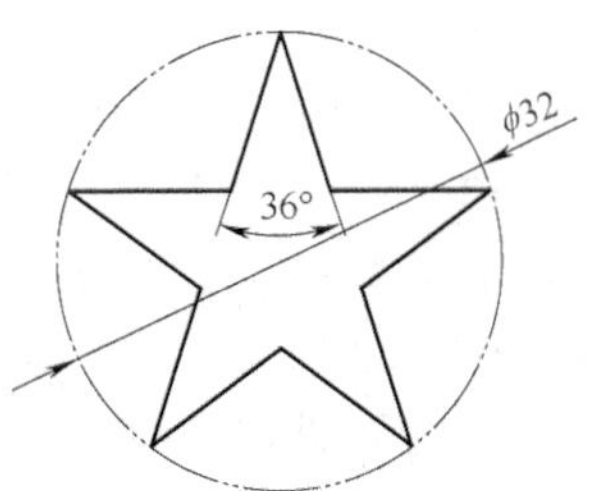

图 12-7　五角星工具电极示意图

5. AutoCut for AutoCAD 软件的使用

打开已经绘制好的五角星 . dwg 文件，单击菜单栏上的“AutoCut”菜单，选择“生成加工轨迹”菜单项，弹出如图 12-8 所示的“一次加工轨迹”对话框，设置好补偿值和偏移方向后，单击“确定”按钮。

1）在命令行提示栏中会提示“请输入穿丝点坐标”，根据引线是从 X 轴还是 Y 轴切入等情况来设定穿丝点和切入点的位置，分以下四种情况：①引线是从 X 轴的正方向切入，穿丝点用鼠标在屏幕上单击鼠标左键选择图形左侧一点作为穿丝点坐标，切入点定在图形最左侧点或线上面；②引线是从 X 轴的负方向切入，在屏幕上单击鼠标左键选择图形右侧一

图 12-8　参数设置窗

点作为穿丝点坐标，切入点定在图形最右侧点或线上面；③引线是从 *Y* 轴的正方向切入，在屏幕上单击鼠标左键选择图形下侧一点作为穿丝点坐标，切入点定在图形最下面点或线上面；④引线是从 *Y* 轴的负方向切入，在屏幕上单击鼠标左键选择图形上面一点作为穿丝点坐标，切入点定在图形最上面点或线上面。以上四种情况也可以手动在命令行中用相对坐标或是绝对坐标形式输入穿丝点。穿丝点、切入点选中后，命令行会提示“请选择加工方向<Enter>完成”，如图 12-9 所示。

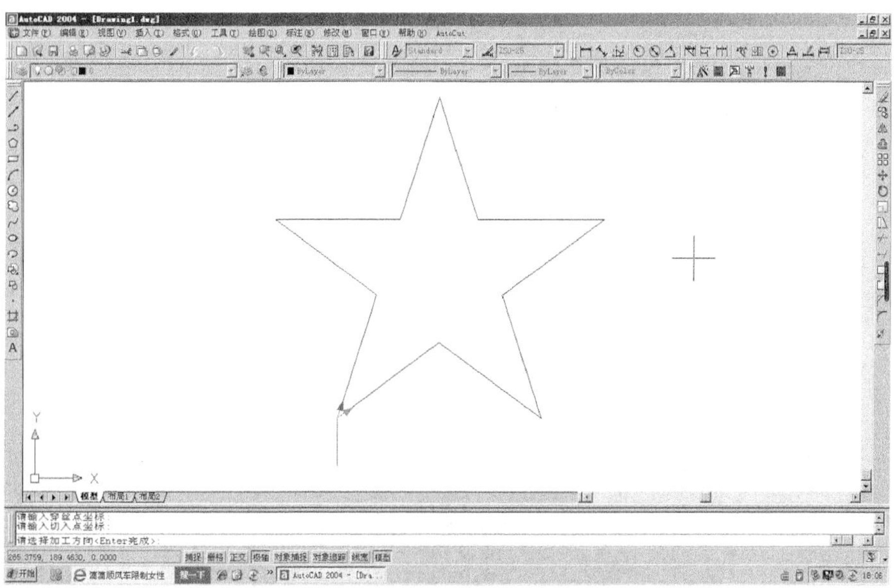

图 12-9　穿丝点与加工方向选择

2）移动鼠标可看出加工轨迹上红、绿箭头交替变换，在绿色箭头一方单击鼠标左键，确定加工方向。通常切割外轮廓单击指向左侧的箭头（顺时针加工），切割内轮廓单击指向右侧的箭头（逆时针加工），轨迹方向将是当时绿色箭头的方向，对于封闭图形经过上面的过程即可完成轨迹生成。

注：如果所画图形交点处有断点或延长线，直线、斜线、圆弧线有重复线的情况，封闭图形的轨迹则会在交点或重复线的位置断开无法生成封闭的图形轨迹。这时需要在原图上进行修改，生成封闭轨迹图形要求交点处无断点、延长线，没有重复线等。五角星轨迹图界面如图 12-10 所示。

对于非封闭图形稍有不同。在用与上面相同的方法完成加工轨迹的拾取之后，在命令行会提示“请输入退出点坐标<Enter 同穿丝点>”，手工输入或用鼠标在屏幕上拾取一点作为退出点的坐标，或者按<Enter>键默认退出点和穿丝点重合，完成非封闭图形加工轨迹的生成。

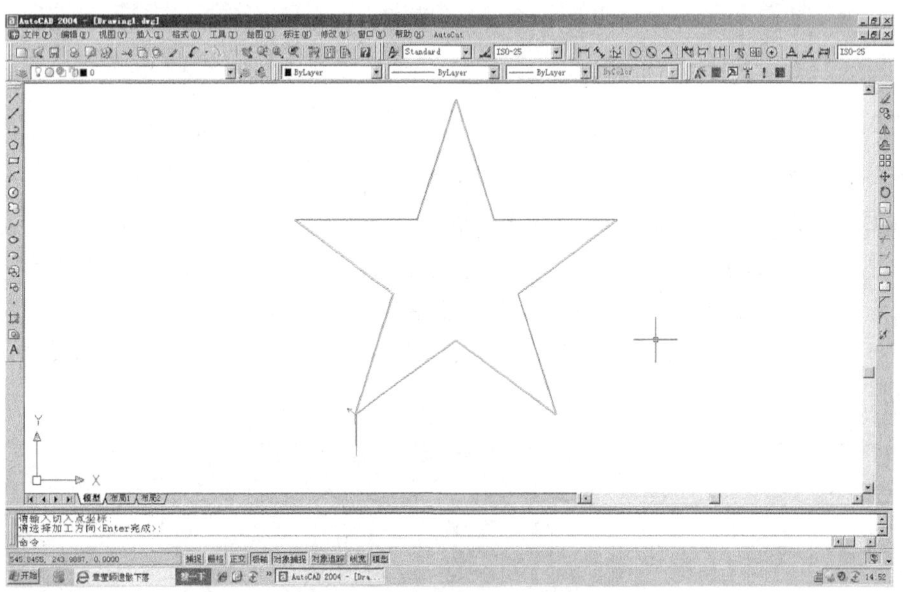

图 12-10　五角星轨迹图界面

3）轨迹图生成之后，单击菜单栏上的“AutoCut”菜单，选“发送加工任务”菜单项，弹出如图 12-11 所示的“选卡”对话框。

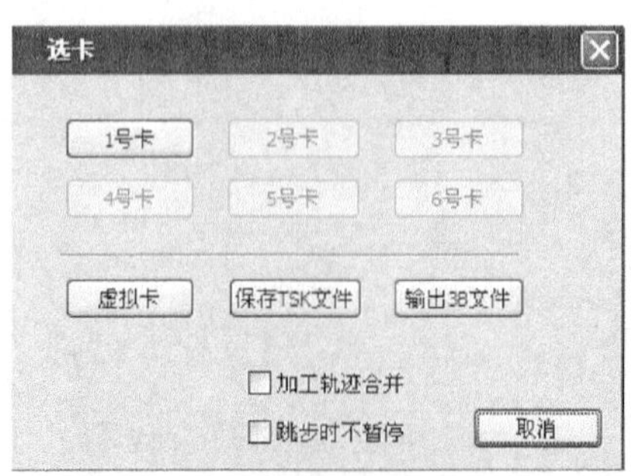

图 12-11　“选卡”对话框

4）单击“虚拟卡”按钮，命令行会提示“请选择对象”，用鼠标左键全部选中系统生成的加工轨迹，再单击鼠标右键进入如图 12-12 所示的“虚拟卡”加工界面。

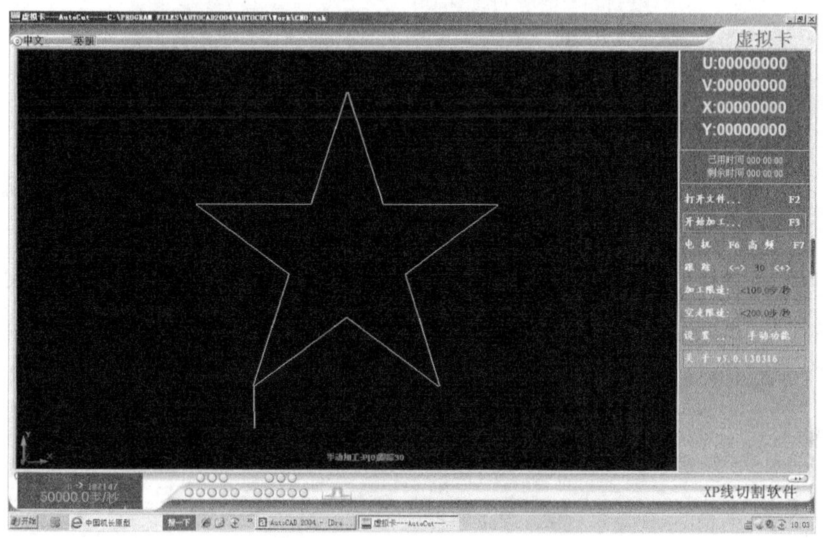

图 12-12 “虚拟卡”加工界面

5）单击“虚拟卡”加工界面上的“开始加工”按钮后，弹出如图 12-13 所示的“开始加工-虚拟卡”对话框，然后单击“确定”按钮，系统开始模拟加工五角星切割路线，“虚拟卡”模拟加工界面如图 12-14 所示。

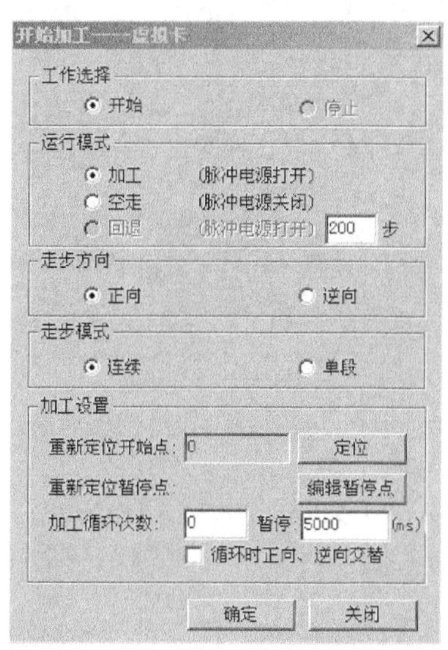

图 12-13 “开始加工-虚拟卡”对话框

6）在虚拟卡模拟切割路线过程中，注意观察模拟路线和图形是否一致。对于图形尺寸较小形状较复杂的图形，圆弧与圆弧之间夹角太小时，切割圆弧的轨迹会发生变化与图形要求不一致，这时需要返回绘图界面，对图形进行优化，再重复上面的步骤进行模拟加工，直至模拟路线和图形一致为止。“虚拟卡”加工完成界面如图 12-15 所示。

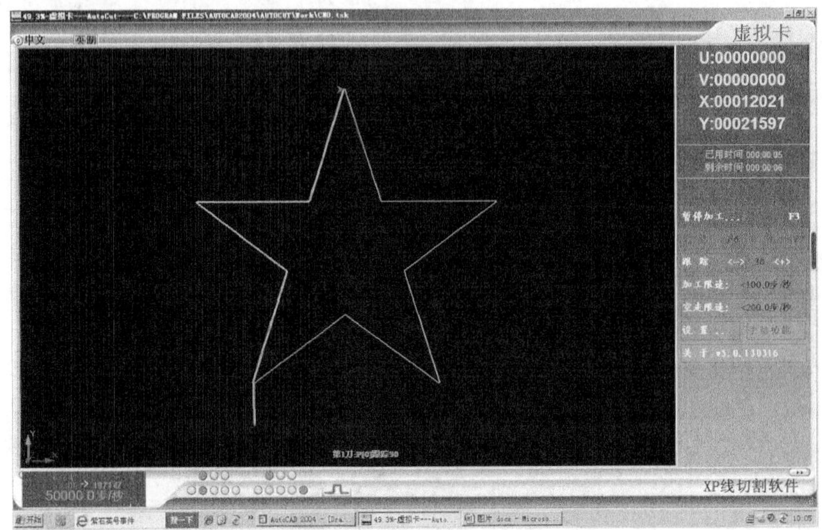

图 12-14 “虚拟卡”模拟加工界面

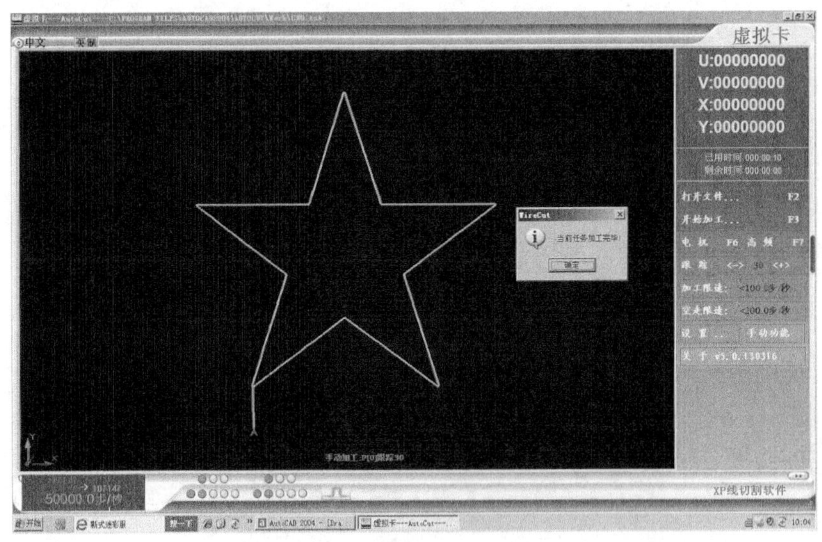

图 12-15 “虚拟卡”加工完成界面

7）虚拟加工完成之后，鼠标左键单击右上角关闭按钮关闭虚拟卡界面。单击菜单栏上的“AutoCut”菜单，选择“发送加工任务”菜单项，弹出如图 12-16 所示的“选卡”对话框。

8）单击“1 号卡”，命令行会提示“请选择对象”。用鼠标左键单击选择图中加工轨迹粉色，单击鼠标右键进入如图 12-17 所示的加工控制界面。

9）加工前准备工作。

① 使用钼丝垂直校准器对钼丝进行校准，目的是使钼丝在垂直方向不倾斜，保证切割的五角星上下表面尺寸一致。

② 线切割机床装夹工件的方式一般分为：桥式装夹、悬臂式装夹、专用夹具装夹三种。

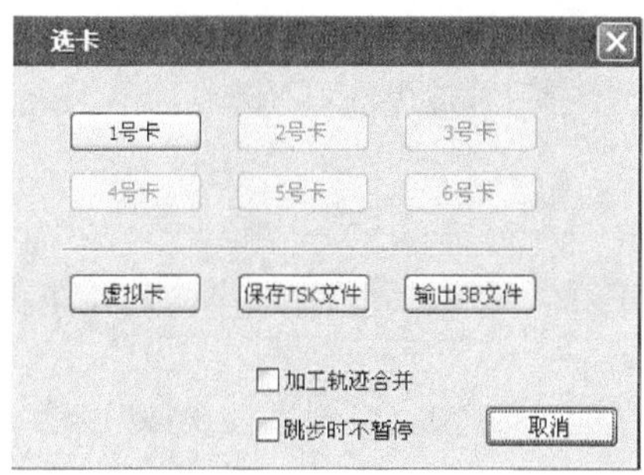

图 12-16 “选卡”对话框

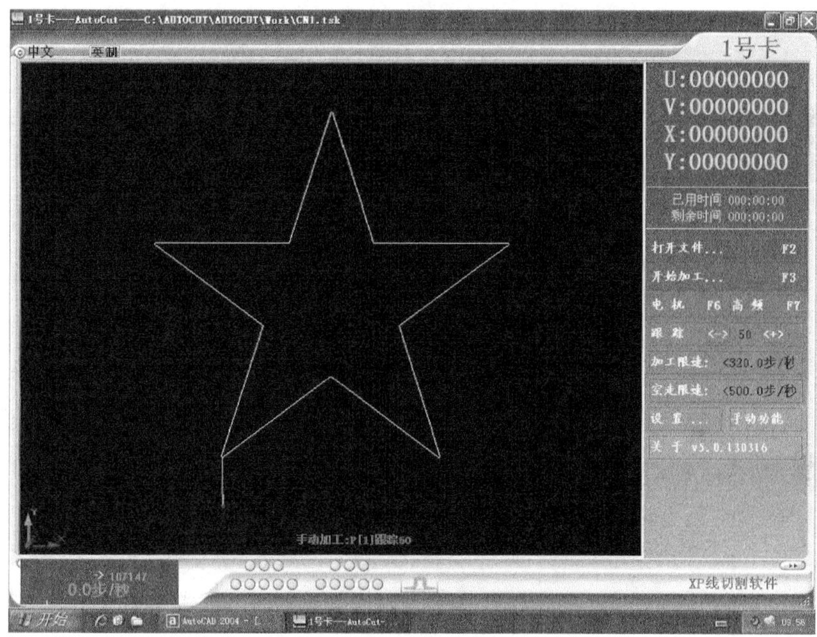

图 12-17 “加工控制”界面

根据五角星毛坯料的尺寸是 60mm×60mm 的正方体，采用桥式装夹。装夹要求：工件平稳妥当压牢在工作台上，分别在 *X*、*Y* 轴方向校准。

③ 精确对刀过程。按线切割专用手控盒上的“运丝<F4>”“水泵<F5>”键，单击“1 号卡”加工控制界面上的“高频（F7）”按钮后，摇动 *Y* 轴手轮，使钼丝慢慢靠近工件，钼丝距离工件越近速度应越慢，注意观察钼丝和工件是否有火花出现。当钼丝和工件的位置达到火花放电的距离时会有火花出现，这时停止摇动手轮，反方向摇动手轮，根据手轮上的刻度确定钼丝离工件的间隙。注意：钼丝离工件的间隙要小于引线的长度。然后摇动 *X* 轴手轮确定钼丝在工件侧边 *X* 轴的位置，钼丝在 *X*、*Y* 轴位置确定好即对刀工作完成。

10）加工控制。按线切割专用手控盒上的“运丝<F4>”“水泵<F5>”键，单击“1 号卡”加工控制界面上的“手动功能”按钮后，弹出如图 12-18 所示的“高频设置”界面，在该界面上单击“参数传送（[4] 类参数）”弹出图 12-19 所示“工艺参数”对话框，在该对话框中，可以修改加工参数，在参数修改完毕后，单击“更新”按钮，再单击“确定”

按钮设置完成。

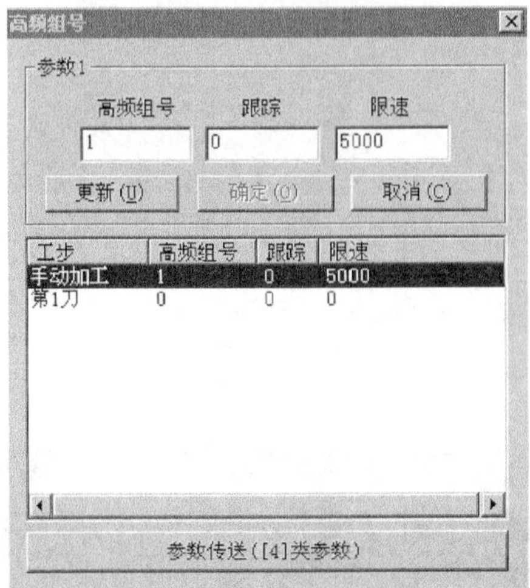

图 12-18 “高频设置”对话框

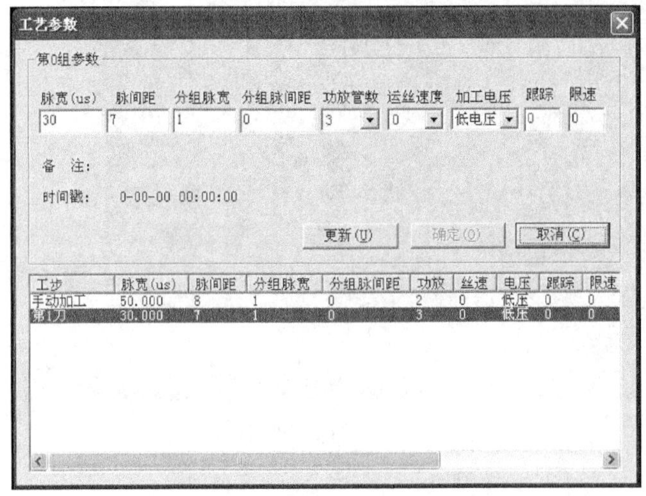

图 12-19 “工艺参数”对话框

11）当加工完成后，机床会自动停止运丝和加注切削液。在“1 号卡”加工界面单击“电机”按钮或按键盘上的<F6>，X、Y 轴的手轮解锁，摇动 Y 轴手轮，使钼丝远离加工工件区域，取下工件。

6. 注意事项及保养

1）在加工过程中不要切换“脉冲宽度”按键，避免操作不当而引至过电流；在非切换不可时，应断开高频开关，或在运丝电动机转换断开高频时进行切换。

2）为保证脉冲电源长时间正常工作，应保证周围环境的清洁、通风、少尘。

3）定期清除电器箱内的尘埃，检查线路板的焊点及各接线是否牢固，冷却风扇工作是否正常等，以确保脉冲电源的良好工作状态。

12.4 激光加工

激光加工是一种高能束加工方法，由于其加工效率高，可加工性好等优点，近几年来激光加工的市场占有率快速提升，广泛应用于切割、打孔、打标、雕刻、焊接、表面热处理等领域。

12.4.1 基本原理

利用激光高强度、高亮度、方向性好、单色性好的特性，通过一系列的光学系统聚焦成平行度很高的微细光束（直径几微米至几十微米），获得极高的能量密度（$10^5 \sim 10^{10}$ W/cm^2）照射到材料上，使材料在极短的时间内（千分之几秒甚至更短）熔化甚至气化，以达到加热和去除材料的目的。激光加工原理如图 12-20 所示。

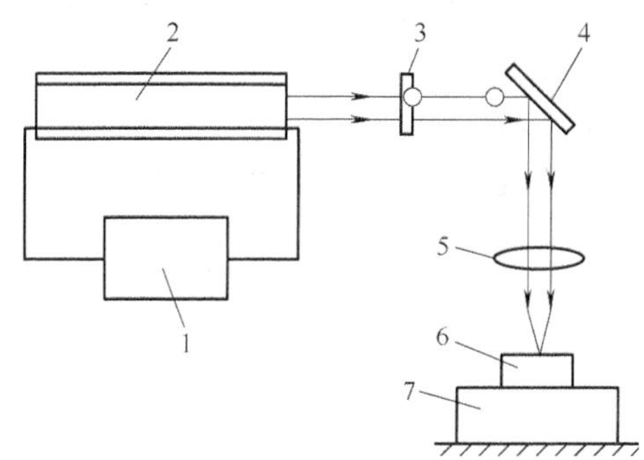

图 12-20　激光加工原理示意图

1—电源　2—激光器　3—光阑　4—反射镜　5—聚焦镜　6—工件　7—工作台

12.4.2 加工特点及应用范围

1. 加工特点

1）属非接触加工，无明显机械力，工件不变形，可达高精度加工，加工速度快，易实现自动化。

2）不受材料限制，几乎可加工任何金属与非金属材料。

3）激光加工可通过惰性气体、空气或透明介质对工件进行加工。例如，可通过玻璃对隔离室内的工件进行加工或对真空管内的工件进行焊接。

4）激光可聚焦形成微米级光斑，输出功率大小可调节，常用于精密细微加工，最高加工精度可达 0.001mm，表面粗糙度 Ra 值可达 0.4~0.1μm。

5）能源消耗少，无加工污染，在节能、环保等方面有较大优势。

2. 激光加工设备的主要构成

（1）激光器　激光器是激光加工设备的核心，它能把电能转换成光能输出，获得方向性好、能量密度高、稳定的激光束。按材料分有固体激光器、气体激光器、液体激光器、半导体激光器及自由电子激光器。按工作方式分有连续激光器和脉冲激光器。

（2）光学系统　光学系统包括聚焦系统和观察瞄准系统。聚焦系统的作用是把激光引向聚焦物镜，并聚焦在加工工件上。为了使激光束准确地聚焦在加工位置，要有焦点位置调节以及观察瞄准系统。

（3）机械系统　机械系统主要包括床身、工作台和机电控制系统。

3. 激光加工的应用

目前已经实现产业化的激光加工工艺主要有下列几种。

（1）激光切割　激光切割是激光加工中应用最广泛的一种，具有切割速度快、质量高、省材料、热影响区小、变形小、噪声小等优点，易实现自动化，而且还可穿透玻璃切割真空管内的灯丝。不足之处是一次性投资较大，且切割深度受限。

（2）激光打孔　激光打孔主要用于特殊材料或特殊工件上的孔加工，例如，仪表中的宝石轴承、陶瓷、玻璃、金刚石拉丝模等非金属材料和硬质合金、不锈钢等金属材料的细微孔的加工。激光打孔的尺寸公差等级可达 IT7，表面粗糙度 Ra 值可达 0. 16~0. 08μm。

（3）激光焊接　激光束焊接是以聚集的激光束作为能源的特种熔化焊接方法。焊接用激光器有 YAG 固体激光器和 CO_2 气体激光器，此外还有 CO 激光器、半导体激光器和准分子激光器等。将焦点调节到焊件结合处，光能迅速转换成热能，使金属瞬间熔化，冷却凝固后成为焊缝。

（4）激光打标　激光束对工件表面进行局部照射，将照射到的材料剥离，从而使事先设计好的图形、文字或商标刻蚀在工件表面。

（5）激光内雕　两束激光从不同的角度射入透明的物体，在物体内部相交，激光在交点处实现能量转换，释放大量的热量，将该点熔化成微小的空洞。在计算机的控制下，改变位置，按一定的规律加工出一系列的微小空洞，形成所需要的三维或二维图形。

（6）激光表面热处理　激光对工件表面进行扫描，可在极短的时间内加热到相变温度（由扫描速度决定时间长短），工件表层由于热量迅速向内传导快速冷却，实现了工件表层材料的相变硬化（激光淬火）。

12. 4. 3　GL-3015 光纤激光切割机简介

光纤激光切割机床主要用于金属板材的切割及刻蚀。其最大可切割材料厚度和切割速度取决于所用激光器功率、被切割材料的材质和辅助气体，使用时要根据设备参数进行合理选择。GL-3015 光纤激光切割机如图 12-21 所示。

GL-3015 光纤激光切割机主要由机床主机部分、电气控制部分、冷水机组、冷风系统、抽风系统五部分组成。

（1）机床主机部分　机床主机部分是整个光纤激光切割机的最主要的组成部分，光纤激光切割机的切割功能和切割精度都是由主机部分来实现的。主机部分由床身、光纤激光器、横梁部分，Z 轴装置、工作台、辅助部分（防护罩、气路及水路）六部分组成。

（2）电气控制部分　光纤激光切割机电气数控系统是保证各种图形运行轨迹的重要组成部分，一般电气数控系统主要由数控系统和低压电气系统组成。

（3）数控装置　对切割平台和割炬的运动进行控制，同时也控制激光器的输出功率。

（4）冷却水循环装置　用于冷却激光振荡器。激光器是利用电能转换成光能的装置，如 CO_2 气体激光器的转换效率一般为 20%，剩余 80%的能量就变换为热量。冷却水把多余的热量带走以保持振荡器的正常工作。

（5）其他辅助外围设备　包括冷风系统、抽风系统。

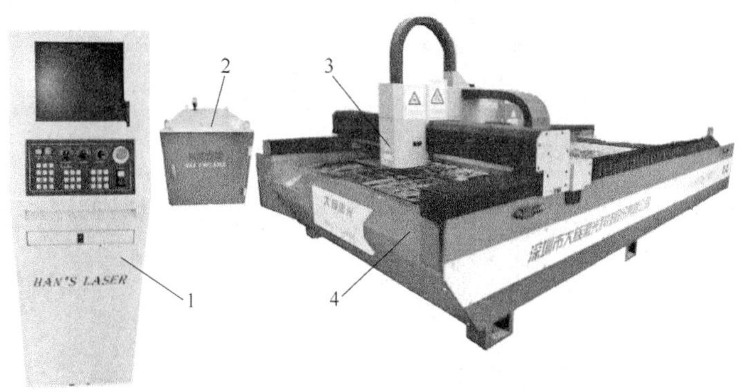

图 12-21　GL-3015 光纤激光切割机

1—智能控制柜　2—激光器　3—激光切割头　4—床身

12. 4. 4　激光切割加工实例

1. 实训项目

1）SmartNest 套料软件导入吉祥兔 CAD 图。

2）SmartNest 套料软件吉祥兔进行自动编程。

3）激光切割机对工件进行加工。

2. 实训器材

激光切割机床、大族超能 SmartNest 套料软件、工件。

3. 实训内容

1）工艺分析。吉祥兔如图 12-22 所示。该吉祥兔的激光切割加工属于内外轮廓加工，吉祥兔最大外圆直径为 ϕ160mm，切割时应考虑零件加工误差。误差与激光输出功率、切割速度、焦点位置、辅助气体、热效应等有关，根据不同的材料和厚度选择合理的切割参数。吉祥兔使用 1mm 厚不锈钢板材，采取一次切割成形，气体用的是压缩空气。

图 12-22　吉祥兔示意图

2）SmartNest 套料软件的使用。

3）激光切割机操作及工件的加工。

① 打开大族超能 SmartNest 套料软件，在菜单栏里选择“项目”→“新建项目”，在弹出的“新建项目”对话框中，填写相关信息。“项目名称”为“吉祥兔”，“项目号”为学生的工号，“材质”选择 Stainless steel（不锈钢），“板厚”为 1mm，“比重”为“7.85”。“新建项目”对话框如图 12-23 所示。

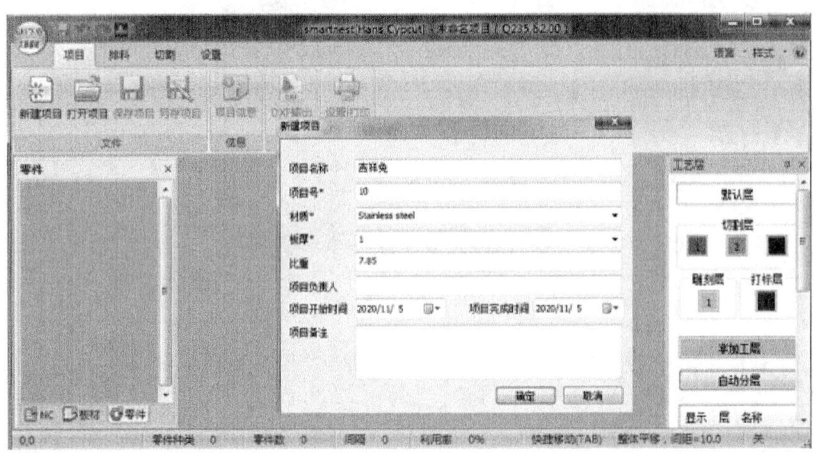

图 12-23 “新建项目”对话框

② 在界面左侧功能区里，选“板材”。鼠标放在功能区的空白处单击鼠标右键，在弹出的快捷菜单栏里选择“输入板材”，弹出“输入板材”对话框。填入相应参数，板材的面积要大于切割工件的面积，吉祥兔直径是 ϕ160mm，为了便于同时加工多个工件，所以输入板材的长度和宽度分别为长 500mm，宽 500mm。设置板材参数界面如图 12-24 所示。

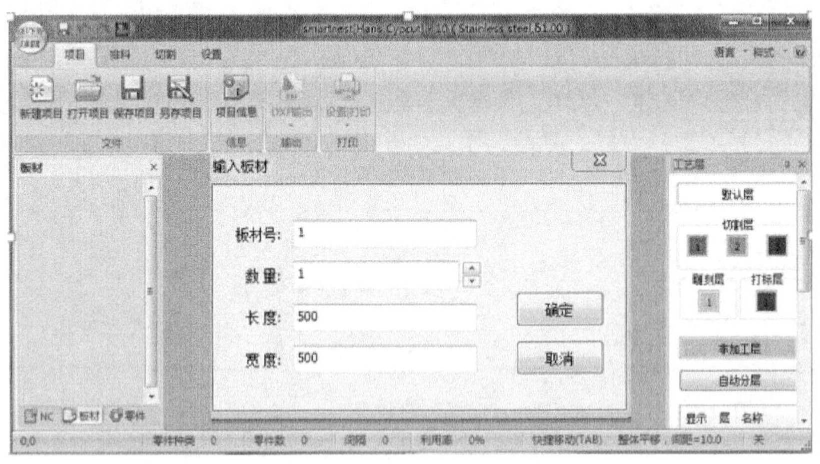

图 12-24 设置板材参数界面

参数设定后单击“确定”按钮，系统会自动生成 500mm×500mm 的板材图形。板材图形界面如图 12-25 所示。

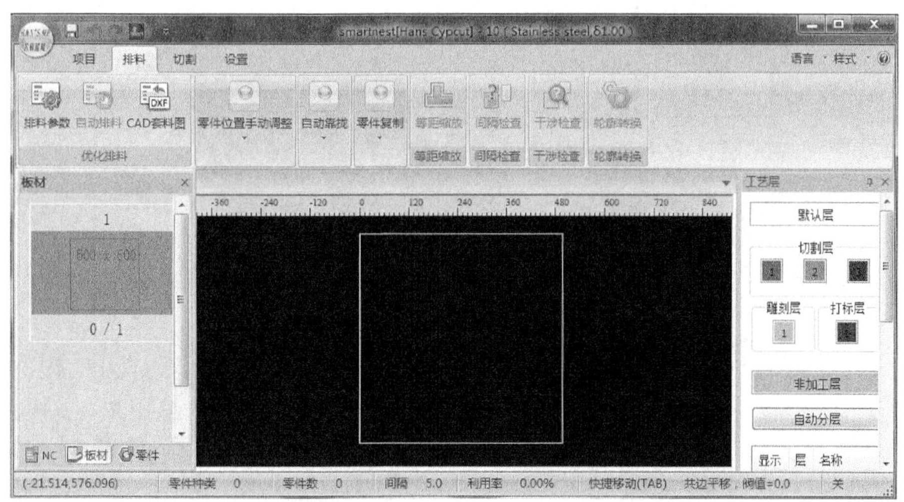

图 12-25 500mm×500mm 的板材图形界面

③ 在功能区单击“零件”，然后在“零件”上方空白处单击鼠标右键，在弹出的快捷菜单栏里选择“导入图形”，在文件夹中找到“吉祥兔 . dwg”文件并打开。在菜单栏中单击“排料”→“自动排料”，选定的零件图会自动排在设定的 500mm×500mm 的区域内。图形排版界面如图 12-26 所示。

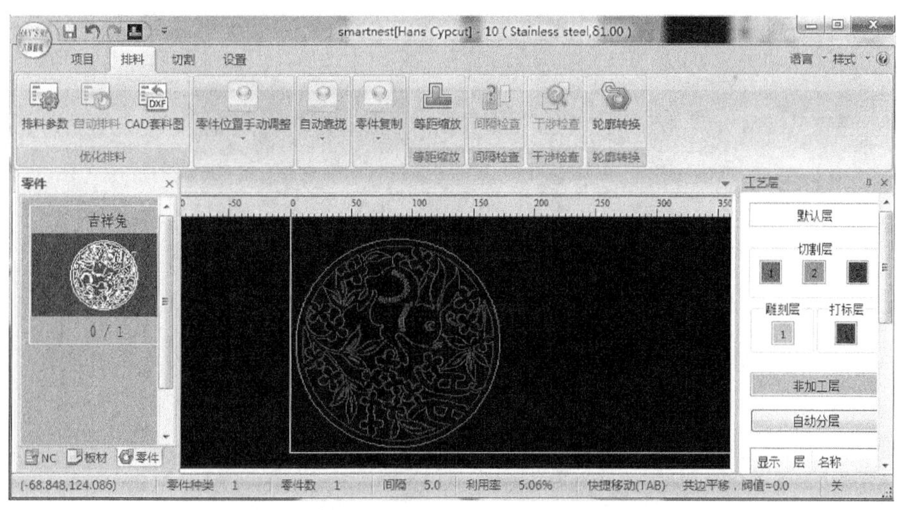

图 12-26 图形排版界面

④ 需要同时加工多个吉祥兔工件时，将鼠标放在功能区吉祥兔下方“0/1”处双击鼠标左键，会弹出“零件图号：吉祥兔”对话框，将数量由“1”改为“2”。修改数量界面如图 12-27 所示。

⑤ 在“修改数量”文本框中输入“2”，然后单击“确定”按钮。在菜单栏中选择“排料”→“自动排料”，两个吉祥兔图形自动排在 500mm×500mm 的区域内。如果要进行多个不同零件的加工，需要在功能区选择“零件”命令，然后鼠标在“零件”上方空白处单击

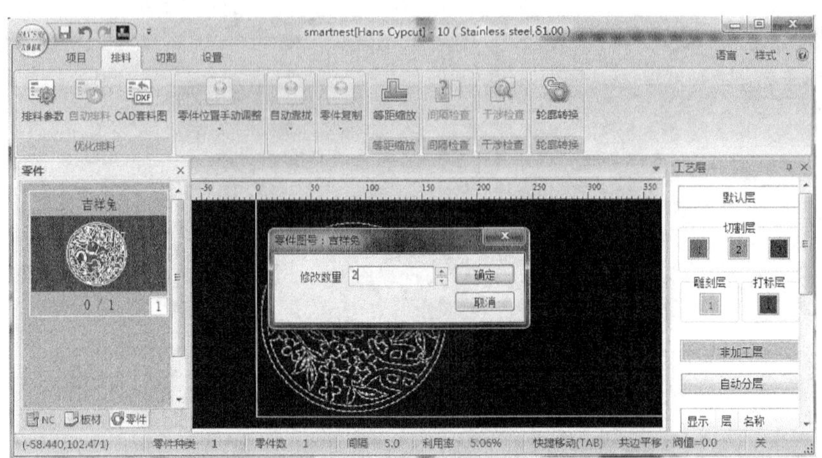

图 12-27　修改数量界面

鼠标右键，在弹出的快捷菜单里选择“导入图形”，选择不同的图形文件，在菜单栏中单击“排料”→“自动排料”，不同形状的图形自动地排在 500mm×500mm 的区域内，再自动生成程序，上传程序即可一次同时加工多个不同图形工件。两个吉祥兔排版界面如图 12-28 所示。

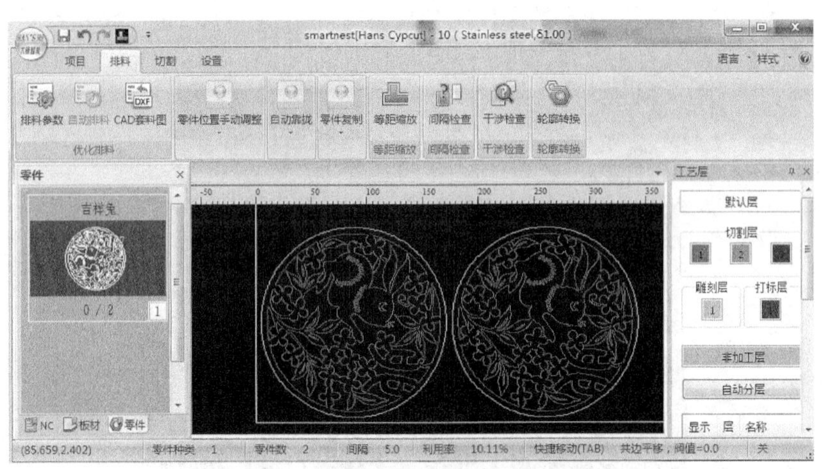

图 12-28　两个吉祥兔排版界面

⑥ 在功能区单击 NC 命令，可对零件图进行仿真加工和自动生成程序，仿真过程界面如图 12-29 所示。

⑦ 切割路线自动生成。如果自动生成的切割路线不合理，可在主菜单栏里选择“切割”→“手动”命令，对加工路线进行调整。切割路线界面如图 12-30 所示。

⑧ 加工路线模拟仿真之后，在功能区选择 NC，单击“保存”图标按钮，即可保存自动生成的加工程序。程序界面如图 12-31 所示。

4）加工步骤。

① 开机之后，打开急停按钮，进入机床运行界面，单击 CNC 复位。

② 在操作面板上按下<Home>（回原点键），灯亮。然后按“Nc Start”起动按钮，机床进入回零状态，此时 X、Y、Z 轴指示灯为淡蓝色以示生效，即可完成回原点动作。

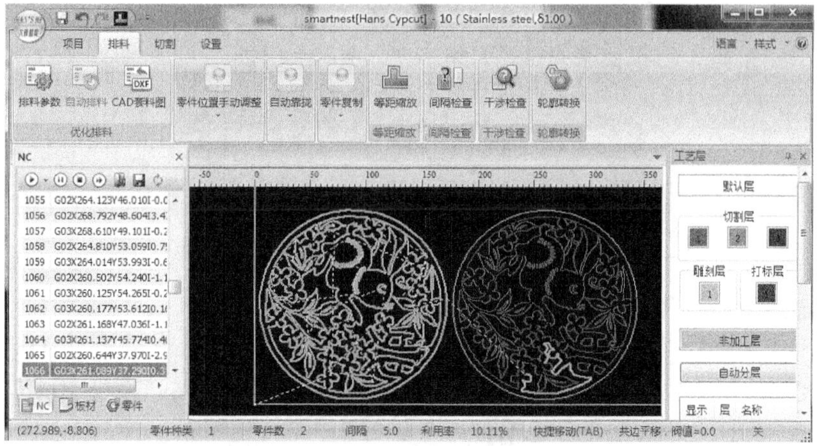

图 12-29　仿真过程界面

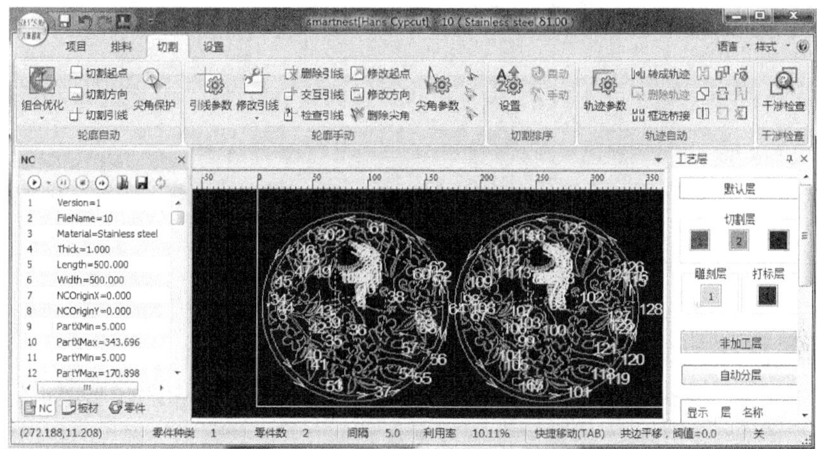

图 12-30　切割路线界面

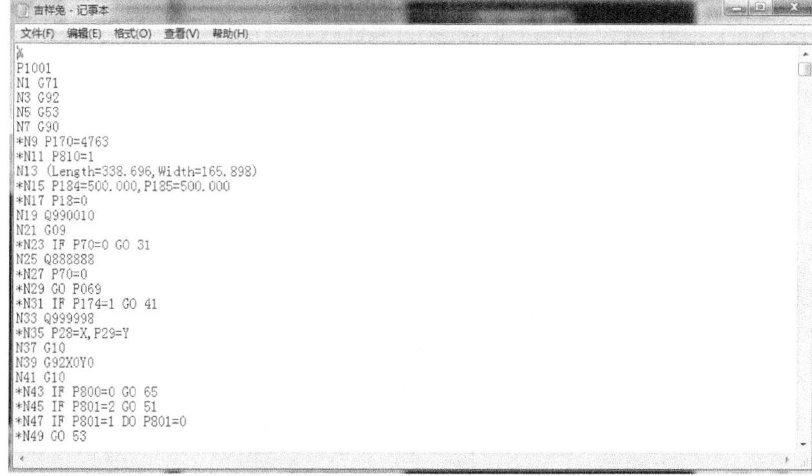
吉祥兔 - 记事本

文件(F) 编辑(E) 格式(O) 查看(V) 帮助(H)

```
%
P1001
N1 G71
N3 G92
N5 G53
N7 G90
*N9 P170=4763
*N11 P810=1
N13 (Length=338.696,Width=165.898)
*N15 P184=500.000,P185=500.000
*N17 P18=0
N19 Q990010
N21 G09
*N23 IF P70=0 GO 31
N25 Q888888
*N27 P70=0
*N29 GO P069
*N31 IF P174=1 GO 41
N33 Q999998
*N35 P28=X,P29=Y
N37 G10
N39 G92X0Y0
N41 G10
*N43 IF P800=0 GO 65
*N45 IF P801=2 GO 51
*N47 IF P801=1 DO P801=0
*N49 GO 53
```

图 12-31　程序界面

③ 回原点之后，手动“JOG”方式使激光头沿 X、Y 轴移动，避开放置不锈钢板区域。

④ 放置不锈钢板，钢板要平行 X、Y 轴方向，移动激光头，手动“JOG”方式使激光束移到加工起点位置。

⑤ 在操作面板上按<程序>键选择指令，选中“吉祥兔”程序文件，读取程序。

⑥ 运行程序准备，切割需进行以下几个方面的准备及检查。

a. 光路检查：激光是否同轴，切割头焦点位置是否准确。

b. 检查调用的切割工艺参数是否正确。

c. 检查辅助气体是否打开，光路吹气是否正常。

d. 进入加工界面，单击“切割”。首先选择“空运行”，让激光束走一下最大轮廓，如果激光束轮廓没有超出放置的不锈钢板的四边，说明不锈钢板的尺寸大小可以满足吉祥兔零件的加工。如果激光束轮廓超出不锈钢板边 1 或边 2，则说明不锈钢板的尺寸小了，无法加工出完整的吉祥兔零件图，需要重新更换不锈钢板。

⑦ 不锈钢板大小合适，即可按下“Nc Start”起动按钮，机床进入加工状态。

⑧ 程序运行完，提升 Z 轴，移动工作台，拆卸工件，加工结束。

5）注意事项。

① 开机、关机顺序要正确。开机顺序：总电源→机床电源→冷水机→激光器。关机顺序：激光器→冷水机→机床电源→总电源。

② 根据加工板材的材质选择切割用辅助气体，并根据加工材料的材质和厚度不同调整切割气体的气压。切割气体的压力传感器应调节在适当的位置，以确保在低于一定值时就不能进行切割，从而避免加工零件的报废和保证聚焦镜片的安全。

③ 上、下料时一定要小心，避免碰伤机床，并注意自身的安全。

④ 在操作时要避免激光对眼睛造成损伤，应当佩戴防护眼睛。

⑤ 设备在工作时，操作者不得擅自离开工作岗位，必须离开时应当断电或停机。

⑥ 操作者应有应变能力，加工过程中若出现异常状况，应立即停机。

12.5 其他加工方式简介

1. 离子束加工

离子束加工的加工原理与电子束加工原理基本类似，也是在真空条件下，将离子源产生的离子束经过加速、聚焦后投射到工件表面的加工部位以实现加工。所不同的是离子带正电荷，其质量比电子大数千倍乃至数万倍，故在电场中加速较慢，但一旦加至较高速度，就比电子束具有更大的撞击动能。

离子束加工是靠微观机械撞击能量转化为热能进行的。在工业生产中，离子束加工主要应用在两个方向，一是改变零件尺寸的去除材料加工，如等离子切割、离子刻蚀等；二是改变零件表面物理力学性能的注入式加工，如镀膜加工、注入加工。

（1）离子刻蚀　离子刻蚀是指使用离子束将工件表面的材料去除。例如，制造激光器和红外传感器的高性能非球面透镜和反光镜、光学系统中衍射光栅、压电传感器用晶片、陀螺转子轴承表面上的复杂结构、微型加速计的精度质量块以及超精密加工用的单晶金刚石刀具。

（2）离子注入 离子注入加工原理是指将所要注入的元素进行电离，并将正离子分离和加速，形成具有数十万伏特的高能离子流，轰击工件表面，离子因动能很大，被打入表层内，其电荷被中和，成为置换原子或晶格间的填隙原子，被留于表层中，使材料的化学成分、结构、性能产生变化。离子注入可提高材料的耐腐蚀性能，改善金属材料的耐磨性能，提高金属材料的硬度，改善材料的润滑性能等。

（3）离子镀膜 离子镀膜是指利用离子束对工件表面的轰击以实现在工件表面镀上一层特殊保护膜的工艺。可在金属或非金属表面上镀制金属或非金属材料，各种合金、化合物、某些合成材料、半导体材料、高熔点材料等。离子镀已用于镀制润滑膜、耐热膜、耐磨膜、装饰膜和电气膜等。用离子镀方法在切削工具表面镀氮化钛、碳化钛等超硬层，可以提高刀具的寿命。

2. 电解加工

电解加工是利用金属在电解液中发生电化学阳极溶解而去除工件上多余的材料，将工件加工成型的一种工艺方法。加工时，工件接电源正极（阳极），按一定形状要求制成的工具接负极（阴极），工具电极向工件缓慢进给，并使两极之间保持较小的间隙（通常为0.02~0.7mm），利用电解液泵在间隙中间通以高速（5~50m/s）流动的电解液。在工件与工具之间施加一定电压，阳极工件的金属被逐渐电解蚀除，电解产物被电解液带走，直至工件表面形成与工具表面基本相似的形状为止。

电解加工在难加工材料（高镍合金钢、粉末合金）、复杂结构的模具型腔加工、叶片型面加工以及型孔、深孔加工和倒棱去毛刺等方面有很好的应用。随着对数控电解加工工艺、设备以及工程应用的研究不断深入，在航空、航天发动机整体构件，如整体叶盘、整体涡轮、整体机匣的加工中，作为数控铣削、精密铸造方法的必要补充，数控电解显示了极大的优越性。

3. 超声波加工

超声波加工不仅能加工硬质合金、淬火钢等脆硬金属材料，而且更适合加工玻璃、陶瓷、半导体、锗和硅片等不导电的非金属脆硬材料，同时还可以用于清洗、焊接和探伤等。

超声波加工（Ultrasonic Machining，USM）是利用工具端面作超声频振动，通过磨料悬浮液加工硬脆材料的一种加工方法。超声波加工是磨料在超声波振动作用下的机械撞击和抛磨作用与超声波空化作用的综合结果，其中磨料的连续冲击是主要的。

加工时在工具头与工件之间加入液体与磨料混合的悬浮液，并在工具头振动方向加上一个不大的压力，超声波发生器产生的超声频电振荡通过换能器转变为超声频的机械振动，变幅杆将振幅放大到0.01~0.15mm，再传给工具，并驱动工具端面作超声振动，迫使悬浮液中的悬浮磨料在工具头的超声振动下以很大速度不断撞击、抛磨被加工表面，把加工区域的材料粉碎成很细的微粒，从被加工材料上打击下来。虽然每次打击下来的材料不多，但由于每秒钟打击16000次以上，所以仍存在一定的加工速度。与此同时，悬浮液受工具端部的超声振动作用而产生的液压冲击和空化现象促使液体钻入被加工材料的隙裂处，也加速了破坏作用，而液压冲击也使悬浮工作液在加工间隙中强迫循环，使变钝的磨料及时得到更新。

超声波加工主要应用于型孔和型腔的加工、切割加工、超声波清洗、超声波焊接等，在超声波加工硬质合金、耐热合金等硬质金属材料时，加工速度低，工具损耗大，为了提高加工速度和降低工具损耗，采用超声波、电解加工或电火花加工相结合的综合加工方式，可大大提高生产率和质量。

思考题

1. 简述特种加工工艺的特点。
2. 简述电火花成型加工的原理。
3. 简述电火花线切割加工的原理。
4. 简述电火花线切割加工的特点。
5. 激光加工原理是什么？
6. 电子束加工原理是什么？
7. 离子束加工原理是什么？

第13章 增材制造

增材制造（Additive Manufacturing，AM）是指以三维模型数据为基础，通过材料堆积的方式制造零件或实物的工艺，是区别于传统制造工艺的先进制造技术的代表之一。该技术诞生于20世纪80年代，近几十年得到快速发展，根据技术发展和应用的不同阶段，该技术也称为快速原型、快速成形、直接制造、三维打印等。本章参照国家标准 GB/T 35351—2007《增材制造　术语》、GB/T 35021—2018《增材制造　工艺分类及原材料》等有关标准和技术发展的最新进展，对增材制造及逆向工程等相关技术进行介绍。

13.1 增材制造相关概念

1. 快速原型

市场竞争要求企业对用户作出快速响应，为了缩短产品开发阶段用于分析、验证、评估产品的实体原型的制造时间以及产品制造过程中模具的制造时间，快速原型与逆向工程（反求工程）技术应运而生。快速原型技术（Rapid Prototyping，RP）是指不需要使用刀具、模具、工装，而是由 CAD 模型直接驱动的快速制造三维物理实体的技术。逆向工程技术，则是指通过测量、扫描、设计分析等一系列手段对目标产品进行研究，从而得到该产品的结构、尺寸、技术要求，确定工艺流程等设计指标，并指导产品设计和制造的过程。快速原型是增材制造技术在生产上的最初应用，因此被视为增材制造技术的通用术语而普遍使用。

随着技术的发展，在实际生产中，往往将逆向工程技术与快速原型技术结合起来，实现对产品的快速扫描、快速建模、快速制造。在产品开发阶段使用逆向工程技术快速借鉴市场现有产品的设计进行建模，利用快速原型技术将数字模型表达的产品快速制造出来，可以有效缩短产品开发周期、降低产品的开发成本，适应市场竞争和产品个性化的要求。逆向工程技术与快速原型原理如图 13-1 所示。

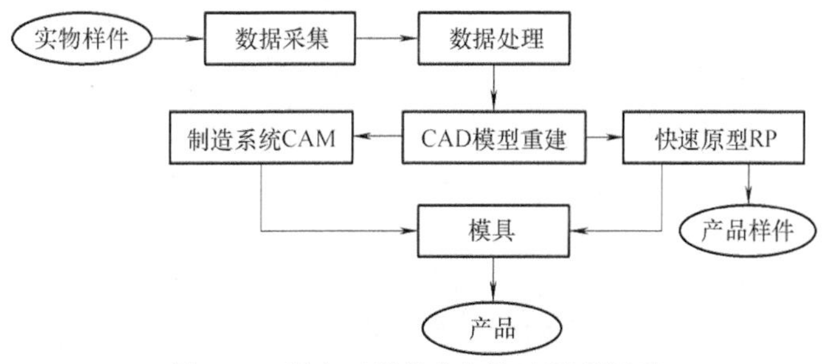

图 13-1　逆向工程技术与快速原型原理

2. 三维打印

严格意义上的三维打印是指利用打印头、喷嘴或其他打印技术，通过材料堆积的方式来制造零件或实物的工艺。随着三维设计软件、材料、计算机等技术的不断发展，快速原型设备实现了低价、小型化，并像计算机的打印终端一样走进了人们的生活。这种像使用打印机一样，通过逐层叠加的方式打印出与计算机三维模型完全一致的实物的过程，称为三维打印更容易被人们理解和接受，该术语通常作为增材制造的同义词，也称为3D打印。

3. 增材制造

传统机械制造技术有切削加工和成形加工，常见的切削加工方式有车、铣、刨、磨等，这类加工是通过不断地去除材料达到零件的设计要求，通常称这类制造方式为减材制造。而铸造、锻造、焊接、注塑、粉末冶金等成形加工方式，因为成形过程中零件材料几乎不减少，所以称为等材制造。从20世纪80年代逐渐发展起来的材料堆积的成形方式统称为增材制造，增材制造技术在实际产品制造上的应用，对传统意义上的设计、制造思路和方法是颠覆性的，是对传统制造技术的很好补充。增材制造的主要特征是基于三维数字模型和材料逐层堆积。增材制造技术在各个领域得到了快速发展，金属增材制造在高性能大型、复杂构件的制造方面体现了其独特的优势。

13.2 增材制造工艺

13.2.1 增材制造的工艺过程

1. 影响产品属性的工艺因素

增材制造技术利用材料堆积成形，“材料堆积”是指将原材料堆积并连接（如熔融或粘结）。该工艺的决定性因素是用于堆积材料的技术。例如，由于不同材料的熔融和粘结原理不同，决定了不同材料适用不同的工艺。一般来说，利用增材制造工艺加工形成的产品的基本属性由以下因素决定：

1）材料的种类（聚合物、金属、陶瓷、砂或复合材料等）。

2）熔融或粘结方法（固化、粘接、熔化、烧结等）。

3）用作增材制造的原材料形态（液态、粉末、悬浮体、丝材、薄片等）。

4）供料方式（喷射、挤出、铺粉、送粉、送丝等）。

2. 单步工艺和多步工艺

增材制造生产的零件可以用作原型和产品，产品零件在生产的最后阶段（环节）应满足设计者的预期要求。从材料角度，零件或实物材料的特性高度依赖于增材制造操作过程中的设备类型和工艺参数。从工艺链角度，实物通过单一工艺步骤即获得预期的基本几何形状和特性，即单步工艺；或者通过主要工艺步骤获得几何尺寸，再通过二级工艺步骤获得预期材料特性，即多步工艺。例如，在主要工艺中，通过黏结剂将材料连接以得到基本的几何形状，然后通过后续工艺进一步强化材料（如后固化、渗透、热处理、精加工等）以获得最终产品的所有预期特性。单步和多步增材制造工艺如图13-2所示。

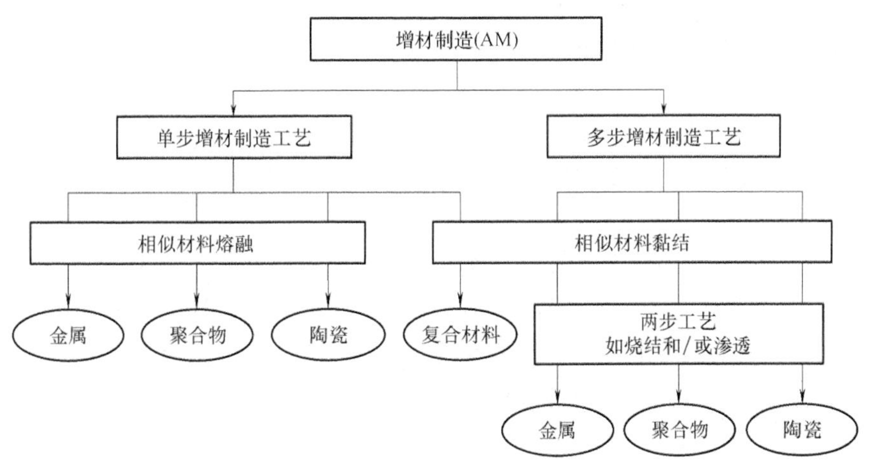

图 13-2 单步和多步增材制造工艺

3. 典型工艺过程

增材制造包括三维造型、前处理、打印成形、后处理四个阶段，如图 13-3 所示。

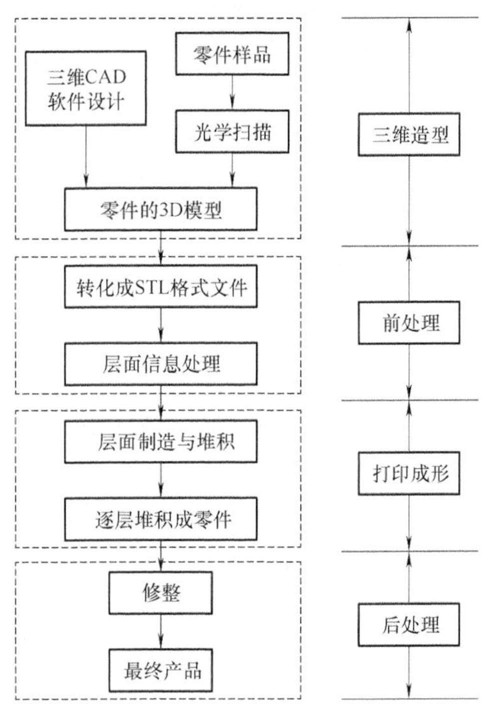

图 13-3 增材制造流程

（1）构建三维 CAD 模型 三维 CAD 模型是增材制造的基础，三维 CAD 模型一般采用正向设计的方式，利用计算机辅助设计软件（如 Pro/E、SolidWorks、UG、Inventor 等）直接构建。也可以采用逆向设计的方式，对已有的产品实体进行激光扫描、CT 断层扫描、测量，得到点云数据，然后利用相应的反求软件的方法来构造三维模型。

（2）三维模型的近似处理 采用计算机辅助设计软件设计的 CAD 模型往往有一些不规

则的自由曲面，因此不能直接用于AM系统，而是要在加工前对模型进行近似处理，以便进行后续的数据处理工作。一般采用STL（Standard Triangulation Language）格式来对CAD模型进行近似处理。STL格式采用一系列的小三角形平面来逼近原来的模型，每个小三角形用三个顶点坐标和一个法向量来描述，三角形的大小可以根据精度要求进行选择。典型的CAD软件都具有转换和输出STL格式文件的功能。

三维模型的切片处理。根据被加工模型的特征选择合适的加工方向，在成形高度方向上用一系列一定间隔的平面切割近似后的模型，以便提取截面的轮廓信息。间隔一般取0.05~0.5mm。间隔越小，成形精度越高，但成形时间也越长，效率就越低，反之则精度低，但效率高。

（3）成形加工 根据切片处理的截面轮廓，在计算机控制下，相应的成形头（激光头或喷头）按各截面轮廓信息作扫描运动，在工作台上一层一层地堆积材料，并将各层相粘结，最终得到原型产品。

（4）成形零件的后处理 从成形系统里取出成形件，去掉支撑，进行打磨、抛光、涂挂，或放在高温炉中进行后烧结，进一步提高其强度。

13.2.2 增材制造的主要工艺类型

连接材料形成实物的方法有很多，不同类型的材料通过不同方式连接在一起。金属材料通常通过金属键连接，聚合物分子通常通过共价键连接，陶瓷材料通常通过离子键和（或）共价键连接，复合材料可以通过上述任一方式连接。不同的材料决定了不同的增材制造工艺，另外连接操作还受材料送入系统时的形态以及送料方法影响。对于增材制造工艺来讲，其使用的原材料通常为粉末（干燥、糊状或膏体）、丝材、片材、熔融以及未凝固的液态聚合物。根据原材料的不同形态，原材料被逐层分布到粉末床中，通过喷嘴/打印头沉积，在实物中逐层叠加，或用光加工液体、糊状或膏体材料。由于材料的种类众多，不同类型的原材料及送料方式，形成了许许多多可以用作增材制造的工艺原理。下面重点介绍已经商用的增材制造工艺。

1. 按制造工艺所使用材料的状态、性能特征分类

（1）液态聚合固化 原材料是液态的，利用光能和热能使特殊的液态聚合物固化，从而形成所需的形状。

（2）粉末烧结与粘结 原材料是固态粉末，通过高能束烧结或用黏结剂把材料粉末粘接在一起，从而形成所需的形状。

（3）丝材、线材熔化 通过加热或高能束使其熔化，并按指定的路线堆砌出需要的形状。

（4）箔、板材层合 通过粘接或超声波焊接把各片薄层板叠在一起，或者利用塑料膜的光聚合作用，把各层膜片粘接在一起。

2. 按制造工艺原理分类

（1）立体光固化（Stereo Lithography，SL）

1）立体光固化的定义为：通过光致聚合作用选择性地固化液态光敏聚合物的增材制造工艺。立体光固化也称光造型或立体光刻。美国3D Systems公司的创始人Charles Hull于1986申请了世界上第一个实体制造的专利，推出世界上第一台商品化样机SLA-1，并将该技术命名为光固化成形（Stereo Lithography Apparatus，SLA）。

2）SLA的工作过程是：首先通过计算机分层软件将待加工零件的数据分解为一个个截

面数据。加工开始后，在液槽中盛满液态光固化树脂，激光束由计算机控制在液态表面上扫描，扫描的轨迹为零件的截面。由于光固化树脂被激光束扫描后产生光致聚合反应，零件的截面就被固化出来。当一个截面扫描完成后，升降平台下降一层高度，用刮板在成形的截面上铺上一层新的树脂，然后重复上一轮加工过程进行第二个截面的扫描，新固化的零件截面牢固地粘在之前加工完成的截面上。如此过程重复多次，直到整个零件的截面都扫描完成，即可得到一个三维实体模型。图 13-4a 所示为采用激光光源的光固化工艺原理示意图。

采用受控面光源照射的技术称为数字光处理技术（Digital Light Procession，DLP）。DLP 激光成形技术和 SLA 技术比较相似，不同的是 SLA 的光线是聚成一点在面上移动，而 DLP 在打印平台的顶部或底部放置一台高分辨率的数字光处理器（DLP）投影仪，将光打在一个面上来固化液态光聚合物，逐层地进行光固化，因此速度比同类型的 SLA 技术更快。图 13-4b 所示为采用受控面光源的光固化工艺原理示意图。

立体光固化发展早、适用范围广、精度高、成本较低，是目前技术上最为成熟的成形工艺。但由于这种工艺只能使用光固化树脂作为加工材料，因此成形的零件性能具有局限性。且 SLA 工艺在加工中需要支撑结构；加工完成后由于树脂具有收缩性，会导致精度下降；光固化树脂有一定的毒性，以上这些缺点，都限制了 SLA 工艺更广泛的应用。图 13-5 所示为光固化设备和成形作品。

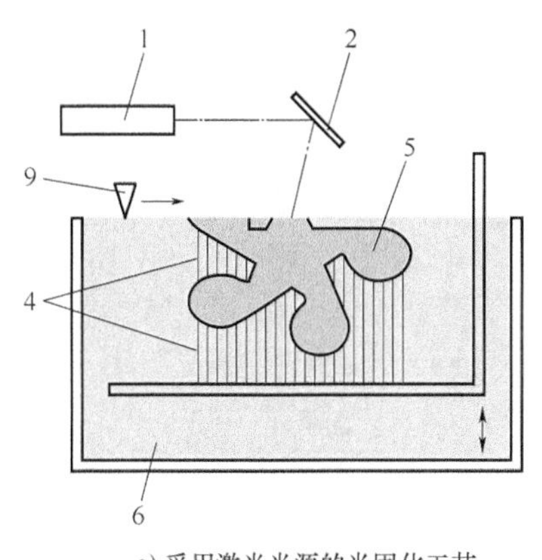

a) 采用激光光源的光固化工艺

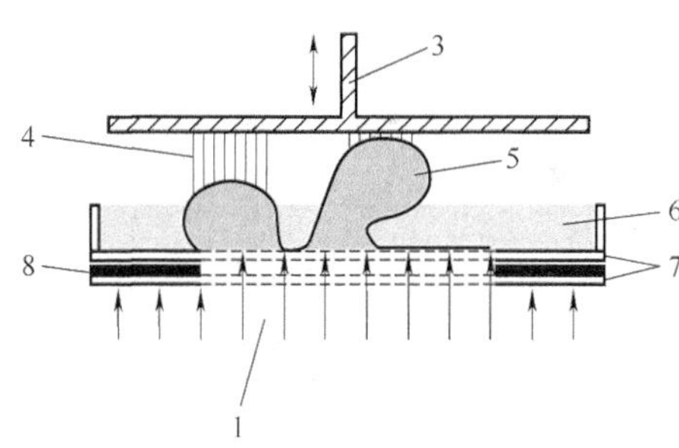

b) 采用受控面光源的光固化工艺

图 13-4 两种典型的光固化工艺原理示意图

1—能量光源 2—扫描振镜 3—成形和升降平台 4—支撑结构 5—成形工件
6—装有光敏树脂的液槽 7—透明板 8—遮光板 9—重新涂液刮平装置

（2）材料喷射（material jetting）

1）材料喷射的定义为：将材料以微滴的形式按需喷射的沉积增材制造工艺。材料喷射使用最广泛的材料是树脂、蜡，近几年出现了液态金属。以色列 Objet 公司于 2000 年初推出 PolyJet 聚合物喷射专利技术，它的成形原理与喷墨打印类似，也是形式上最为贴合“3D 打印”概念的成形技术之一。

2）PolyJet 聚合物喷射技术原理：工作原理与喷墨打印机十分类似，不同的是 PolyJet 喷射的不是墨水而是光敏聚合物。当光敏聚合材料被喷射到工作台上后，UV（ultraviolet）紫外光灯将沿着喷头工作的方向发射出紫外光对光敏聚合材料进行固化。完成一层的喷射打印和固化后，设备内置的工作台会极其精准地下降一个成形层厚，喷头继续喷射光敏聚合材料进行下一层的打印和固化。就这样一层接一层，直到整个工件打印制作完成。图 13-6 所示为材料喷射工艺原理示意图。

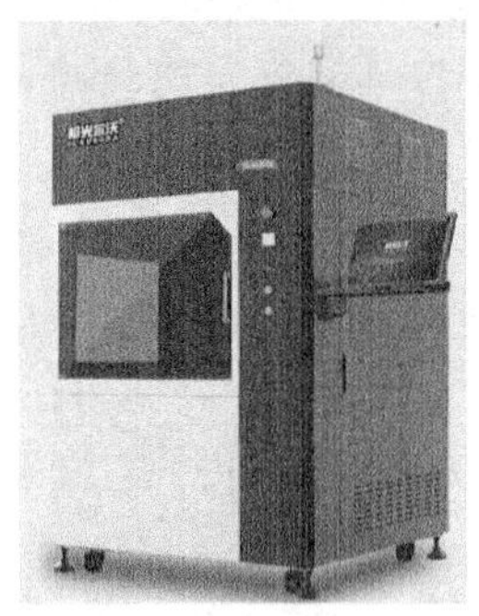

a) 极光尔沃 SLA 600 SE

b) 极光尔沃 G3

c) 成形作品

图 13-5　光固化设备和成形作品

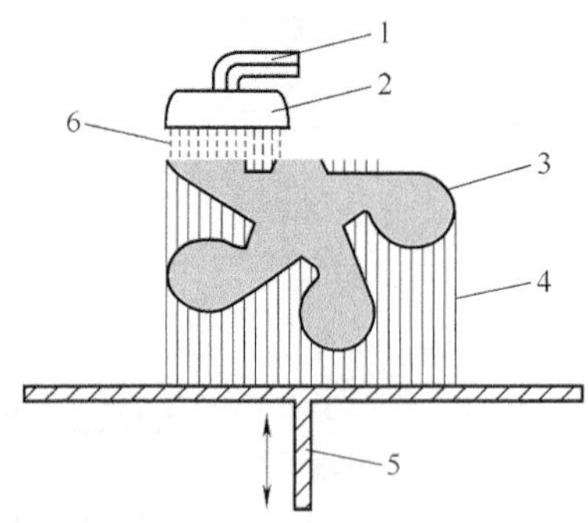

图 13-6　材料喷射工艺原理示意图

1—成形材料和支撑材料的供料系统　2—分配（喷射）装置
3—成形件　4—支撑结构　5—成形和升降平台　6—成形材料微滴

使用 PolyJet 聚合物喷射技术成形的工件精度非常高，最薄层厚度能达到 16μm。设备提供封闭的成形工作环境，适合于普通的办公室环境。此外，PolyJet 技术还支持多种不同性质和颜色的材料同时成形，能够制作非常复杂的模型。图 13-7 所示为聚合物喷射成形设备及成形作品。

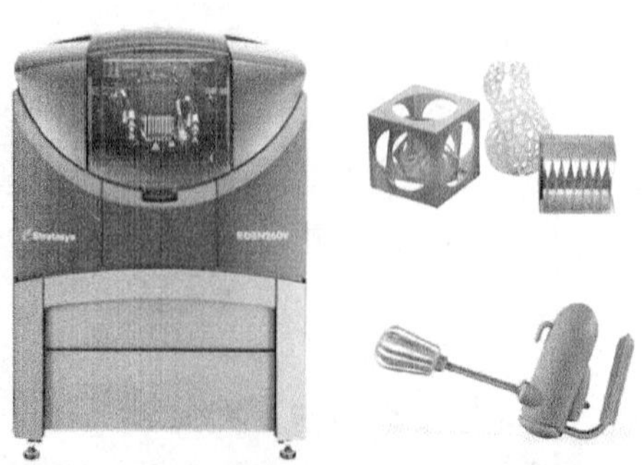

图 13-7　聚合物喷射成形设备及成形作品

在金属打印方面，以色列 Rehovot 的 XJet 有限公司于 2016 年推出全球首个直接喷涂金属油墨的增材制造系统，支撑技术为金属纳米颗粒喷墨技术（Nano Particle Jetting，NPJ）。墨盒里装着由液体泡沫包围的金属颗粒，材料可以通过喷墨打印头来沉积。打印机构建室里的热量会使液体蒸发，只留下金属部分。具有高精度、尺寸灵活和高材料利用率特点，产品无需打磨就能直接使用。代表企业是 XJet 和 Desktop Metal。图 13-8 所示为金属纳米颗粒喷墨打印机及成形件。近几年，该技术在微电子市场极具发展潜力，如微型电路打印、印制电路板 PCB（Printed Circuit Board，PCB）打印等。图 13-9 所示为 PCB 打印设备及产品。

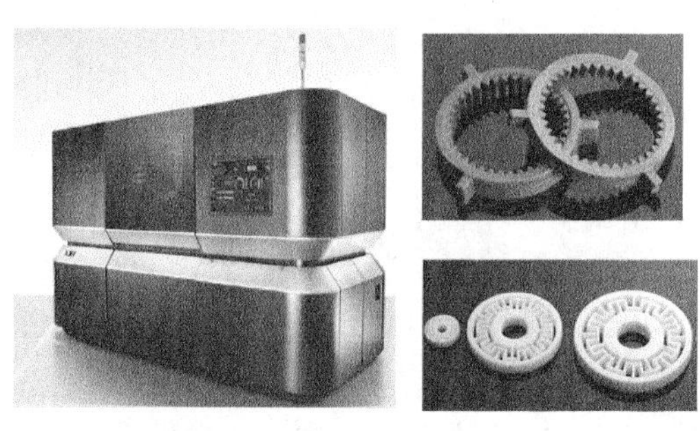

图 13-8　金属纳米颗粒喷墨打印机及成形件（金属、陶瓷）

图 13-9　PCB 打印设备及产品

（3）黏结剂喷射（Binder Jetting）

1）黏结剂喷射的定义为：选择性地喷射沉积液态黏结剂粘结粉末材料的增材制造工艺。美国麻省理工学院 E. M. Sachs 于 1989 年申请了 3DP（Three Dimensional Printing）专利，该专利是非成形材料微滴喷射成形范畴的核心专利之一，Z Corporation 公司 1995 年获得专属授权并推出商用机。黏结剂喷射也称为三维印刷（Three Dimension Printing，3DP）工艺或黏结剂喷射成形工艺。

2）具体工艺过程如下：喷头在计算机控制下，按照截面数据有选择地喷射黏结剂粘接粉末床上的粉末建造平面，一层粘结完毕后，成形缸下降一个距离（等于层厚：0.013~0.1mm），供粉缸上升一高度，推出若干粉末，并被铺粉辊推到成形缸的粉末床上，铺平并被压实。喷头在计算机控制下，按下一截面的数据有选择地喷射黏结剂建造层面。铺粉辊铺粉时多余的粉末被集粉装置收集。如此周而复始地送粉、铺粉和喷射黏结剂，最终完成一个三维粉体的粘结。未被喷射黏结剂的地方为干粉，在成形过程中起支撑作用，且成形结束后，比较容易去除。典型的黏结剂喷射工艺原理如图 13-10 所示。

该工艺的特点是成形速度快，成形材料价格低，典型材料包括：塑料、金属、陶瓷、玻璃和砂等。可以在黏结剂中添加颜料制作彩色模型，在铸造领域的砂型制造中也有很好的应用。用黏结剂粘接的零件强度较低，一般用作概念模型，若有功能上的要求，还须后处理。如金属材料，后续须先烧掉黏结剂，然后在高温下渗入金属，使零件致密化，提高强度。图 13-11所示为黏结剂喷射设备及成形作品。

（4）粉末床熔融（Powder Bed Fusion）

1）粉末床熔融的定义为：通过热能选择性地熔化/烧结粉末床区域的增材制造工艺。1989 年美国德克萨斯大学奥斯汀分校 C. R. Dechard 提出选择性激光烧结工艺（Selective Laser Sintering，SLS），DTM 公司于 1992 年推出了该工艺的商业化生产设备 Sinter Sation。

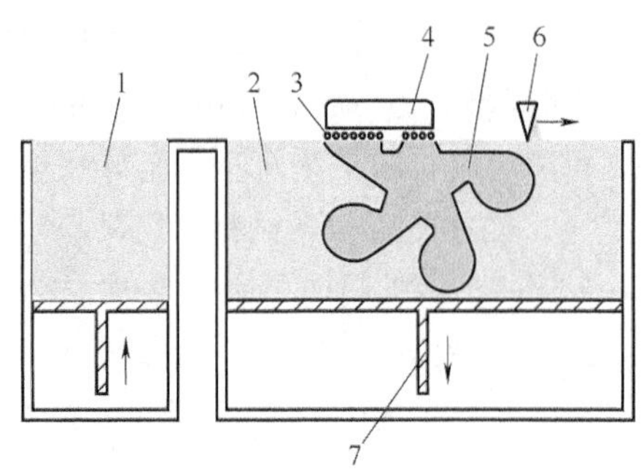

图 13-10　黏结剂喷射工艺原理图

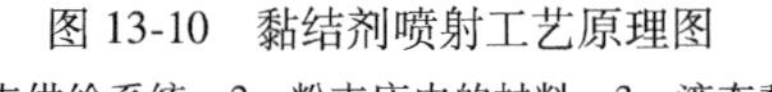

1—粉末供给系统　2—粉末床内的材料　3—液态黏结剂
4—黏结剂喷射装置　5—成形工件　6—铺粉装置　7—粉末床升降平台

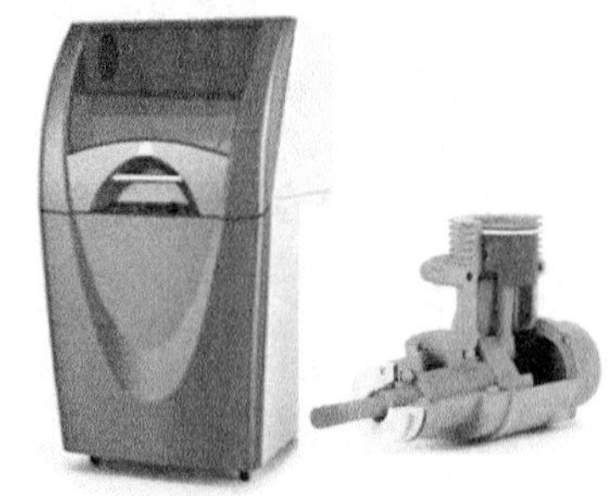

图 13-11　黏结剂喷射设备及成形作品

2）SLS 工艺采用粉末材料作为成形材料，在成形开始时，将材料粉末铺洒在成形平台上，用刮板刮平后，使用计算机控制的高强度的 CO_2 激光器对材料进行扫描烧结处理，使其烧结成零件截面的形状；当一层截面烧结完成后，重新在截面上铺上新的一层粉末，再次重复之前的烧结过程；如此往复将零件的所有截面都烧结在一起，之后将多余的粉末去除掉，并对加工完成的零件进行清洗、打磨、烘干等处理后，即得到所需的零件。

3）SLS 技术的典型材料包括：尼龙、金属、陶瓷。其中，对金属粉末采用半固态液相烧结机制，用聚合物覆膜金属粉末，粉体未发生完全熔化，导致孔隙率高、致密度低、拉伸强度差、表面精度低等工艺缺陷。2000 年之后，随着先进高能光纤激光器的使用，粉体完全熔化的冶金机制开始被采用，SLS 广泛用于加工尼龙制品，不再用于加工金属。后来出现的与其原理相似的有直接金属激光烧结（Direct Metal Laser Sintering，DMLS），选择性激光熔化（Selective Laser Melting，SLM），电子束熔化（Electron Beam Melting，EBM）和选择性热烧结（Selective Heat Sintering，SHS）等。粉末床熔融典型工艺原理如图 13-12 所示。图 13-13所示为 SLM 设备，图 13-14 所示为 EBM 设备。

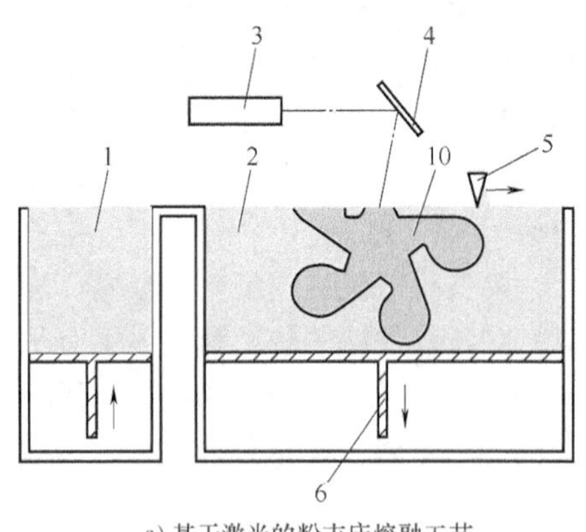

a) 基于激光的粉末床熔融工艺

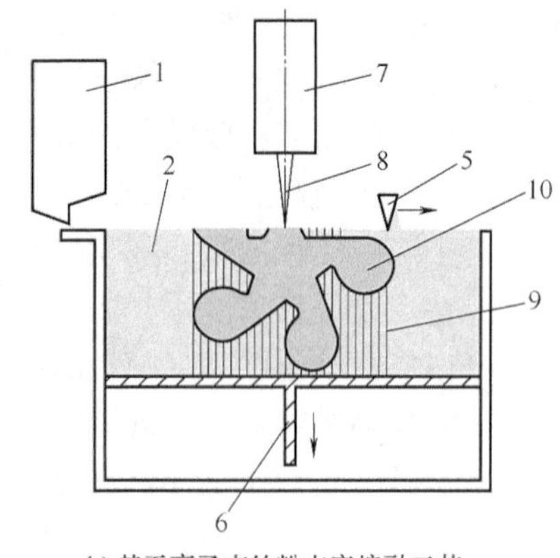

b) 基于离子束的粉末床熔融工艺

图 13-12　粉末床熔融典型工艺原理图

1—粉末供给系统　2—粉末床内的粉末　3—激光　4—扫描振镜　5—铺粉装置　6—成形和升降平台
7—电子枪　8—聚焦的电子束　9—支撑结构　10—成形工件

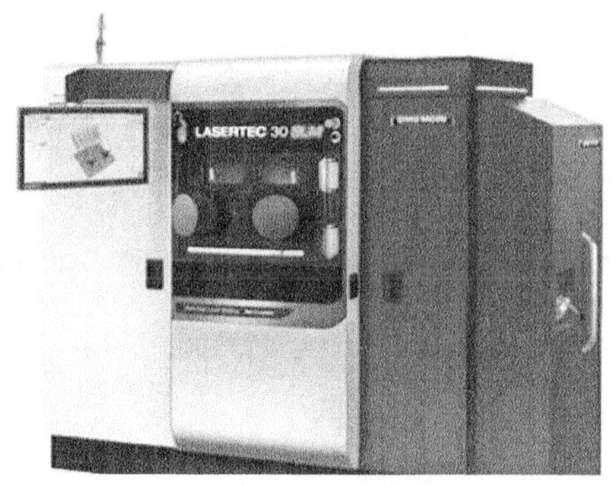

图 13-13　DMG MORI 的 Lasertec 30 SLM

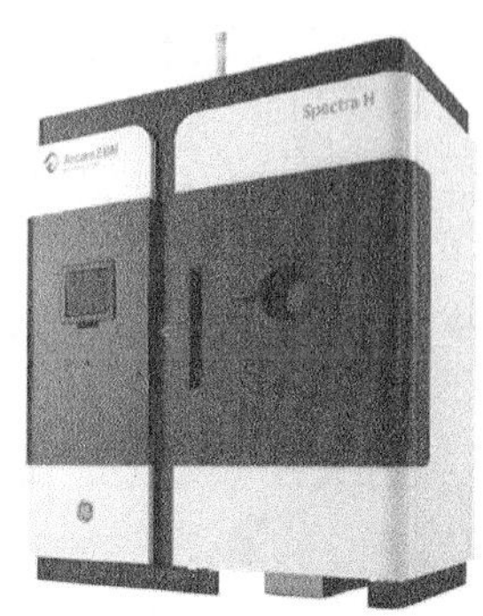

图 13-14　GE 的 Arcam EBM Spectra H 3D

粉末床熔融工艺不仅能制造塑料零件，还能制造金属零件，且其加工精度较高，这使粉末床熔融工艺日益受到工业界的重视，正日益发展为制造复杂精密金属件的重要手段。图 13-15所示为 GE 公司增材制造的金属零件。

a) 电动开门系统(PDOS)支架

b) 轮辐及组合而成的轮毂

图 13-15　GE 公司增材制造的金属零件

（5）材料挤出（Material Extrusion）

1）材料挤出的定义为：将材料通过喷嘴或孔口挤出的增材制造工艺。1988 年美国学者 Scott Crump 研制成功的熔融沉积成形（Fused Deposition Modeling，FDM）工艺是典型的材料挤出工艺。FDM 使用丝状的热塑性成形材料（如蜡、ABS 、尼龙等)，在进行加工时，计算机分层软件将待加工零件的数据分解为一个个截面数据，加热喷头将材料丝熔化，喷头在计算机控制下进行运动，运动轨迹将截面轮廓和内部完全覆盖，在运动过程中喷头不断往外挤出融化的材料。材料在挤出后迅速凝固，并与邻接材料凝结，形成一个完整的截面。如此往复多次后，即可制作完成整个零件。图 13-16 所示是材料挤出工艺原理示意图。

2）材料挤出工艺所用材料除了线材外还可以是膏体，由于其成形过程不需要激光，因此具有使用、维护简单，成本较低，应用广泛等特点。随着挤出材料工艺的发展，目前使用 PC，PC/ABS，PPSF 等材料制作的零件强度已经接近或超过普通注塑零件，在概念设计以及对原型产品精度和强度要求不高的场合广受欢迎，特别迎合创客的需要，目前在全球已安装增材制造系统中占有较大份额。图 13-17 所示为材料挤出的成形设备及成形件。此外，材料挤出的原理在食品打印、建筑物打印方面也已经有所应用。

（6）定向能量沉积（Directed Energy Deposition）

1）定向能量沉积的定义为：利用聚焦热将材料同步熔化沉积的增材制造工艺。定向能

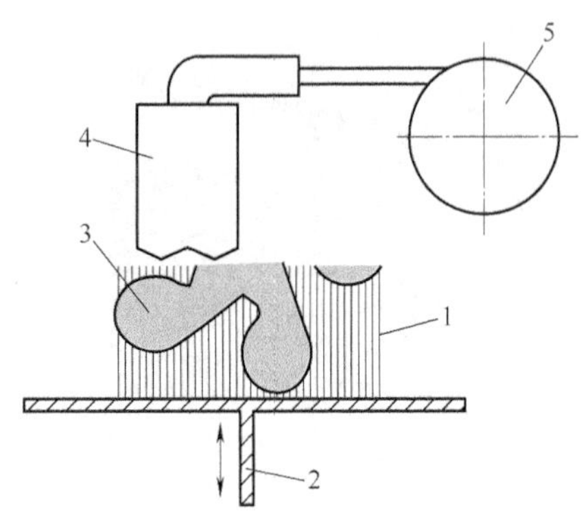

图 13-16　材料挤出工艺原理示意图
1—支撑材料　2—成形和升降平台　3—成形工件
4—加热喷嘴　5—供料装置

图 13-17　材料挤出的成形设备及成形件

量沉积工艺通过金属粉末或者金属丝在产品的表面上熔融固化来制造工件。激光或电子束能量源在沉积区域产生熔池并高速移动，材料以粉末或丝状直接送入高温熔化区，熔化后逐层沉积。从对耗材的作用方式上，定向能量沉积也称为融覆技术。图 13-18 所示为定向能量沉积工艺原理示意图。

2）定向能量沉积工艺在金属增材制造领域十分活跃，使用金属粉末或金属线材的专利技术和应用很多，喷嘴和成形工作台可以实现多轴（通常为 3~6 轴）联动。同步送粉或送丝增材制造技术主要可分为激光熔化沉积（Laser Melting Deposition，LMD）技术以及电子束熔丝沉积（Electron Beam Freeform Fabrication，EBFF）技术两种。其技术优势主要表现在：

① 由于激光和电子束功率高（通常为几千瓦~几十千瓦），下层工件反复退火，热应力小，因而可通过机械臂实现高难加工材料、大尺寸工件的加工。也非常适合修复零件，在航空航天高熔点、中大型复杂构件的制造和零件修复领域有着不可替代的作用。图 13-19 所示为北京航空制造工程研究所研制的电子束熔丝沉积设备。

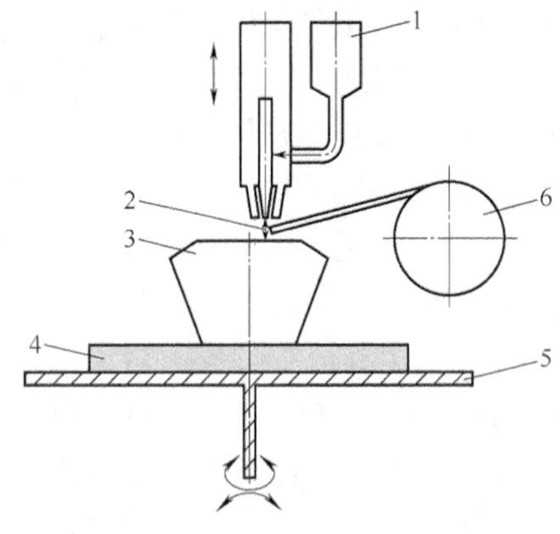

图 13-18　定向能量沉积工艺原理示意图
1—送粉器　2—定向能量束　3—成形工件　4—基板
5—成形工作台　6—丝盘

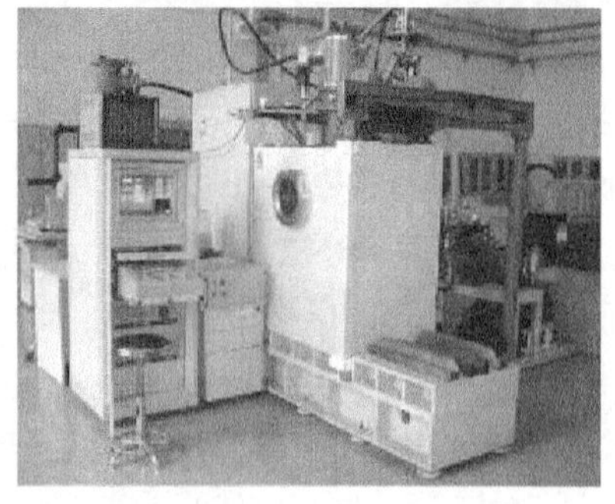

图 13-19　电子束熔丝沉积设备

② 由于熔池小方便控制，以及可以在同一个零件上使用多种材料等，从材料制备角度，

可以制造梯度材料、多尺度复合材料和超级材料等。缺点是精度低，多用来成形毛坯，再依靠数控加工达到其净尺寸。

③ 应用于多轴加工中心实现增材和减材一体化的复合增材制造。例如，DMG MORI 公司的 Lasertec 3D 复合加工中心等。

（7）薄材叠层（Sheet Lamination）

1）薄材叠层的定义为：将薄层材料逐层粘接以形成实物的增材制造技术。薄材叠层也称叠层实体制造（Laminated Object Manufacturing，LOM），由美国 Helisys 公司的 Michael Feygin 于 1986 年研制成功。LOM 工艺采用薄片材料，如纸、塑料薄膜等。其工艺原理是根据零件分层几何信息切割片材，将所获得的层片粘接成三维实体。其工艺过程是：首先铺上一层片材，然后用 CO_2 激光在计算机控制下切出本层轮廓，非零件部分全部切碎，以便于去除。当本层完成后，工作台带动已成形的工件下降，与带状片材分离。供料机构转动收料辊和供料辊，带动料带移动，使新层移到加工区域，工作台上升到加工平面，热压辊热压片材，使之与下面已成形的工件粘接（片材表面预先涂胶），工件的层数每增加一层，高度增加一个料厚。再切割该层的轮廓，如此反复，直到加工完毕，最后去除切碎部分以得到完整的零件。图 13-20 所示为薄材叠层工艺原理图。图 13-21 所示为 LOM 快速成形工艺制作的沙盘。

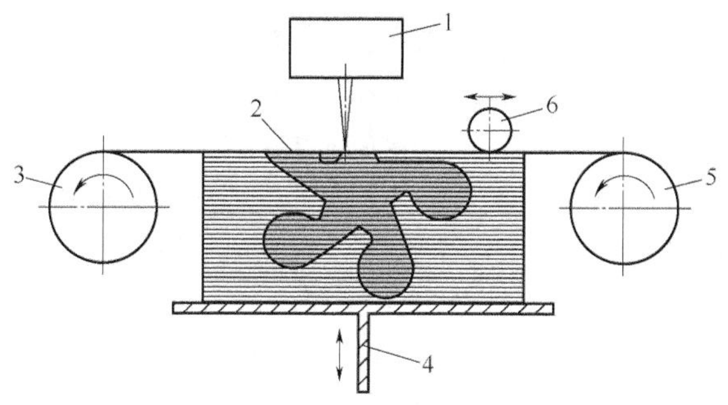

图 13-20 薄材叠层工艺原理图

1—切割装置 2—成形工件 3—收料辊
4—成形和升降平台 5—送料辊 6—压辊

图 13-21 LOM 成形沙盘

2）薄材叠层工艺的典型材料包括：纸张、塑料、金属箔。针对金属的成形技术，美国 Fabrisonic 公司发明了超声波增材制造（Ultrasonic Addictive Manufacturing，UAM）。UAM 工艺使用频率高达 20000Hz 的超声波施加在金属箔片上，用超声波的振荡能量使两个需焊接的表面发生摩擦，构成分子层间的熔合，以逐层连续焊接金属箔片。可以同时打印如铝、铜、不锈钢、钛等多种金属材料。

薄材叠层工艺只需在片材上切割出零件截面的轮廓，而不用扫描整个截面，因此成形厚壁零件的速度较快，易于制造大型零件。对金属材料，由于处于低温环境，不存在材料相变，因此不易引起翘曲变形，工件外框与截面轮廓之间的多余材料在加工中起到了支撑作用，所以无需加支撑。缺点是材料浪费严重，表面质量差，前后处理费时费力，且不能制造中空结构件。该工艺与加工中心结合成为增材和减材复合设备，可以根据零件的结构特点进行两种制造方式的切换，制造出内部结构复杂的中空零件。例如，2019 年 Fabrisonic 公司推出的 SonicLayer 1200 等。图 13-22 所示为 SonicLayer 1200 及其制造的零件。

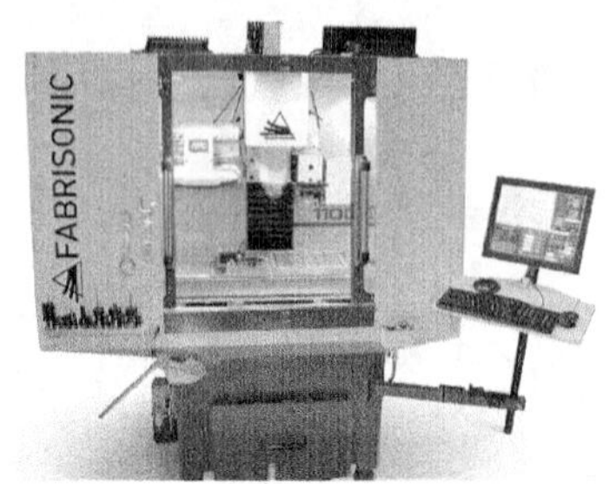

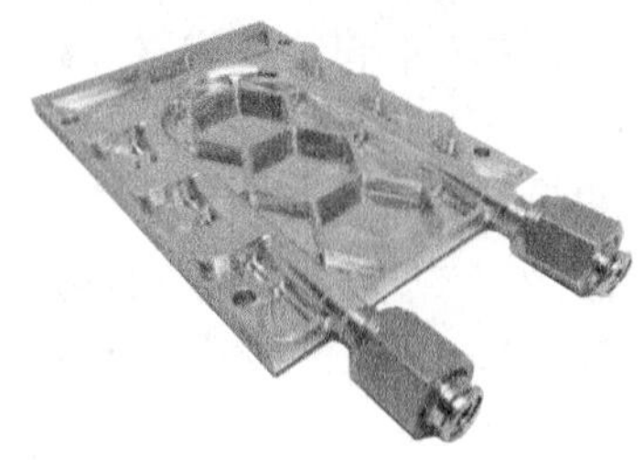

图 13-22 SonicLayer 1200 及其制造的零件

13. 2. 3 增材制造技术的应用和选择

1. 增材制造技术的应用

增材制造的不同工艺类型源于大量的专利技术，这些技术从发明、应用到产业化，从快速原型到零件的直接制造，近十多年得到了飞速发展。其中，熔融沉积成形（FDM）迎合了创客的需要和教育的需要，立体光刻（SLA）和数字光处理技术（DLP）较好地满足了产品开发阶段快速原型的需要。选择性激光熔融（SLM）和电子熔化（EBM）等可较好地应用于一般零件的制造，激光熔化沉积（LMD）和电子束熔丝沉积（EBFF）已成功用于航空工业的大型金属结构件的制造。此外，这些技术之间以及这些技术与传统制造技术的结合也产生了很多新的技术。如液态金属打印、梯度材料的制备、轻量化设计、增材减材复合制造等。

在机械制造领域之外，增材制造的应用也越来越多，如民用的消费品、文化创意产品、医学、建筑、食品等。随着技术的发展，各个领域用增材制造技术开发自己的产品和装备将成为现实。

2. 增材制造技术的选择

增材制造的最大优势是不受传统制造工艺的限制，理论上可以制造出形状任意复杂的零件。同时，其缺点也十分明显，如效率较低，精度不高，材料有限等。在实际使用时，要综合考虑产品的使用场合、技术要求、材料和制造成本等因素。常用增材制造技术的比较见表 13-1。

表 13-1 常用增材制造技术的比较

指　标	技术						
	SLA/DLP	PolyJet	3DP	SLS/SLM/EBM	FDM	LMD/EBFF	LOM
工艺类型	立体光固化	材料喷射	黏结剂喷射	粉末床熔融	材料挤出	定向能量沉积	薄材叠层
成形速度	较快	较慢	较慢	较慢	较慢	较快	快
原型精度	高	较低	较低	较低	较高	较低	较高
制造成本	较高	较低	较低	较高	较低	高	低
复杂程度	复杂	中等	中等	复杂	中等	复杂	简单
零件大小	中小件	不限	不限	中小件	中小件	中大件	中大件

（续）

指　标	技术						
	SLA/DLP	PolyJet	3DP	SLS/SLM/EBM	FDM	LMD/EBFF	LOM
材料形态	液态	液态	粉末	粉末	线材	粉末/线材	板材
结合机制	化学反应	化学反应或熔融材料固化粘结	化学反应或热反应固化粘结	热反应固结（熔化和凝固）	热粘接或化学反应粘接	热反应固结（熔化和凝固）	化学反应、热反应结合或超声波连接
二次处理	去支撑，光照射进一步固化	去支撑，光照射进一步固化	选择液态材料浸渍或渗透强化	去支撑，喷丸、打磨等表面处理	去支撑	喷丸、打磨等表面处理和热处理	去除废料，打磨等表面处理和热处理
常用材料	热固性光敏树脂	塑料、热固性光敏树脂、金属	石蜡、塑料、金属、陶瓷、面粉	石蜡、金属、尼龙、塑料、陶瓷	石蜡、尼龙、ABS、PLA、低熔点金属	金属	纸、塑料、金属箔片、复合材料

13.3 逆向工程简介

1. 基本概念

产品设计通常是根据该产品的功能和用途进行的，即先从概念出发绘制图样或创建三维实体模型，再经后续工艺过程制造出产品，这个过程通常称为正向工程，相应的设计过程称为正向设计。逆向工程也称反求工程，是一个从产品到设计的过程，是先对已存在的产品进行测量或三维扫描，并根据测得的数据重构出三维实体模型，经过修改、分析、优化后，经增材制造系统（快速原型系统）做出产品原型或者经制造工艺过程制造出产品，相应的设计过程称为反向设计，图 13-23 所示为正向设计和反向设计的比较。

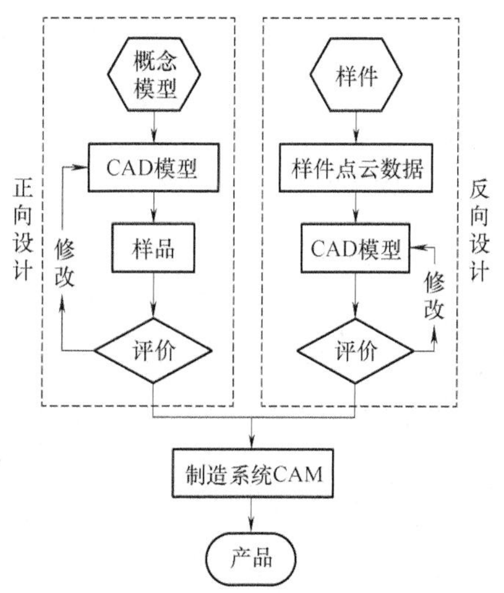

图 13-23　正向设计和反向设计的比较

2. 三维测量系统

三维测量是进行反求设计的重要环节，三维测量根据其采用的原理或媒介的不同分为接触式测量和非接触式测量两大类。三坐标测量仪是常见的接触式设备，三维扫描是非接触式测量中发展和应用很快的技术。例如，CREAFORM 公司的 HandySCAN 3D 便携式扫描仪是一种集光技术和计算机视觉技术的复合三维非接触式测量设备。测量时，光栅投影装置将特定编码的光栅条纹投影到待测物体上，摄像头同步采集相应图像，然后通过计算机对图像进行解码和相位计算，并利用匹配技术、三角形测量原理等解算出摄像机与投影仪公共视区内像素点的三维坐标。通过三维扫描仪软件界面可以实时观测相机图像以及生成的三维点云数据。三维测量系统操作流程如图 13-24 所示。

图 13-24　三维测量系统操作流程

3. 数据处理

对三维扫描得到的三维点云数据，可运用数据处理软件 VXelements 进行处理，使实物零件的扫描点云生成准确的增材制造的 STL 格式文件。VXelements 数据处理流程如图 13-25 所示。即对导入的点云数据进行预处理，将其处理为整齐、有序及可提高建模效率的点云数据；对三角网格数据进行表面平滑与光顺优化处理，消除错误的三角形网格面片，提高模型重构的质量。经软件处理后的模型，存储为 STL 格式文件，以备后续增材制造之用。图 13-26所示为 HandySCAN 3D 便携式扫描仪的工作过程及 VXelements 软件对扫描件点云数据进行处理后的模型效果。

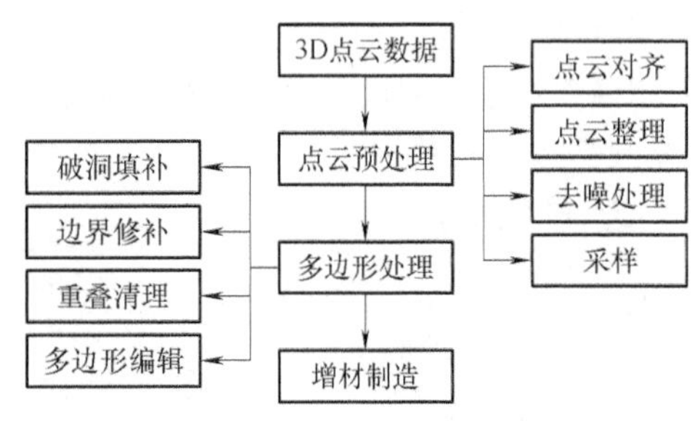

图 13-25　VXelements 数据处理流程

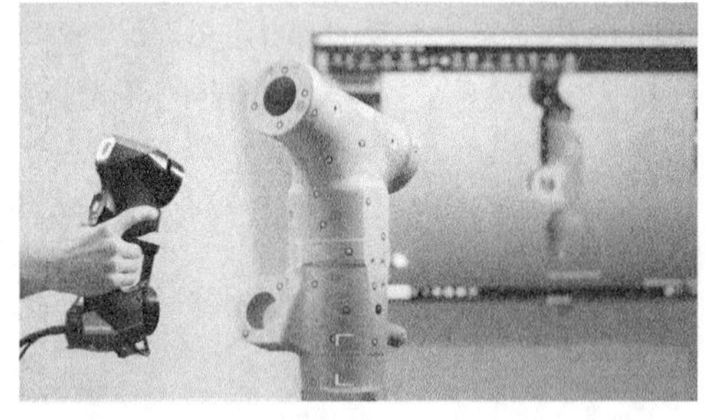

图 13-26　HandySCAN 3D 便携式扫描仪的工作过程及模型效果

13.4 增材制造（3D 打印）实践

13.4.1　实践项目一：熔融沉积（FDM）工艺

1. 设备介绍

实验所用的设备为巨影 PMAX 桌面式 3D 打印机，如图 13-27 所示。使用的软件为 Cura. exe。

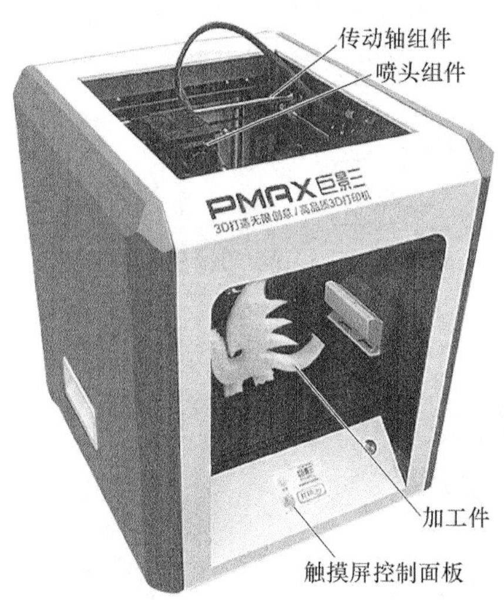

图 13-27　巨影 PMAX 桌面式 3D 打印机

2. 实验材料

用于 FDM 增材制造的材料主要是有机高分子材料，如丙烯腈-丁二烯-苯乙烯共聚物（ABS）、聚乳酸（PLA）、尼龙（PA）、聚碳酸酯（PC）、聚乙烯醇（PVA）等，具有硬度高、韧性好、塑性强等特点。从耐热变形性能、成形稳定性、加工性能等方面综合考虑，一般选择 PLA，而且 PLA 是一种环境友好型材料，来源于再生资源，无毒、无味、可降解，符合现代绿色制造的要求。

3. 实验过程

（1）加工基底准备　将 270mm×240mm×1mm 的基底纸板，用长尾夹固定到已经调平的打印平台上。

（2）安装 PLA 丝料　将卷筒状的 PLA 丝料安装在存储辊上，并拖拽一端使其通过送丝机构中的送料辊、导向套进入加热腔。

（3）设备加电预热　开机预热设备 5～10min，然后将控制面板上挤压头的温度上升至设定值 220℃。

（4）运行软件　启动应用软件 Cura. exe，选择打印机型号，同时系统自动执行硬件初始化，读入准备加工的三维模型文件。软件具有对模型进行简单编辑、层高设置、模拟加工、加工时间估计等功能。设置完成后，保存为 STL 格式文件。

（5）参数设置　在打印零件之前，必须对成形过程的一些参数进行设置，包括工件参数和设备速度参数等。

（6）支撑设计　根据加工零件的具体形状，设置好支撑参数，系统将自动生成零件支撑。

（7）生成填充数据　包括生成路线及路线检查。

（8）加工前检查　包括成形头检查和平台运动检查。成形头检查就是检查熔融的丝料是否能连续、顺畅地从成形头的下端喷嘴挤出；平台运动检查就是将成形头 X、Y、Z 方向的坐标调整到合适的位置。

(9) 开始零件加工　单击触摸屏上的“加工”按钮，系统开始自动对零件进行加工。完成零件加工后，机器自动停机。取出已加工好的零件，并对零件进行后处理。

13.4.2 实践项目二：黏结剂喷射（3DP）工艺

1. 设备介绍

实验所用的设备为3D System公司的Projet 260C成形机，如图13-28所示。使用的软件为3DPrint™1.0或更高版本。

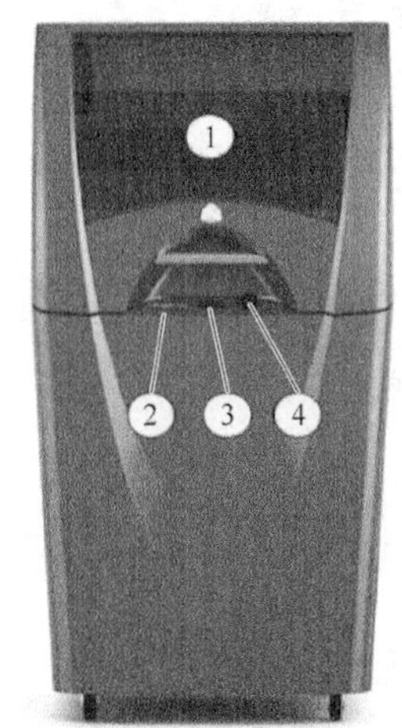

a) 外形

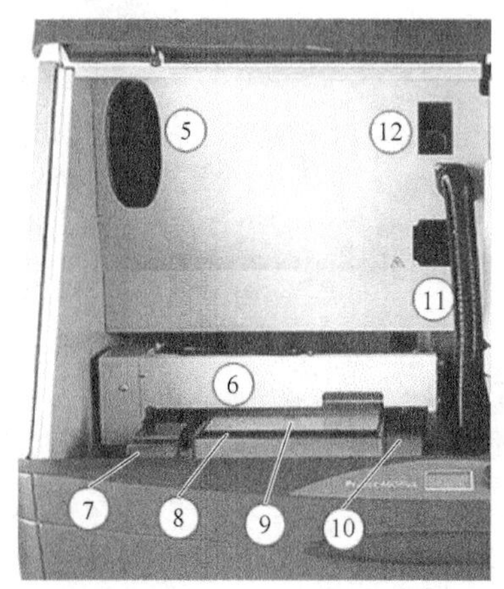

b) 内部

图13-28　Projet 260C成形机

1—建造室　2—控制面板　3—LCD显示　4—控制按钮　5—黏结剂盒（未装）　6—传动轴　7—服务站　8—托板　9—粉末床　10—接粉板　11—真空管　12—碎屑分离器（未装）

2. 实验材料

用于3DP增材制造的材料一般为石膏粉，工作过程即是用喷射的黏结剂粘接石膏粉的过程。因为石膏成形品十分易碎，因此后期还应采用“浸渍”处理，例如，采用盐水或加固胶水（Z-Bond、Z-Max等），使之变得坚硬。根据设备不同，喷出的黏结剂还可以粘接细砂、金属粉末、陶瓷粉、玻璃粉等，一般也需要进行后处理。该实验所用的设备为3D system公司的Projet 260C，使用的材料为VisiJet PXL Core专用复合石膏粉材料和VisiJet PXL Binder黏结剂材料。

3. 实验过程

1）将实体三维模型文件导入3DPrint软件。

2）在3DPrint软件中设置用于打印的文件。

3）打印零件。

4）干燥零件，清空粉末床，并清除多余的石膏粉材料。

5）清洁和维护打印机。

6）对打印零件应用后处理材料（可选）。

首先，3DPrint软件需要一个三维设计文件（3DPrint与大多数3D建模软件文件兼容），并将其转换为厚0.089～0.102mm之间（0.0035"～0.004"）的横断面层。在打印之前，

3DPrint 会对零件的几何形状进行评估，并检查打印机中是否有足够的材料来打印制造零件所需的层数。如果足够，打印机就会从零件底部到顶部逐层打印。如果不够，3DPrint 在打印作业开始前将提示添加石膏粉，添加黏结剂，或更改打印头。

在打印过程中，首先在零件边缘使用较高饱和度的黏合剂，在零件外部创建一个强的“外壳”。在彩色打印机中，此外壳可包含颜色。接下来，为零件墙体创建一个类似坚固脚手架的基础结构，这些墙体也要使用更高饱和度的黏结剂来增加强度。其余的内部区域可使用较低饱和度的黏结剂进行打印，以使该零件具有稳定性。

当零件完成打印后，用户通过真空系统可对粉末床上零件周围和零件上大部分多余的石膏粉进行清理。这种“粗清洁”的石膏粉可送回给料装置重复使用。经过粗清洁后，零件就可以从打印机上拿下来进行“精清洁”。精清洁包括用压缩空气吹除剩余的石膏粉和粘在零件上的石膏粉。用单独的石膏粉回收单元或在配备了后处理单元的打印机中，很容易完成精细的清洁。

通过对成形件进行评估，可以选择渗透方法对零件进行后处理，使其具有附加的强度和耐久性。根据已完成的零件，可以改进或修改原来的设计，借此，大大缩短产品的开发周期。

思考题

1. 增材制造的主要特征是什么？
2. 增材制造的主要工艺类型有哪些？
3. 简述 FDM、SLA 和 3DP 技术的原理。
4. 金属增材制造主要有哪些方式？各有哪些优缺点？
5. 什么是逆向工程？主要应用于哪些领域？
6. 举出五个增材制造技术在不同领域的应用例子，并说明属于哪种工艺类型。
7. 举出国内外在增材制造领域有影响力的公司各五个。

第14章 创新综合实践

创新综合实践是培养和提高学生工程素养和创新意识的教学环节，是将所学知识应用于工艺综合分析、工艺设计和制造过程的一个重要实践环节，是学生获取分析问题和解决问题能力、创新思维能力、协调和组织能力的重要途径。创新综合实践通过设计产品、制定加工工艺、加工制作、装配调试，最终完成一件作品。

14.1 创新综合实践目的及基本要求

创新综合实践的过程主要有：了解产品功能要求、设计产品综合方案、设计产品图样、设计加工工艺、加工产品零件和组装成品等环节。创新综合实践的任务、目的、要求及评价简介如下。

14.1.1 实践目的

1）运用车削、铣削、磨削、钳工、特种加工、数控车削、数控铣削、加工中心、焊接、铸造、压力加工及先进制造技术等操作技能，完成创新综合作品。

2）初步掌握根据设计要求选择材料、加工工艺技能。

3）运用绘图软件进行二维绘图，三维设计及辅助制造。

4）培养独立思考问题能力、综合运用知识能力、分析问题和解决问题的能力。

5）培养团队协作能力、创新能力，提高工程素养。

14.1.2 实践要求

完成创新综合实践内容，必须有明确的创新实践任务、清晰的实践方案设计、完整的工艺流程和配套的工程实施过程体系。

1. 创新综合实践的任务

1）明确项目设计任务，分析设计方案，制定几种方案设计并做好设计准备工作。

2）确定好优化的设计方案后，进行部件机构设计及机构零件的结构设计。

3）根据机构设计需要，查阅相关技术资料进行必要的设计计算。

4）应用 UG（SolidWorks、inventor 等）设计软件进行模型三维设计，包括零件设计、装配设计、工程图等。

5）根据优化设计方案，绘制用于机械加工要求的工程图。

6）根据零件图编制机械加工工艺过程卡片。

7）根据机械加工工艺过程卡片，联系相关工种设备指导教师进行零件自行加工，若有复杂零件可以寻求相关指导教师帮助。

8）项目小组根据完成的零件，组装、调试。

2. 创新综合实践的要求

1）以 3~5 人组成项目小组，选出小组长。要求分工明确、任务清晰、及时沟通、团结协作。

2）在规定时间内完成任务要求，遇到问题查找资料或及时与指导老师沟通解决。

3）运用创新思维与创新技法进行零件结构设计并进行零件组合，完成机械系统方案设计。

4）实习过程中做到注意和保护个人及他人安全，节约不浪费，爱护公共财产，维护场地环境卫生，遵守实习相关规定要求。

3. 创新综合实践作品评价

1）上交创新综合实践作品，进行同类作品评比。

2）以项目小组作品的整体外观、功能完成情况、运行情况进行同类项目评分。

3）以项目小组成员负责的工作任务所涉及的功能设计说明书，任务完成情况进行项目成员个人评分。

4）在创新综合实践作品评比过程中，客观、公正、认真地对待每一个作品及个人负责项目的评比上。

5）引导学生具有客观、科学、热情、勤奋、积极和团结协作的工程素养。

14.2 创新综合实践思维与技法

创新的核心在于创新思维。创新思维是为解决实践问题而进行的具有社会价值的新颖而独特的思维活动，从逻辑上讲，是思维主体运用已有的思维形式，组合新的思维形式的思维活动。思维主体指进行思维活动的载体——人脑。

创新思维是指以新颖独特的方式对已有信息进行加工、改造、重组，从而获得有效创意的思维活动和方法。

14.2.1 创新思维的分类及培养

思维方法有多种类型，通常按思维进程方向、思维方式和抽象性程度分类，如图 14-1 所示。

1. 创新思维的分类

（1）形象思维　事物的形象是指物体在一定时间和空间内所表现出来的各个方面的具体形态，包括物体的形状、颜色、大小、质量气味、温度、硬度等。

（2）发散思维　发散思维就是在思维过程中，充分发挥人的想象力，突破原有的知识圈，从一点向四面八方想开去，通过知识、观念的重新组合，找出更多更新的可能的答案、设想或解决的办法，是提高创造力的一个重要因素。

（3）求异思维　求异思维是一种逆向性的创造性思维，其特征是用不同于常规的角度

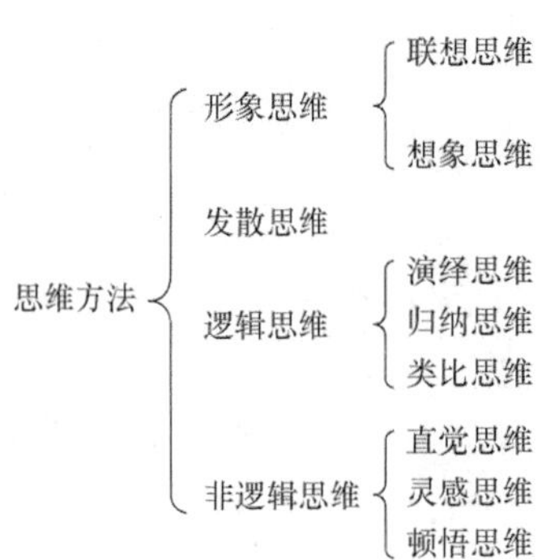

图 14-1 思维方法分类

和方法去观察、分析客观事物而得出的全新形式的思维成果。

求异思维是一种富有创见性的辨异思维，它能够揭示客观事物的本质特性和内在联系，创造出新颖、超常的思维成果。倡导求异思维，就是要突破消极定势的束缚，不断变换角度，多思问题。

（4）逻辑思维 逻辑思维也称抽象思维。它是在已经掌握的各种知识、原理、规律基础上形成的概念，并以此判断、推理、验证现实的一种思维形式。它有利于更深刻、更准确和完整地科学反映客观事物的面貌。在非逻辑思维的作用下，一种新的知识、原理和规律诞生了，必须用逻辑思维对其验证，起到互补作用。

（5）直觉思维 直觉思维是未经演绎推理的直观性思维。它是基于有限的资料和事实调动已有的知识和经验储备，摆脱习惯的思维方式，对新事物、新问题、新现象进行一种直接、迅速的判断。其功能只是从整体上把握事物，不需要进行系统的逐步分析，而能对问题的答案做出科学的猜测、设想，是一种未经归纳、推理、跳跃式的思维形式。

（6）灵感思维 在创新过程中，经过艰苦研究、探索和积累后，借助于直觉启示，突然地领悟了事物的本质和规律。它是创新过程进入高潮阶段才出现的一种思维突破，它能带来思路、线索、设想和启示，但它的出现具有随机性、瞬时性、模糊性。

2. 创新思维的培养

（1）想象思维的培养 想象思维需要有丰富的知识和经验积累，它是发展和发挥想象力的基础。只有兴趣广泛、知识渊博和善于把思考具体化、形象化才会产生较多的想象，有利于创新思维的形成。

（2）发散思维的培养 思维发散是破除思维定式、解放思想和思维开发的过程，是从不同角度，利用不同方法，全方位、多层次地寻找解决问题的途径。具体做法如下：

1）发挥想象力。

2）淡化标准答案，鼓励多向思维。

3）打破常规，弱化思维定式是培养学生创造力的前提。

4）大胆质疑。

5）学会反向思维。

（3）求异思维的培养 求异思维的重要特点是不满足于一般的接受和认同，而是乐于、勇于寻找新东西，是孕育创新的源头。求异思维能够克服思维模式的凝固化和一统化的弊病，把思维从狭隘、封闭、陈旧的体系中解放出来。

思维方式创新和科学创新的原动力是个性、兴趣和好奇心。培养积极、热情、勤奋和执着的人生性格，使人的兴趣和灵感思维活跃，从而产生创新思维和活动。

（4）创新思维环境　培养创新思维不仅需要意识培育和方法引导，更需要培植创新思想文化环境。例如，重视个人价值、激励个性张扬、宽容失败、支持求异理念、意见和生活方式，鼓励发挥天赋、追求梦想、实现创新。

14.2.2　创新技法

创新技法是人们通过研究有关发明创造的心理过程，总结、提炼出人们在发明创造、科学研究或创造性解决问题的实践活动中的有效方法和程序总称。创新技法的本质特征就是开拓性和创新性，也具有可操作性、可思维性、技巧性、探索性和独创性等基本特点。

1. 类比法

类比法是指选择两个不同的事物对其某些相似性进行考察比较，根据两个对象之间在某些方面的相似或相同，从而推出它们在其他方面也可能相似或相同的一种创新技法。

2. 移植法

移植法是指将某个领域的原理、技术、方法，引用或渗透到其他领域，用以变革和创新。从思维角度看，移植法可以说是一种侧向思维方法。

（1）原理的移植　原理移植法是指将某种科学技术原理向新的领域类推或外延。

（2）方法的移植　方法移植法是指把某一领域的技术方法有意识地移植到另一领域而形成创造的方法。

（3）结构的移植　结构移植法是指把某一领域的独特结构移植到另一领域而形成具有新结构的事物的方法。

在利用结构移植法时，一是要从需要解决的问题出发，寻求应用它物的合理结构；二是要广泛研究事物本身的结构，寻求开发它的应用领域，从而去进行创造发明。

3. 组合法

组合法是指按照一定的技术原理或功能目的，将两个以上分立的技术因素通过巧妙的结合或重组，获得具有统一整体功能的新技术的创新技法。

组合型创新具有非常的普遍性与广泛性，在机械设计中应用很多。

由于机械机构的运动形式、规律和机械性能等方面要求的多样性和复杂性，以及基本机构的性能的局限性，仅采用某一种基本机构往往不能满足使用上的要求，常需要把几个基本机构联合起来，组成一种组合机构。

14.3　创新综合实例

14.3.1　实践项目一：开瓶器

开瓶器是日常生活中的开瓶工具，本实践项目的目的是培养学生的加工制造、三维造型设计、机械加工工艺等能力。

1. 设计任务

开瓶器是生活中用于开启啤酒、可乐等瓶盖的工具。开瓶器形式多样，功能单一，要求外形美观、抓握舒适、开瓶顺畅，开瓶器效果图如图 14-2 所示。

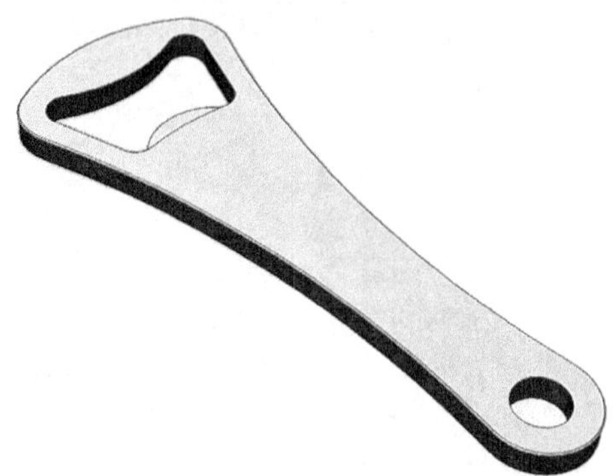

图 14-2　开瓶器效果图

2. 三维设计

使用设计软件进行三维设计。

3. 零件图

零件图如图 14-3 所示。

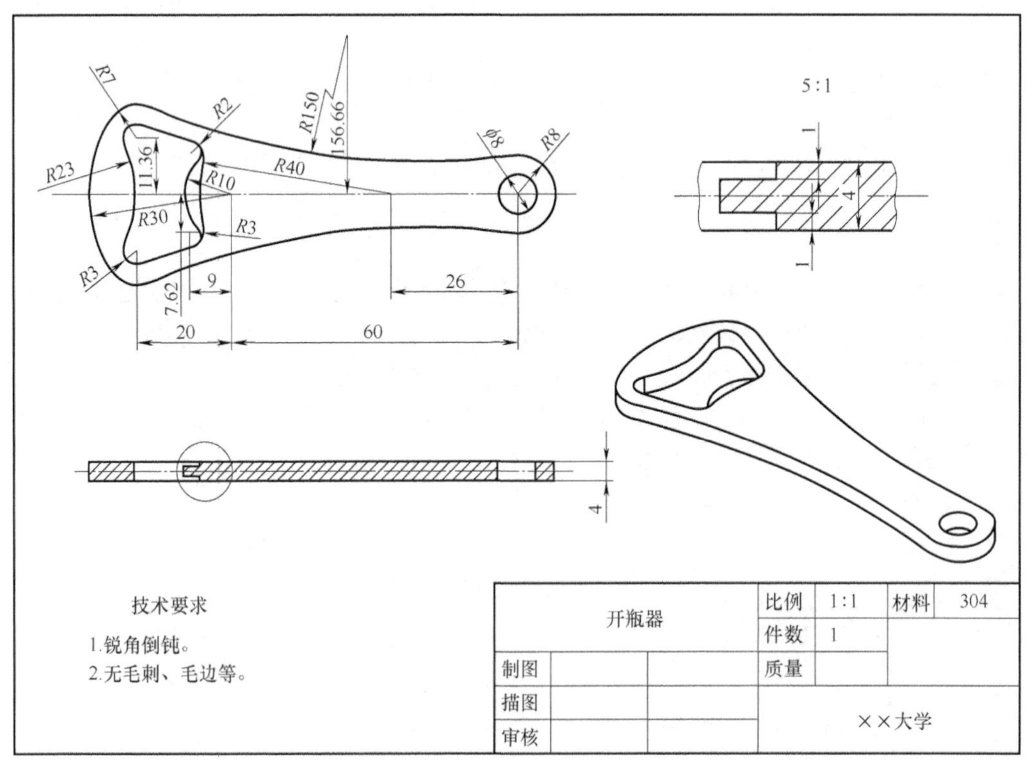

图 14-3　开瓶器零件图

4. 加工工艺路线

加工工艺路线是指在机械加工中规定产品或零部件机械加工工艺过程和操作方法的工艺性文件，也称机械加工工艺规程。

生产规模的大小、工艺水平的高低以及解决各种工艺问题的方法和手段都要通过机械加工工艺规程来体现。

此种开瓶器的工厂化加工为冲压制造。在金工实习中，考虑到设备种类、加工能力等因素影响，此开瓶器的加工采用铣削完成。开瓶器加工工艺卡见表 14-1。

表 14-1　开瓶器加工工艺卡

组名	工艺过程卡片	产品名称及型号				零件名称	开瓶器	零件图号		
		材料	名称		不锈钢	毛坯	种类	板材	数量	第 1 页
			牌号		304		尺寸		1 件	共 1 页
序号	工序名称	工序简图			工序内容		设备名称	机床夹具	量具	
1	下料	40 103			4mm 厚板材，下料尺寸 103mm×40mm×4mm		剪板机		钢直尺	
2	线切割				切割外形至尺寸要求		线切割机	通用夹具	游标卡尺	
3	数控铣	机用虎钳 工件 专用夹具			铣削内孔至尺寸要求，并铣削卡瓶盖台阶		加工中心	专用夹具	游标卡尺、样板	
4	钳工				去除毛刺及倒刺等		钳工工作台	台虎钳		
5	检验				检验、除锈、上交项目组					
更改内容										
				编制（日期）	审核（日期）			会签（日期）		
更改文件号	标记处数	签字	日期							

14. 3. 2　实践项目二：模型小车

模型小车是为开设多工种联合实习而开发的一个项目，旨在培养学生的工程意识，以及团队协作、设计和解决实际问题的能力。

1. 设计任务

模型小车包含的零件个数较多，是针对机械类、近机类学生开发的用于较好地体现学生机械加工制造能力的教学项目。项目的特点如下：

1）难度较高。

2）考验学生的个人创新能力、设计能力。

3）考查学生整体实习后的工艺水平。

4）体现项目小组团队协作的能力。

5）培养项目小组及成员的工程管理能力。

2. 方案分析

模型小车采用多工种联合的方式加工，所涵盖的工种有激光切割、3D 打印、折弯、车削、铸造、铣削、焊接、钳工等。

由于模型小车所包含零件个数较多，为了能够清晰地了解模型小车的各部分零件，制定了模型小车名称表和模型小车加工路线选择表，分别见表 14-2、表 14-3。

表 14-2 模型小车名称表

序号	名称	零件图	序号	名称	零件图
1	车轮	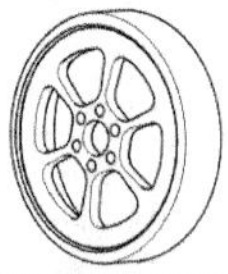	7	减振器	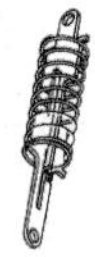
2	车轮轴	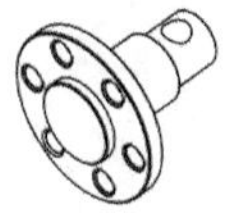	8	减振支架	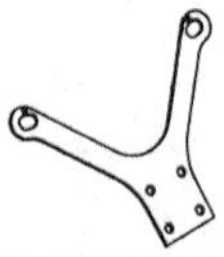
3	十字节传动轴		9	悬臂	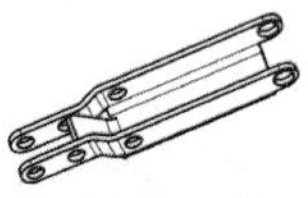
4	方向机	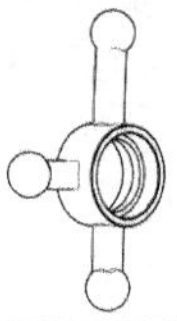	10	车架	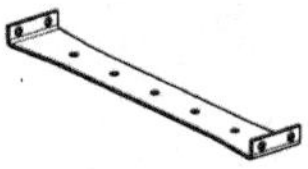
5	减振上臂	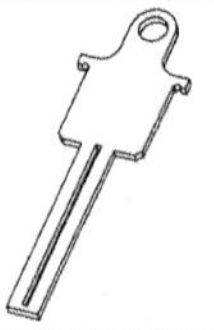	11	悬架	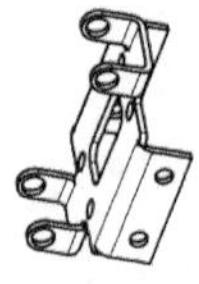
6	减振下臂	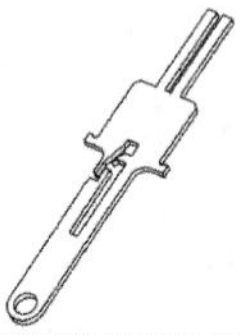	12	装配图	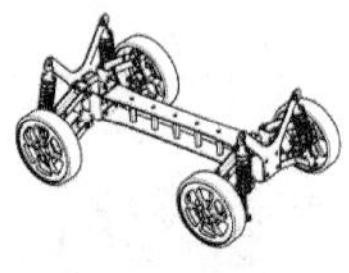

表 14-3　模型小车加工路线选择表

序号	零件图	拟定加工路线及优选路线顺序	说明
1		3D 打印	根据加工能力选择此加工路线、符合实习要求
		模具铸	成本高、技术要求高、需要压铸设备
		棒料下料→数控车削→加工中心	费时、费料
2		棒料下料→数控车削→加工中心	加工余量小，符合加工路线
		模具铸	成本高、技术要求高、需要压铸设备
		砂型铸造→数控车削→加工中心	费时、费料
3		3D 打印	形状复杂，符合加工路线
		棒料下料→数控车削→加工中心	费时、费料
		模具铸	成本高、技术要求高、需要压铸设备
4		砂型铸造→数控车削→加工中心	形状复杂，符合加工路线
		模具铸	成本高、技术要求高、需要压铸设备
		棒料下料→数控车削→加工中心	费时、费料
5		激光切割→钳工	薄板加工，效率较高
		模具铸→钳工	成本高、技术要求高、需要压铸设备
		砂型铸造→钳工	费时、费料
		线切割→钳工	工艺复杂
6		激光切割→钳工	薄板加工，效率较高
		模具铸→钳工	成本高、技术要求高、需要压铸设备
		砂型铸造→钳工	费时、费料
		线切割→钳工	工艺复杂
7		钳工	钳工装配
8		激光切割→钳工	薄板加工，效率较高
		模具铸→钳工	成本高、技术要求高、需要压铸设备
		砂型铸造→钳工	费时、费料
		线切割→钳工	工艺复杂

（续）

序号	零件图	拟定加工路线及优选路线顺序	说明
9		激光切割→折弯→钳工	薄板加工，效率较高
		模具铸→钳工	成本高、技术要求高、需要压铸设备
		砂型铸造→钳工	费时、费料
		线切割→折弯→钳工	工艺复杂
10		激光切割→折弯→钳工	薄板加工，效率较高
		模具铸→钳工	成本高、技术要求高、需要压铸设备
		砂型铸造→钳工	费时、费料
		线切割→折弯→钳工	工艺复杂
11		激光切割→折弯→钳工	薄板加工，效率较高
		模具铸→钳工	成本高、技术要求高、需要压铸设备
		砂型铸造→钳工	费时、费料
		线切割→折弯→钳工	工艺复杂

3. 三维设计

三维设计选择两个典型的零件作为本次的设计重点，一个为 3D 打印件，一个为钣金折弯件，如图 14-4、图 14-5 所示。

图 14-4　车轮

图 14-5　悬架

4. 零件图

车轮加工安排在机加工对于实习学生有点难度，在实习过程中加入了 3D 打印技术，解决了车轮加工问题。因此，车轮的加工变成了三维造型的问题。学生可以在实习指导教师的指导下完成车轮三维造型设计。车轮零件图如图 14-6 所示。

悬架加工采用激光切割完成之后，按工程要求折弯成所需要的零件。悬架零件图如图 14-7所示。

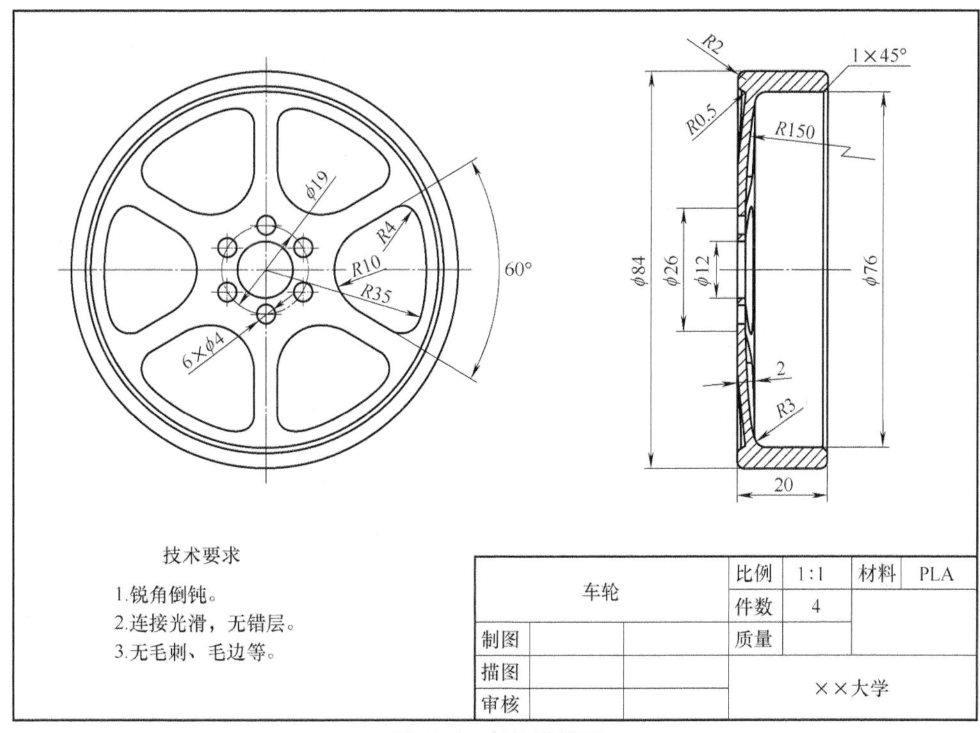

图 14-6　车轮零件图

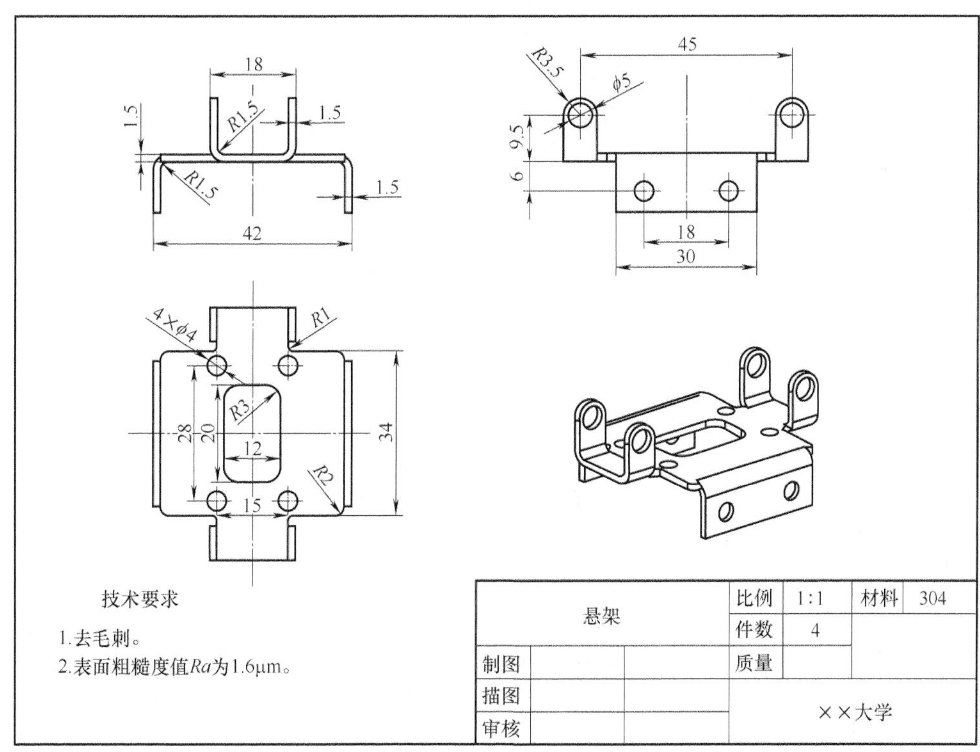

图 14-7　悬架零件图

5. 加工工艺

模型车轮和悬架加工工艺卡分别见表 14-4、表 14-5。

表 14-4 模型车轮加工工艺卡

组名	工艺过程卡片	产品名称及型号		零件名称		车轮	零件图号		
		材料	名称	PLA	毛坯	种类		数量	第 1 页
			牌号			尺寸		4 件	共 1 页

序号	工序名称	工序简图	工序内容	设备名称	机床夹具	量具	
1	3D 打印	R4、R10、R35、60°、6×ϕ4、2×R2、R0.5、R150、C1、ϕ84、ϕ26、ϕ12、ϕ76、2、R3、20	3D 打印零件产品	3D 打印机	通用夹具	钢直尺	
2	钳工		去除毛刺及倒刺等	钳工工作台	台虎钳		
3	检验		检验、上交项目组				
更改内容							

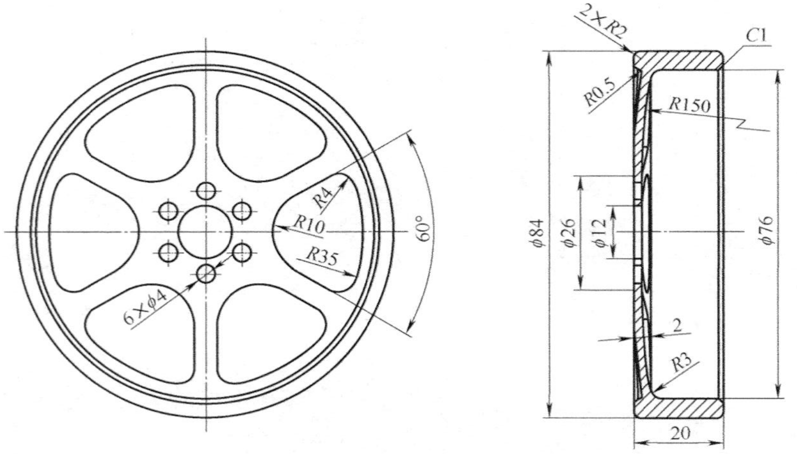

				编制(日期)	审核(日期)	会签(日期)
更改文件号	标记、处数	签字	日期			

表 14-5　悬架加工工艺卡

<table>
<tr><td rowspan="3">组名</td><td rowspan="3">工艺过程卡片</td><td colspan="2">产品名称及型号</td><td></td><td>零件名称</td><td colspan="2">悬架</td><td colspan="3">零件图号</td><td colspan="2"></td></tr>
<tr><td rowspan="2">材料</td><td colspan="2">名称</td><td>不锈钢</td><td colspan="2" rowspan="2">毛坯</td><td colspan="2">种类</td><td>板材</td><td>数量</td><td>第 1 页</td></tr>
<tr><td colspan="2">牌号</td><td></td><td colspan="2">尺寸</td><td></td><td>4 件</td><td>共 1 页</td></tr>
<tr><td>工序</td><td>工序名称</td><td colspan="5">工序简图</td><td colspan="2">工序内容</td><td>设备名称</td><td>机床夹具</td><td>量具</td><td>工时/min</td></tr>
<tr><td>1</td><td>下料</td><td colspan="5"> 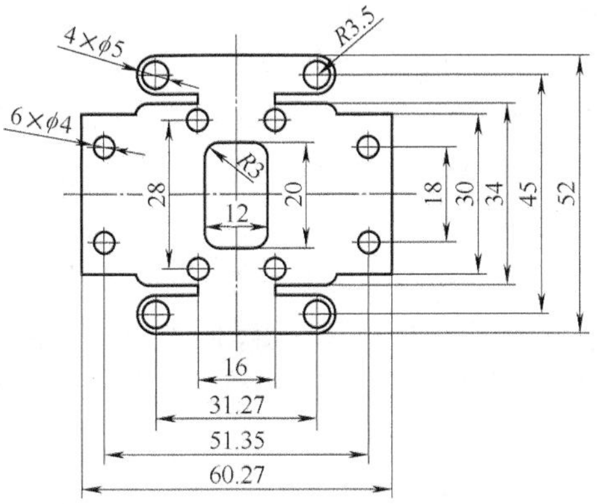</td><td colspan="2">下料板材厚 1.5mm，此图为折弯展开图</td><td>激光切割</td><td>通用夹具</td><td>钢直尺</td><td></td></tr>
<tr><td>2</td><td>折弯</td><td colspan="5"> 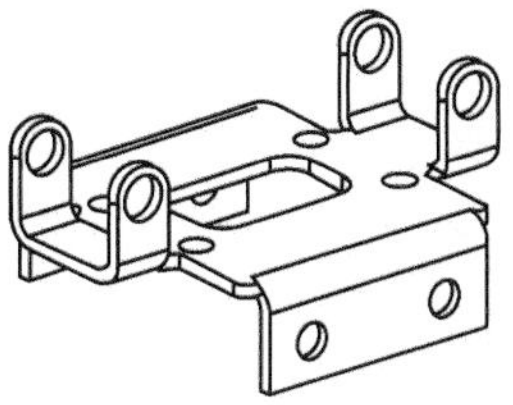</td><td colspan="2">根据图样要求，折弯成所需尺寸</td><td>数控折弯</td><td>专用夹具</td><td>游标卡尺</td><td></td></tr>
<tr><td>3</td><td>钳工</td><td colspan="5"></td><td colspan="2">去除毛刺及倒刺等</td><td>钳工工作台</td><td>台虎钳</td><td></td><td></td></tr>
<tr><td>4</td><td>检验</td><td colspan="5"></td><td colspan="2">检验、除锈、上交项目组</td><td></td><td></td><td></td><td></td></tr>
<tr><td>更改内容</td><td colspan="12"></td></tr>
<tr><td></td><td></td><td></td><td colspan="4"></td><td colspan="2">编制（日期）</td><td colspan="2">审核（日期）</td><td colspan="2">会签（日期）</td></tr>
<tr><td>更改文件号</td><td>标记、处数</td><td>签字</td><td colspan="4">日期</td><td colspan="2"></td><td colspan="2"></td><td colspan="2"></td></tr>
</table>

6. 产品装配

根据设计零件要求及各加工任务，完成整体零件的加工。集中所有零件，在装配钳工指导教师的指导下完成产品的装配任务。

14.3.3 实践项目三：无碳小车

无碳小车是全国大学生工程训练综合能力大赛的题目，该命题体现了创新设计能力、制造工艺能力、实际操作能力和工程管理能力四个方面的要求。

1. 设计任务

（1）无碳小车竞赛命题　某届竞赛命题为“以重力势能驱动的具有方向控制功能的自行小车”。

自主设计并制作一种具有方向控制功能的自行小车，要求其行走过程中完成所有动作所需的能量均由给定重力势能转换而得，不可以使用任何其他来源的能量。该给定重力势能由比赛时统一使用质量为 1kg 的标准砝码（ϕ50mm×65mm，碳钢制作）来获得，要求砝码的可下降高度为 400mm±2mm。标准砝码始终由小车承载，不允许从小车上掉落。图 14-8 所示为小车示意图。

（2）S 形赛道行驶常规赛项　S 形赛道如图 14-9 所示，赛道宽度为 2m，沿直线方向水平铺设。竞赛小车沿赛道 S 形行走，赛道中设置等间距为 1m 的障碍物，小车在赛道内停止即为结束，根据行走距离计算成绩。小车有效运行距离为停止时小车最远端与出发线之间的垂直距离。

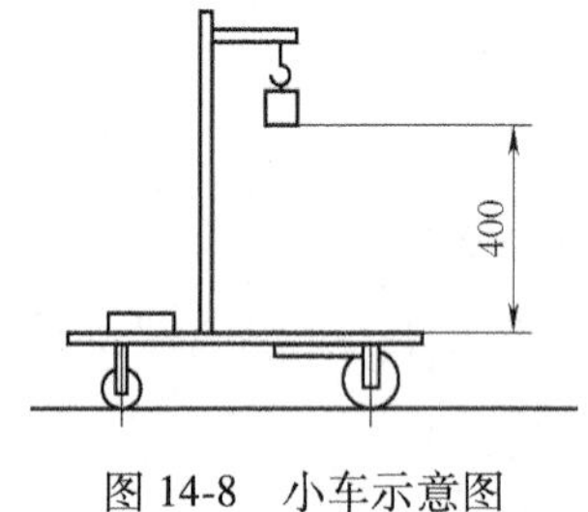

图 14-8　小车示意图

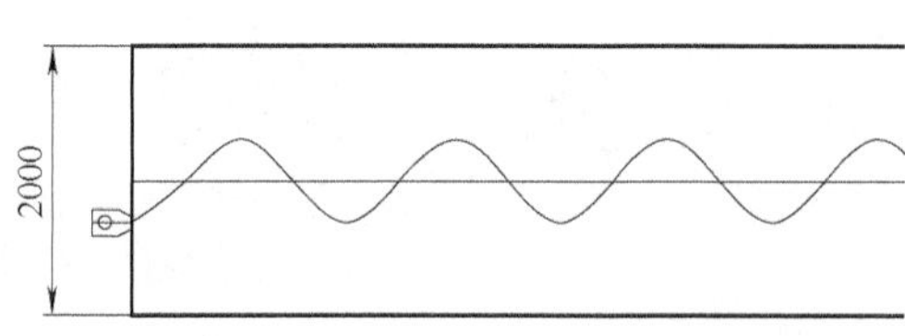

图 14-9　S 形赛道

（3）S 形赛道赛项评分标准　见表 14-6。

表 14-6　S 形赛道赛项评分标准

序　　号	小车运行状态	评 分 内 容	评 分 标 准	分　　值
1	赛道内	S 形循环行走	2 分/循环	N×2 分/循环+S×1 分/m
2		赛道内前进距离	1 分/m	
3	撞护栏停止	最远端与出发线垂直距离	2 分/循环、1 分/m	

注：N 为循环个数，S 为行走垂直距离。

2. 方案分析

（1）思路点拨及任务分解　小车设计前先做一下分析，方案设计、技术设计、制作调试三大步骤逐一实施。细分各阶段工作，分步解决，明确任务、确定功能、方案设计、预测评估、核选参数、结构选择、零部件设计、加工调试、整体优化等。

（2）小车结构及设计分析　小车分为车架、动力部分、传动机构、转向机构、差速机构和微调机构六个模块。

小车的整体效果如何，取决于每个关键部件的设计效果和加工质量。下面对每个关键部件的设计思路给予简要描述。

1）车架。车架即车的底板及起到支撑作用的轴承架的总成，起到支撑车体的功能。因小车为三轮结构，因此车架底板应以三角形结构为宜。

小车底板、轴承架等，设计的原则是：质量轻盈、外形美观、不易变形、结构稳定。

设计时，为了增加小车运行过程中的稳定性，底板离地距离 5~8mm 为宜。通常三轮结构的小车转弯方式有三种状态，如图 14-10 所示。

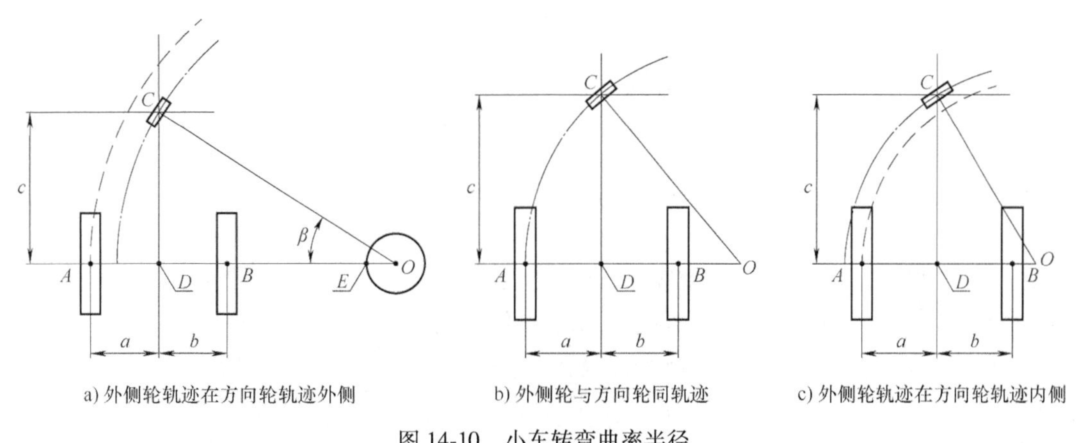

a) 外侧轮轨迹在方向轮轨迹外侧　　b) 外侧轮与方向轮同轨迹　　c) 外侧轮轨迹在方向轮轨迹内侧

图 14-10　小车转弯曲率半径

如图 14-10a 所示，A、B 为小车后轮，C 为前轮。后轮厚度为 2T，OE 为障碍物半径，EB-T 为小车转弯时与障碍物的安全距离。小车在稳定运行前提下，安全距离越近越好，一般取值 30~50mm 左右。

由图 14-10 可知小车转弯曲率半径为 OC，转角为 β，转弯角度的大小影响转弯半径的长短。

由图 14-10 所示，小车转弯半径与小车结构的关系如下

$$\rho=\sqrt{(OB+b)^2+c^2} \tag{14-1}$$

式中　ρ——小车转弯半径（mm）；

OB——安全距离加障碍物半径的距离，转弯曲率中心到转弯内侧轮轨迹线距离（mm）；

b——小车前轮转弯轴线到小车转弯内侧轮的横向距离，一般 $a=b$（mm）。

小车前轮转角公式

$$\tan\beta=\frac{c}{OB+b} \tag{14-2}$$

即前轮转角为

$$\beta=\arctan\frac{c}{OB+b} \tag{14-3}$$

由式（14-3）可知，根据前轮转角大小和小车转弯内轮与障碍物之间的距离可以设计小车的车宽和车长，从而设计出一个合适比例结构的小车底板。车架三维造型如图 14-11 所示。

2）动力部分。小车的动力为重物块下落的重力势能，需要将重物块的重力势能转化为小车的驱动力。为能得到稳定持续的能量，采用重物块牵引绕线滑轮（或滑轮组）→带动绕线轮旋转→带动齿轮组转动，驱动小车前进。

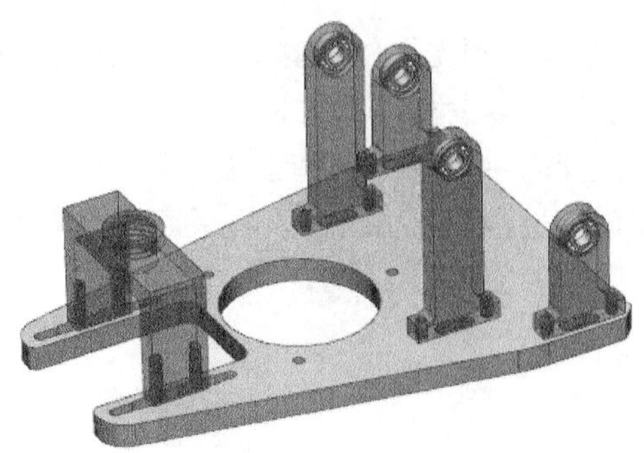

图 14-11 车架三维造型

3）传动机构。传动机构的功能是把动力和运动传递到转向机构和驱动轮上。小车传动机构多数采用直齿圆柱齿轮一级或多级传动，对小车传动机构要求如下：

① 采用具有摩擦系数小、质量轻、结构稳定等性能的材料制成小模数齿轮。

② 滑轮或滑轮组和绕线轮直径系统、轮系等传动比选用适中。

③ 所选传动机构传动比应与后轮直径满足曲柄回转一周，后轮转动完成一个 S 周期的路程。

④ 由于场地的不平整性和不同的场地摩擦系数的差别，以及小车起动力矩比行走力矩大的原因，需要小车的传动机构能根据不同的需要调整其驱动力矩。

⑤ 机构简单，效率高。

传动机构如图 14-12 所示。

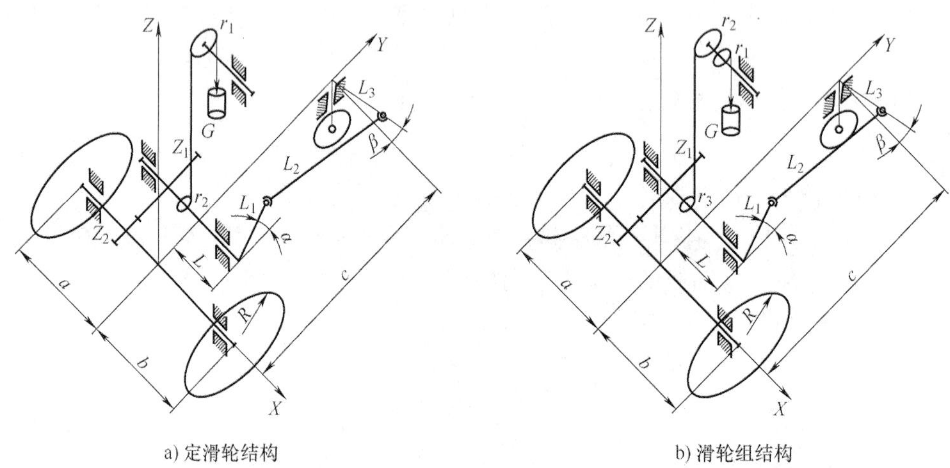

a) 定滑轮结构　b) 滑轮组结构

图 14-12 传动机构

如图 14-12a 所示，滑轮系统与轮系共同构成小车的驱动部分。滑轮组 r_1-r_2 和定轴轮系 Z_1-Z_2 中，当重物块下落高度为 h，小车行驶的路程为 S 时，则有

$$S=\frac{hR}{i_{12}r_2} \tag{14-4}$$

式中 R——小车后轮半径（mm）；

r_2——绕线轮半径（mm）；

i_{12}——定轴轮系传动比。

图 14-12b 所示为采用滑轮组结构形式的传动，读者可以自行推算。

4）转向机构。小车能否成功避障，运行轨迹是否满足要求，转向机构至关重要。对转向机构的要求是机构简单、功能可靠、运行平稳、结构稳定、能耗较低、较好的零部件加工工艺性等。能够实现转向功能的机构及其优缺点见表 14-7。

表 14-7　转向机构优缺点比较

机构类型	优　点	缺　点	注意事项
凸轮机构	1）设计简单，适应性强，可以实现从动件的复杂运动规律要求 2）结构简单紧凑，控制准确，运动特性好，使用方便 3）性能稳定，故障少，维护保养方便	1）凸轮与从动件为高副接触，易于磨损 2）凸轮外轮廓形成之后，不能改动，可调性差 3）凸轮的轮廓曲线通常比较复杂，加工比较困难	1）选用合适的压力角 2）选用较小的基圆半径 3）满足推程与回程时，对前轮转角的角度要求 4）保证凸轮与从动件的紧密贴合
四杆机构	1）四杆机构结构简单、易于制造、成本低 2）机构之间低副连接，承载能力大 3）可实现运动规律多样化	计算和设计难度大	在设计四杆机构时，建议以空间四杆机构为例设计。因为受到加工误差的影响主动件与从动件回转中心可能不在一个平面内
间歇机构（槽轮机构）	结构简单、工作可靠、效率高，比较平稳	传动存在柔性冲击，不适合高速场合，转角不可调节	
间歇机构（凸轮式）	结构简单、运转可靠、传动平稳、无噪声，适用于高速、中载和高精度分度的场合	凸轮加工比较复杂，装配与调整要求也高	
间歇机构（不完全齿轮）	结构简单、制造方便，从动轮的运动时间和静止时间的比例不受机构结构的限制	从动轮在转动开始及终止时速度有突变，冲击较大一般仅用于低速、轻载场合	

下面以空间 RSSR 四杆机构为例，简要说明转向机构理论分析过程。空间 RSSR 机构示意图如图 14-13 所示。

如图 14-13 所示，坐标系由垂直平面 V 和水平面 H 组成，两平面的交线为 Y 轴，曲柄回转轴为 X 轴，垂直于 X 轴与 Y 轴的为 Z 轴。

在图 14-13 中，曲柄始终在垂直平面 V 内回转，摇杆始终在水平面 H 内摆动，但曲柄回转轴与前轮回转轴互成 90°角。因此，函数关系式应该分别在垂直平面 V 和水平面 H 内建立。

① 垂直平面 V 内建立的函数式。

曲柄 OE 绕 O 轴旋转，与绕线轴 r_2 同轴。

$$OE = L_1 \tag{14-5}$$

式中　L_1——曲柄长度（mm）。

$$EF = L_1 \sin\alpha \tag{14-6}$$

$$OF = L_1 \cos\alpha \tag{14-7}$$

② 水平面 H 内建立函数式。

在 H 平面内，FG 为连杆 EG 在 H 平面内的投影。FG 长 l_2 随 EG 位置不同而变化，l_2 为变量。EG 为空间中的连杆，杆长为 L_2。

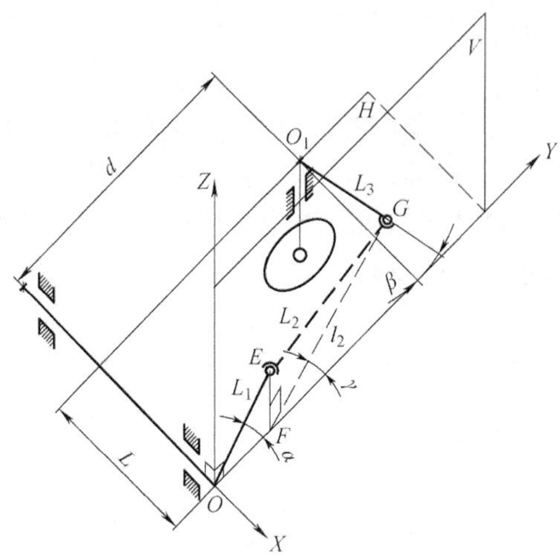

图 14-13 空间 RSSR 机构示意图

$$L_1\cos\alpha+l_2\cos\gamma=d+L_3\sin\beta \tag{14-8}$$

$$l_2\sin\gamma+L_3\cos\beta=L \tag{14-9}$$

$$l_2^2=L_2^2-(L_1\sin\alpha)^2 \tag{14-10}$$

式中 L_2——连杆长度（mm）；

l_2——连杆 EG 在 H 平面内的投影，l_2 为变量（mm）；

L_3——摇杆长度（mm）；

d——前轮回转中心到曲柄回转中心的距离（mm）。

联立式（14-8）、式（14-9）、式（14-10），消去 l_2 及 γ 整理得

$$(2L_1L_3\cos\alpha-2dL_3)\sin\beta+2LL_3\cos\beta=d+L^2+L_1^2+L_3^2-L_2^2-2dL_1\cos\alpha \tag{14-11}$$

解式（14-11）得

$$\beta=\arccos\left(\frac{L^2+L_1^2+L_3^2+d^2-L_2^2-2dL_1\cos\alpha}{2L_3\sqrt{(L_1\cos\alpha-d)^2+L^2}}\right)+\arctan\left(\frac{L_1\cos\alpha-d}{L}\right) \tag{14-12}$$

式（14-12）中 α 为曲柄与小车前进方向的夹角，式（14-12）中 β 与式（14-3）中的 β，同是指前轮转角。可以根据式（14-12）设计转向机构各部件尺寸，式（14-12）结合式（14-3）又能设计小车车架各部件尺寸。

5）差速机构。由于小车是沿着曲线前进的，后轮必定会产生差速。对于后轮可以采用双轮同步驱动，差速器驱动，单轮驱动。

6）微调机构。微调机构属于小车的控制部分，用在转向机构中。一是用于修正由于曲柄连杆机构的加工误差和装配误差对小车的影响。二是调整小车的轨迹（幅值，周期，方向等），使小车走一条最优的轨迹。

微调机构可以采用的方式有：调整螺纹螺杆长度方式、螺母式差动螺旋微调、蜗轮蜗杆副微调机构等。

（3）综合分析　由于理论分析与实际情况有差距，通过理论分析只能得出较优的方案而不能得到最优的方案。在设计、制作、调试的过程中，应多方考虑、反复论证、查找资料、及时调整，设计出性能更优的结构组合。

3. 三维设计

小车效果图如图 14-14 所示。

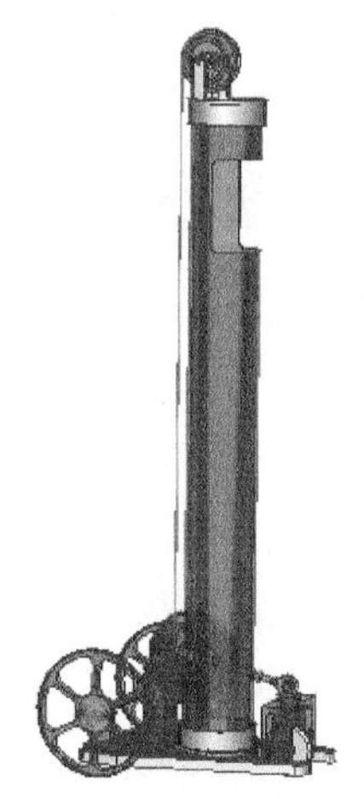

图 14-14　小车效果图

4. 车轮零件图

车轮零件图如图 14-15 所示。

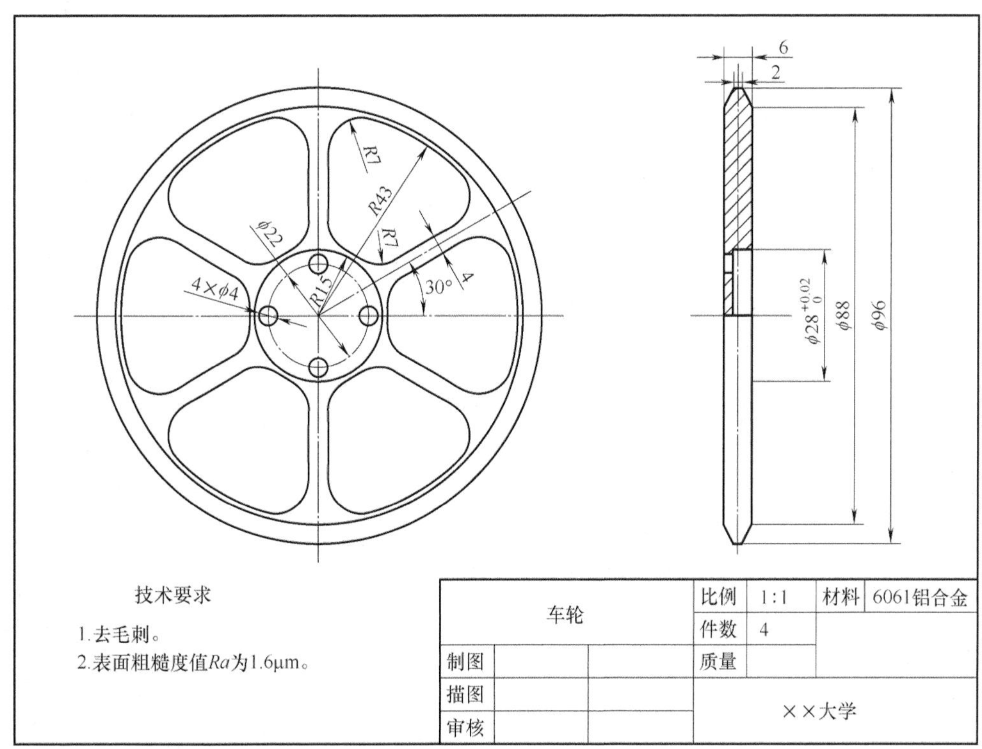

图 14-15　车轮零件图

5. 加工工艺

车轮加工工艺卡见表 14-8。

表 14-8　车轮加工工艺卡

<table>
<tr><td rowspan="3">组名</td><td rowspan="3">工艺
过程
卡片</td><td colspan="2">产品名称
及型号</td><td colspan="2"></td><td>零件名称</td><td>车轮</td><td>零件图号</td><td colspan="3"></td></tr>
<tr><td colspan="2" rowspan="2">材料</td><td>名称</td><td>铝合金</td><td rowspan="2">毛坯</td><td>种类</td><td>板材</td><td colspan="2">数量</td><td>第 1 页</td></tr>
<tr><td>牌号</td><td>6061</td><td>尺寸</td><td></td><td colspan="2">2 件</td><td>共 1 页</td></tr>
<tr><td>序号</td><td>工序名称</td><td colspan="5">工序简图</td><td>工序内容</td><td>设备名称</td><td>机床夹具</td><td>量具</td><td></td></tr>
<tr><td>1</td><td>下料</td><td colspan="5"></td><td>下板材尺寸：100mm×100mm×6mm</td><td>锯床</td><td>通用夹具</td><td>钢直尺</td><td></td></tr>
<tr><td>2</td><td>铣削</td><td colspan="5"> 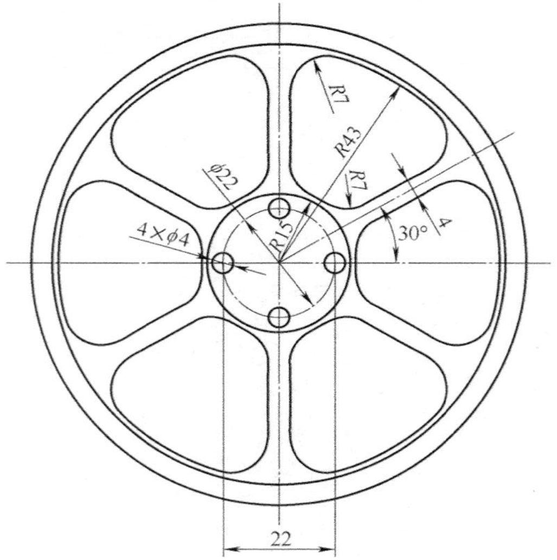</td><td>根据图样编写程序、铣削外形至尺寸要求</td><td>加工中心</td><td>专用夹具</td><td>游标卡尺</td><td></td></tr>
<tr><td>3</td><td>钳工</td><td colspan="5"></td><td>去除毛刺及倒刺等</td><td>钳工
工作台</td><td>台虎钳</td><td></td><td></td></tr>
<tr><td>4</td><td>检验</td><td colspan="5"></td><td>检验、除渣、除锈、上交项目组</td><td></td><td></td><td></td><td></td></tr>
<tr><td>更改
内容</td><td colspan="11"></td></tr>
<tr><td></td><td></td><td colspan="2"></td><td colspan="2"></td><td colspan="2">编制（日期）</td><td colspan="2">审核（日期）</td><td colspan="2">会签（日期）</td></tr>
<tr><td>更改
文件号</td><td>标记、
处数</td><td colspan="2">签字</td><td colspan="2">日期</td><td colspan="2"></td><td colspan="2"></td><td colspan="2"></td></tr>
</table>

6. 产品装配

根据小车设计任务要求及各加工任务，完成小车整体零件的加工。集中所有零件，在装配钳工指导教师的指导下完成产品的装配任务，并调试小车完成 S 形轨迹的行走。

1. 创新思维包括哪些内容？
2. 如何提高创新能力？
3. 什么是创新思维？
4. 什么是实践能力？
5. 怎样在实践中培养问题意识？
6. 问题解决的基本步骤有哪些？

参 考 文 献

[1] 张学政，李家枢. 金属工艺学实习教材 [M]. 北京：高等教育出版社，2011.
[2] 张立红，尹显明. 工程训练教程 [M]. 北京：科学出版社，2017.
[3] 黄明宇，徐钟林. 金工实习：下册：冷加工 [M]. 3版. 北京：机械工业出版社，2015.
[4] 孙凤. 工程实训教程 [M]. 北京：机械工业出版社，2018.
[5] 周哲波. 金工实习指导教程 [M]. 北京：北京大学出版社，2013.
[6] 钟晓锋. 工程训练：金工训练 [M]. 成都：电子科技大学出版社，2017.
[7] 何平. 数控加工中心操作与编程实训教程 [M]. 2版. 北京：国防工业出版社，2010.
[8] 北京FANUC公司. FANUC Series 0i-MF操作说明书 [Z].
[9] 翟瑞波. 数控铣床/加工中心编程与操作实例 [M]. 2版. 北京：机械工业出版社，2012.
[10] 邓奕. Mastercam数控加工技术 [M]. 北京：清华大学出版社，2004.
[11] 朱虹. 数控机床编程与操作 [M]. 2版. 北京：化学工业出版社，2018.
[12] 周湛学，赵小明. 图解机械零件加工精度测量及实例 [M]. 2版. 北京：化学工业出版社，2014.
[13] 王颖. 公差选用与零件测量 [M]. 2版. 北京：高等教育出版社，2018.
[14] 郑怀海，袁宇新. 零件的测量 [M]. 北京：科学出版社，2014.
[15] 刘勇，刘康. 特种加工技术 [M]. 重庆：重庆大学出版社，2013.
[16] 巩水利. 先进激光加工技术 [M]. 北京：航空工业出版社，2016.
[17] 李颖，刘忠菊，游洪建. 钳工工艺与技能 [M]. 北京：北京理工大学出版社，2016.
[18] 崔明铎. 工程训练 [M]. 北京：机械工业出版社，2011.
[19] 赵明久. 普通铣床操作与加工实训 [M]. 北京：电子工业出版社，2009.